U0191022

# 心智社会

## 从细胞到人工智能，人类思维的优雅解读

THE SOCIETY OF MIND

[美] 马文•明斯基（Marvin Minsky） 著
任楠 译

机械工业出版社
CHINA MACHINE PRESS

图书在版编目（CIP）数据

心智社会：从细胞到人工智能，人类思维的优雅解读 /（美）马文·明斯基（Marvin Minsky）著；任楠译．—北京：机械工业出版社，2016.10（2024.11 重印）
书名原文：The Society of Mind

ISBN 978-7-111-55103-4

I. 心…　II. ①马…　②任…　III. 人工智能－研究　IV. TP18

中国版本图书馆 CIP 数据核字（2016）第 238239 号

---

北京市版权局著作权合同登记　图字：01-2016-5483 号。



# 心智社会

## 从细胞到人工智能，人类思维的优雅解读

---

出版发行：机械工业出版社（北京市西城区百万庄大街 22 号　邮政编码：100037）

| | |
|---|---|
| 责任编辑：朱婧琬 | 责任校对：董纪丽 |
| 印　　刷：北京盛通数码印刷有限公司 | 版　　次：2024 年 11 月第 1 版第 11 次印刷 |
| 开　　本：170mm × 242mm　1/16 | 印　　张：28.5 |
| 书　　号：ISBN 978-7-111-55103-4 | 定　　价：99.00 元 |

客服电话：（010）88361066　68326294

# 赞誉

The Society of Mind

关于思维是如何运作的……270 篇原创精彩文章。

**——艾萨克·阿西莫夫，“机器人三原则”之父，雨果奖得主**

一幅令人惊艳的拼贴画，边缘装饰着充满智慧的洞见与揭示真理的格言。

**——侯世达，《哥德尔、埃舍尔、巴赫：集异璧之大成》的作者**

他在人工智能、认知心理学、数学、计算语言学、机器人和光学等诸多领域做出了巨大的贡献。对于我来说，他是一位非常值得尊敬的导师。

**——雷·库兹韦尔，《奇点临近》的作者，奇点大学校长，谷歌工程总监**

一部深刻而引人入胜的著作，为解决当代最后的重大问题提供了基础……是一个新纪元的标志。

**——盖·塞勒利亚教授，日内瓦大学遗传人工智能与认识论实验室**

一部卓越的著作……我很感谢马文·明斯基带领我在自己的意识领域里畅游了一番。

**——吉恩·罗登贝瑞，《星际迷航》的编剧**

一部引人思考，令人愉悦，充满挑战，丰富、有趣、令人着迷的著作。

**——迈克尔·克莱顿，《天外来菌》的作者**

独创……令人兴奋……新鲜，充满妙语、格言和朴素的解说。一次令人愉快的阅读……它会引发你思考。这就是头脑应该做的事。

**——《纽约时报》图书评论**

各种笑话、智慧的引语……还有丰富的洞见令本书闪耀出众。

**——马丁·加德纳，《波士顿环球报》**

处处都是宝藏……一定比人工智能的狭隘研究更具影响力。

**——《圣何塞信使报》**

# 目录

# 第1章 引言

凡事应力求简约，但不可过于简单。

——阿尔伯特·爱因斯坦

在本书中，你将看到思维是如何运作的。智能如何由非智能演化而出呢？为了回答这个问题，笔者将向你展示，许多不具备思维的微小部件可以组成思维。

我把这种组合称作“心智社会”，其中每片思维都是由更小的程序组成的。我们把这些小程序叫作智能体。每个思维智能体本身只能做一些低级智慧的事情，这些事情完全不需要思维或思考，但我们会以一些非常特别的方式把这些智能体汇聚到社群中，从而产生真正的智能。

本书中没有艰深晦涩的技术型语言。就套用概念而言，本书同样也是一个社会，由许多小理念形成的社会。每一个小理念都仅仅是常识而已，但足够多的常识组合在一起，就可以用来解释最奇特的思维神话。

有一点很令人头疼，这些理念之间有许多交错联系。我很难从头至尾做出简洁又直接的线性解释。我多希望自己能画出这样的直线，让你们可以通过思维的阶梯一步一步沿线而上。但很遗憾，它们是缠结在一起的网络。

这有可能是我的错，我没能找到一种顺序整齐的原则作为理论基础。但我更愿意把这件事归咎于思维的本质：它的能力似乎就是源于那些智能体之间复杂的交错关联。

当事物很难描述时我们该怎么办呢？我们首先会草拟出最粗略的轮廓，以此作为其余内容的支架，就算最后发现其中有些形式是错的，也不会有太大问题。然后，为这些骨架描绘细节使其更为丰满。最后，在最终的填充阶段丢弃那些不再适用的部分。

我们在现实生活中遇到看起来非常困难的谜题时也是这样做的，无论是拼凑破碎的瓷罐还是组装大型机器的齿轮都是如此。在看到剩余的内容之前，你无法理解任何一个单一的部件。

## 1.1 思维智能体

一个好的思维理论必须涵盖至少三种不同的时间计量方式：第一种比较缓慢，用来描述我们脑部发展所经历的十几亿年；第二种比较快，用来描述我们婴幼儿时期飞速生长的那段时间；以及位于二者之间的第三种，用来描述历史中我们的理念不断发展的那些世纪。

要解释思维，我们就必须讲清楚思维是怎样由无思维的成分组成的，这些组件比任何拥有智能的生物都小得多，也简单得多。除非我们能用本身没有思想或感觉的事物来解释思维，否则只能是在原地兜圈子。但这些更简单的物质，也就是组成思维的那些“智能体”到底是什么呢？这就是本书的主题。以此为前提，我们来看看还需要做些什么。等待我们回答的问题还有很多。

**功能**（function）：智能体如何工作？
**实体**（embodiment）：它们是用什么做的？
**互动**（interaction）：它们之间如何交流？
**起源**（origins）：最初的智能体从何而来？
**继承**（heredity）：我们生来就拥有同样的智能体吗？
**学习**（learning）：我们如何产生新的智能体以及如何改变旧的智能体？
**特征**（character）：哪些类型的智能体最重要？
**权威**（authority）：当智能体之间出现分歧怎么办？
**意图**（intention）：这样的网络如何产生需求和欲望？
**能力**（competence）：智能体组合在一起能做哪些它们各自分开时做不到的事？
**自我**（selfness）：是什么让它们团结在一起或者产生人格？
**意义**（meaning）：它们怎样理解世界？
**感知**（sensibility）：它们如何产生感觉和情绪？
**意识**（awareness）：它们如何产生对其他事物或自我的意识？

怎么会有一种理论可以解释这么多关于思维的事？更何况其中的每一个问题看起来都不容易回答。没错，如果我们把这些问题分割开来，就会让它们看起来都很难。然而一旦我们把思维看作一个由智能体组成的社会，那么只要回答其中一个问题，其他问题的答案也就都呼之欲出了。

## 1.2 思维与脑

（诗人伊姆莱克说）人们从不认为思想是通过物质传承的，也不认为每一种物质都能思考。但如果物质的某一部分是缺乏思想的，应该是哪一部分呢？物质之间只有形态、数量、密度、运动形式以及运动方向的差异，那么其中的哪些部分，无论是变化或是组合，能够与意识相联系呢？无论是圆还是方，固态还是液态，巨大还是渺小，行动迟缓还是身轻如燕，都是物质的存在形式，但它们都与思想的本质无关。一旦物质脱离了思想，它们就只能通过一些新的变式来思考，但它们所能产生的所有变式都无法与思想的力量相关联。

——塞缪尔·约翰逊

像“脑”这样一种实体物质是怎样产生“思想”这种幽灵般的事物的呢？这个问题困扰了许多以前的思想家。思想的世界和物质的世界看起来那么遥远，很难想象它们之间会有怎样的交集。而且思想这种东西实在和其他所有事物都不太一样，让人有种无从入手的感觉。

几个世纪以前，“生命”也是这样一种看起来无从解释的事物，因为生物看起来也和其他事物完全不同。植物好像不知是从哪里冒出来的，动物能够移动和学习。这两者都能自我繁殖，而其他的事物做不到这些。但是之后，这个看似无法逾越的鸿沟开始收拢。人们发现所有的生物都由细胞组成，而细胞又是由复杂但仍然可以理解的化学物质组成。人们很快还发现，植物不产生任何物质，而是从空气中提取它们所需的大部分原料，神秘跳动的心脏原来也不过是由肌细胞的网络组成的机械泵。不过直到 20 世纪，约翰·冯·诺依曼才从理论上解释了细胞机器为什么可以繁殖。同时，和他几乎没有交集的另外两个人——詹姆斯·沃森和弗朗西斯·克里克发现了每个单独的细胞是如何把自己的遗传密码复制下去的。自此，受过教育的人不再需要去探寻到底是什么特殊的关键力量将生命赋予了生物。

与此类似，一个世纪以前，我们基本上无法解释思维是如何运作的。后来，像西格蒙德·弗洛伊德和让·皮亚杰这样的心理学家提出了他们关于儿童发展的理论。而不久之后，在机械方面，库尔特·哥德尔和艾伦·图灵等数学家也开始揭示人们能让机器做些什么，这在那时还属于未知的领域。直到20世纪40年代，这两股关于思维的思潮才开始融合，那时沃伦·麦卡洛克和沃尔特·皮茨开始证明人们也许可以让机器拥有视觉、推理和记忆的能力。现代计算机的发明激发了始于20世纪50年代的当代人工智能科学研究。这也激励了一波新的思潮，人们想知道机器到底能做哪些以前只有靠思维才能完成的事。

许多人仍然认为机器不会有意识，不会有野心、嫉妒、幽默感或者任何其他的心理生活体验。当然，要创造出具备所有人类能力的机器，我们还差得很远，但这只能说明我们还需要更好的理论来解释思维的运作方式。本书将会展示我们称为“思维智能体”的小机器，也许就是那些理论一直需要但尚未找到的“粒子”。

## 1.3 心智社会

你知道你的所有思想和行为都是由你完成的，但“你”是什么？在你的思维中，有哪些更小的实体会相互合作来完成你的工作？要开始理解思维和社会的相似之处，可以先试着研究这件事：拿起一只茶杯！

> 负责抓握的智能体想要拿住茶杯。
> 负责平衡的智能体想要防止茶水洒出来。
> 负责口渴的智能体想让你去喝茶。
> 负责移动的智能体把茶杯递到你嘴边。

不过所有这些事都不会占用你在房间漫步以及和朋友聊天的思维。你几乎不会去想关于平衡的事，平衡和抓握没什么关系，抓握对口渴不感兴趣，口渴也并不关心你的社交问题。它们为什么对彼此没兴趣呢？因为它们之间互相信任。如果每部分都完成了自己的小任务，那么加在一起就能完成整项大工程：喝茶。

要确保你手中的茶杯保持平衡，会产生多少道程序呢？光是调整手腕、手掌和手指就至少有100道程序。还有其他上千组肌肉系统要工作起来，管理所有运动中的骨骼和关节，好让你的身体能四处行走。而想让所有动作都保持平衡，上述的每道程序都要和其他程序进行沟通。要是你被绊了一下，快要摔倒了怎么办？这时就会有许多其他程序快速启动，努力让事情恢复正常。有些程序关心的是你如何向前倾斜以及脚要伸到什么地方。还有一些关注的是茶水问题：你不想烫伤自己的手，也不想烫到其他人。你需要一些快速决策的方法。

所有这些都是在你和他人谈话的时候发生的，其中似乎没有什么过程需要专心思考。甚至连谈话这件事本身也不怎么需要思考。是哪些智能体帮你选择词汇，让你能说出想表达的内容呢？这些词汇又是怎么组合成短语和句子，前后文彼此关联的呢？你的思维中有哪些智能体在不停记录所说的内容，以及这些谈话的对象是谁？因为如果你一直在说同样的话，那感觉多傻呀，除非你是在和不同的听众交谈。

我们总是同时做好几件事，比如做计划、走路和谈话，而且这一切看上去是那么自然，我们一直都觉得理所当然。但这些程序其实涉及许多机械过程，多到没有人能同时理解它们全部。所以，在本书接下来的几部分中，我们会将焦点只集中在一项普通的活动上，即用小孩的积木做东西。首先我们会把这件事分解为一些比较小的部分，然后我们会看到其中的每一部分如何与其他部分相关联。

在这个过程中，我们会尽力模仿伽利略和牛顿，他们通过研究最简单的钟摆和砝码、镜面和棱镜就了解了那么多内容。我们对如何搭建积木的研究也会像用显微镜观察最简单的对象一样，将会开启一片意想不到的领域。就像当今许多的生物学家都把更多的注意力放在细菌和病毒上，而不是放在宏观的狮子和老虎身上一样，我们也是出于同样的理由。对于我和整整一代的研究者而言，我们工作中所借助的儿童积木就是智能研究中的棱镜和钟摆。

在科学领域，人们可以从看似最简单的事物中了解到最复杂的知识。

## 1.4 积木的世界

想象一个孩子在玩积木，再想象一下这个孩子的思维中包含着许多更小的思维。我们把这些更小的思维叫作思维智能体。现在，一个叫作“建设者”的智能体正在主导工作。“建设者”的专长就是用积木建造高塔。

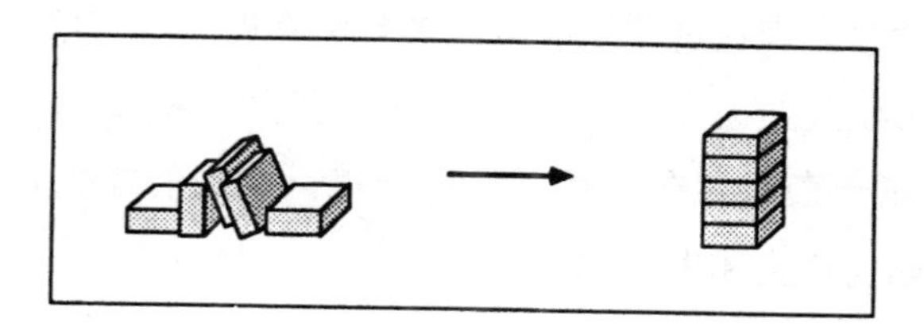

这个孩子喜欢看到新积木放到最高处，让高塔不断增高，但是建造高塔是一项非常复杂的工作，任何一个简单的智能体都不能单独完成，所以“建设者”不得不求助于其他智能体：

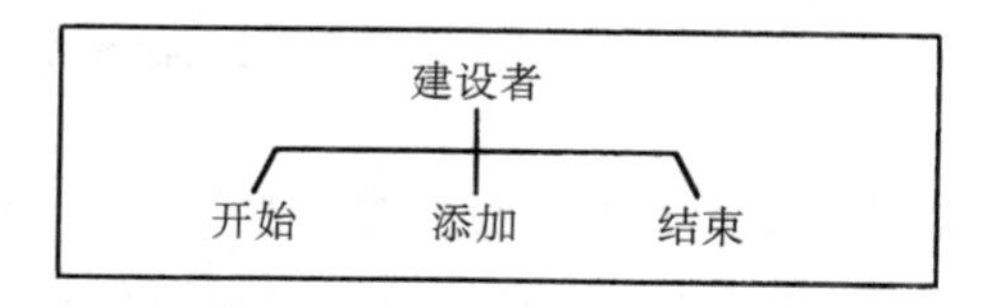


选择一个地方开始建塔。
在塔上添加一块新积木。
决定高度是否已经足够。

事实上，就算只是找一块新积木放到塔顶，对于任何一个单一的智能体来说都是过于复杂的工作。所以名为“添加”的智能体必须向其他智能体求助。在完成任务之前，我们需要更多的智能体，多到任何一个图画都无法全部涵盖。

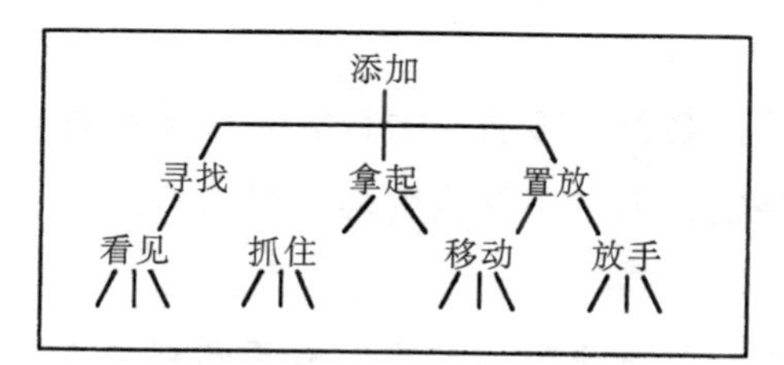


“添加”首先要“寻找”一块新积木。然后手必须“拿起”那块积木，然后“置放”到塔顶。

为什么要把事情分解成这种小块呢？因为思维和高塔一样，就是这种构造，只不过高塔由积木组成，而思维由小程序组成。堆积木看上去有些微不足道——记住，你可不是生来就这么觉得。当你还是很小的孩子时，第一次看到积木的你可能会用好几个星期的时间研究这些积木能干些什么。如果这些玩具现在看上去有些无聊，那你就要问问自己，是什么让你发生了这样的变化。在你关注更宏伟的事业之前，能够搭建一座高塔或是一栋房子，也曾经让你觉得新奇而有趣。尽管所有成年人都知道这件事怎么做，却没人明白我们是怎么学会这件事的！而这就是我们现在关注的问题。我们每个人在很久以前就学会了堆积和排列积木这些技能，久到我们根本都不记得学过这件事。现在这些技能看起来就像常识一样简单，却变成了心理学上的难题。婴儿健忘症，也就是忘记小时候的这些事，让我们以为所有这些厉害的技能一直都存在于我们的思维里，但我们却没有停下来问一问自己，它们是如何产生和发展的。

## 1.5 常识

不去思考思维的对象，我们就无法理解思维这件事。

——**西蒙·派珀特**

我们把高塔的建设工作分成了小步骤，但距离“建设者”完成工作还差得很远。只是建造一个简单的积木堆，我们的那些孩子的思维智能体们也必须完成下面所有这些事。

名为“**看见**”的智能体要识别出它所需要的积木，包括颜色、大小和位置，还要排除背景、阴影和光线等因素，有时这些积木还会被其他东西遮挡住一部分。

然后，一旦上述任务完成，名为“**移动**”的智能体必须引导手臂和手穿越空间中的复杂路径，而且不能碰到塔尖或者打到孩子的脸。

想想这个画面有多傻，名为“**寻找**”的智能体要看到那块支撑塔顶的积木，名为“**抓住**”的智能体要把它抓起来！

当我们近距离审视这些要求的时候，就会发现一个充满复杂问题的世界，这个世界让人感到困惑。举例而言，名为“寻找”的智能体是怎么知道那些积木是否可用的呢？它必须要“理解”在当下的场景中要做的是一件什么事。这就意味着我们需要有理论能解释理解其意思，还要有理论可以解释机器怎么会有目标。想想一个真正的“建设者”需要做出多少实际的判断。“建设者”需要确定现有的积木数量是否足以完成目标，它们是否足够宽、足够结实，可以支撑其他放在它们上面的积木。

如果塔开始摇晃了怎么办？一个真正的“建设者”必须猜测摇晃的原因。是内部某个连接处不够平吗？是基础不够安全，还是这种宽度的塔无法承受那么高的高度？也许只是因为最后一块积木没有放对位置而已。

所有的孩子都会学习这些事，而我们在长大后却几乎连想都不会去想。长大成人后，这些对我们来说都变成了简单的“常识”，但就是这两个具有欺骗性的字将无数的不同技能都隐藏了起来。

> **常识并不是一件简单的事。相反，它是人们辛苦获得的大量实践理念——是许许多多从生活中学到的规则和例外、性格和偏好、平衡和阻碍。**

如果常识这么复杂多样，为什么会看起来明显而自然呢？这种让人感觉简单的错觉源自我们的遗忘，获得这些能力的时候，我们渐渐忘记了婴儿时期所发生的事。每一组新技能成熟后，我们开始在此基础上形成更多的技能。随着时间的流逝，那些最基础的技能变得越来越遥远，当我们在后来的人生中想再去谈这些技能的时候，却发现除了“不知道”就没什么可说的了。

## 1.6 智能体和智能组

我们想要通过组合更简单的事物来解释智能。这意味着我们在进行每一步的时候，都必须确认我们所说的这些智能体本身是不具备智能的。否则，这种理论最后就会像埃德加·爱伦·坡所揭露的19世纪的“下棋机器”一样，原来里面藏了个小矮人。相应地，每当我们发现某个智能体要做的事情比较复杂时，就会用处理更简单任务的下级智能体取代它。为此，读者们要做好失落的准备。因为当我们把事情不断分解到最小的步骤时，每一部分乍看之下都像尘埃一样干枯无聊，就像失去了灵魂一样。

举例而言，我们已经见识过如何用“寻找”和“拿起”这样的小部件组合成“建设者”，以此构建出建塔的技能。那么，“知道如何建造”又从何而来呢？显然，构成“建设者”的全部组件里并没有这一项。答案是：仅仅解释每个单独的智能体能做什么是不够的。我们还需要明白这些组件是如何相互联系的——也就是说，智能体组成的小组如何完成工作。

相应地，本书中的每一个步骤都会用两种方式来理解智能体。比如我们观察“建设者”如何工作，从外部看，如果我们不知道其内部的运作方式，就会认为它知道如何建造高塔。如果你能从内部观察“建设者”，却肯定找不到这种知识。你只会看到几个开关以不同的方式排列，以便相互打开或关闭。**“建设者”**“真的知道”如何建设高塔吗？答案取决于你如何观察。让我们用“智能体”和“智能组”这两个不同的词来解释一下为什么“建设者”似乎有双重身份。作为智能组，它好像知道要如何完成工作。而作为智能体，它却什么都不知道。

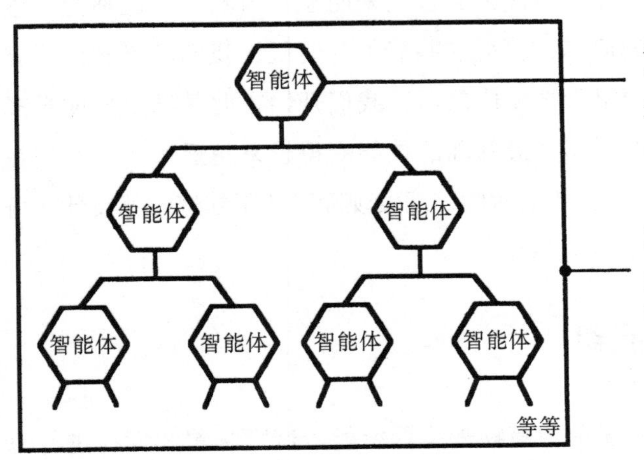


单独来看，作为一个智能体，“建设者”仅仅是一个打开或关闭其他智能体的简单程序。

从外部看，作为一个智能组，“建设者”可以通过互相帮助，完成它所有下级智能体能完成的事。

开车的时候，你会把方向盘看作是一个智能组，你可以通过它改变汽车的方向。这时你并不会在乎它的运行原理。但是如果方向盘发生了故障，而你又想知道是哪里出了问题，最好把方向盘看作是一个更大的智能组里面的一个小智能体：方向盘带动传动轴转动，从而使齿轮转动，齿轮拉动一根拉杆，拉杆使轮轴转换位置。当然，人们不会总是停留在这种微观的视角上。如果你在开车的时候一直想着这些细节，很有可能会撞车，因为你需要花很长时间才能确定到底要转向哪一边。知道原理和知道原因可不是一回事。本书中，我们会不断在智能体和智能组之间转换，因为根据不同的目的，要采用不同的视角并运用不同的描述方式。

# 第2章 整体和部分

The Society of Mind

个体之间的相似之处源自思维的本质，而构成思维的那些关系复杂且外表、形式、种类各不相同的物质原子全部都是微不足道的。

——艾萨克·阿西莫夫

## 2.1 组件和联结

我们已经看到，“建设者”的技能可以分解为“拿起”和“置放”这两个更简单的技能。之后这些更简单的技能还可以分解为更简单的技能。“拿起”需要做的仅仅是“移动”手并“抓起”“寻找”刚刚找到的那块积木。“置放”要做的只是“移动”手并把那块积木放在塔顶。于是，“建设者”的所有功能就被“分解”为更简单的部件可以完成的任务。

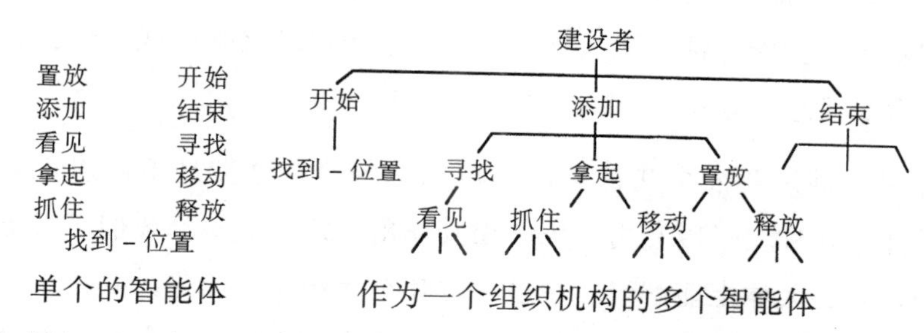


如果只看到左边的列表，你能预测“建设者”会做什么吗？当然不能，因为你还必须知道哪个智能体为另外哪个智能体工作。与此类似，只知道每个人单独能做什么，并不能预测一个人类社群可以做些什么；你必须知道他们是如何组织在一起的，也就是说，谁和谁对话。在理解庞大而复杂的任务时也是如此。首先，我们必须知道每个单独的组件如何工作。其次，我们必须知道每个组件与和它相联系的其他组件之间是如何互动的。最后，我们必须理解所有这些局部的互动是如何联系在一起来完成整个系统任务的——就像从外部观察到的那样。

就人脑而言，我们需要很长时间来解决三类问题。首先，我们必须理解脑细胞的工作方式。这是一项困难的工作，因为存在着几百种不同类型的脑细胞。其次，我们必须理解每种类型的细胞如何与和它们相连的其他类型的细胞相互作用。这种相互作用的方式可能有数千种之多。最后，也是最难的部分：我们还必须理解我们的数十亿脑细胞是如何组织在一起的。要回答这些问题，我们需要开发出许多新的理论和组织概念。关于人脑如何由更简单的动物的脑进化而来，我们了解得越多，回答上述问题的任务就越简单。

## 2.2 创新者与简化者

如果神秘的事物可以用我们所知道的现象来解释，那是最好不过的。不过当我们无法做到这一点时，就必须决定是尽量向旧理论靠拢，还是抛弃旧理论，开发新理论。我想这在某种程度上与个性有关。让我们把那些更愿意在旧理论基础上进行构建的人称为“简化者”，把支持开发新理论假说的人称为“创新者”。简化者通常是正确的，至少在科学界谨慎的核心领域，创新者很少能存活得比较长久。然而这个区域之外则成了创新者的天下，因为旧理论有更多机会暴露自身的缺陷。

有些学科只要很少几种原理就可以解释了，这真是不可思议。现在物理学凭借几种粒子以及力和场的相互作用，几乎能解释我们所看见的所有事物，至少大体上能解释。在过去的几个世纪中，简化论获得了巨大的成功。用这么少的基本原理解释世上的这么多的现象，人们是怎么做到的呢？没人能回答这个问题。

许多科学家都把化学和物理学作为心理学研究的理想模型。毕竟，大脑中的原子和其他所有形式的物质都遵从同样的物理定律。那么我们能用同样的基础原理来解释大脑的功能吗？答案是不能，原因很简单，仅仅知道数十亿脑细胞各自单独的运作方式，我们也无法理解整个大脑作为一个团体如何运作。“思维的定律”不仅取决于脑细胞的属性，还要依靠脑细胞之间的联结方式。但这些联结并非通过“一般”的基础物理定律建立，而是通过我们所继承的基因中数百万零散的信息构成。诚然，“一般”物理定律适用于所有事物。但是，也正因为这一点，它们很少能解释某个特别的事物。

这难道是说心理学必须摒弃物理定律，开发自己的新定律吗？当然不是。我们并不是在追求不同的定律，而是要寻找在更高层次的组织中发挥作用的额外理论和原则。在我们的理念中，“建设者”作为一个团体如何运作，以及“建设者”的下级智能体如何运作，这二者之间无须冲突，也不能有冲突。对每个更高层级的描述必须是增加而不是替代我们对低层级的理解。在本书中，我们会多次提到“层级”这个概念。

有许多科学学科都成功地将其研究对象简化成了一些原理，心理学也能像它们一样吗？那需要看你说的“一些”到底是多少。在物理学中，我们习惯用差不多十几条基本原理进行解释。而心理学必须用几百条更小的理论进行解释。对物理学家而言，这个数字可能太大。但是对人文学家来说，这个数字可能还太小呢。

## 2.3 部分与整体

我们常常听说某些整体“大于部分之和”，而且这种说法常常使用一些令人敬畏的词汇，比如“整体论”和“完形论”，这类词语的学术语气暗示它们指代的是一些清楚且明确的理念。但我怀疑这类术语的真实作用其实是对无知的一种美化。当我们无法解释某些事物的行动方式时，就说这是它们的“完形”，而当我们毫无防备地遭遇了意想不到的现象，并且意识到我们对它的理解并没有自己所认为的那样多时，就用“整体论”来解释。举例而言，想想下面这两组问题，第一组“主观”，第二组“客观”：

是什么让图画大于其中单独的线条？
是什么让人格大于一组性格特征？
文化为什么大于一些习俗的组合？

是什么让一座高塔大于单独的积木？
为什么一根链条大于其中的各个环节？
一面墙为什么大于一组砖块？

为什么那组“客观的”问题看起来没那么神秘？因为通过事物之间如何相互作用，我们就能很好地回答它们。要解释墙和塔的功能，我们只需指出每块砖如何在适当的位置上与相邻的砖块和重力配合。要解释分开的环节为什么不能发挥链条的作用，我们可以演示每个环节是如何与其相邻的环节联系在一起的。这些解释对成年人而言好像不证自明。然而，在我们小时候，它们看上去可没那么简单，而且我们每个人都花了好几年的时间去学习在真实的世界中物体之间是如何相互作用的。比如，两个物体不可能同时出现在同一个位置，我们认为这件事“显而易见”，那只是因为我们已经记不得自己费了多大的力气才学会这件事。

为什么解释我们对绘画、人格和文化的反应似乎困难得多呢？许多人认为，这种“主观”类的问题无法回答，因为它们与我们的思维有关。但这并不表明这些问题无法回答，只能说明我们必须先对思维了解更多而已。

**“主观的”反应也是以事物之间的相互作用方式为基础的。不同之处在于，在这类问题中，我们关注的不是外部世界中的客观事物，而是我们脑内的各种程序。**

换句话说，那些关于艺术、性格特征和生活方式的问题实际上也是非常偏技术型的问题。它们要求我们解释的是在我们的思维中，那些思维智能体之间发生了什么。但我们以前对这个主题了解得不多，也没有什么关于它的科学研究。虽然这类问题以后一定能回答出来，但如果我们一直沿用“整体论”和“完形论”这类伪解释，回答出来的时间就会推后。诚然，给一些事物命名可以让我们去关注一些谜一般的现象，这是有一定帮助的。但是如果命名让我们以为名字本身让我们更接近真理，那可就有害了。

## 2.4 整体论与部分

绝大多数人类都相信，感知和思维（与其他物质不同）就其本身的性质而言不太容易分解和腐化，肉体分解为基本的元素时，赋予肉体生命的本源却永存不变。然而，我们称为思维的事物很有可能不是一种真实的存在，不过与之相比，组成宇宙剩余部分的那种无限变化的物质中，某些部分之间的关系更加难以存续，这些关系在上述各部分改变其相互位置时就立刻终止了。

——珀西·比希·雪莱

生命是什么？人们解剖了尸体却没有在里面发现生命。思维又是什么？人们解剖了大脑却也没有在里面发现思维。生命和思维远大于“组成它们的部分之和”，不过是不是大到没有必要去研究它们的组成部分了呢？要回答这个问题，先来看看这段整体论者和普通人之间的滑稽对话：

> **整体论者**（holist）：“我会证明没有盒子能困住一只老鼠。一个盒子是用六块板子钉在一起组成的。但很明显，没有盒子能困住一只老鼠，除非它具备一些‘老鼠密封性’或者‘制约作用’。现在，没有一块板子拥有任何制约作用，因为老鼠完全可以从上面走开。而且如果一块板子没有制约作用，六块板子也不会有。所以这个盒子就根本不会有老鼠密封性。所以从理论上来说，老鼠是可以逃走的！”
>
> **普通人**：“好神奇。那盒子怎么才能困住一只老鼠呢？”
>
> **整体论者**：“噢，那很简单。尽管盒子没有真正的老鼠密封性，但一个不错的盒子可以‘模仿’出老鼠密封性，于是老鼠就会被骗，不知道如何逃跑了。”

到底是什么困住了老鼠呢？当然是因为盒子从所有方向上都阻拦了老鼠的行动，因为每块板子都在某个方向上断绝了老鼠逃跑的出路。左边的板子防止老鼠往左跑，右边的板子防止它往右跑，上面的板子防止它跳出去，以此类推。盒子的秘密仅在于各个板子的排列方式阻止了所有方向上老鼠的行动。所以尽管每块板子都对制约做出了贡献，但指望任何一块单独的板子具有任何制约作用是很愚蠢的。这就像扑克牌里的同花顺一样：只有组合在一起才有价值。

生命和思维也是如此。用这类词汇来描述有生命物体的最小组成成分是傻瓜行为，因为人们发明这些词汇是用来描述更大的集成体之间是如何相互作用的。像用盒子围起来一样，生存和思考这类词汇在描述由特定关系组合而产生的现象时是有用的。盒子之所以看起来没那么神秘，是因为人们都明白，一个精致盒子中每块板子之间是如何相互作用来防止老鼠在各个方向上的行动的。事实上，生命这个词现在也已经没那么神秘了，至少对现代生物学家而言是这样，因为他们理解了细胞中化学物质间许多重要的相互作用。但思维仍然保有其神秘性，因为对于我们头脑中的智能体是如何相互作用以完成其任务的，我们还知之甚少。

## 2.5 容易和困难的事

20 世纪 60 年代，在美国麻省理工学院的人工智能实验室内，“建设者”化身成一套计算机程序。我与我的合作者西蒙·派珀特一直想用一只机械手、一只电视眼以及一台计算机组合成一个机器人，让它可以用儿童积木进行建构。我们和我们的学生用了几年的时间来开发移动、看见、抓住以及制造“建设者”智能组所需的几百个小程序。我倾向于认为这个项目让我们有机会一窥儿童在学习如何“玩”简单的玩具时，思维中一些特定的部分。这个项目留给我们一些疑问，那就是：就算有上千种微小技能，是否就足以让儿童在小桶里填满沙子？这种经验启发我们对思维领域产生了许多理念，这是我们以往所学的心理学知识无法做到的。

要做这些先驱实验，我们首先要制作一只机械“手”，还要在它的指尖上配备压力和触觉传感器。之后还要把一台电视摄像机与我们的电脑相连，并且写出一些计算机程序让“眼睛”可以辨认积木的边缘。这只“眼睛”还得能识别出自身的“手”。开始时那些程序运行得并不顺利，于是我们增加了更多的程序，利用手指的触觉来确认事物确实在视觉所呈现的位置上。不过还是需要其他的程序让计算机可把“手”从一个地方移动到另一个地方，并且通过“眼睛”看到没有东西挡住去路。我们还需要写更高层级的程序，让机器人可以用来计划将要做什么——还有更多的程序来确认这些计划真的会被执行。要让所有这些事都能可靠运行，我们需要程序在每一步都（再次通过“眼睛”和“手”）确认所有思维中所计划的事确实在外部发生了，或者修正所发生的错误。

在尝试让机器人可以工作的过程中，我们发现许多日常问题比成年人认为困难的那些问题、谜题和游戏复杂得多。在这个积木的世界中，当我们被迫比平常更小心地进行观察时，在每个环节都会发现大量意想不到的因素让问题变得更复杂。比如一个看起来很简单的问题：不要使用已经放进塔中的积木。对一个人来说，这看起来就是一个简单的常识："如果一个物体已经用于实现一个旧目标，就不要在实现新目标时再使用这个物体。"没有人准确地知道这一点在人类的思维中是怎样实现的。很明显，我们根据经验可以识别出在哪些情境下容易遇到难题，长大后，我们学会了提前计划来避免此类冲突。什么样的策略最值得一试？哪些又能帮助我们避免最可怕的错误？在我们预期、想象、计划、预测和预防的过程中，肯定涉及了成千上万甚至是上百万个小程序，但这些程序太自动化了，所以我们把它当成了"普通的常识"。然而，如果思维如此复杂，是什么让它看起来这么简单呢？对于我们的思维能使用这么复杂的机器，开始时我们可能觉得不可思议，不过后来就不会去想它了。

**一般而言，思维最擅长的事都是我们很少觉察的事。**

通常都是其他系统开始失灵的时候，我们才会调用一些特殊的智能组，也就是与"意识"相关的智能组。相应地，我们对运行不佳的简单程序会更有意识，对于没有瑕疵的复杂程序反而意识不多。这表明我们不能对所做的事哪些比较简单、哪些比较复杂做即兴的评判。大多数情况下，思维的每一部分只能感觉出其他部分在完成自己工作时的安静程度。

## 2.6 人类是机器吗

把人类的思维比作计算机程序或机器，许多人都会感到被冒犯。我们已经看到一个简单的建塔技能如何由更小的部件组成。但所有的事物，比如真实的思维，都是由这样琐碎的部件构成的吗？

**"太可笑了，"许多人会说，"我当然不会觉得自己像一台机器。"**

但是如果你不是一台机器，你又怎么知道身为一台机器是什么感觉呢？人们可能会这样回答："我会思考，所以我知道思维是怎么运作的。"但这就好像在说："我会开车，所以我知道发动机是如何运作的。"知道如何使用某个物品，不代表知道它的工作原理。

**"但人人都知道机器只能以无生命的机械方式行动。"**

这个反对的理由看上去更合理一些：确实，人们如果被比作某种琐碎的机器，是应该感到被冒犯的。但在我看来，"机器"这个词已经开始过时。几个世纪以来，类似"机械"这种词让我们想到的都是一些简单的设备，比如滑轮、杠杆、火车头、打字机之类。（"计算机式的"这种词汇继承了相似的琐碎感，听上去就像是做无聊的简单算术一样。）但我们应该认识到自己仍处于机器时代的早期，实际上也不知道将来机器会变成什么样子。如果某个火星人十亿年前到访，看到一些由细胞组成的团块，这些团块甚至连爬行都还不会，而火星人根据这些判断地球生物未来的命运，你觉得合理吗？同样，我们也不能根据现在看到的情况就猜出机器在未来到底能完成什么任务。

我们第一次认识计算机，是20世纪40年代使用的一些机器，它们只有几千个组件。而人脑包含了数十亿个细胞，每个细胞本身就很复杂，而且还与其他几千个细胞相连接。当今计算机的复杂程度只能算中等水平；它们现在有几百万个组件，而且人们已经开始制造由十几亿个组件构成的计算机，用于研究人工智能。然而，尽管计算机已经发生了这样大的变化，人们使用的还是旧词汇，就好像什么变化也没发生一样。现在的运算规模是过去无法想象的，我们应该转变态度来适应这种现状。"机器"这个词已经不再能带我们去到足够远的地方了。

不过修辞并不能起决定作用。让我们先搁置这些争议，来研究一下大量未知的脑功能吧。这样，在我们明白自己到底是多么奇妙的机器时，就能找回一些自尊了。

# 第3章 冲突与妥协

The Society of Mind

# 3.1 冲突

许多孩子不但喜欢建造，还喜欢破坏。让我们来想象另一个智能体，把它叫作“破坏者”，它的专长就是拆东西。我们那个孩子很喜欢听到叮叮咣咣的噪声，还喜欢看到好多东西一起移动。

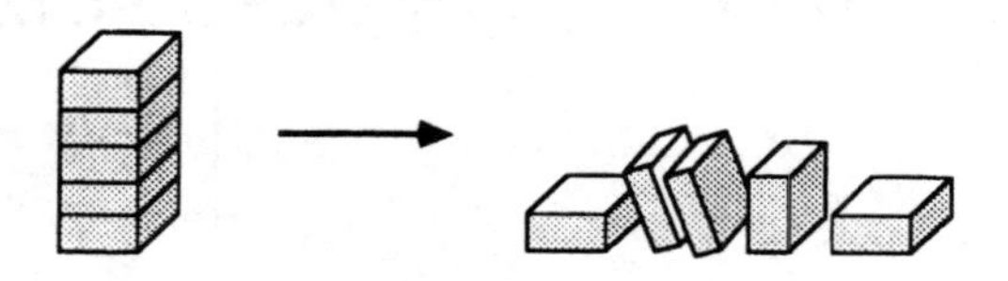

假定“破坏者”被唤醒了，但视野里没有什么东西可以破坏，这时“破坏者”就会去寻求一些帮助——比如让“建设者”去工作。但是如果过些时候，“破坏者”觉得塔已经高到可以推倒了，而“建设者”还想再建高一些怎么办？谁能来解决这一争议呢？

最简单的办法就是把决策权交给“破坏者”，因为最开始是它发动“建设者”去工作的。但如果要展示出一个孩子思维中更真实的图景，我们就会发现这种选择还依赖许多其他的智能组。举例而言，我们假定“建设者”和“破坏者”在最开始时都是被更高层级的智能体——“玩积木”发动起来的。那么当“建设者”和“破坏者”在塔是否足够高这一点上无法达成一致时，冲突就出现了。

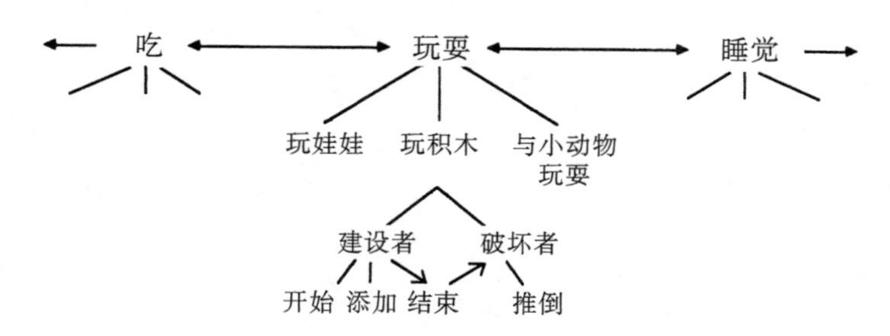


在最开始时又是什么唤起了“玩积木”呢？可能是某个更高层级的智能体，“玩耍”，先被激活了。然后，在“玩耍”内部，尽管有“玩娃娃”和“与小动物玩耍”这两个竞争者，最终还是“玩积木”掌握了控制权。不过就算是它们的主管上司“玩耍”本身，也必须和“吃”和“睡觉”这样的其他高级智能组竞争。毕竟，孩子玩耍不是一个孤立事件，它总是和现实生活中许多其他事情一起发生。无论我们选择做哪件事，总是在同时还有其他事情想做。

在本书的几个部分中，我会假定智能体之间的冲突有向上级移动的倾向。举例而言，“建设者”和“破坏者”之间的冲突时间延长将会削弱它们共同的上级，即“玩积木”，从而减弱它压制自身的对手，即“玩娃娃”和“与小动物玩耍”的能力。接下来如果冲突还不能很快解决，它就会在下一个更高的层级上削弱“玩耍”的控制力，于是“吃”或者“睡觉”就可能夺取控制权。

## 3.2 无法妥协

为了解决争端，国家发展出了司法体系，公司建立了政策，个体之间则会争论、战斗或者妥协——又或者寻求外部调停者的帮助。那么，如果思维内部发生了冲突会怎么样呢？

无论何时，只要有几个智能体竞争相同的资源，它们就有可能陷入冲突。如果等着这些智能体自己解决，那这些冲突可能会一直持续下去，从而导致智能体们陷于瘫痪状态，无法完成任何目标。这时会发生什么？我们认为那些智能体的上级也同样面临竞争的压力，而且不论是因为发生了冲突还是智能体本身能力不足，只要下级完成目标的速度变慢，上级就很有可能被削弱。

> **无法妥协定理**（The Principle of Noncompromise）：一个智能体的下级智能体之间出现的内部冲突持续时间越长，这个智能体与自己的竞争者相比状态越弱。如果这种内部问题不能很快解决，其他的智能体就会获得控制权，而以前参与工作的智能体则会被“解散”。

只要玩积木进行得不错，“玩耍”就能维持它的优势，继续占有控制权。但同时，这个孩子可能会开始感到饥饿和困倦，因为其他的程序正逐渐唤醒“吃”和“睡觉”的智能体。只要“吃”和“睡觉”还没有被强烈激活，

“玩耍”就能牵制住它们。不过，如果“玩耍”内部发生了任何冲突，都会削弱它的力量，让“吃”和“睡觉”有机可乘。当然，“吃”和“睡觉”最终还是会取得胜利，因为等待的时间越长，它们的力量越强大。

我们自己也经历过这样的事。当手头的事情进展得很顺利时，我们就很容易抵挡外界的小干扰，但如果工作内容出现了一些麻烦，我们就开始变得越来越没有耐心，很容易烦躁。最终，我们会发现自己很难集中精神，最细微的干扰也会让其他不同的兴趣点占据主导。不过，任何智能组就算失去了对其他系统的控制，也并不代表其自身内部的活动就终止了。一个失去了控制的智能组也能继续在其内部运作，从而为抓住以后的机会做好准备。然而，我们通常不会意识到其他那些在思维深处持续进行的活动。

这个把控制权让位给其他智能组的过程何时停止呢？每个思维都有一个最高的控制中心吗？未必如此。我们有时通过迎合上级来解决冲突，但有些冲突一直都不会结束，而且会不断对我们造成困扰。

我们的无法妥协定理看起来太极端了。人类中一个好的上级会提前计划，在一开始就避免冲突。而且就算不能避免，他们也会尽量在内部解决，不让冲突升级。但我们不应该把单一思维中的低层级智能体与一个人类社会的成员相类比。这些微小的思维智能体所具备的知识不足以与其他智能体进行谈判，也无法找到有效的方式来调整彼此之间的干扰。只有更大一些的智能组可以获得足够的资源来做这些事。在一个现实中孩子的头脑内部，“建设”和“破坏”可能已经具备了这样的才能，它们可以通过为彼此完成目标提供支持来进行探班：“求你了，‘**破坏者**’，再等一下，等‘**建设者**’再往上加一块砖就好，这样你能听到更大的声响！”

## 3.3 等级

**官僚机构**（bureaucracy）：名词，由遵照僵化原则的官员管理部门和分支机构所组成的政府行政机构。

——《**韦氏词典**》

作为一个智能体，“建设者”不做任何实体的工作，只是负责启动“开始”“添加”和“结束”。与此类似，“添加”只负责命令“寻找”“置放”和“拿起”这几个智能体工作。然后这些工作又被分配给“移动”和“抓住”。这种不断分解为更小任务的过程看起来好像没完没了一样。最终，所有的事肯定要落实到某些智能体上去做真正的工作，只不过在那些发动肌肉的小智能体真正移动手臂、手掌和手指关节之前，还有许多小步骤要完成。因此“建设者”就像一个高层级的领导一样，与那些真正生产最终产品的下属之间相距很远。

这是否说明“建设者”的管理工作并不重要呢？完全不是这样。那些低层级的智能体需要被控制，这和人类的事务差不多。当企业变得太大、太复杂时，一个人无法完成所有工作，于是我们建立了组织。在组织当中，智能体们无须关注最终的结果，它们只要关注与其相关的某些智能体在干什么就可以了。在设计一个社群的过程中，无论是人类社会还是机器社会，都会涉及以下几个问题：

哪些智能体选择哪些其他的智能体做什么工作?
谁来决定要完成哪些工作?
谁来决定要付出什么努力?
冲突如何解决?

普通的人类思维中包含了多少“建设者”的特征？我们所描述的“建设者”并不太像一个人类主管。它并不能决定把哪些工作分配给哪些智能体，因为这些内容已经被安排好了。它也不会计划未来的工作，只是简单地实施特定的步骤，直到“结束”宣布工作已经完成。它也没有任何可以处理突发事件的本领。

因为我们那些小小的思维智能体能力非常有限，所以它们与人类的主管和工人其实不太能相提并论。此外，我们不久后就会看到，思维智能体之间的关系并没有遵照严格的等级制度，而且任何智能体之间的关系都是相对的。对于“建设者”而言，“添加”是下属。但是对“寻找”来说，“添加”是老板。对你而言，则完全取决于自己的生活方式。你最关注哪类思维——你要服从或给出哪些命令？

## 3.4 异层级结构

层级社会就像一棵树，每根树枝上的智能体都只对这根树枝上一级分枝的智能体负责。每个领域中都能见到这种模式，因为按照这种方式把工作分配给各部门是解决问题最简单的方式。这种组织形式很容易建构，也很容易理解，因为每个智能体都只做一项单一的工作：它只需要“向上看”，听从上级的指挥，然后再“向下看”，从下属那里获得帮助就可以了。

但层级社会有时无法发挥作用。试想一下，如果有两个智能体需要利用彼此的技能，但互相又不能“凌驾”于彼此之上会怎么样。举例而言，当你要求视觉系统判断一下左边的图描绘的是三块砖还是两块砖，看看会发生什么。

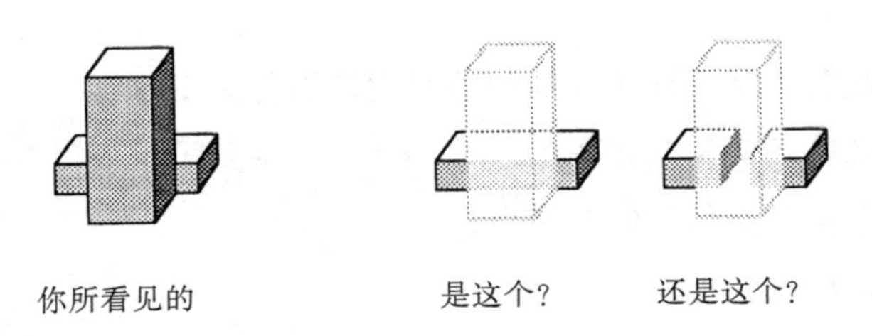


“看见”这个智能体如果能够把前面的砖“移动”到视线外就能回答这个问题。但是，在这个过程中，“移动”可能必须要“看见”是否有障碍物会干扰手臂的运动路线。这时，“移动”是在为“看见”工作，而“看见”也在为“移动”工作，二者同时发生。这样的过程在简单的层级社会中是无法实现的。

在本书之前的内容中，大部分图画描述的都是简单的层级。之后，我们会看到交叉相连的闭环和循环——当我们不得不把记忆考虑在内的时候。而记忆也是本书将会持续关注的一个主题。人们常常认为记忆是对过去事件的记录，用来回想较早时间前发生过的事。但智能组还需要其他类型的记忆。比如在完成一项工作后，开始下一项工作之前，“看见”需要一些临时的记忆来监控接下来要做什么。如果“看见”手下的智能体一次只能做一件事，那它很快就会耗尽资源，从而无法解决复杂的问题。但如果我们有足够的记忆，就能让智能体进入一个循环，让同样的智能体在同一时间内一遍又一遍地完成不同任务中的某些部分。

## 3.5 破坏

任何一个真实孩子的思维里，“玩耍”的欲望都会与其他的欲望竞争，比如“吃”和“睡觉”。如果其他的智能体从“玩耍”手中夺走了控制权会怎么样？而“玩耍”所控制的那些智能体又会怎样呢？

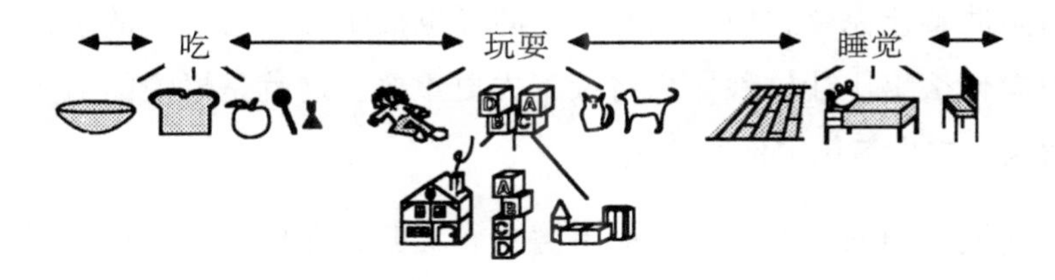


假如我们的孩子需要离开，无论是被其他人叫走，还是因为出现“睡觉”这样的内部欲望想要离开，思维中那些还在活动的程序会怎样呢？孩子心里有一部分还是想继续玩，而另一部分又想睡觉。也许孩子会突然报复似的把积木塔踢倒。孩子如果这样做表示什么呢？是因为内部的约束被打破而引起了这种野蛮行为吗？未必如此。这些“幼稚的”行为可能另有其道理。

踢倒积木塔所用的时间很少，这样“**破坏者**”就能摆脱“**玩耍**”的束缚，只需一脚就能获得最终令人满意的破坏效果。

尽管幼稚的暴力行为本身看起来可能没什么意义，但它能传达出目标失败时的挫折感。就算家长责骂，也只是证明了孩子的信息传达成功了而已。

破坏行为也是在为建设性目标服务，它减少了需要解决的问题。这一脚也许让外部变得乱糟糟，却在内部整理了孩子的思维。

当孩子们破坏了自己珍爱的玩具，我们不应问他们为什么——因为这样的行为不会只有单一的原因。此外，有一点并不正确，那就是在人类的思维中，当“睡觉”开始工作时，“玩耍”就必须退出，它所管辖的智能体都要停止工作。一个真实的孩子会上床睡觉，但他脑子里还会想着建塔的事情。

## 3.6 疼痛和愉悦带来的简化

当你感到疼痛的时候，很难对其他事感兴趣，你会觉得什么事情都不会比找到一种办法让你减轻痛苦更重要。这就是疼痛如此强大的原因：它让你很难去思考其他的事情。疼痛简化了你的视角。

当某件事让你感到愉悦的时候，同样也很难去考虑其他的事情，你会觉得没有什么事比让这种愉悦持续下去更重要。这就是愉悦的力量如此强大的原因。它也简化了你的视角。

疼痛把我们的注意力从其他事务上转移开并非偶然，它正是通过这种方式帮助我们生存下来。我们的身体里有一些特殊的神经，它们会探测到当前的伤痛，这些神经因为疼痛而发出的信号会让我们做出特殊的反应。在某种程度上，它们也许是通过把控制权转交给我们最低层级的智能组来打断我们对长期目标的关注，从而强迫我们专注于眼下的问题。当然，这样做可能弊大于利，尤其是当我们为了去除疼痛来源，不得不做一个复杂的计划时。因为很不幸，疼痛会降低我们对其他非紧急事务的兴趣，从而干扰我们制订计划。太大的痛苦会限制我们自身的复杂性，从而削弱我们的能力。愉悦的作用也是如此。

我们把疼痛和愉悦看作两个对立面，因为愉悦会拉近我们与其对象的距离，而疼痛则会驱使我们排斥其对象。但我们也认为它们二者是相似的，因为它们都会转移我们的兴趣点，让竞争中的目标看上去微不足道。它们都会分散注意力。我们为什么要在这两个对立的事物间寻找相似性呢？有时两个看上去对立的事物其实只不过是一台天平的两端而已，又或者说其中的一个就是另一个的缺失而已——就像声音与安静、光明与黑暗、感兴趣与漠不关心一样。但像疼痛与愉悦、恐惧与勇气、恨与爱这类完全不同的对立面之间又是什么关系呢?

**要表现出对立，两个事物必须服务于相关的目标，或者参与的是相同智能组的工作。**

因此，钟爱与憎恶都涉及我们对关系的态度，而愉悦和疼痛都会产生简化我们思维场景的限制条件。勇气和怯懦也是一样：每一方都是在了解彼此后发挥得最好。在攻击的时候，你必须打击你能在对手的策略中找到的一切弱点；防御的时候也差不多，你还是需要猜测对手的计划。

# 第4章 自 我

我们假装自己是谁，我们就是谁，所以我们一定要小心决定自己假装是谁。

——库尔特·冯内古特

## 4.1 自我

**自我**（self）：名词，1. 任何人或物的身份、特征或基本品质。2. 一个特定的人的身份、人格、个体性等；一个人对自己区别于他人的称呼。

——《韦氏词典》

我们都相信人类思维中包含一些特殊的实体，我们称之为自我，但关于自我是什么却莫衷一是。我们先来澄清一下概念，当我要说的是一般意义上的一个完整的人，会用不带引号的自我来表示，而要表示更具神秘感的个人身份时，则会用带引号的“自我”。以下是人们对“自我”的一些说法：

> “自我”是思维中代表真我的那部分，或者不如说，是我的一部分，也就是我思维的一部分，这一部分真的会思考、会渴望、会做决定、会享受、会痛苦。这对我而言是最重要的一部分，因为这一部分在经历了所有的一切后仍然保持不变——是把所有事情联系在一起的那个“**身份**”(identity)。而且无论你是否能用科学的方法来理解它，我都知道它就在那里，因为它就是我。也许它就是那种科学无法解释的事。

这不太算是一种定义，但我想也没有什么更好的方法来定义了。给我们不了解的事物强加定义，通常都是弊大于利。此外，也只有在逻辑学和数学里，定义才能完美地捕捉概念。我们在实际生活中处理的问题通常都太复杂，无法用整齐、简洁的语言来概括。在理解思维的时候尤其如此，我们了解的知识太少，甚至不能确定我们关于心理学的理念方向是否正确。无论如何，人们都不应该错把定义一件事当作了解一件事。就算没有定义，你也可以知道老虎是什么。然而你也可能知道老虎的定义，其实却对老虎知之甚少。

就算过去对思维的理解是错的，尽力去理解我们为什么会相信那些理念，也会受益良多。与其询问“什么是‘自我’”，不如问一问“我们关于

‘自我’的理念是什么”。而之后，我们还可以问一问：“这些理念服务于哪些心理功能？”那时我们就会发现，原来在这方面我们有不止一种理念，而是有很多种。

我们关于“自我”的理念中，包含着我们是什么的信念。这些信念又包括我们能做什么和我们可能倾向于做什么。每当我们解决问题和制订计划的时候，都是在探索这些信念。我会以非常模糊的方式把它们称为印象自我。除了印象自我，关于自我的理念还包括我们想成为什么以及我们应该成为什么等理念。我把这些理念称为理想自我，它影响着每个人从婴儿开始的成长过程。但我们发现，通常很难表达这些理念，因为它们并不出现在意识层面。

## 4.2 一个自我还是很多个自我？

关于“自我”的一个常见印象就是每个思维中都包含着某种偷窥木偶，即它会为我们感受、渴望和选择那些我们所感受、渴望和选择的事。但如果我们拥有这样的“自我”，那“思维”还有什么用呢？而从另一方面而言，如果“思维”能够做这样的事，又为什么存在“自我”呢？这个“自我”的概念是否有什么真正的作用呢？它确实有作用，但我们不能把它看作一个中心化的全能实体，而是看作一种理念的集合，它包含着我们关于思维是什么的印象以及它应该是什么的理想。

此外，我们关于自我通常有两种思维。有时我们认为自我是单一的、自相一致的实体；有时我们感觉自我是去中心化的、四处分散的，就好像我们是由许多代表不同倾向的不同部分构成的一样。对比一下这两个观点：

**单一自我观点**（single-self view）：“我认为，我想要，我感觉。思考我思维的人是我，我自己，不仅仅是某些无名的、无自我的部分聚集在一起。”

**多重自我观点**（multiple-self view）：“一部分我想要这样，另一部分我想要那样。我必须更好地控制自我。”

无论哪个观点，我们都不是太满意。我们都有过感觉不统一、动机冲突、强迫感、内部张力、意见不合的体验。我们的头脑中在不断进行谈判，但很少听说有人的思维被看似来自别处的强迫感和命令所束缚。而我们感觉最合理统一的时候，在其他人看来却可能是我们最混乱的时候。

但如果思维内部没有一个单一的、居中占主导地位的“自我”，是什么让我们感觉到自己的存在呢？是什么让这一神话如此强大有力？这是一个悖论：也许是因为我们的头脑中不存在什么人让我们去做我们想做的事，甚至没有人让我们去想我们想要的事，我们只是建立了我们存在于自己内部这一神话。

## 4.3 灵魂

我们感谢您，因为黑暗让我想起了光。

——T. S. 艾略特

关于灵魂，有一个常见的概念称为自我的本质，它存在于某些看不见的火花之中，蜷缩于身体之外、思维之外、光明之外。但这种符号代表了什么意思呢？它带有一种反自尊的感觉：任何人的成就都无关紧要。

人们会问机器是否有灵魂，我则会反问灵魂是否能学习。如果灵魂可以存活无限的时间却不用这些时间来学习，那么用所有的变化来换不变，这看上去不像一次公平的交易。然而这就是我们从与生俱来而不会成长的灵魂那里所获得的东西。

为什么要把“自我”的价值固定在这样一种极为刻板的形式中呢？一幅伟大的绘画作品，其艺术性并非存在于某个单一的理念中，也不存在于排列色块的多重技巧里，而是存在于作品中各个组成部分之间伟大的关系网络中。与此类似，那些构成我们思维的智能体在还没有经验的时候，其本身是没有价值和目标的，就像绘画时散乱的涂鸦一样。重要的是我们让它们成为什么样子。

我们都知道，丑陋的外壳下可能隐藏着意想不到的礼物，就像尘土中埋藏的珍宝，或者像笨拙的牡蛎却孕育着珍珠。但思维正相反。我们都是从胚胎开始生长，之后慢慢形成了奇妙的自我。人类自我的价值并非来自某种小而珍贵的核心，而是来自其庞大而构造精良的外壳。

关于精神、灵魂、本质，那些古老而尖锐的信念是怎样的呢？它们全都暗示着在改进自我方面，我们都很无助。要在这样的思想下发掘我们的优点，就好像刮掉画师的作品而在画布中发掘艺术一样找错了目标。

## 4.4 保守的自我

如何控制自己的思维？理想状态下，我们首先会选择想做什么，然后让自己去做。听起来容易做起来难：我们会花时间寻找自我控制的方法。如果成功了，我们会为此庆贺，但如果失败了，我们会因为没有按照自己希望的方式行动而感到生气，然后我们会责备、羞辱自己或者贿赂自己换一种方式。但是等一下！自我怎么会跟自己生气呢？是谁在对谁生气？来看看日常生活中的一个例子。

> 我正在努力集中精神去解决某个特定的问题，但渐渐感到无聊和困倦。后来，我想象着我们的竞争对手“挑战者教授”就快要解决这个问题了。我愤怒地希望能击败挑战者教授，于是继续坚持工作了一会儿。奇怪的是，挑战者教授从来没有对这个问题产生过兴趣。

我们为什么会用这种迂回的技术来影响自己呢？为什么要采用这种间接的办法，发明这种满是谬误和幻想的谎话？我们为什么不能简单地要求自己去做想做的事呢？

要理解某个事物如何发挥作用，就必须知道它要实现什么目的。曾经，人们不了解心脏。可是当人们知道心脏会输送血液的时候，其他许多事情就都说得通了：那些看起来像管道和阀门东西真的就是管道和阀门，而那个有节律且紧张跳动的心脏其实就是一个泵。于是人们可以做出新的推测：它是要为组织输送饮料和食物吗？是为了保持体温吗？是要在不同的部位之间输送信息吗？实际上，所有这些假设都是正确的，而这些功能又引出了新的猜测，血液是不是也能输送空气，更多的谜题被人解开。

要了解我们所谓的“自我”是什么，首先得了解“自我”是干什么的。“自我”的功能之一是防止我们变化太快。每个人都必须做一些长期的计划，以便在单一目的性与同时尝试做许多事这二者之间取得平衡。但简单地指导一个智能组执行计划是不够的，我们还必须想一些办法来限制自己日后可能做出的改变——防止我们又把这些做计划的智能体关掉！如果我们总是草率地改变主意，就无法确定下一步到底想做什么。我们完成不了多少事，因为我们自己太不可靠了。

有些普通的观点认为“自我”是一种神奇而任性的奢侈品，它能让我们的思维打破自然因素和法则的限制。这种观点是错误的。与此相反，“自我”是实际生活的必需品。一些谬论声称“自我”体现了某种特殊的自由形式，这只不过是伪装而已。它们的作用其实是把理想自我的本质隐藏起来，而理想自我是我们锻造出的锁链，用来防止我们破坏掉自己所做的所有计划。

## 4.5 利用

让我们再来仔细看看“挑战者教授”的那段故事。很明显，当时我的智能组“工作”利用“愤怒”来阻止“睡觉”。但“工作”为什么要使用这样一种拐弯抹角的手段呢？

要了解我们为什么必须采取这种间接的方式，可以考虑一下如果采取另一种方式会怎样。如果“工作”可以简单地关闭“睡觉”，我们很快就会耗尽自己的体能。如果“工作”可以简单地开启“愤怒”，我们就会一直处于战斗状态。直接的方式太危险，我们会因此死去。

实际上，那些可以简单开关饥饿和疼痛的物种确实很快就会灭绝。抑制和平衡反而必须存在。如果某个智能组能够俘获和控制其他所有智能组，我们连一天可能都坚持不了。这可能就是为什么我们的智能组为了利用其他智能组的技能，不得不寻找这样一种迂回的途径。在我们进化的过程中，所有直接的联系都一定会被淘汰。

这一定也是我们会利用幻想的原因之一：用它来制造那些缺失了的路径。如果只是简单地决定生气，你并不一定会生气，但你可以想象那些让自己生气的事物或场景。在“挑战者教授”场景中，我的“工作”智能组利用了一个特殊的记忆来唤起“愤怒”从阻止“睡觉”的倾向。这是我们自我控制时常用的伎俩。

我们自我控制的方法许多都是无意识的，但有时我们也会诉诸有意识的策略，为自己提供奖励：“如果我能完成这个项目，就有更多时间做其他的事了。”然而，要贿赂自己可不是一件这么简单的事。要想成功，你需要知道什么样的心理激励方式能真正对自己起效。这表示你，或者不如说你的智能体们，必须了解彼此的性格倾向。从这方面来看，我们用来影响自己的这些策略和那些我们用来利用他人的策略别无二致，而且二者还有一点很相似，那就是经常失败。试图用奖励引诱自己工作时，我们不会总是遵守约定；于是我们就会开始提高价码，甚至欺骗自己，就像在讨价还价的过程中，一个人试图向另一个人隐瞒那些没有吸引力的条件一样。

人类的自我控制并不是一项简单的技能，而是一组不断发展的专门技术，它们会蔓延到我们所做的每件事当中。为什么到了最后，能发挥作用的自我激励措施那么少呢？因为就像前面所说，直接控制太危险。如果自我控制特别简单，我们最后根本什么事也完成不了。

## 4.6 自我控制

求真如佛性之人向自心求悟，而后发心立愿以求之。

——佛陀

“挑战者教授”那段故事只为我们展示了一种自我控制的方法：利用一种情绪上的敌意来完成智力工作。想想其他那些在我们感到疲倦或分心时用来强迫自己工作的方法。

> **意志力**（willpower）：告诉自己“别放弃”或者“坚持一下”。

这种自我命令的方法一开始是有效的，但最后它们通常都会失败，就像思维中的发动机燃料耗尽一样。另一种自我控制的方法与身体活动有关。

> **活动**（activity）：四处走动，锻炼一下，吸气，大喊。

有些特定的身体活动特别有效，尤其是社交交流中的面部表情：它们对信息发出者与接受者都有影响。

> **表情**（expression）：下巴固定，上唇僵硬，眉头皱起。

另一种具有刺激作用的活动就是去一个比较刺激的地方。我们经常会采取行动直接改变脑中的化学物质。

> **化学物质**（chemistry）：摄入咖啡、苯丙胺或其他影响脑部的药物。

我们还可以在思维中行动，想象或者幻想一些能影响我们情绪的事，它们会通过奖励、贿赂甚至威胁自己来唤醒希望或恐惧。

> **情绪**（emotion）：“如果我赢了，就会有大收获，但如果失败了，就会失去很多。”

也许所有这些行动中最有影响力的是那些决定着某些特别的人的得失的事。

**依恋**（attachment）：想象一下，如果你成功了会获得怎样的尊敬，或者失败了会多么被鄙视，尤其是来自那些你所依恋的人。

自我控制有这么多方法！我们如何进行选择呢？其实哪种方法都不简单。自律是多年学习的结果，它在我们内部是一个阶段接一个阶段成长起来的。

## 4.7 长期计划

在追求真理的过程中，有些特定的问题是不重要的。宇宙是由什么材料构成的？宇宙是永恒的吗？宇宙是否有界限？人类社会最理想的组织形式是什么样的？如果一个人要等到这些问题都解决了再去求悟，那么他到死也无法找到觉悟之法。

——佛陀

我们经常会从事一些无法完成的项目。解决小问题很容易，因为我们可以把它们当作与其他目标无关的问题。但是对于那些占据生命更长时间的项目则并非如此，比如学一门手艺，抚养一个孩子，或是写一本书。一项事业不是一个简单的“决定”或“选择”就能完成的，它需要花费大量的时间，而且无法避免与其他兴趣或志向发生冲突。于是我们被迫提出以下问题：

为此我要放弃什么？
我从中能学到什么？
它能带来权力和影响力吗？
我会一直对它感兴趣吗？
其他人能帮助我完成它吗？
这些人还会喜欢我吗？

也许所有这些问题中，最难回答的是这一题：“选择这一目标会让我发生哪些变化？”比如，想要拥有一幢豪华的大房子，就会让人进行这样的详细分析：

> “那表示我需要存很多年的钱，不能买其他我想要的东西。我怀疑自己是否能容忍这件事。是的，我可以改变自己，试着变得更节俭、更慎重，但我不是那类人。”

除非能把这些疑虑抛到脑后，否则我们的计划就面临着我们可能“改变主意”的风险。那么，一个长期的计划怎样才能成功呢？“自我控制”中最简单的一个办法就是只去做那些我们天生倾向于去做的事。

我们用来控制自我的办法和那些我们用来影响他人的办法非常相似。我们利用自己的恐惧和渴望，通过提供奖励或者威胁失去所爱来引导自己的行动。但是短期策略无法支持我们在长期项目中坚持下去的话，我们可能需要做出一些改变，来防止自己变回原形。我猜想，为了投身于最大、最具雄心的计划，我们会学习利用那些在能较长时间段发挥作用的智能组。

在所有智能组中，哪些变化最慢呢？稍后我们会看到，那些安静隐藏在幕后，影响我们性格的智能组一定包含在其中。这些系统不仅关系着我们想要的事物，还关系着我们想成为什么样的人，也就是我们的理想自我。

## 4.8 理想

我们曾经用“理想”来指代我们认为自己在道德事务中应有的行为方式，但我会在更宽泛的意义上使用这个词，那就是在我们应该如何思考普通事物这个问题上，我们有意或无意时所坚持的标准。

我们总是在想办法实现各种时间范围和规模的目标。如果一种短暂的倾向与一个长期的理想自我相矛盾会怎么样？就此而言，就像我们想做的事和认为自己应该做的事之间存在不一致一样，我们的各种理想之间出现了分歧会怎么样？这些分歧会让我们觉得不舒服、有罪恶感和羞耻感。为了减轻这种干扰，我们必须改变自己要做的事，或者改变自己的感觉。在即时欲望和理想之间，我们应该试图改变哪一项呢？这样的冲突必须由多层次的智能组来解决，也就是那些在我们早期人格发展的过程中所形成的智能组。

在儿童时期，我们的智能组会获得各种各样的目标。之后，我们在各种波涛的层叠中成长，在这个过程中，旧的智能组影响着新智能组的产生。正是这个过程让旧智能组影响了我们以后的行为方式。在个体之外，相似的过程发生在每一个人类社群中。我们发现与自己相比，儿童会更“像”他人，他们会吸收父母、家人还有同辈，甚至是神话故事中英雄和反派的价值观。

没有持久的理想自我，我们的生活会缺乏一致性。作为个体，我们永远不能信任自己会执行我们的个人计划。而作为一个社交团体，没有人能够信任他人。一个运行良好的社会必须有保持理想稳定的机制，而且许多我们认为只关系到个人的社会原则实际上是一些“长期记忆”，它们储存了若干世纪以来我们所习得的文化。

# 第5章 个体性

The Society of Mind

**潘奇与朱迪，致他们的观众**

我们的木偶线很难看到，
所以我们以为自己是自由的，
相信没有一个物体
能按照好坏来行事。

对你而言，我们小矮人看上去没那么
鲜活，因为我们的意识
是木偶的意识，生来就是坐在
神的腿上，传达他们的智慧；

你们是，我们超自然的神吗，
同样也悬挂在木棒上，
而且还需要，展示自发的魅力，
掌握在某个更高级的神手中？

我们看上去像一套内嵌的，
一个挨着一个的牵线木偶，
如果你问我们他是谁，我们会坚持
他是最后一个腹语表演者。

——西奥多·梅尔尼恰克

## 5.1 循环因果

无论何时，只要可能，我们都喜欢用简单的因果关系解释事物。在“挑战者教授”这个例子中，假定我希望“工作”优先，于是“工作”利用了“愤怒”可以战胜“睡觉”的自然倾向。但在现实生活中，感觉和思维之间的关系却很少这么简单。我想工作的愿望和对“挑战者教授”的恼怒，一直以来很有可能是相互混杂的，“工作”和“愤怒”谁在前并不好说。很有可能这两个智能组同时相互利用，于是二者结成了邪恶同盟，同时完成了两个目标；“工作”必须去完成它的工作，同时也伤害了“挑战者”！（在学术领域中的竞争，完成一项技术比打对方一拳伤得还重。）两个目标可以互相支持。

> **A 引起 B**（A cause B）：“因为约翰觉得工作太累，所以他想回家。”
> **B 引起 A**（B cause A）：“因为约翰想回家，所以他觉得工作太累。”

不需要有“首要原因”，因为约翰可以在一开始就既觉得厌烦工作又想回家。于是就产生了一组循环因果，在这一循环中，两个目标互相获得彼此的支持，直到它们共同的愿望变得势不可挡。我们总是牵绊于循环因果之中。假定你的贷款超出了偿还能力，之后不得不借更多的钱来偿还贷款利息。如果有人问你难在何处，简单地解释“因为我必须付利息”或“因为我要偿还本金”都是不够的。单独哪一条都不是真正的原因，你必须解释清楚自己陷入了一个循环里。

当我们卷入一些看起来特别复杂的情境中，常常会说“把事情捋清楚”。在我看来，这种说法反映出在一个包含复杂环路的迷宫中要找到通路有多么困难。在这种情境下，我们总是试图通过寻找单行的“因果”关系来发现“路径”。这样做有一个很好的理由：

> 无数不同类型的网络都包含着环路。而所有不含环路的网络基本都一样：都是简单的链状结构。

正因如此，一切可以用因果链条来呈现的事物都可以运用这种推理类型。只要这样做，我们就可以直接从开头推到结尾，中间不需要像小说一样构思，这就是“把事情捋清楚”所表达的意思。然而很多时候，要建构这种路径，我们就要忽略很多其他方向中重要的交互作用和相关性。

## 5.2 无法回答的问题

如果我继续存在于这个万事待行、无事待知的世界能让你感到愉快，请让你的圣灵教导我忘记那些无意义的危险问题，忘记那些古怪无用的难题和无法解决的疑虑。

——**塞缪尔·约翰逊**

无论任何事，只要反思的时间足够长，最后都很有可能提出一些我们称为“基础”的问题，而这些问题让我们觉得根本无法回答。因为我们甚至连这个问题都给不出完美的答案：人们怎么知道一个问题是否已经被恰当地解答过了？

宇宙由何而生，为什么？
生活的目的是什么？
你怎么知道哪些信念是正确的？
你怎么知道什么是好的？

这些问题表面上看起来很难，但它们有着共同的性质，这种性质让人们无法解答它们：它们都是循环问题！你永远无法找到最终的原因，因为你总要提出这样一个问题：“是什么原因引起了这个原因？”你永远无法找到最终的目标，因为你必须问：“**那件**事服务于什么目的？”无论何时，当你找到一件认为好的或正确的事，你还是要问为什么这件事是好的或正确的。无论你在哪一步发现了什么，都会出现这些问题，因为你必须对每个答案都提出挑战：“我为什么应该接受**这个**答案？”这种循环问题只会浪费我们的时间，迫使我们一遍又一遍地重复：“什么样的好事是‘好的’？”以及“什么神创造了‘神’？”

当孩子不停地问“为什么”的时候，我们成年人学会了用一种简单的方式回答：“因为就是这样！”这看上去有些固执，但它也是自我控制的一种形式。是什么让成年人不再纠结于这种无休止的问题了呢？答案是每种文化都找到了一些特殊的方式来应对这些问题。其中一种方法是把这些问题定为耻辱和禁忌的问题，还有一种方法是给它们披上伟大而神秘的外衣，这两种方法都让这些问题变成不能讨论的问题。还有一种最简单的方法为大众所接受，就像那些社会风尚和潮流一样，其他人认为是对的，我们就接受。我想我曾经听 W. H. 奥登说过：“我们待在世上就是为了帮助他人。我只是想不出来其他人待在世上是为了什么。”

所有的人类文化都发展出了法律、宗教和哲学体系，这些体系既会采纳某些特定的答案来回答那些循环问题，又会建立权威体制来灌输这些信念。人们可能会抱怨这些体制用教条替代了理性和真理，但作为交换，它们也防止整个群体浪费时间去做那些无用的循环推理。思维如果用来解决那些能被解决的问题，会让生活更有成效。

但是如果思考总是回到其源头，也并不一定表示出现了什么错误。如果循环思考每次回到原点的时候都能产生更深刻、更有力的理念，那也是一种成长。那时，由于我们可以沟通，这种理念体系也许甚至能发展出一些方法，突破自私的自我，从而在其他人的思维中生根发芽。这样，语言、科学或者哲学就能够超越个体思维灭亡的界限。现在，我们不知道是否有的人会注定会进入天堂。但很奇怪，某些特定的宗教可能是正确的，它们实现了自己的目标，描绘出了一幅来世的景象——但只有它们自己奇怪的灵魂才能到达。

## 5.3 自我遥控

如果人们无法回答某些重要的问题，他们通常也会想办法回答一下。

什么控制着大脑？　思维。

什么控制着思维？　自我。

**什么控制着自我？ 它本身。**

为了帮助我们思考思维是如何与外部世界联系在一起的，我们的文化会以这样的方式教导我们：

这幅图把我们的感觉机制描述为向脑部传输信息，这些信息在脑中被投射到某种内部的心理电影屏幕上。然后，在那个幽灵般的电影院中，一个潜伏的“自我”观察着屏幕，考虑要做什么。最后，那个“自我”可能会在某种程度上颠倒上述步骤，通过另一组遥控配件往回发送各种信号来影响真实的世界。

这种概念是说不通的。认为“在你内部存在着一个别的人，在完成你的工作”，这种想法没有任何帮助。这种“小矮人”的说法（也就是每个自我当中都住着一个小人儿）只会引出一条悖论。因为如果这种说法成立，那么，那个“自我”又需要在它内部有另一块电影屏幕，上面放映着**它**看到的内容！再然后，为了看这出戏中戏，我们还需要另一个“自我”中的“自我”来思考。这个过程会不断重复下去，每个新的“自我”的内部都需要有另一个“自我”来完成它的工作！

**一个单一中心化的自我，这种理念解释不了任何事。因为一个无法解构的事物不能解释其他事物的构成。**

我们常常会包容这种奇怪的理念——我们所做的事是由“某个其他人”，

也就是“自我”完成的。这是为什么呢？因为思维所做的许多事都避开了我们的语言意识。

## 5.4 个人身份

无论出于对什么的热情——知识、名誉或钱财，
没有人会与邻居交换自我。

——亚历山大·蒲柏

自我的内部存在一个中心的“自我”，我们怎么会接受这样一幅自相矛盾的画面呢？因为它在实际生活的许多领域中都很好用。这里我们列举一些把一个人作为单一事物的原因。

**物理世界**（the physical world）：我们的身体和其他占据空间的物体一样。因为如此，我们的计划和决策都要以单一身体为基础。如果空间只容得下一个人，那么两个人就不能都站进去——也没有人能穿越墙壁，或者没有支撑就停留在空中。

**个人隐私**（personal privacy）：当玛丽告诉杰克一些事情的时候，她必须记住告诉的“对象”是谁，而且她也不能假定其他人知道这些信息。同样，没有个体的概念，我们就不会有责任感。

**思维活动**（mental activity）：我们常常发现无法同时思考不同的事，尤其是这些事性质相似的时候，因为如果在同一时间让相同的智能组做不同的事，我们会感到“混淆”。

我们的心理过程为什么常常看上去像“意识流”一样地流淌？也许是因为我们为了保持控制感，不得不简化呈现事件的方式。于是，当复杂的心理场景被“捋顺”后，看上去就会像一条单一的理念管线穿越思维一样。

这些都是强有力的原因，可以解释为什么把我们自己看作单一的个体。尽管如此，我们每个人还是应该知道，不仅不同的人有自己独特的身份，

而且就算同一个人也可以在同一时间有不同的信念、计划和个性倾向。在寻找恰当的心理学理论过程中，单一智能体的理念已经成为一大障碍。理解人类思维对所有人而言都是最困难的任务，而在这个问题上，单一“自我”的传奇只会将我们引入歧途。

## 5.5 潮流与风格

许多钢琴家对音符的把控都比我好，但音符间的停顿——啊，那才是艺术之所在！

——阿图尔·施纳贝尔

为什么我们喜欢很多看上去对我们没什么实在用处的东西？我们通常带着一些防御和骄傲来说这件事。

“为了艺术而艺术。”
“我觉得它给人以美的享受。”
“我就是喜欢它。”
“无法用语言来形容它。”

为什么我们会求助于这些模糊的、挑衅的语言呢？“无法用语言形容”听上去像一个无法完成作文的愧疚的孩子说的话。“我就是喜欢它”就好像一个人要隐藏一些不好意思承认的原因。然而，我们常常会基于合理的实际原因做出一些选择，这些选择本身没有理由，但退一步从更广阔的视角来看，它们却是有影响的。

**可识别性**（recognizability）：一把椅子的四条腿做成方的或圆的都很好用，那么为什么我们会根据系统风格或潮流来选择家具呢？因为熟悉的风格让我们更容易辨认和分类。

**统一性**（uniformity）：如果房间里的每件物品本身都很有趣，那家具可能会占据我们太多的思维资源。我们可以利用统一的风格防止自己分心。

**可预测性**（predictability）：如果只是一辆车，驾驶位在左或在右没有什么区别。但如果是很多车就完全不同了！社会需要一些规则，尽管这些规则就个人角度而言没有意义。

如果人们在做选择时都以前人为根据的话，会节约很多思维的工作量。决策的难度越大，这种方式所节约的思维量越多。下面的这项报告是我的同事爱德华·弗雷德金所作，其重要性似乎值得为其起一个名字：

**弗雷德金悖论**（fredkin's paradox）：两个选项的吸引力越相似，在二者之间做出选择的难度越大——尽管在同样程度上，这个选择本身并不是太重要。

我们常常无法描述"品味"，这并不奇怪，因为我们所依据的都不是寻常的理由，而是一些隐藏的规则！我并不是说时尚、风格和艺术都是一样的，只不过它们通常使用的都是同样的策略，利用的都是潜藏于思维表面下的形式。我们应该在什么时候放弃推理，求助于风尚原则呢？只有在我们确定继续思考下去只是在浪费时间的时候。也许这就是为什么我们在做"审美"选择的时候常常有一种从实用性中解脱出来的感觉。如果我们知道这种选择背后的原理是什么，可能会感到更受束缚。那么，我们有时因为"就是喜欢"某种艺术而产生一丝愧疚感又是怎么回事呢？这也许是思维在提醒我们，不要这么草率地放弃思考。

## 5.6 性格特征

语言能够描绘人类个体不是一件奇妙的事吗？如果认真想想关于这一点有多少可以说的内容，你可能会觉得这简直不可能。那么为什么作家可以刻画出那么鲜活的人物个性呢？因为有许多事即使没有讲明，也已经得到了所有人的认同。举例而言，我们认为所有人物都拥有"一般常识"，而且对于我们所谓的"人性"，大家的看法也比较一致。

> 敌意引发防卫，挫折唤起攻击性。

我们也认可个体有一些独特的品质和性格特征。

> 简爱干净，玛丽胆小，格蕾丝聪明。
> 查尔斯不会做这种事，这不是他的风格。

为什么会存在这样的性格特征呢？人文学者倾向于夸大思维测量的难度。但我们不去问“为什么人格这么容易描述”，而是会换一些问法。比如，人们是在一般情况下都倾向于干净整齐，还是只希望某些事物整洁，而其他事物可以乱糟糟的？我们的人格为什么会展示出这种一致性？几句简短的话语怎么能描述一个由上百万智能组组成的系统呢？以下是一些可能的原因。

**选择性**（selectivity）：首先我们要面对这样一个事实，那就是他人的思维在我们心中常常是错误而清晰的。我们倾向于用自己能描述的方式来考虑其他人的“人格”，对于无法描述的部分，我们则倾向于把它们当作不存在一样。

**风格**（style）：为了避免花力气去做不重要的决策，我们倾向于制定一些原则，这些原则变得非常系统，可以与外部其他行为方式区别开来，形成个性特征。

**可预测性**（predictability）：因为如果没有信任就很难维持友谊，所以我们会尽力表现得与朋友的预期一致。于是，我们根据性格特征设计自己在他人心中的形象，然后会发现自己在按照这种形象行事。

**自立**（self-reliance）：长此以往，想象中的性格特征可以自我实现！甚至为了执行自己的计划，我们也必须能预测自己有可能会怎样做。自我越简化，这种预测就越容易。

能信任朋友很不错，不过我们还需要能信任自己。如果我们不确定自己脑中想的是什么，怎么能信任自己呢？要实现这一点，有一种方法就是把我们自己看作是一组性格特征——然后训练自己根据这些自我形象行事。然而，人格仅仅是一个人的表象。所谓的性格特征只是那些我们能感知到的规范。我们永远无法真正了解自我，因为还有许多的程序和原则我们都没有直接在行为中表现出来，但它们确实在幕后发挥着作用。

## 5.7 永久身份

**人之苦难皆有因，有一种方式也许能结束苦难，因为世间万物皆由因缘而起，万物也皆由因缘变换而灭。**

**——佛陀**

在使用“我”“我自己”这种词语时，我们强调的是什么呢？如果一个故事的开头是“在我小的时候”，这表示什么意思呢？这个在你一生中都保持不变的奇怪的附身“你”到底是什么？现在的你和学会认字前的你是同一个人吗？现在，你几乎无法想象在那个时候，你眼中的字是什么样子的。试着只是看下面这些字而不去读它们：

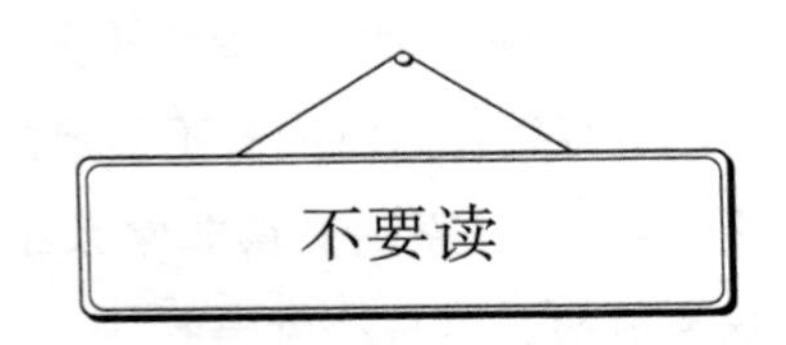


就意识的角度而言，我们发现要把事物的外表与它们对我们的意义区分开几乎是不可能的。但是如果不能回忆起在学会把事物和意义联系起来之前它们是什么样子的，我们怎么能回忆出自己在以前是什么样子的呢？如果有人问你这些问题，你会怎么说：

> **“现在的你和学会说话之前的你是同一个人吗？”**
> “当然是。为什么这么问，我还能是谁呢？”
> **“你是说你从来没有改变过吗？”**
> “当然不是这个意思。我只是说我是同一个人，某些方面没变，

某些方面变了，但我还是同一个人。”

**“但你怎么可能和学会记事之前的你是同一个人呢？甚至你能想象出那时的你是什么样子吗？”**

“也许我不能，但一定还是有一些连续性的。就算我不记得，我肯定也还是那个人。”

尽管在不断变化，我们所有人都体验过那种不变的感觉，不仅过去没变，未来也不会变！想想现在的你对未来的你是多么慷慨大方啊！今天，你会在银行存一些钱，为的是在以后某个时间你可以把钱取出来。那个未来的你为你做过什么好事吗？“你”是那个储存记忆的身体吗？这些记忆的意义在不断地缓慢变化。它是你之前所有经验所产生的永不停息的副作用吗？还是在时间和生命不断前进的过程中，被你的智能体改变最少的事物呢？

# 第6章 洞察与内省

The Society of Mind

思维，一种由脑分泌出的神秘物质。它的主要活动就是尽力探知自己的性质，但这种努力是徒劳的，因为它只能利用自己来理解自己。

——安布罗斯·比尔斯

# 6.1 意识

**有意识的**（conscious）：形容词，1. 一种（对自己的感觉、情感等，或者对外部事物的）感觉或认知；2. 知道或感觉到（某些事物是存在或发生着的）……3. 知道自己是一种会思考的存在；知道一个人在做什么以及为什么这样做。

——《韦氏词典》

在现实生活中，你常常要应对一些不是完全理解的事。你会开车，但不知道发动机的工作原理。你搭乘其他人的车，却不知道司机是怎样开车的。最奇怪的是，你驱动自己的身体和思维，却不知道自己的运行原理。我们会思考，却不明白思考是怎么一回事，这不是很令人惊奇吗？我们可以获得理念，却无法解释理念是什么，这不是一件很引人注目的事情吗？

在每个正常人的思维中，似乎都有一些我们称为意识的程序。我们通常认为它们能让我们知道自身内部正在发生什么。但要说它们具有自我意识，其实有点儿浪得虚名，因为我们能意识到的思维很少能告诉我们它们是怎么来的。

想想一个司机引导着汽车产生巨大的动力，却不知道发动机的工作原理，或者方向盘是怎么引导车子向左右转弯的。再看看我们自己，其实也正以同样的方式驱动着身体。就有意识的思维而言，让自己朝某个特定的方向行走和驾驶一辆车差不多。你所知道的只是大体上的意图，剩下的工作它们自己就完成了。要改变动作方向，其实是一件很复杂的事。如果你只是简单地朝一个方向把步子迈大或迈小一点儿，就像在划船时你想转弯一样，你就会朝转弯的外侧方向跌倒。所以与之相反，你应该通过让自己朝内侧方向倾斜来转弯，然后在下一步利用离心力来纠正自己。这个不可思议的过程涉及了大量的肌肉、骨骼和关节，它们都是由几百个相互作用的程序来完成的，即使是专家也还不能理解这些程序。而你所想的只是，向那边转弯，然后你的愿望就自动实现了。

我们把一些行为命名为“信号”，这些行为所产生的结果并不是它们的固有属性，只是分配给它们的结果而已。当你通过踩油门来使汽车加速的时候，这并不是真正的运行原理，它只是一个信号，这个信号让发动机推动汽车。与此类似，转动方向盘仅仅是一个信号，它让转向系统驱动汽车转弯。汽车设计者可以很容易就让踏板驱动方向而让方向盘控制速度，但务实的设计师会尽力利用那些已经获得意义的信号。

我们有意识的思维利用信号来驱动我们思维中的发动机，以控制无数的程序，而这些程序很少为我们所意识到。尽管不知道是什么原理，但我们学会了通过向那些伟大的机器发送信号来达到目的，就像古时的魔法师用仪式来施法一样。

## 6.2 信号与迹象

我们是如何理解事物的？我认为，通常是通过某种形式的类比来完成的。也就是把每个新的东西都看作我们已知的某个旧东西。如果某个新事物的内部工作机制太陌生或太复杂，无法直接处理，那么只要有可能，我们也会把其中的某些部分与自己熟悉的迹象联系起来。通过这种方式，每种新奇的事物看上去都像是更普通的东西。使用信号、符号、单词和名称真的是一项伟大的发现，它们让我们的思维可以把陌生的事物转换成司空见惯的事物。

设想一个外星人发明了一种全新的方式让人可以从一个房间进入另一个房间。这项发明的功能和门的作用一样，但它的样式和机理超出了我们目前的经验范围，我们认不出这是一扇门，也猜不到如何使用它。其所有的物理细节都不对头。我们平常所期望的门不是这样的，而应该是镶嵌在墙里、带有合页、可以转动的一块木板。不要紧：在它的外表添加一些装饰、符号、图标、记号、词汇等能提示它用途的迹象。给它包上长方形的外形，或者加上一块用红白相间的字体写着“出口”的推板拉手，那么每个来自地球的人不用想也能知道那个伪装出来的传送器是干什么用的，并知道把它当成门来用。

刚开始时，给一个不是门的新事物加上和门有关的符号感觉很奇怪，但我们其实一直都处于这样的窘境中。我们的思维中没有门，只有各种迹象之间的联结。夸张一点儿说，我们所谓的“意识”只不过是心理屏幕上不时闪过的菜单，供其他系统使用而已。这非常像玩电脑游戏的人用符号启动复杂的游戏机，但他们其实一点儿也不明白这中间的工作原理。

当你去思考它的原理时，也几乎不太可能搞明白！想想如果我们真的面对着脑中由万亿线路组成的网络又能怎样呢。这些结构中少之又少的一些部件已经被科学家们观察了很多年，但人们仍然无法理解它们的运行原理。幸运的是，用语言或信号来启动思维中一些有用的程序，对我们的日常生活来说已经足够了。谁会去管它们是怎样运作的，只要它们正常工作就行！想想锤子对你来说是不是基本上就是用来敲东西的，球基本上就是用来丢出去和接过来的。为什么我们对事物的理解通常不是“它是什么”，而常常是“它是做什么用的”？那是因为我们的思维进化到现在，并没有变成一种科学或哲学工具，而是要去解决填饱肚子、保证安全、繁衍后代等实际问题。我们倾向于认为知识本身是好东西，但知识只有在可以帮助我们达成目标的时候才算有用。

## 6.3 思维实验

你通过什么方式发现世上的事物？就是看和看见！好像很简单，但其实一点儿也不简单。不经意的一瞥就会调用十亿脑细胞来呈现当下的景象，并总结它与以往的经验记录有何不同。你的智能组会对世上发生的事总结出各种小理论，然后让你去做一些小实验证实或者推翻后重新总结这些理论。它之所以看上去简单，只是因为你并没有意识到所发生的事。

你又是通过什么方式发现自己思维中的事物呢？使用和上面类似的技术。你整理一些关于思维的小理论，然后做一些小实验验证这些理论。麻烦之处在于，思维实验的结果并不会像科学家们试图求证的那样干脆利索。问问你自己，当你想象一个圆形的方块时会发生什么，或者你想要同时开心和难过会怎么样。为什么这种实验的结果那么难描述？或者为什么很难从其中得出有用的结论？因为我们被搞糊涂了。我们的思维中关于思维的实验本身就是一种思维实验，所以它们之间会相互干扰。

思考会影响我们的思维。

做计算机编程的人也会遇到类似的问题，新程序会因为组件之间意想不到的相互作用而发生故障。为了找到问题所在，程序员们开发了一些特殊的程序用以排除其他程序的错误。但是和思维实验一样，这也存在一种风险，那就是被排查的程序可能会更改用于排查的程序。为了防止这种事情发生，现在的计算机都配备了一种特殊的“干扰”装置，它能检测到其他程序试图更改排查程序的行为。一旦发现，“罪犯”就会当场被“冻结”，以便排查程序对其进行检验。要做到这一点，我们就必须为干扰装置提供能储存足够的信息专用内存条，以便在排查之后重新启动冻结程序时可以像什么都没发生过一样。

人脑也配备了类似的装置吗？对于一次只做一件事的电脑而言，建立自我排查系统是一件容易的事。但像人脑这样一次开动很多程序的复杂系统，要建立这样的程序就非常困难。问题在于，如果你要冻结一个程序而让其他程序继续工作，就会改变正在检查的程序。然而，如果让所有程序同时冻结，你就无法验证这些程序之间到底是怎样相互作用的。

稍后，我们会看到意识是与我们的瞬时记忆相连的。这表示就其自身而言，意识能告诉我们的内容很有限，因为它不能进行完美的自我实验。这种实验需要把缓存中发生的事完美地记录下来。但无论什么样的内存设备都会被那些想要探索其运行原理的自我实验搞糊涂，因为这些实验一定会更改它们正在检测的记录！我们没办法完美地处理这些干扰。从原则上来说，这并不表示意识不能被理解。它只是说明，要想研究意识，我们必须用一些不那么直接的科学方法，因为这不是我们简单地“看和看见”就能完成的。

## 6.4 B-脑

有一种方法可以让思维观察自身并记录所发生的事：把脑划分成 A 和

B 两个部分。A 的输入和输出与真实的世界相连，用于感知那里发生的事。但 B 不能与外部世界有任何联系，相反，只让它与 A 相连，A 就是它的全部世界。

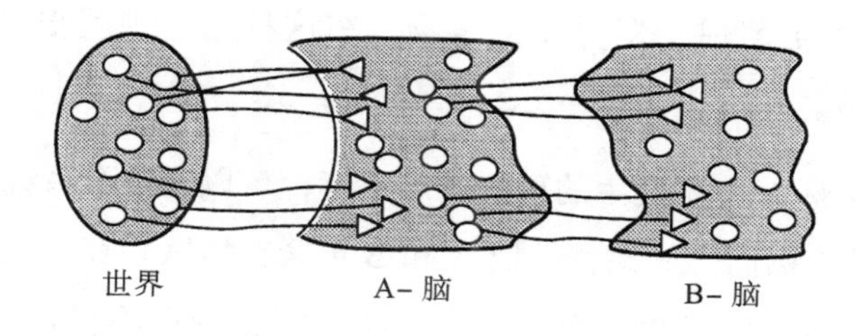


现在，A 可以看见外部世界发生的事并对其采取行动，而 B 可以“看见”和影响 A 中发生的事。这样的 B 有什么用呢？ A 的活动里有一些是 B 可以学会识别和影响的。

| | |
|---|---|
| A 看上去混乱又困惑。 | 抑制这项活动。 |
| A 好像在自我重复。 | 让 A 停下来，做点别的事。 |
| A 做了一些 B 认为不错的事。 | 让 A 记住这件事。 |
| A 被太多的细节牵绊了。 | 让 A 从大局出发。 |
| A 做事不够具体。 | 让 A 关注更多细节。 |

这种两部分的安排有助于形成一个“反思的”意识社会。B- 脑可以对 A- 脑进行实验，就像 A- 脑可以对身体或者对其周围的人和事物进行实验一样。A 可以试着预测和控制外部世界，B 则可以试着去预测和控制 A 将会做什么。举例而言，B- 脑可以通过直接改变 A 或者影响 A 自身的学习程序来监督 A 的学习过程。

虽然 B 可能并不清楚 A 的活动和外部世界到底有什么关系，但 B 对 A 可能还是有用处的。因为 B- 脑可以学会担任一种类似咨询师的角色，心理咨询师或管理咨询师，他们不需要了解客户所从事专业中的所有细节，就能对客户的心理策略进行评估。B 不用了解 A 的目标是什么，就能学会识别出 A 并没有在完成目标，只是在原地打转或徘徊，因为 A 的某些智能体一直在不断重复同样的事，A 为此感到困惑。于是 B 可能会采取一些简单的补救办法，比如抑制那些智能体。当然，这可能会导致 B 的行为对 A 造成困扰。举例而言，如果 A 有一个目标是把一长串数字相加，从 B 的角度而言，它可能觉得这是在做一件重复的事，于是可能会开始进行干扰。这可能会让一个人更习惯于多样化的事物，在这种任务中就很难集中精神，抱怨它们很无聊。

根据 B- 脑对 A 中所发生的事的了解程度，可以说整个系统具有一定程度的“自知力”。然而，如果我们把 A 和 B 更紧密地联系在一起去互相“观察”，什么事都有可能发生，而且整个系统可能会变得不稳定。无论怎样，也没有理由只停留在两个级别上；我们还可以把 C- 脑联系起来去观察 B- 脑，以此类推。

## 6.5 被冻结的反思

现在的时间和过去的时间
也许都存在于未来的时间，
而未来的时间又包容于过去的时间。

——T. S. 艾略特

没有一个监督员可以完全知道其手下所有的智能体都在做什么的，因为时间不够用。每个官吏都只能在其管辖范围里成堆的信息中看到一小部分。最能安静工作的是最好的下属。实际上，正是基于这个原因，我们为那些我们不会做或者没有时间去做的工作建构了管理金字塔。也因为同样的理由，我们的许多思维都隐藏在了意识之外。

一个好的科学家不会尽力一次学很多东西。相反，他们会选择某个情境中一个具体的方面来进行细心的观察和记录。实验记录就是“被冻结的现象”，这些记录让我们有充分的时间来建构理论。但对于思维中的事物，我们也能这样做吗？可以，不过我们需要某种记忆体可以保证这些记录的安全。

到记忆那一章时，我们就会看到这需要怎样做。我们推测，你的脑中包含着一组被称为“K 线”的智能体，你可以用它们来记录脑中的一些智能体在某一特定时刻正在做什么。之后，当你激活同样的 K 线时，就能让那些智能体恢复到之前的状态。通过让一些组件重新去做之前它们正在做的事，你能够“想起”一部分之前的思维状态。这时，思维中的其他组件就会像同样的事又发生了一样做出反应！当然，这种记忆通常不会太完整，因为没有什么东西能完全记录自身活动的每个细节。（要做到这一点，它必须比自己大才可以。）既然我们不能记住所有的事，那么每个人的思维都面临着和科学家一样的问题：他们都不知道，在事实发生之前，应该注意和记录的最重要的事是什么。

用思维来检验思维本身，从另一方面讲与科学相类似。就像物理学家看不见他们一直在谈论的原子一样，心理学家也无法看到他们所研究的程序。我们只是通过这些事所产生的效应来“了解”这些事。不过关于思维的问题就更难解决了，科学家们还可以阅读彼此的笔记，但思维的不同组件之间无法理解彼此的记忆。

我们已经看到了一些原因，说明我们不能静静地坐在这里简单地观察自己的思维，直到把它们搞清楚为止。我们唯一能采用的方法就是科学家面对大到或小到看不到的事物时所采用的方法：根据证据构建理论。做一个猜想；通过精致的实验来检验这个猜想；收集人们的思想，然后再进行猜测。内省看上去是有用的，这不是因为我们发现了一种看穿自己内部的神奇方法，而是因为我们做了一些设计精良的实验。

## 6.6 短暂的思维时间

你认为自己现在正在想什么？你可能会回答：“为什么这么问，只是我正在思考的一些想法而已！”在平常的生活中，这么说是有道理的，那时的“现在”指的就是“时间上的此时此刻”。但是对一个社会中的智能体而言，“现在”的意思远没有这么清楚。

改变思维中的一个组件去影响其他的组件需要一些时间，总是会存在一定的延时。

举例而言，设想你遇到了朋友杰克。你的“语音”和“面孔”智能组可能会认出杰克的声音和脸庞，然后它们都向“姓名”智能组发出信号，让它有可能想起杰克的名字。但“语音”智能组也可能发送“单词信息”给“引语”智能组，这个智能组可以记住杰克以前说过的话，“面孔”智能组也可能发信息给“地点”智能组，它可能会想起以前和杰克见面的某个地点。

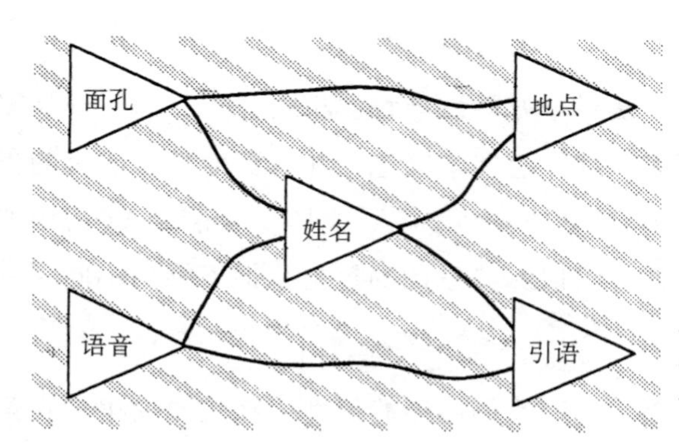


“地点”从“面孔”那里接收信号，因为“语音”发送的信息首先会通过“姓名”传送。

所以尽管同时从左到右向“地点”行进，但过去的时刻却形成了一些斜线。

现在设想一下我们可以询问“地点”和“引语”哪件事先发生，先看见杰克还是先听见他的声音？我们会得到不同的答案！“地点”会先探测到脸庞，而“引语”会先探测到声音。事件的表面顺序取决于哪个信息先到达智能体，所以对每个智能体来说，表面顺序都是不一样的。每个智能体都会以略微不同的方式对自己的顺序做出反应，因为它们受到了一些略微不同的“临时历史记录”的影响，这些历史像波浪一样向过去传播。

一般而言，对任何智能体 P 来说，都不太可能确切知道另一个智能体 Q 在完全一样的时间里正在做些什么。P 最多也就是直接去询问 Q，并希望在其他智能体改变 Q 的状态或改变所传达的信息前，Q 能如实回答。思维中没有一个部分可以知道在同一时间其他智能组中所有正在发生的事。因此，对于过去发生了什么和“现在”正在发生什么，每个智能组都必须至少有一点儿辨别能力。思维中的每个智能体都生活在一个略微不同的时间世界中。

## 6.7 随意的现在

（诗人说）要了解任何事，我们必须知道它的效用；要了解一个人，我们必须知道他的工作，这样才有可能知道他是受什么原因驱动，还是受某种激情激励，从而找出最强有力的行为动机。要想正确地评判当下，我们必须把它和过去作对比；因为所有的评判都是相比较的，而我们对未来一无所知。事实上，人们的思维大多都没有停留在当下：回忆和期望几乎占据了我们的所有时刻。我们的激情来自欢乐与悲伤，爱与恨，希望与恐惧；就算是爱与恨也尊重过去，因为原因一定发生在结果之前。

**——塞缪尔·约翰逊**

关于心理时间进展，我们平常的想法是错的：它们忽略了一个事实，那就是每个智能体都有不同的临时历史记录。诚然，不同的组件在长期的时间范围内是交融在一起的，而且最终影响每个智能体的是整个智能体社会所共有的遥远历史中所发生的事，但这不是人们所说的“现在”的意思。在很大程度上，互相分离的智能组每时每刻的活动之间所产生的相互联系才是问题所在。

如果一个别针掉到地上，你可能会说“我听到别针掉了”，但没有人会说“我听到别针正在掉落”。我们负责讲话的智能组根据经验知道别针落地的物理过程会在你能开口讲话之前就完成。但你会说“我正沐浴爱河”，而不会说“我刚才正沐浴爱河”，因为负责讲话的智能组知道，与个人依恋相关的智能组工作节奏会慢一点，它们的状态可能会持续几个月或好几年。而在这两者之间，当有人问“你现在有什么感觉”，我们常常在答案还没说出口之前就发现它是错的，因为其他感觉插了进来。一个智能组感觉只有一瞬间的事，对另一个智能组而言可能像一个时代那么长。

我们的记忆与物理时间之间只存在间接的联系。我们无法绝对意识到一件让人难忘的事“到底”是什么时候发生的。我们最多也就是知道这件事与其他一些确定的事件之间有什么样的时间关系。你也许可以回想起X和

Y 是在不同的日子里发生的，但无法确定哪个日期在前、哪个在后。而且还有一些记忆似乎与时间间隔根本没什么联系，比如知道四点在三点之后出现，或者知道“我就是我自己”。

一个智能组的运行越缓慢，也就是说每个状态变化之间的间隔越长，就会有越多的外部信号进入这些间隔时间里。这能说明外部世界对行动较快的智能组而言，比对行动较慢的智能组来说显得更快吗？比如乌龟觉得生命飞逝，而蜂鸟觉得生活很冗长吗？

## 6.8 不用想的思考

就像我们不用想就可以行走一样，我们也可以不用想就思考！我们不知道肌肉是如何让我们走起来的，也不太知道负责我们思维活动的智能组是如何运作的。有一道难题需要解决时，你会思考一段时间。然后，也许答案一下子就出来了。然后你会说：“啊哈，我知道了。我要如此这般……”但如果有人问你是怎么找到答案的，你很有可能只能说出下面这些话：

“我突然意识到……”

“我正好想到……”

“我刚好想起……”

如果我们真的可以感知到思维，就不会常常根据自己毫不怀疑的动机来行事了，我们的心理学也不会有这么多各式各样相互冲突的理论了。有人问我们是如何想到这么好的主意时，我们也不会采用“回味”和“消化”、“孕育”和“诞生”这样简化的比喻，好像思想可以存在于身体中的任何部位，反正不是脑袋里。如果我们能看穿思维，肯定能说出更有用的话来。

许多人坚定地认为计算机是不可能有感觉、意识、脾气，或者不可能有其他任何“意识”自我存在的方式，但人们又是根据什么相信自己就具备这些美好的品质呢？确实，如果有什么是人们可以确定的，那就是“我有意识，所以我有意识”。但这种确信意味着什么呢？如果自我意识就是知道自己的思维内部正在发生什么，那么没有一个现实主义者会一直坚信人们确实能洞察一个人的内部。实际上，关于我们拥有自我意识，也就是我们有某种特殊的天赋可以知道自己内部正在发生什么，其实证据非常薄弱。有些人确实拥有一种特殊的才能，可以评估他人的（很少是自己的）态度和动机，但这并不能证明我们对人的了解，包括对自己的了解，从本质上来说与了解其他事物有什么不同。我们所谓的“洞察”其实是“理解”的另一种说法而已。

## 6.9 云雾中的头脑

我们所谓的思维只不过是一堆不同的感觉通过特定的关系联系在一起，然后，尽管并不正确，却将其简化并赋予了一个完美的身份。

——大卫·休谟

我们将采纳这样一种观点：没有一个事物本身就具有意义，而都是与其他任何我们已经知道的事物联系在一起才有意义。人们可能会抱怨说这和那个古老的问题性质一样：“是先有鸡还是先有蛋？”如果人们认识任何一个事物都取决于他知道的另一个事物，这不就像在空中建造阁楼一样吗？如果没有东西和坚实的地面连接在一起，是什么支撑它们不掉下来的呢？

首先，在一个社会中，每个组成部分都为其他部分提供意义，这个理念从本质上来说是没错的。有些思想就像扭在一起的绳子或者织布一样，每条线都是独立的，但又交织在一起。想想你知道的所有音乐，你肯定能从中找出两首曲子，因为它们特别像或特别不像而喜欢它们。其次，没有人的思维可以一直游荡。稍后我们会看到，我们关于空间和时间的概念完全能以关系网为基础，但仍然会反映出现实的结构。

如果每个思维都在其内部建立一些不同的事物，那么不同的思维之间如何沟通呢？当然，最终沟通也只是一个程度的问题，但就算不同的思维之间无法完全相互理解，也并不是一件悲观的事。因为那时，假如还有一些沟通信息能保留下来，我们也能共享每个思维的丰富成果。如果我们都是完全一样的，那其他人对我们来说还有什么意义呢？无论如何，你思维中的情形也是一样的，因为你永远无法精确地知道自己想表示什么意思！如果思维回到了完全一样的状态，那思维对你来说是多么无用啊！但这不会发生，因为每次我们在思考某个特定事物的时候，思想都会朝不同的路线行进。

> 一个事物对我们的意义取决于我们如何把它与其他我们所知的事物联系在一起。正因如此，想去探寻一个事物“真正的意义”通常都是错的。只有一个意义的事物几乎就没什么意义。

一种感觉所产生的理念只能带领你在一条轨道上行进。那么如果出了什么差错，它就只能停顿在那里，就像一个想法呆坐在你的思维里无处可去。这就是为什么如果有的人想通过“死记硬背”的方式学习，也就是不建立任何有意义的联结，我们就会说他并没有真正理解。与此相反，丰富的意义网络给你提供了许多不同的道路：如果通过一种方式无法解决问题，你可以试试另一种。确实，太多没什么差别的联结会把思维搅得一团乱，但联结良好的意义结构可以让理念在你的思维中运转，帮你想出其他的选择，从不同的角度观察事物，直到找到可行的办法为止。这就是我们所说的思考！

## 6.10 没有思维的世界

> 所有这些美好的进化品质在个体和集体生活中自发地兴旺起来……在这里，人们发现意识和所有自然法则的统一领域是一致的。
>
> ——玛赫西国际大学公报，1984

不存在唯一真实的思想世界，每个人的思维都是由其自身的内在世界发展而来的。在那些我们看似最喜欢的思想世界中，目标和行动似乎都与庞大的区域相匹配，这些区域大到我们可以把生命投入其中，然后变成佛教徒，或共和党人，或诗人，又或者是拓扑学家。一些思维的起点发展成巨大而连贯的陆地。在数学、科学和哲学的某些特定部分中，有一些数量上相对较少但非常清晰的理念可能会引导出一个无限的领域，其中包含一些复杂却又一致的新结构。然而，就算在数学领域中，一些表面上简单的法则也可能引导出远超过我们理解能力的复杂情形。因此，虽然我们觉得自己完全理解加法和乘法的规则，但如果把它们混在一起，我们也会遭遇一些几个世纪都未曾被解答出的质数问题。

思维还想把实际世界改造得让人感到愉快，并且成功了——我们通过按顺序把东西放在里面让它达到了这样的效果。在物理领域中，我们把书和衣服放在自制的架子上和柜子里，于是划出了人为的界限，防止它们之间有太多的相互作用。与此类似，在心理领域，我们通过制定法律、语法和交通规则，创造出无数人工图式来迫使事物看上去有秩序。在这样一个世界中长大，让我们觉得周围的一切都正确而自然，只有学者和历史学家才会想起前人那些乱糟糟的生活以及那些为了让世界像这样有序运行所进行的失败实验。这些“自然的”世界实际上比哲学的学术世界要复杂得多。对我们的理解能力而言，它们实在太大了，除非我们为它们添加一些自己编制的规则。

还有另外一种更加邪恶的方法可以让世界看上去有秩序，那就是让思维找到一种方法简化其自身。任何时候，如果某个理念可以解释的事似乎太多的话，我们就要怀疑这一点。实际上可能什么问题都没解决，思维只是找到了脑中的另一条次要路径，在这条路径上，人们可以在其正当的位置上把一切的怀疑和不同意见机械地驱逐出去！人们有时在经历过一些事情后会有一种受到启示的感觉，这种时候不存在任何疑虑，或者觉得视线特别清晰，然而又无法描绘出任何细节，这可能就是因为发生了上述情况。有时心理压力会暂时压制住怀疑或探索的能力，人们只记得尚未解答的问题，却忘了根本就没有提出问题！只要把问题删掉就能获得确信感。

如果这种情况的受害者不得不重新经历此种情境，他们的生活和人格有时会发生永久的改变。而其他人如果看见这些人眼中的热情，听到将会发现的希望之光，也都会被吸引着去追随他们的脚步。但是热诚地欢迎悖论就像往悬崖边倾斜一样，你可以了解到下坠是一种什么感觉，但可能也无法再下坠一次了。一旦矛盾有了安居之所，思维很少能抵挡有些口号的那种摧毁感官的力量，比如“一切即一”。

## 6.11 洞察

设想你正边走边说话，你可以看到穿过自己头脑的信号。这些信号对你会有任何意义吗？许多人做过这样的实验，通过生物反馈设备让这些信号可以被看见和听见。这通常能帮助人们学会控制各种各样平常不太受意识控制的肌肉和腺体，但仍然不能告诉我们，它们隐藏在幕后的回路是如何运作的。

科学家们在用电子设备探索脑部信号时也会遇到相似的问题。这种探索让我们了解到许多关于神经系统如何运作的知识，但这种洞察和理解从来都不是来自单独的观察。人们至少要有某种初期的理论或假说，才有可能利用数据。就算我们能直接感受到心理生活所有的内在细节，也不能因此理解它们。这些细节有可能会过于庞杂，超越我们的解释能力，观察到的现象越多，反而让人更加难以理解它们。我们所观察到的现象出于什么原因，又有何功能，这些都不是靠观察就能知道的。

我们从哪里获得需要的理念呢？大部分概念都来自我们成长的社群。就算是那些我们独立“获得”的理念也是从社群中来，不过这次是从我们头脑中的社群获得的。头脑不是通过肌肉施加力量或通过卵巢产生激素来直接制造思想的。要想获得一个理念，人们必须参与到一些巨大的组织中，这些组织由次级的机器组成，它们会完成大量各种各样的工作。每个人的头盖骨内都包含着几百种计算机，这些计算机已经进化了几亿年，每个计算机都拥有某种不同的风格样式。每个专项智能组都必须学会向其他专家求助，以完成自己的目标。脑的特定部分可以区分人的声音和其他声音，还有一些专项智能组能区别人脸和其他物体。没有人知道我们的脑中还有多少这样的器官，但几乎可以确定的是，它们都采用了某种不同类型的编程方式和呈现形式，它们之间没有共同的语言代码。

如果一个思维的各个组件使用的是不同的语言和思考方式，那么在它想洞悉自己的内在时，很少有智能组可以理解其他的智能组。人类之间使用不同的语言已经很难交流了，而思维的不同部分之间所使用的信号相似性更低。如果智能体 P 向与之无关的智能体 Q 提问，Q 怎么能知道问题是什么，或者 P 怎么能明白对方的答案呢？大部分两两相对的智能体之间根本就无法沟通。

## 6.12 内部沟通

如果智能体之间无法沟通，人与人之间的背景、想法和目的差异这样大，他们又是怎么沟通的呢？答案就是我们高估了人与人之间实际的沟通数量。尽管我们看上去有这么多重要的差异，但我们所做的事在很大程度上都是以共同的知识和经验为基础的。所以虽然我们不太能说出低层级的思维程序是如何运行的，但可以利用它们所共有的传统。即使我们不能表达自己的意思，但常常可以引用各种各样的例子来表明如何把一些结构联结在一起，我们确信这些结构已经存在于听众的思维中了。简而言之，我们常常可以说明哪类想法需要思考，尽管不能说出它们是如何运作的。

我们用来总结高级目标和计划的词汇和符号，与控制低级目标和计划的信号并不相同。所以当我们的高级智能组想要去刺探它们所利用的次级机器的工作细节时，完全无法理解其中发生的事。这就是为什么我们负责语言的智能组无法解释我们骑车时如何保持平衡，也无法区分照片和真实的事物，或者从我们的记忆中提取信息。我们发现，在开始学说话之前，想用语言技能来谈论思维中负责平衡、观察和记忆的组件是特别困难的事。

“意思”本身就与尺寸和规模有关：只有在一个大到可以拥有许多意思的系统中，谈论其中一种意思才讲得通。对于那些较小的系统，这一概念就会显得空洞而肤浅。举例而言，“建设者”的智能体们不需要明白什么意思就可以完成它们的工作，“添加”所要做的就是开启“拿起”和“置放”。“拿起”和“置放”不需要去分辨那些开启的信号是什么意思，因为只要开启，它们就做开启应该做的事。一般而言，一个智能组越小，其他智能组就越难理解它这种微小的“语言”。

> 两种语言越小，二者之间相互翻译就越困难。这并不是因为存在很多意思，而是因为意思太少了。一个智能体做的事越少，其他智能体所做的事与之相似的可能性就越低。而如果两个智能体之间没有任何共同之处，翻译也就无从建立。

在翻译人类语言时有一个人们更熟悉的困难，那就是每个词都有许多意思，主要的问题就是缩小意思的范围，直到某种意思是两种语言所共有的为止。但对无关的智能体之间的沟通而言，如果它们从一开始就没有共同之处，那么缩小范围也没什么帮助。

## 6.13 自我知识很危险

更全面地“了解自我”似乎预示着某种强大而美好的前景，但这种快乐的思想背后其实隐藏着谬误。思维如果想自我改变，了解自己的运行原理无疑是有帮助的。但这种知识也有可能轻易地毁掉自我，比如我们把笨拙的思维手指伸进精密的思维机器中去。我们的头脑会强迫我们去玩思维捉迷藏的游戏，是否也是因为这一点呢？

看看我们多倾向于去做冒险改变自我的实验，多么难以自拔地被毒品、冥想、音乐甚至谈话所吸引——这些都是强大的成瘾事物，可以改变我们的人格。只要承诺可以超越正常愉悦和奖励，人人都会为之着迷。

在普通的生活中，愉悦系统的制衡有助于我们的学习，从而让我们行为得体。举例而言，为什么就算一件事在开始时很有意思，但如果不断重复，我们还是会感到无聊？这似乎是我们愉悦系统的属性之一：如果没有足够的多样性，它们就倾向于感到厌腻。每台学习机器都必须有这样的保护机制，否则它们可能会陷入无尽的重复之中。我们很幸运，拥有这样的机制可以防止我们浪费太多时间，而且也很幸运，因为我们很难压抑这种机制。

**如果我们可以随心所欲地控制愉悦系统，就无须完成任何成就，只要不断制造成功的愉悦感就可以。那之后就什么都做不成了。**

是什么防止了这种干扰呢？我们的思维存在许多自我约束。举例而言，我们很难确定思维中正在发生什么。稍后，在谈论婴儿发展的时候我们就会看到，就算我们内在的眼睛可以看到内部正在发生什么，要想改变那些我们最想改变的智能体，也就是婴儿时期帮助我们形成持久理想自我的那些智能体，也是特别困难的。

这些智能体很难改变，是因为它们有着独特的进化起源。许多其他思维智能体的长期稳定性取决于我们对于自己应该是什么样子的看法变化有多慢。如果我们的冒险冲动可以随意摆弄人格形成的基础，随机情况下，我们之中能幸存下来的人不多。这样做为什么不好呢？因为一个普通的“思维改变”如果导致了不好的结果是可以逆转的，但如果你改变了自己的理想自我，那就没有什么转圜的余地了。

西格蒙德·弗洛伊德的理论认为每个人的成长都受到一些无意识需求的控制，这些需求包括取悦、安抚、反抗或终结父母的权威形象。然而，如果我们承认这些形象的影响力，可能会觉得它们太幼稚或者太没价值因此无法容忍，并且试图寻找一些更好的东西来代替它们。但是一旦放弃了所有这些与本能和社会之间的联系，之后我们用什么来代替呢？自创的目标可能更加反复无常，而最终我们每个人可能都只会沦为这些目标的工具。

## 6.14 困惑

意识一般都是在我们的系统运行出故障时才会参与其中。举例而言，我们平时走路或说话的时候，不太会感觉到这些事到底是怎么发生的。但如果一个人的腿受伤了，他可能才会第一次注意走路到底是怎么一回事（“要想左转，我得把自己朝那个方向推”），那时他才可能会考虑是哪些肌肉在完成这个目标。认为自己感到困惑的时候，我们才会开始反思自己的思维是如何解决问题的，这时才会用上所知的那一点点关于思维策略的知识。之后我们可能会说：

> **“现在我必须更有条理一些。我为什么不能专注于那些重要的问题，而不被无关紧要的细枝末节分神呢？”**

矛盾的是，与困惑而不自知相反，一个人意识到自己感到困惑反而是一件明智的事。因为这样我们才有动力运用自己的智能来改变或修复那些有缺陷的程序。然而我们并不喜欢困惑，还常常蔑视这种状态，没有体会到承认这种状态的好处。

然而，当你的 B- 脑让你开始询问“我到底想干什么”的时候，你可以以此为契机改变目标或者改变描述当前情境的方式。这样的话，你就能逃离受困的痛苦，因为似乎也没有什么其他选择。对困惑的意识体验和疼痛相似，可能因为二者都会驱使我们寻找逃离困境的方法。不同之处在于困惑直接对抗思维的故障状态，疼痛反映的是外部的干扰。不论哪种情况，都需要拆除和重建内部程序。

困惑和疼痛如果导致我们在更大尺度上放弃而不是珍惜目标，都会产生伤害：“这整个主题都让我感到难受。也许我应该放弃整个项目，放弃我的职业或者关系。”不过就算是这样让人灰心的想法，也能刺激我们去寻找其他有可能提供帮助的智能组。

# 第7章 问题与目标

The Society of Mind

## 7.1 智能

许多人都坚持认为应该给“智能”下一个定义。

**批评者：我们怎么知道像植物和石头，或者暴风雨和溪流那样的事物不具备我们尚未设想过的智能呢？**

用同样的词语表示不同的事物不是一个好主意，除非在人们的思维中，这些事物从某个重要的角度来说是一样的。植物和溪流似乎都不太擅长解决那些我们认为需要智能参与的问题。

**批评者：那你应该定义一下你所说的“难”题到底是什么。我们知道建造金字塔需要大量的人类智能，但许多珊瑚礁动物甚至能建造更大规模的、令人印象深刻的建筑。那么你不觉得它们也拥有智能吗？建造巨大的珊瑚礁也是一件很困难的事。**

是的，但是动物们可以“解决”那些问题只是一种错觉！没有一只鸟发现了如何飞翔。相反，鸟只是利用了无数代爬行动物进化出的解决方案而已。与此类似，虽然人们可能会觉得设计一个金莺的窝或者海狸的堤坝很困难，但这些东西也不是金莺和海狸想出来的。那些动物自己并不会“解决”问题，它们只是利用复杂基因所构建的头脑中现有的程序而已。

**批评者：那你是不是必须承认进化本身是有智能的？因为它解决了那些飞翔的问题和建造珊瑚礁、鸟巢的问题。**

不，因为对人来说，“智能”这个词还强调迅速和高效。进化的速率太低，所以虽然它最终产生了我们自己无法制造出来的精彩事物，但我们也不认为它有智能。不管怎么说，像“智能”这样古老而模糊的词，认为它必须表示某种确切的事物，这种想法是不明智的。与其追寻这种词是什么“意思”，不如试着去解释我们如何使用它。

> 我们的思维中包含着一些程序，让我们可以去解决那些我们认为困难的问题。“智能”就是我们为这些尚未被理解的程序所起的名称。

有些人不喜欢这个“定义”，因为随着我们对心理学更加了解，它的意思也一定会不断变化。但在我看来，这才是它应有的样子，因为智能这个概念就像魔术师变的戏法一样。就像“非洲尚未被探索的区域”这个概念一样，一旦我们发现它，它就消失了。

## 7.2 不平常的知识

我们都听过一些关于现在的计算机有多傻的笑话，比如它们会给我们发送0元的账单和支票。它们不介意在无限循环中运行，会把同样的事做十亿次。它们完全没有常识，这是人们认为机器不可能有思维的另一个原因。

有一点很有意思，早期的某些计算机程序特别善于完成那些人们认为只有“专家”才能完成的技能。1956年，有一款程序解决了数学逻辑中的一些难题；1961年的一款程序解决了大学水平的微积分问题。然而直到20世纪70年代，我们才开发出能够把儿童积木堆积成简单的塔和玩具房屋的机器人程序。为什么我们开发出程序来做成年人的事比开发程序做小孩子的事要早呢？答案看上去可能有些矛盾：许多成年“专家”的思维实际上比普通儿童玩耍时涉及的思维要简单！为什么编程做专家的事比做儿童的事容易呢？

人们模糊地称为常识的东西实际上比那些令我们敬畏的专业技术复杂得多。无论是解决逻辑问题还是微积分问题的“专家”程序，至多表达了一百多个“事实”，而且每一个都差不多，不过这已经足够解决大学问题了。与此相反，想想一个孩子只是要建造一个积木房子就需要知道多少东西——这个过程涉及关于形状和颜色、空间和时间、支持与平衡的知识，还需要记录自己在做什么的能力。

> 要想成为“专家”，人们需要大量的知识，但这些知识只与相对很少的不同事物有关。与此相反，一个普通人的“常识”却包含了更多关于不同类型（types）事物的知识，这需要更复杂的管理系统。

获得专门的知识比获取常识更容易，有一个简单的原因就可以说明：每种类型的知识都需要一定形式的“表述”以及许多适用于这种表述风格的技能。一旦投入某一领域，专业人员在积累更进一步的知识时就相对容易一些，因为额外的专业知识足够统一，可以适应同样风格的表述。已经学会在某个特定领域中处理一些案例的律师、医生、建筑师或作家会觉得获取更多具有类似特征的知识相对容易一些。想想单独一个人要多花多少时间才有能力同时学会治疗一些疾病、处理一些法律案件、读懂几种建筑蓝图并认识几张交响乐谱。表述形式太多样，会使获得“同样数量”的知识变得困难得多。在每个新的领域，新手不得不学习另一种类型的表述，还要学习新的技能来使用它。这就好像学习好多种不同的语言，每种语言都有自己的语法、词汇和习语。从这个角度来看，孩子所做的事似乎更加非比寻常，因为他们的许多行动都是以自己的创造和发现为基础的。

## 7.3 猜谜原则

许多人认为机器只会做它们的程序中设定的事，因此不会具有创造性和原创力。麻烦之处在于，这一论点的前提假设正是它意图展示的内容：你无法为机器设定一个具有创造性的程序！事实上，开发一款程序让计算机去做一些任何程序员都无法预知的不同的事，容易的程度会让人感到惊讶。这件事之所以有可能，源于我们所称的“猜谜原则”。

> **猜谜原则**（puzzle principle）：我们可以为一台计算机设定程序，让它通过试错来解决任何问题，而我们不需要提前知道解决办法。

所谓“试错”，就是开发程序让机器可以在某个可能的范围内系统地产生所有可能的结构。举例而言，假定你想有一台机器人可以在一条河上建造一座桥。最高效的编程方式就是执行一个特定的程序，先提前计划好，然后把木板和钉子精确地安置在特定的位置。当然，除非已经知道如何建造一座桥，否则你无法写出这样的程序。但想想下面这个备选方案，它有时被称为生成与测试法。它需要编写两部分程序。

**生成**（generate）：第一道程序就是一个接一个地生成木板和钉子所有可能的安排。开始时你可能会觉得这样的程序很难写，但它其实惊人地简单，只要你明白每种安排都不需要有什么道理就行！

**测试**（test）：程序的第二部分就是检查每种安排，看看问题是否得到了解决。如果目标是建造一座大坝，测试就是检查它有没有拦住水流。如果目标是建造一座桥，测试就是看它是否跨过了河流。

这种可能性让我们重新检查了所有关于智能和创造性的旧理念，因为它表明，至少从原则上，只要我们可以识别出解决方案，那些问题就都可以让机器来解决。然而，这并不太切实际。想想看，也许有上千种方法可以把两块板子连接在一起，要是把四块板子钉在一起，估计有十几亿种方法。要利用猜谜原则制造出可用的桥梁，所需的时间可能长得难以想象。但是从哲学上来说，这还是有帮助的，它消除了创造性在我们心中的神秘感，取而代之的是关于程序效率的更加具体而细致的问题。我们的造桥机器存在的主要问题就是生成器与测试之间缺乏联系。如果没有某种朝向目标的进展，那么比无思维的程序也好不到哪去。

## 7.4 问题解决

从原则上来说，我们可以用“生成与测试”的方法，也就是试错的方法，来解决任何已经知道解决方案的问题。但在实际操作中，就算是最强大的计算机，要测试出可能的解决方案所需的时间也还是会太长。就算是用十几根木头组装一个简单的房子，要搜索完所有的可能性，一个孩子一生可能都试不完。下面是对盲目试错方法的一个改良版本。

> **进展原则**（The Progress Principle）：如果我们拥有某种方法可以检测到“进展”，任何穷举搜索程序都可以在很大程度上简化。之后我们可以朝着解决问题的方向追踪，就像一个人可以在黑暗中攀登不熟悉的山峰一样，通过在每一步感觉四周来寻找上升坡度最大的方向。

许多简单的问题都可以通过这种方式来解决，但对于一个困难的问题，识别出“进展”几乎和解决问题本身一样难。如果没有更宽阔的视野，那个“登山者”可能会一直被困在某个小山丘上，永远也找不到顶峰。要避免这一点没有什么简单的方法。

> **目标与子目标**（goal and subgoal）：想知道如何解决一个困难的问题，我们所知的最有力的方式就是想办法把这个问题拆分成若干个简单一些的问题，每个问题都可以分别解决。

在所谓的人工智能（Artificial Intelligence）领域，许多研究关注的都是找到一些方法可以把一个问题拆分成若干个子问题，然后如果有必要，再把这些子问题拆分成更小的问题。在接下来的几部分中，我们将会看到如何用“目标”的形式来表述问题，从而可以实现上述过程。

> **使用知识**（using knowledge）：解决一个问题最高效的方法就是已经知道如何解决它。这样人们就可以避免检索所有可能性。

相应地，人工智能研究的另一个分支就是找到一些方法把知识收录到机器中去。但这个问题本身就分为几个部分：我们必须知道如何获得所需的知识，必须学会如何表述这些知识，最后必须开发一些程序以有效地利用这些知识。要完成所有这些事，记忆必须优先呈现那些对我们实现目标可能有帮助的关系，而不是大量的细枝末节。这类研究已经引领出许多可以实际操作的问题解决系统，它们都是“以知识为基础”的系统。其中有一些常常被称为“专家系统”，因为它们的基本原理就是模仿一些特别的从业人员的方法。

这类研究中还浮现出一个奇怪的现象。与大部分人认为很容易的问题相比，比如用儿童积木搭建一个玩具房子，让机器去解决一些只有受过教育的人努力思考才能解决的特殊问题反而更容易一些，比如下棋，或者证明逻辑或几何定理。这也是我在本书中常常强调“简单”问题的原因。

## 7.5 学习与记忆

只有得到奖励我们才会学习，这是一个古老而盛行的理念。一些心理学家声称，人类的学习完全是以奖励的“强化”为基础的：就算训练自己不需要外部激励，我们仍然是为了奖励而学习，只不过这种奖励是来自我们内部的信号而已。但是如果一个论据的前提假设正是它要证明的内容，那么它并不可信。而且无论如何，当我们试图用这一理念来解释人们为什么学习解决困难的问题时，就会进入一个死循环。你首先必须有能力做某件事，才能因为做这件事得到奖励！

一个世纪前，伊万·巴甫洛夫研究条件反射的时候，这种死循环并不是什么大问题。因为在他的实验中，动物从不需要产生某些新行为，它们只需把新刺激与旧行为相联系就可以了。几十年后，哈佛心理学家 B. F. 斯金纳扩展了巴甫洛夫的研究，他发现更高级的动物有时确实会展示出新的行为，并将其称为“操作”。斯金纳的实验证实，如果某个特定的操作之后伴随着一个奖励的话，之后这个行为更有可能经常出现。他还发现，如果动物无法预测奖励将会在何时出现，这种学习的效果更好。斯金纳的发现被称为“操作性条件反射”或“行为调节”，这在心理学和教育学中产生了很大的影响力，但还是没能解释头脑究竟如何产生新行为。此外，这些动物实验也很少能说明人类是如何学会制订和执行复杂计划的，因为问题在于，那些动物几乎无法学会这样的事。奖励 / 成功和惩罚 / 失败，这些成对出现的理念不足以解释这一点：人类如何学会产生新的理念，让他们可以解决困难的问题。这些问题如果没有多年徒劳无益地试错是无法解决的。

答案一定是：学习更好的学习方法。为了讨论这些事，我们要开始使用一些普通的词汇，比如目标、奖励、学习、思考、识别、喜欢、想要、想象和记忆，所有这些词都基于古老而模糊的理念。我们会发现这里面的许多词都要用新的特性和理念来替换。但它们之间仍然有一些共性：要解决任何一个难题，我们都必须利用各种类型的记忆。在每个时刻，我们都要记录刚刚做了什么，否则可能会把同样的步骤重复一遍又一遍。此外，在某种程度上，我们还必须维持自己的目标，否则最终可能做的是无用功。最后，一旦问题得到解决，我们需要提取如何完成这件事的记录，当未来出现类似的问题就可以拿出来用。

本书中有很多内容都会涉及记忆，也就是对过去思维的记录。为什么、如何以及什么时候做这种记录呢？人类的头脑解决一个困难的问题时，好几百万的智能体和程序都参与其中。哪些智能体足够聪明，可以猜到那时需要做出什么改变呢？高级的智能体无法知道这种事，它们几乎不知道存在哪些低层级的程序。低层级的智能体也不知道自己的哪些行动帮助我们实现了高层级的目标，它们也几乎不知道高级目标的存在。负责移动我们腿部的智能组并不关心我们是往家走还是往工作场所走，负责目的地的智能体也完全不知道怎样控制肌肉单元。那么是思维中的哪个部分来判断哪些智能体应该表扬，哪些应该批评呢？

## 7.6 强化与奖励

要想达到学习的目的，每次玩游戏的时候都必须产生多得多的信息。这可以通过把问题拆分成若干部分来实现。成功的单元就是目标。如果目标实现，它的子目标就得到了强化；如果没实现，就受到抑制。

——艾伦·纽厄尔

有一件事可以确定：做以前我们做过的事总是会比较容易一些。我们的思维中发生了什么才会这样呢？有这样一种设想：在解决问题的过程中，特定的智能体一定是唤醒了某些特定的其他智能体。如果智能体 A 的工作是唤醒智能体 B，那么让 A 唤醒 B 更容易或者让 A 唤醒其他智能体更困难，在这里就是一种“奖励”。我有一段时间特别痴迷这个理念，所以设计了一台称为 Snarc 机器，它就是根据这个原则进行学习的。它由 40 个智能体组成，每个智能体都通过一个“奖励系统”和若干个其他智能体相连，数量随机。这个奖励系统会在每次完成任务时激活，它可以让每个智能体以后更有可能去唤醒它们的接收对象。

我们向这台机器呈现的问题类似这样：学习在迷宫中找到一条路径，同时还要躲避充满敌意的追捕者。它很快就学会了解决简单的问题，但从来没有学会解决困难的问题，比如建塔或者下棋。很明显，要解决复杂的问题，任何一台尺寸有限的机器都必须能在不同的环境中用不同的方式来重新利用它的智能体，比如“看见”必须同时参与到两个任务中去。但是 Snarc 试图学习在一个复杂的迷宫中找到路径的时候，一个典型的智能体可能会在某一时刻建议朝一个不错的方向移动，然后又在另一时刻建议朝一个较差的方向走。之后，当我们因为它做了我们喜欢的事而奖励它时，两种决策的可能性都增加了，而且那些好的方向和差的方向都倾向于抵消对方！

在设计通过“强化”两个智能体之间的联结而进行学习的机器时，上述问题就制造了一个两难困境。在解决难题的过程中，人们通常都会先尝试一些错的方向，然后才能找到正确的道路，实际上这也正是我们将其称为“难”题的原因。为了避免学习那些错误的步骤，我们可以设计一台机器，只强化快要成功之前的最后几步。但这种机器只能学会解决那些只需要几步就能解决的问题。或者我们也可以把奖励设计成在更宽泛的时间范围内起作用，但这样的话，不仅会同时奖励好的和不好的决策，而且会抹杀之前学会的其他事。通过不加区分地强化智能体之间的联结，我们是无法学会解决难题的。对于需要许多步骤的问题或者需要同样的智能组完成不同工作的问题，为什么在所有动物中，只有那些有强大头脑的人类近亲才能学会解决呢？我们要在智能组完成目标时所采用的策略中寻找答案。

你可能会提出海狸要通过许多步骤才能建堤坝，一群白蚁在建造复杂的巢穴城堡时也是如此。但是这些奇妙的动物并不是靠个体学习到这些成就的，它们只是遵循一些经历了几百万年已经刻入它们基因的程序。你无法训练一只海狸去建造白蚁的巢穴，或者教授白蚁建堤坝的方法。

## 7.7 本地责任

设想一家批发商店的老板爱丽丝要求她的经理比尔增加销售额，比尔指导他的销售员查尔斯多卖一些收音机，查尔斯弄到了一个可以获利的大单，但是之后公司因为供应紧缺无法交付这些收音机。应该责怪谁呢？爱丽丝有理由惩罚比尔，因为他的工作是确认存货。问题是，查尔斯应该得到奖励吗？从爱丽丝的角度来看，查尔斯的行为让公司蒙羞了。但是从比尔的角度，查尔斯成功地完成了他的销售任务，而且这件事导致他主管的目标没能完成也并不是查尔斯的错。我们可以从两个方面来看这个例子，我们称为“本地奖励”和“全球奖励”。

**本地**（local）方案会奖励每个有助于完成主管目标的智能体。所以比尔会奖励查尔斯，尽管查尔斯的行动没能助力实现更高层级的目标。

**全球**（global）方案只有在智能体有助于完成最高目标时才给予奖励。所以查尔斯没有得到任何奖励。

发明一台机器体现本地学习方案是很容易的，因为每项任务所获得的奖励只取决于这个智能体与其主管之间的关系。要实施一个全球学习方案就比较困难一些，因为这要求机器找出哪些智能体通过不间断地完成子目标，自始至终都与原始目标保持联系。本地方案对查尔斯比较慷慨，只要他完成了让他去做的事就会得到奖励。全球方案就比较吝啬。虽然查尔斯是按照上级的要求去做的，但除非他的行动同样有助于完成高层级的事业，否则就没有任何功劳。在这样的方案中，智能体往往无法从过去的经验中学到任何东西。也因此，全球方案的学习过程会更慢一些。

两种方案有不同的优势。当发生错误会非常危险或系统时间充裕的时候，使用谨慎的全球方案比较合适。这样会产生更多的“负责”行为，因为它会让查尔斯在一定时间后学会自己检查存货，而不是像奴隶一样遵守比尔的命令。如果出现了错误行动，全球方案不会因为“我只是在遵守主管的命令”而给予谅解。另一方面，本地方案可以一次学到更多不同的东西，因为一个智能体可以不断证明自己达成本地目标的能力，不论它们与思维其他部分的关系如何。当然，我们的智能组有若干个这样的选项。不同的时刻，要采用哪个选项，取决于其他智能组的状态，那些智能组的工作就是向自己学习，要使用哪种学习策略取决于环境。

全球方案不仅要求以某种方式区分哪些智能体的行动帮助解决了问题，还要区分哪些智能体帮助解决了哪些子问题。举例而言，在建塔的过程中，你可能会发现推开某块积木为另一块积木腾出空间很有用。于是你想要记住推开行为有助于建塔，但是如果要以此得出结论，认为一般情况下推开就是一个有用的动作，那你就再也建不成另一座塔了。我们要解决一个困难的问题时，只说某个特定的智能体所做的事对整个事业“有益”还是“无益”是不够的。在某种程度上，人们必须根据本地的环境来判断是好是坏，也就是说，要根据每个智能体所做的工作是如何帮助或阻碍其他相关智能体的工作来判断。奖励一个智能体要产生的效果，应该是让这个智能体的反应在不太妨碍其他更重要的目标的同时，有助于完成某些具体的目标。所有这些都是简单的常识，但是为了更进一步研究，必须澄清我们的语言。我们都经历过追求目标，但经验和理解不是一回事。什么是目标？机器如何获得目标？

## 7.8 差异发动机

谈起“目标”，我们总是向这个词中混入上千种意思。每当我们试图改变自我或外部世界的时候，目标就和所有参与其中的未知智能组联系在一起。如果“目标”关系到这么多事，为什么只用这单独一个词来表示呢？当我们认为某些人有目标的时候，通常会期望下面的内容：

> “目标 – 驱动”系统似乎不会对它所遇到的刺激或情境做直接反应。它会把发现的事物当作物体来利用、避开或忽略，就好像它关注的是其他并不存在的东西。如果任何一项干扰或障碍使得受目标引导的系统从它的轨道上偏离，这个系统似乎会试图移除干扰，绕过它或者把它转变成有利的条件。

机器中的哪类程序会让人觉得它们拥有带有目的性、坚持性和直接性的目标呢？确实有一种特定的机器看起来拥有这些性质，它是根据以下原则制造的，这些原则是在 20 世纪 50 年代末由艾伦 · 纽厄尔、C. J. 肖、赫伯特 A. 西蒙首先进行研究的。起初，这些系统被称为一般问题解决者，但我就简单地把它们叫作差异发动机好了。

> 差异发动机必须包含一个关于“想要的”情境的描述。
>
> 它必须拥有一些次级智能体，想要的情境和实际的情境之间出现的各种差异都可以唤醒这些智能体。
>
> 每个次级智能体都要用某种方式消除那些唤醒了它们的差异。

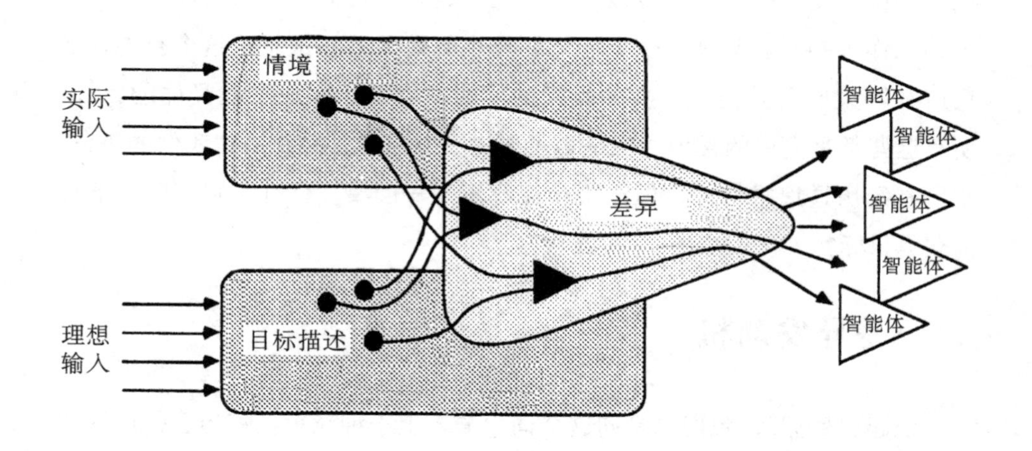

这可能看上去既简单又复杂。一方面，从心理学角度来说，要表现人类在追求目标的过程中产生的雄心、挫折、满意和失望，差异发动机可能看上去太原始。但那些心理过程并不是构成目标的要素，而是那些参与追求目标的智能组之间相互作用的产物。另一方面，人们可能会想，一个目标的概念用得着牵扯到智能体、情境、描述、差异这么复杂的四向关系吗？不久我们将会看到，这实际上比看上去简单一些，因为许多智能体已经开始关注差异了。

## 7.9 意图

观看一个球在斜坡上向下滚的时候，我们注意到它看上去就像是在尽力避开挡在它路径上的障碍。如果我们不知道重力，可能会不禁认为那个球有一个目标，就是向下移动。但我们知道它并没有“试图”做任何事，认为它有意图这件事只存在于观察者的思维里。

当我们用“建设者”做实验的时候，也觉得它好像有一个目标。只要你把它的积木拿走，它就会伸手把它们拿回来。只要你把它的塔推倒，它就会重建。它似乎就是想让那里有座塔，而且它会坚持到塔建好为止。当然，“建设者”看上去比向下滚的球更聪明，因为它要克服更为复杂的障碍。但是一旦我们知道了“建设者”是如何工作的，就会明白它其实和那个球差不多：它所做的就是不断寻找积木，然后把积木放在其他积木之上。“建设者”真的有目标吗？

有目标的要素之一就是坚持性。如果“建设者”没有坚持努力建塔，我们不会说它想要一座塔。但只有坚持性是不够的，“建设者”和那个球完全不知道它们想去哪里。目标的另一个关键要素就是要对一个想要或渴望的状态有某种画面或描述。在同意“建设者”想要一座塔之前，我们还必须确定，对于一座塔是什么样子，它心里是有一幅画面或一种描述的。上述两种要素在差异发动机的理念中都有体现：对某种结果的表述，以及一种让它坚持到结果实现的机制。

差异发动机“真的”想要什么吗？问这种问题是没什么意义的，因为它寻求的是一种并不存在的差别，除非差别存在于某些观察者的思维里。我们可以把一个球想成是一个完全被动的客体，它只会对外力做出反应。但18世纪的物理学家让·勒朗·达朗贝尔表示，人们可以通过把球描述为一个差异发动机而准确地预测它的行为，它的目标就是减少自己的能量。我们无须强迫自己去回答机器有没有目标这类问题。词汇应该是为我们服务的，而不是我们的主人。目标这个概念使得在某些方面描述人类和机器可以做什么变得更容易，它为我们提供了机会，可以用活动的目标进行简单的描述，而不必使用那些关于机器的晦涩和笨拙的描述。

诚然，关于人类所指的"拥有目标"，我们还没有详尽一切。人类有许多种表达想要某些东西的方式，没有什么说法能把它们全部包含在内。然而，这一理念已经在人工智能和心理学领域引领了许多重要发展。差异发动机的说法是目前为止关于目标、目的或者意图最有用的概念。

## 7.10 天才

我们会很自然地尊敬爱因斯坦、莎士比亚和贝多芬这类人，而且我们也怀疑机器是否能创造出这么奇妙的理论、戏剧和交响乐。许多人认为这样的成就需要"天资"或"禀赋"，这些都无法解释清楚。如果是这样，那么计算机是无法创造出这类事物的，因为机器所做的任何事都是可以解释的。但我们为什么要假定那些最伟大的艺术家所做的事和普通人所做的事不一样呢，我们对普通人怎么做事也知之甚少啊！在我们明白普通人对普通的曲调是怎么想的之前，就去询问伟大的作曲家如何写出伟大的交响乐，这显然不太成熟。我不太相信普通的思想和"具有创造性的"思想之间存在很多差异。现在如果问我哪种思想看上去更神秘，我不得不说是普通人的思想。

我们想知道每个人是如何获得新理念的，对卓越艺术大师的羡慕之情不应该转移我们的注意力。也许我们一直坚持着对创造性的迷信，只是为了让我们的知识不足看上去更值得原谅而已。因为如果我们对自己说大师的能力就是无法解释的话，其实就是在说那些超级英雄天生就具有一些我们没有的品质，并以此来宽慰自己。于是我们就算失败也并不是自己的错，那些英雄的美德也不是他们的功劳。如果没有经过努力学习，那成果中就没有自己的功劳。

当我们真的见到文化中所推崇的伟大英雄时，并没有发现任何独特的气质，只看见了一些常见的要素。这些英雄中许多人都有强烈的动机，但很多其他人也有。他们通常拥有某个领域中的熟练技能，但我们通常把这叫作手艺或专业技能。他们通常都有足够的自信心，经得住同辈的嘲笑，但其实我们管这个叫固执。当然，他们都会以新颖的方式去思考一些事，但每个人时不时都会这样做。就我们所谓的“智能”而言，我认为一个人只要能有条理地讲话就已经具备了那些超级英雄较好的那部分品质了。如果我们每个人都已经具备了天才们的大部分智能，那么是什么让天才们脱颖而出的呢？

我怀疑天才还需要有另一样东西：为了积累过人的品质，人们通常需要有效的学习方式。光学得多是不够的，人们还需要管理他们所学的内容。那些大师，在他们的表面优势之下，还有一些特殊的“高阶”技巧，这些诀窍帮助他们组织和应用所学到的知识。正是这些隐藏着的思维管理窍门产生了那些创造出天才作品的系统。为什么有些人可以学到这么多更好的技能？所有这些重要差异可能都起始于早期的一些事件。一个孩子找到了一种聪明的方式把积木排列和堆积起来，另一个孩子一直在重新安排自己的思维。每个人都表扬第一个孩子所建的城堡和塔，但没人看到第二个孩子做了什么，甚至有人会错误地认为这个孩子不够勤奋。但如果第二个孩子一直在坚持寻找更好的学习方式，那么成长可能正悄悄地发生着，更好的学习方式可能会找到更好地学会学习的方式。之后，我们将会看到一个令人惊诧的质变，这种变化似乎没有什么原因，而且人们还给它起了一些空洞的名字，比如天资、禀赋或者天性。

最后是一个可怕的想法：也许我们所谓的天才之所以数量不多，是因为进化过程并不在乎个体的感受。任何的部落或文化，如果每个人都发现了新奇的思维方式，它们能持久地存在下去吗？如果不能还真是悲哀，因为这只能说明天才的基因也许不能培养，只能靠频繁地淘汰来实现了。

# 第8章 记忆理论

The Society of Mind

而这个起因，我在用那些最令人愉快的感受进行比较的时候猜测到了它，那些感受正具有这一共同之点，我在即刻和某个遥远的时刻同时感受到它们，直至使过去和现在部分地重叠，使我捉摸不定，不知道此身是在过去还是在现在之中。确实，此时在我身上品味这种感受的生命，品味的正是这种感受在过去的某一天和现在所具有的共同点，品味着它所拥有的超乎时间之外的东西，一个只有借助于现在和过去的那些相同处之一到达它能够生存的唯一界域、享有那些事物的精华后才显现的生命，也即在与时间无关的时候才显现的生命。

——马塞尔·普鲁斯特

## 8.1 K线：一种记忆理论

我们谈论记忆的时候，常常好像我们所知的东西都储存在思维的一些盒子里，就像我们放在家里橱柜里的东西一样。但这里面有很多问题。

**知识是如何表述的？**
**如何储存？**
**如何提取？**
**自己如何使用？**

每次我们想要回答其中任何一个问题时，其他问题好像就变得更加复杂了，因为我们无法清楚地辨别自己知道什么和如何使用这些知识。在接下来的几部分，我会解释一种记忆的理论，这种理论试图一次回答所有这些问题，它提出我们把学到的东西放在离首先学会它的智能体最近的地方。这样的话，我们的知识就变得容易提取和使用。这种理论的基础是一种被称为“知识线”(knowledge-line) 或者简称“K线”的理念。

> 每当你“有一个好主意”，解决了一个问题或者有一次难忘的经历，你就会激活K线来“表述”它。K线是一种线状结构，每当你解决了一个问题或者有一个好主意的时候，它就会与被激活的思维智能体相联结。
>
> 之后当你激活K线的时候，与它相联结的智能体就会被唤醒，让你进入一种与之前解决问题或者获得那个好主意时非常相似的“思维状态”。这就让你在解决新的、相似的问题时相对容易一些。

换句话说，我们是通过列出参与了某个思维活动的智能体来“记住”所思考的内容的。制作K线就像列出参加了某次社交聚会的人员名单一样。肯尼思·哈泽还提出了另一种关于K线工作原理的图像——他是麻省理工学院人工智能实验室的一名学生，对这一理论产生过重大影响。

“你想要维修一辆自行车。在你开始之前，先将红色油漆抹在手上。这样你所用过的所有工具上面都会有红色的记号。当你修好之后，只要记住红色标记表示‘有助于修车’，下次你再修自行车的时候就可以节约时间，只要提前把所有涂了红色标记的工具拿出来就可以了。

如果你用不同的颜色标记不同的工作，有些工具最后可能会有不止一种颜色。也就是说，每个智能体都可以和许多不同的K线相联结。之后如果需要做什么工作，只要激活适合这项工作的K线就可以了，这样，之前完成相似的工作时所使用过的所有工具都会被自动激活，就可以拿来用了。”

这就是K线理论的基本理念。但设想一下，如果你曾试着使用某个特定的扳手，但发现不合适，那么给这件工具标记上红色油漆就不太好了。为了让K线工作更高效，我们还需要更聪明一点儿的办法。不过，基本理念还是很简单：对于每类相似的思维工作，你的K线会用你之前做相似工作时使用过的思想碎片来重新填充你的思维。这时，你就变得更像之前那个版本的你。

## 8.2 记住

设想你在很久以前解决过一个特定的问题P。那时激活了一些智能体，其他智能体则保持静止状态。现在让我们设想一个特定的“学习过程”，它使得那时被激活的智能体与一个特定的智能体kP相联结，我们把智能体kP称作K线。如果你之后激活kP，它就会开启之前在解决问题P时被激活过的那些智能体！

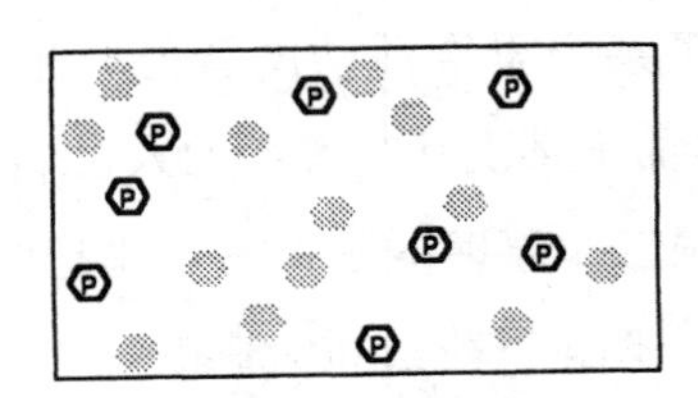


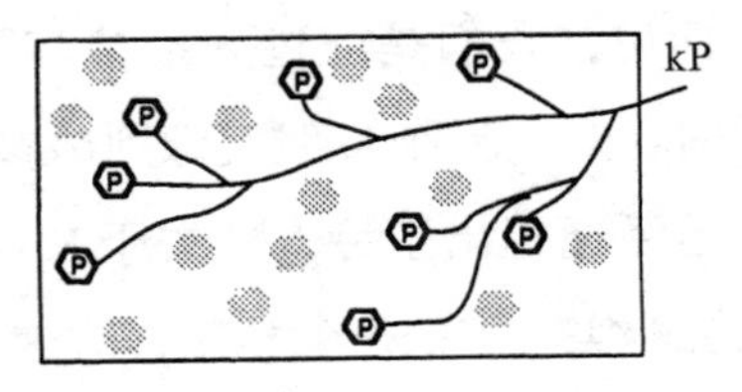

今天你又遇到一个新问题。你的思维进入了一个新状态，智能体Q被唤醒。你的思维认为Q和P很相似，于是激活了kP。

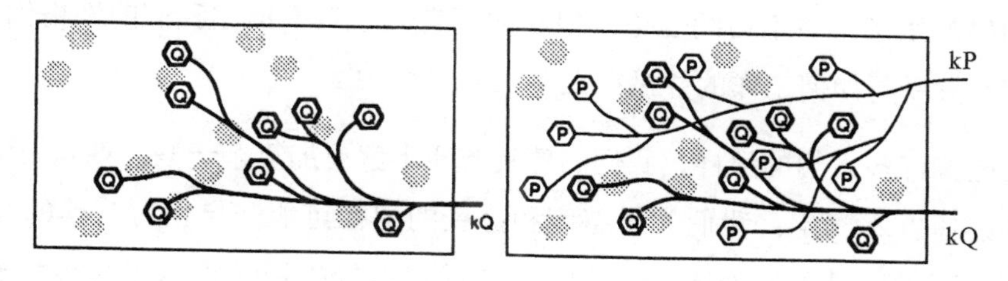


此时，你的思维中有两组智能体被同时激活：最近思维中的Q智能体和旧记忆所唤醒的P智能体。如果所有事都进行得很顺利，可能两组智能体会一起合作解决今天的问题。这就是我们关于什么是记忆以及记忆如何形成的最简单的概念。

那么如果现在被激活的智能体与K线试图激活的智能体相冲突会怎么样？一种方式可能是让K线的智能体优先被激活。但我们不希望由记忆重新唤起的旧思维状态太强烈，压过现在的思想状态，那样的话我们可能会搞不清楚现在在想什么，并清除掉所有我们已经完成的工作。我们只想要一些线索、建议和理念。另一种方式可能是优先激活当前的智能体而不是记忆中的智能体，还有一种方式则是根据无法妥协原则把两组智能体都压制住。下图显示了当相邻的两组智能体发生冲突时，每种方式下所发生的事。

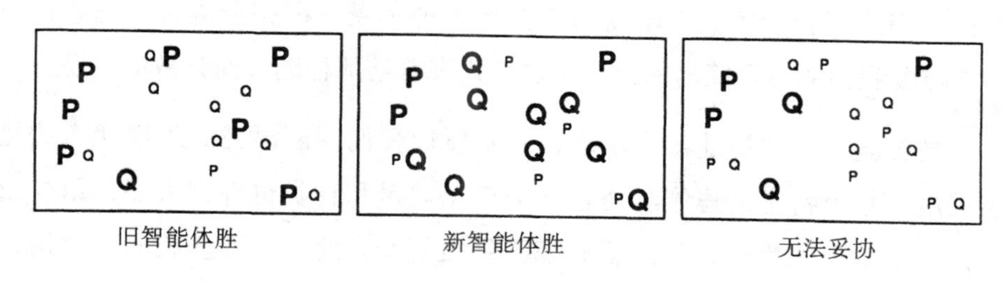

旧智能体胜　　新智能体胜　　无法妥协

最理想的方案是准确激活P中最有助于解决当前问题的智能体。但是对于任何一个简单的策略来说，这种要求都太过分了。

## 8.3 思维状态与倾向

许多当代科学家都认为“思维状态”是一种古旧的说法。他们觉得这种理念太“主观”，不够科学，他们更愿意以信息加工的理念为基础建立心理学理论。在问题解决、模式识别和心理学的其他一些重要方面，这种观念的确产生了许多不错的理论，但整体而言，它对于描述我们的性格倾向、态度和感受是如何工作的并没有太多用处。

是像许多人想的那样，我们的感受本质上就更加复杂一些，难以用语言来描述吗？不一定：我们关于态度和感受的记忆可能来自相对简单的K线机制，不过还是不好表述。这是因为K线可以轻松记录相对宽泛和弥散的活动，之后可以一次就激活它们。这有助于解释一个比较熟悉的心理现象：

**我们觉得最容易回想起来的正是那些我们觉得最难描述的经验。**

举例而言，一个乐器新手可能会记得第一次参加演奏会时的感受；一个技艺比较熟练的业余爱好者会更记得音乐本身，比如节奏、和声还有旋律；但只有技巧熟练的音乐家才会记得音色、声乐的和谐还有乐曲的改编等细节。为什么我们觉得回想态度和感受比描述到底发生了什么更容易呢？这正是K线类记忆会产生的效果。设想有一种情感或性格倾向中有许多智能体的参与。这需要建构一条巨型的K线，之后我们可以用它让自己重新体验与之前近似的复杂状态，这是比较容易的，只要重新唤醒同样的活动就可以。但这不会让我们自动就可以描述那种感受，那完全是另一码事，因为这需要我们能用更简洁的语言表达方式来总结那种庞大而分散的活动。

是否能轻松地描述某个活动，并不能让我们判断出当时思维状态的复杂程度。某个特定的思维状态包含的信息数量和种类也许都太多，用少量的词汇根本无法表达，但怎么看都不算很复杂。此外，那些我们可以用语言表达的事，在很大程度上都受我们学会使用那些语言的社会过程限制。为了让一个词语对其他人产生可以预测的效果，我们对于词汇的应用必须遵循严格、公开的准则，而每个个体私人的内部信号不需要受到这种限制。来自我们非言语智能体的那些信号与K线之间产生的联结可以迅速扩展去唤醒其他智能体。如果这样一个社会中每个成员都唤醒100个其他智能体，那么只需要3 ~ 4步，其中单独一个智能体的活动就可以影响其他上百万的智能体。

一旦我们用K线的方式考虑记忆，至少从原则上就很容易想象一个人如何回忆之前一次复杂经验的一般印象。但一个人为什么能够很容易就理解一种具体的陈述（比如“约翰的糖比玛丽多”）就变得很难解释。如果这种理论是正确的，就正好与传统观点相反了。传统观点认为，思维如何能轻松地处理“事实”和“倾向”很容易理解，如何能拥有弥散而难以解释的倾向却不太容易理解。

## 8.4 局部思维状态

我们通过融合部分旧理念来产生新理念，也就是说同时在思维中保持多于一种的理念。让我们先用非常简化的方式想象一下思维由许多不同的“部门”构成，每个部门都在参与一项不同的活动，比如视觉、移动、语言，等等。即使在更小的规模上，思维也是以这种模式形成，所以就算关于最普通的物体的思想也是由更小的智能组产生的更小的思维组成的。想想一个白色橡胶小球可以像下面这样激活一些部门：

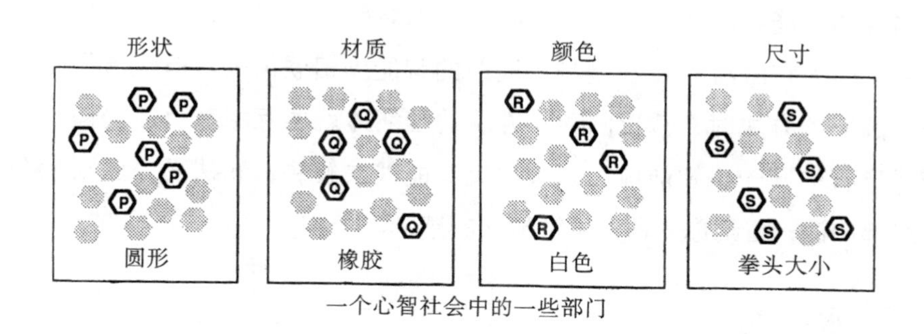


一个心智社会中的一些部门

我们需要某种方式可以同时谈论许多智能组的状态。所以，在本书中，当谈到一个人所有的智能体时，我会用“思维状态”或“整体思维状态”来表述。“局部思维状态”这个新的表达方式是用来谈论更小的智能体组合的。现在为了解释清楚，我们必须像科学家那样简化当前的情形。我们要假定在智能体社会中，每个智能体在每个时刻不是“静止状态”就是“活动状态”。为什么一个智能体不能是半醒状态，只能是“开”或“关”呢？其实它们可以处于部分唤醒状态，但由于一些技术原因，这对于我们正在讨论的问题不会产生什么本质差异。无论如何，种种假定可以让我们的描述更精确：

> 思维的“整体状态”详细列出了在某个特定时刻哪些智能体在活动，哪些是静止的。
>
> 思维的“局部状态”只详细列出了那些活动着的智能体，而没有列出静止的智能体。

注意，根据这个定义，一个人的思维在任何时刻都只有一个整体状态，却可以在同一时刻拥有许多的局部状态，因为局部状态是不完整的描述。上页的图描绘的是一个由若干不同部门组成的思维，所以我们可以把每个部门都看作是一个局部状态，这让我们想到整个系统可以“同时思考几种想法”，就像是一群各自分开的人一样。当你的言语部门被你朋友正在说的话占用时，你的视觉部门可以寻找出口在哪里，这样你的思维就同时处于两种局部思维状态。

当两条 K 线同时激活了同一个部门中的智能体时，情况就更有意思了：给同样的智能组施加两种不同的心理状态会引起冲突。想一个白色小球很容易，因为它激活的 K 线是与不同组的智能体相联结的。但是当你要去想一个圆形的方块时，负责圆形和方块的智能体就要互相竞争，去控制负责描述形状的同一组智能体。如果冲突不能很快解决，无法妥协原则就会把两组都淘汰，留给你一种说不清形状的感觉。

## 8.5 水平带

**风筝**（kite）：由一个通常为木质的轻型框架和绷于其上的纸或其他轻质材料组成的玩具；大部分是以等腰三角形加一个圆弧为基底，或者是围绕着较长对角线的四边对称结构；它的结构（通常包含一条用于保持平衡的尾巴）是为了在大风中通过一根连在它上面的长线飘浮在空中。

——《牛津英语词典》

“杰克在放风筝。”你需要哪些知识才能理解这句话？如果你知道没有风是不能放风筝的，那是有帮助的。知道怎么放风筝也有帮助。如果你知道风筝是怎么做的、怎么发明的，或者需要多少花费，都会更好地理解这件事。理解永远不会终止，关于杰克的这项活动，我们能想象到的东西多得出奇。你和我都没有见过杰克的风筝，也不知道风筝的颜色、形状或者大小，但我们的思维从我们以前见过的其他风筝的记忆里找出了许多细节。那句话可能会让你想到线，但句子里没有提到线。你的记忆是怎么在这么短的时间里唤醒了这么多东西呢？而且你的思维又怎么会知道不要唤起太多内容，否则可能会导致严重的问题呢？为了解释这些，我要介绍一下水平带理论。

这个理论的基本理念很简单：我们通过把智能体与K线相联结来进行学习，但智能体与K线间联结的坚实程度却并不完全一样。我们对某个特定水平的细节联结比较强，对更高或更低的水平的细节联结比较弱。风筝的K线可能包含这样一些属性：

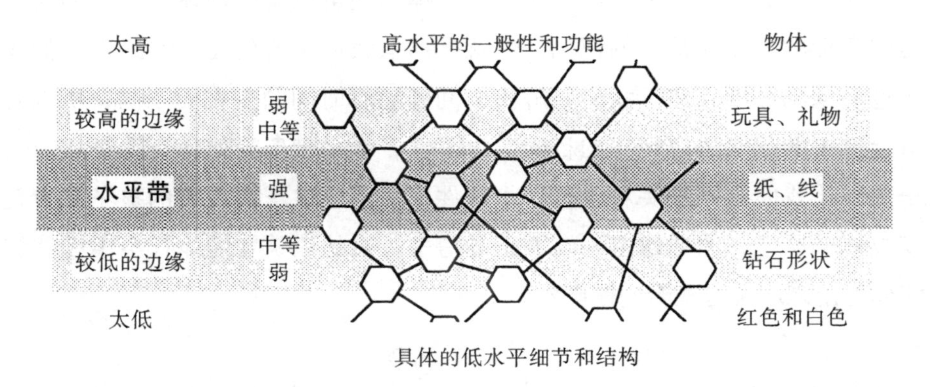


每当我们开启这条K线，它会尽力激活所有这些智能体，但那些位于边缘附近的智能体就像被用过两次的胶带粘住一样，而且如果其他智能体挑战它们，它们会倾向于退缩。如果你以前见过的风筝大多是红色钻石形状的，那么当你听到杰克的风筝时，那些弱联结会让你假定杰克的风筝也是红色钻石形状的。但如果你听说杰克的风筝是绿色的，那些唤醒力度较弱的红色智能体就会被强烈激活的绿色智能体压抑。我们把这种唤醒力度弱的记忆称为默认假设。默认假设一旦被唤醒，就只会在没有冲突时处于活动状态。从心理学的角度来说，默认假设就是那些我们在没有什么特别的原因要往其他方面考虑时就会这么假定的事物。之后我们会看到默认假设体现了一些我们认为最有价值的常识：知道什么是常见和典型的现象。举例而言，因为有默认假设，我们都假定杰克有手和脚。如果后来发现这种假定是错的，它们的弱联结会使得它们在思维中出现更好的信息时可以轻易被替换。

## 8.6 水平

我们有时认为记忆可以把我们送回过去，听见过去的声音，看见过去的景象。但其实记忆无法带我们去任何地方，它只能让我们的思维回想起过去的状态，通过把过去思维里的内容放回原处，让我们看看自己过去的样子。我们介绍过水平带理论，它提供一种方式让记忆可以包容某种范围或"水平"的描述，就像回忆有关风筝的体验时，某些特定的方面记录得比较翔实，其他方面则比较松散，甚至根本没有记录。

水平带的概念不仅可以用来描述物体，还可以用来描述那些我们用来达成目标的程序和活动的记忆，也就是那些我们重新创建的曾经帮我们解决过问题的思维状态。我们要解决的问题随着时间的变化而不同，所以必须让过去的记忆适应现在的目标。为了看看水平带理论如何有助于实现这一点，让我们再回过头看看玩积木这件事。不过这一次我们的孩子长大且变成熟一些了，他想建造一幢真正的房子。旧的建筑智能体社会中哪些智能体能用来解决这些新问题呢？

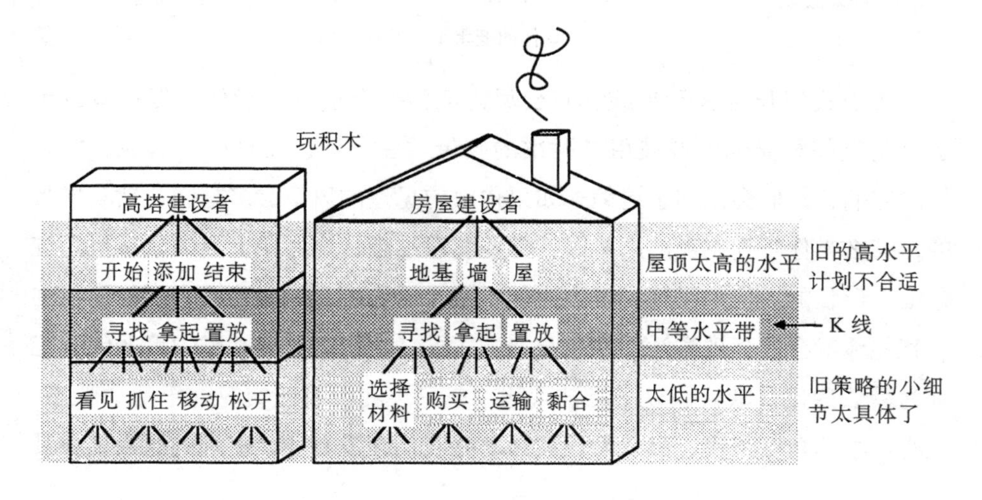

新的建房智能组肯定能用上许多“高塔建设者”的技能。它会需要“添加”所管辖的较低水平的技能，比如“寻找”“拿起”和“置放”。但“房屋建设者”不太会用得上“高塔建设者”的高水平智能体，比如“开始”和“结束”。而且它也不太会用上“建设者”最低水平的技能，比如“抓住”所需的技能，因为捡起小积木块这样的事并不是问题。但“建设者”中级水平带中包含的大部分技能都还用得上，这些技能在很大范围内普遍有用，而最高水平带和最低水平带中的技能更有可能针对的是旧目标的具体问题或者原始问题中的特殊细节。但是如果我们的记忆机器本来就是被设计成让那些遥远边缘中的内容可以轻易剥离，那这些边缘中所储存的额外知识一般不会造成什么损害，而且常常还挺有帮助。举例而言，“高塔建设者”的边缘细节可以在我们建一幢很高的房子或者要给房子建一个很高的烟囱时告诉我们该做些什么。

我们开始只是用水平带来描述事物，但最终我们要用它来做事！在接下来的几部分中我们将会看到，与水平相关的理念在我们如何思维这方面发挥着许多不同的作用，这并不是偶然现象。

## 8.7 边缘

如果给你呈现太细节的东西，你就很难认出一个事物。要确定你看见的是一个风筝，寻找纸、木条和线是有帮助的。但如果你要用一台显微镜，那你感知到的东西完全不是风筝的属性，而仅仅是纸、木条或者线的细节特征。这些内容可能会让你辨认出某个特别的风筝，但不能够认出其他风筝。超过某个特定水平的细节，人们看到的内容越多就越不知道自己看的是什么！记忆也是如此，在较低水平的细节上，它们应弱化联结。

> **低水平带**（lower band）：超过了某个特定水平的细节，对之前情境的记忆越完整，就越难与新情境相匹配。

为了解释K线为什么需要一种较高水平的边缘，让我们回过头来看看我们的孩子一开始学会了建塔，但是现在想建造一幢房子的例子。如果我们记得太多关于之前目标的事，就可能会遇到另一类困境！

> **高水平带**（upper band）：能够唤醒太高层级智能体的记忆会倾向于为我们提供不适合当前情境的目标。

为了明白我们的K线为什么应该弱化某个特定水平之上的联结，来想象一下这样一种极端形式。设想有一种记忆特别完善，让你可以完全再现过去某个特定时刻的完整细节。它会抹杀现在的“你”，你会忘记自己本来想让记忆做些什么！

两种边缘效应都是为了让我们的记忆与当前的目的更加相关。中间的水平带会帮助我们找到记忆中的事件与当前的情形有什么一般的相似之处。较低水平的边缘提供额外的细节，但不会把它们强加给我们，我们只会在没有真实的细节时以“默认的方式”来利用它们。与此类似，较高水平的边缘会回想起一些以前目标方面的记忆。不过同样，除了在当前的情形没有给出更引人注目的目标时以默认方式出现，我们也并没有被强制使用它们。可以这样说，较低水平的边缘关注的是结构方面的事，而较高水平的边缘关注的是功能方面的事。较低的水平表述的是现实的“客观”细节，较高的水平表述的是与目标和意图有关的“主观”事物。

同样的一条K线的边缘为什么可以涵盖如此不同的领域呢？因为为了思考，事物和目标，也就是结构和功能之间需要有紧密的联系。如果不能把每件事的细节与我们的计划和意图联系起来，思考到底有什么用呢？想想看在英语里，指代事物和指代这些事物的目的常常使用的是同样的词语。在你建造一幢房子时，需要用什么工具来锯开（saw）、固定（clamp）和粘牢（glue）木头呢？很明显，你会用锯（saw）、夹钳（clamp）和胶水（glue）。[⊖]看看这些“意思”有多么令人惊奇的力量：只要一听到一个词的名词形式，我们的智能体就会努力展示出这个词的动词行为。这种把意思

⊖ 此处作者举了一个例子说明英语中事物及其目的常用同样的词，但中文并不与其对应。——译者注

和目的联结在一起的现象并不只限于语言，我们还会在其他类型的智能组中看到许多这样的例子，不过这种联结在语言中所受的限制最小。

## 8.8 记忆社会

昨天，你看到了杰克放风筝。今天你怎么还会记得呢？答案之一就是“回忆就好像重新看见了一样”。但是昨天，当你认出那个风筝时，并没有真的把它看作一个全新的事物。你昨天认出它是一只“风筝”这个事实，表示在你更早的记忆中已经见过这个风筝了。

这说明对于之前的某一时刻你看到了什么，要产生新记忆有两种方式。一种方式如下方左图所示：你只是把一条新的 K 线与最近在你思维中活动着的所有智能体联结在一起了。另一种方式如下方右图所示：并没有把新的 K 线与所有各自分开的智能体相联结，而是只与最近活动着的旧 K 线联结在一起。这会产生相似的结果，因为那些旧 K 线会唤醒许多最近活动的智能体。第二种方式有两个优点：它更经济，而且它所形成的记忆是更有组织的记忆社会。

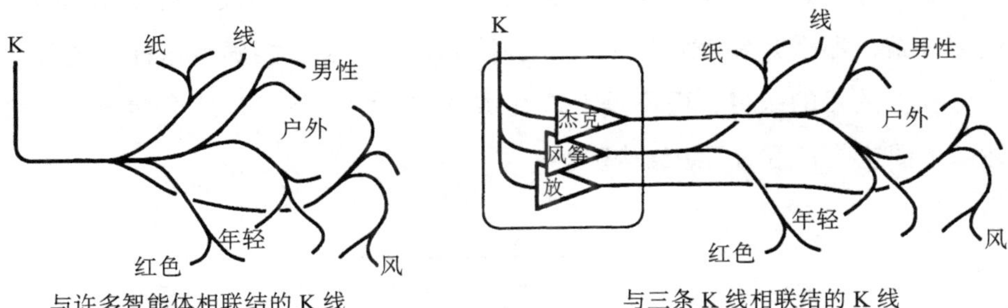


与许多智能体相联结的 K 线　　　　与三条 K 线相联结的 K 线

设想当你意识到杰克正在放风筝，这一定会涉及有关“杰克”“放”和“风筝”的三条 K 线，它们都是在以前就形成了，在看见杰克放风筝的时候就被唤醒了。当这三条 K 线被激活时，每条都会轮流激活几百或几千个智能体。（看见那个场景时，你的思维状态由两部分组合而来，一部分是由你的感觉直接唤醒的智能体，另一部分是由你的再认间接唤醒的智能体。）现在，左边的记忆方案需要在所有那些智能体和新 K 线之间有数量巨大的联结，而右边的方案只需要新K线与三条旧K线相联结，就能获得差不多的效果！但是当你在之后的某一天再次激活那条K线时，它就会唤醒杰克、放和风筝三条同样的K线以及其他包含在内的再认过程。于是，你会重新体验许多和以前一样的再认过程。在这种情况下，你的感觉和行为都会像重新回到了同样的情境中一样。

当然，这两种类型的记忆不会产生完全一致的结果。把新K线与旧K线相联结的把戏无法重新捕捉当时场景中那么多精确的感知细节。与此相反，这种“等级”类型的记忆所产生的思维状态更多地是以刻板印象和默认假设为基础，而不是真正的感知。具体而言，你会倾向于记住你在那时再认出的内容。有时会有所失，但作为交换也会有所得。这些“K线记忆树”会丢失某些特定类型的细节，但它们会保留更多关于我们思维来源的线索。如果最初的环境被精确重现，这种记忆树可能没那么好用。但无论如何，这从来没有发生过，而且这种结构性的记忆更容易适应新的情境。

## 8.9 知识树

如果每条K线都可以和其他K线相联结，而这些K线也可以和其他K线相联结，那么K线就可以形成一些社会。但是怎么能确定这种方式就可以为我们的目的服务，而不是变成乱哄哄的一大团呢？是什么指导它们表述像下图这些有用的层级结构呢？

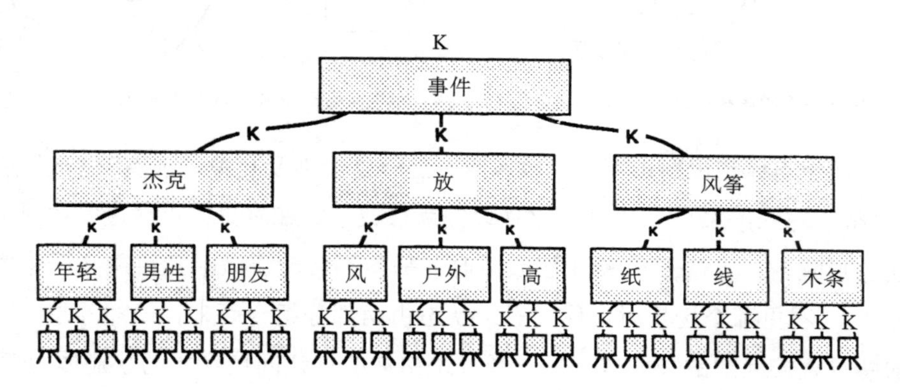


为了保持事物的秩序，我们现在又要启用水平带理念了。记得我们首

先发明K线是为了把旧的智能体联结在一起，之后我们发明了水平带是为了防止K线被太多没有用的不相关内容填满。现在我们又有了同样的问题：当我们把新的K线与旧K线联结在一起时，必须防止它们包含太多不适当的细节。所以为什么不试试同样的解决方案呢？让我们把水平带的理念运用到K线树里来吧！

**在创建一个新的K线记忆时，不要把它与所有当时活动着的K线都进行联结，而是只与在某一特定水平带范围内活动着的K线联结。**

人们可能会认为这种理念很难应用，除非我们能确定“水平”是什么意思。然而，这种事会自动发生，因为新的K线社会将倾向于继承在最初的智能体中已经存在的结构，也就是和那些K线相联结的智能体。我们实际上已经看到过两个关于这一点的理念了。在风筝的例子中，我们谈论过描述的“细节水平”。我们认为讨论“一张绷在框架上的纸”比讨论纸或者木条更高级。在“建设者”的例子中，我们谈论过目标，认为“高塔建设者”这个智能体本身所处的水平比它所利用来解决子问题的智能体高，比如“开始”“添加”和“结束”。

这种把新K线与旧K线相联结的方针只能适度使用。否则，我们的记忆中将不会再包含新的智能体。此外，也并不应该总是要求产生简单、有秩序的等级结构树。举例而言，在“建设者”的例子中我们发现，“移动”和“看见”常常需要彼此的帮助。最终，我们所有的知识结构都会和各种例外、捷径和交互联结纠缠在一起。不过没关系，水平带理念在一般情况下还是适用的，因为我们的大部分知识仍然主要是等级结构的，这就是我们知识的增长方式。

## 8.10 水平与分类

我们常常发现自己在使用水平的理念，这不是很有意思吗？我们会谈论一个人的抱负水平或者成就水平，我们会谈论抽象水平、管理水平、细节水平。人们所谈论的那些和水平有关的事物有什么共同之处吗？是的，它们反映了某种组织理念的方式，而且每个看起来都有点儿模糊的等级感。通常，我们倾向于认为每种等级都展示出了世界上所存在的某种秩序。但这些秩序常常都来自思维，而且只是看上去属于这个世界。实际上，如果我们的K线树理论是正确的，那么我们把事物归类为水平和等级似乎很“自然”，虽然这么做的效果也并没有那么完美。下图描绘了两种物品的分类方式。

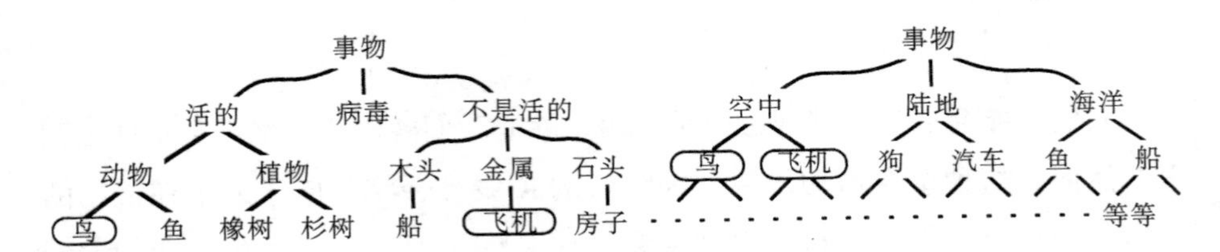


这两种等级以不同的方式把事物分开。鸟和飞机在其中一边关系很近，但在另一边就离得很远。哪一种分类是正确的呢？愚蠢的问题！那得看你要用它来干什么。左边的那种分类对生物学家更有用，右边的分类则对猎人更有用。一只陶瓷鸭子你怎么分类，一个可爱的装饰玩具？它是一种鸟吗？它是一种动物吗？还是一堆没有生命的黏土？争论这件事没有意义：“那不是一只鸟！”“不，那就是一只鸟，同时也是一件瓷器。”实际上，我们常常同时使用两种或更多的分类方法。举例而言，一个体贴的孩子可能会假装把它当成一只鸭子来玩耍，同时也会小心翼翼地把它当作一件精致的瓷器来对待。

只要发展一项新技能或者扩展一项旧技能，我们都不得不特别强调某些方面和特征的相对重要性。只有当我们发现了系统的方式，才能把它们归于整齐的水平之中，那时我们的分类方式就和水平结构、等级结构相类似了。但等级结构最终总是会变得缠结无序，因为每种分类方式总有一些例外和交互作用。我们在尝试一项新任务时，都不喜欢完全从零开始，我们会试着利用以前起作用的方式，所以会在思维内部搜索可用的旧理念。那时，如果某个等级结构的一部分看上去似乎可用，我们会把剩下的部分也拖过来。

## 8.11 社会的层次

根据我们的记忆概念，每个智能组的K线都会发展成一个新的社会。所以，为了表述清楚，我们把最初的那些智能体称为S智能体，把它们的社会称作S社会。对于任何一个S社会，我们都可以想象通过建造一个相应的K社会为它创建记忆。开始制造K社会时，我们必须把每条K线直接与S智能体相联结，因为还没有其他我们可以联结的K线。之后，我们可以使用更高效的方针，把新的K线与旧K线相联结。但这会导致另一个不同的效率问题：与最初的S智能体之间的联结会变得越来越远，越来越不直接。于是所有的事都开始慢下来，除非K社会能继续与最初的S智能体建立一些新的联结。如果K社会在S社会附近以“层次”的形式发展，那么这件事就很容易安排。下图展示的就是这样一种安排。

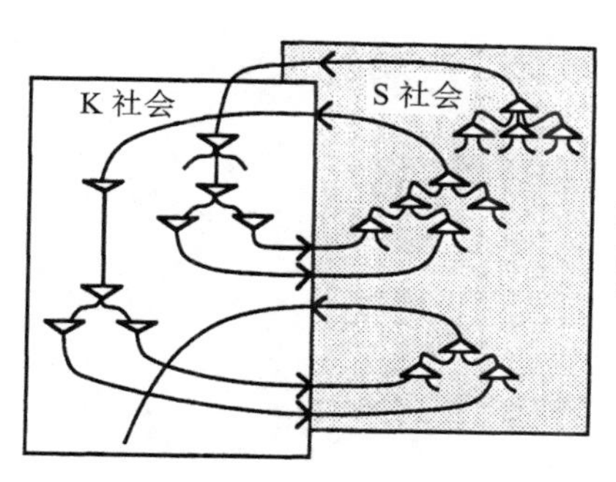


K社会中的联结和S社会中的联结相似，只是信号倾向于向相反的方向流动

如果以这种方式安排，成对的层次就会形成一种奇怪的计算机。当S智能体激活K智能体或者反过来，就会产生一种螺旋式的活动。随着时间推移，这项活动就会向上或向下漂移，而且还有向外传播的倾向。如果没有某种控制，整个系统很快就会一团混乱。但从内部控制这个系统很困难，那样做也不利于达到其他智能组的目的。然而，我们可以轻易想象出一个第三方智能组，就能约束和控制K-S系统的活动，它只要明确哪个水平带应该保持活跃，并抑制其他水平带的活动即可。实际上，这正是B-脑会实施的那种粗糙的控制，它不需要理解A-脑中正在发生的详细细节就可以完

成所有这些事。第三方智能组可能只是看一眼然后不耐烦地说："这样什么也做不成，往上移，从更高一些的水平来看看现在的情况。"或者它可能会说："看起来进展不错，接着往下走，补充更多细节吧。"

K 社会和 S 社会之间有什么差异吗？其实并没有太多，只是 S 社会先出现而已。实际上，我们可以想象一个这种社会的无穷序列，其中每个新的社会都会学习利用旧的社会。之后我们会提出，这就是我们在婴儿时期思维发展的方式——按照社会层次的序列发展。新的每一层开始时都是一套 K 线，它们会先学习以前层次中已经获得的技能。只要某一层获得了某种有用的实质性技能，它就会停止学习和改变，于是另一个新的层次就会开始学习利用上一个层次的能力。每个新层次开始的时候都像一个学生一样，学习新的方式来利用旧层次已经会做的事。然后它的学习速率会降低，并开始作为学习对象和老师来帮助后来形成的层次学习。

# 第9章 总　结

疼痛的功能很明显是要通知神经系统中更高级的中心哪里发生了问题，除此之外还有许多生理机制，它们存在的唯一原因就是告诉我们有的地方出现了问题。我们觉得不舒服却不知道原因。很多不同的原因而产生的不同的状况，我们都会用一句“我觉得不舒服”来描述，这是一个极端典型的事实。

——康拉德·洛伦茨

## 9.1 想要和喜欢

有一件我很讨厌的事就是有人问我这样的问题：

> 你更喜欢物理还是生物？
> 你喜欢那出戏吗？
> 你喜欢瓦格纳的音乐吗？
> 你很享受在国外生活的那一年吗？

我们为什么会想要把这么多内容压缩在“喜欢”“更喜欢”和“享受”这种没有什么表达性的总结里呢？为什么要把这么复杂的事物简化成简单的价值或愉悦感的数量呢？那是因为我们对愉悦感的测量要面对许多用户。它们帮助我们进行对比、折中和选择。我们会使用一些沟通符号来表示不同程度的依恋、满意和同意，这些用户都和这些沟通符号有关。它们不仅以语言形式出现，还有手势、声调、微笑和皱眉，以及其他许多表情符号。但我们要小心，不要只接受这些符号的表面价值。无论是世界的状态还是思维的状态都没有那么简单，无法用单一维度的判断表达。没有一种情形是让人完全满意或者完全不同意的，而我们对愉悦或厌恶的反应只是海量潜在过程的表面总结而已。要“享受”某种体验，我们的一些智能体必须总结成功，而其他智能体一定会责怪自己的下属没能达成它们的目标。所以如果我们发现自己非常喜欢某个事物，就应该产生怀疑了，因为那可能表示某些智能组正强制压抑着其他可能性。

> 你越确定自己喜欢现在正在做的事，你其他的雄心壮志就越是完全被压制。

要在几个备选项之间进行选择，最高水平的思维会要求最简单的总结。如果你最高水平的感受总是很“混杂”，你就很难选择要吃哪种食物，走哪条路，或者思考哪些想法。在行动水平上，你被迫要把表达方式简化得如

“是”和“否”一样简单。但这些不能提供足够的信息来服务低水平的思维，这些思维中许多程序都在同时进行，而每个智能体都必须判断自己在服务某些本地目标方面进展如何。在较低水平的思维中，一定还有许多更小的、同时存在的满意和烦恼。

我们常常觉得自己好像应该受我们想要的事物控制。实际上我们很少能区分想要什么东西和有可能从其中获得愉悦感，这两个理念之间的关系似乎非常紧密，就连提到这一点都显得有些奇怪。想要我们喜欢的东西，避开我们不喜欢的东西，这似乎非常自然，以至于如果有人看上去要违反这项规则，有时会让我们产生一种不自然的恐怖感。于是我们会想：他们不会做这样的事，除非他们内心深处真的想做。这就好像我们觉得人们应该只想要做他们喜欢做的事。

但想要和喜欢之间的关系一点儿也不简单，因为我们的偏好是我们的智能组之间进行过好多谈判而形成的最终产品。要完成任何实质性的目标，我们必须放弃其他的可能性，并且要防止自己屈服于对过去的留恋或懊悔。于是我们会使用“喜欢”之类的词来描述为什么我们会坚持自己的选择。喜欢的工作就是关闭备选项，我们应该理解它的作用，因为它会缩小我们的宇宙，不受任何限制。我们人为地把喜欢弄清楚了：它反映的不是喜欢是什么，而是喜欢是做什么的。

## 9.2 重新划分选区

我们都知道成就会带来满意，而且我们倾向于假定它们之间有直接的关联。在非常简单的动物中，“满意”的意思不过是满足简单而基本的需求，对它们而言，满意和成就实际上应该是一个意思。但是在复杂的人脑中，在处理人体需求的智能组和表述或识别我们智力成就的智能组之间还穿插着许多层次的智能组。那么在这些更加复杂的系统中，那些成就所引起的愉悦感和失败引起的不愉快有什么重要意义呢？它们一定是与我们更高水平的智能组如何进行总结有关。

设想有一次你不得不送一件礼物给朋友。你必须选一件礼物，还要找一个盒子来包装它。很快，每项工作都被分成了若干个小任务，比如找到线和捆住它们。解决困难问题的唯一方式就是把它们分割成更小的问题，之后如果还是太困难，就继续分割。所以困难的问题总是会形成分支为树状的子目标和子问题。要决定把资源应用于什么地方，我们的问题解决智能体需要对事情的进展有简单的总结。让我们假定每个智能体的总结都以它们管辖的智能体的总结为基础：

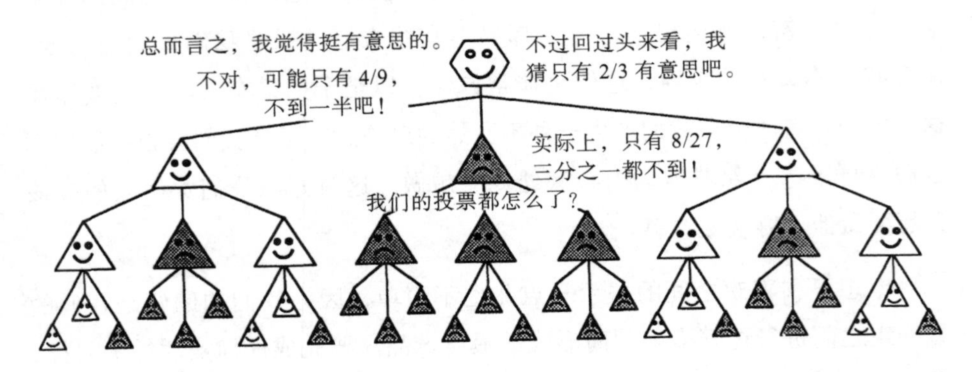


当所有事都完成后，如果有人问你是否喜欢整个过程的体验，你可能会说“挺有意思”或者“很糟糕”。但是这样的总结并不能代表你的智能组们实际学到了什么。你的打结程序学到了哪些行动可行，哪些不可行；你的折纸和礼物选择程序又有其他的失败和成就；但你对整个过程体验的评价不能反映所有这些细节。如果整件事最后让你“不开心”，那么未来你可能就不太倾向于再送出礼物，但这对你所学到的关于折纸和打绳结的事应该没有什么影响。没有一种简单的“好”或“坏”可以反映你的智能组内部发生了些什么，其中需要揭示的信息比这两个字要多得多。那么为什么我们把感受分类为积极和消极，并且总结出“整体而言”净效果是好是坏，而且这似乎已经让我们感到满意了呢？的确，感受有时是混合在一起的，而且所有的事似乎都有些苦乐参半，但是我们将来会看到，我们之所以会过度简化是有很多原因的。

## 9.3 从失败中学习

到目前为止，我们谈论的大多是从成功中学习。但是想想当你成功的时候，你一定已经拥有了所需的技能。如果是这样，那么改变思维可能反而会让事情变得更糟！就像人们常说的那样："你不应该与成功争辩。"任何时候，只要你想"改进"一个已经起作用的程序，其他依靠同样机制的技能就有被破坏的风险。

与此相对应，从失败中学习对我们来说可能更重要。如果一套已经建立好的方法（我们把它称作M）在实现一个特定的目标时失败了，你该怎么办？方法之一是改变M，这样它就不会再犯同样的错误。但是就算这样做也很危险，因为它可能导致M在其他情况下失败。此外，我们也可能不知道怎么改变M来纠正错误。要处理这种情况，一种比较保险的方式就是通过添加特殊的记忆设备来调节M。我们把这些设备称作"审查员"或"抑制器"（以后我们会详细讨论这一点），它们能够记住M失败时所处的特定环境，以后再出现相似的情况时会抑制M。这种审查员不会告诉你应该做什么，只会告诉你不应该做什么，但它们仍然能够防止你因为重复错误而浪费时间。

学习至少有两个方面。我们思维的某些部分通过记住起作用的方法来从成功中学习。还有一些部分主要是从我们所犯的错误中学习，它们会记住那些各种方法都不起作用的环境。稍后我们将会看到这种方式如何教会我们不应该做什么，以及如何教会我们不应该想什么！出现这种情况时，它会将我们完全没有意识到的抑制和禁忌渗透到我们的思维中。因此，从成功中学习倾向瞄准和聚焦于我们如何思考，而从失败中学习虽然也会产生许多富有成果的思想，但方式没有那么直接。

如果我们生活在一个只有简单而普遍的规则、没有例外的世界里，就像代数、几何和逻辑这种可爱的数学世界，那么我们就不需要应对例外和审查。但是完美的逻辑在人、思维和事物的真实世界里很少能起作用。这是因为在数学的世界里，规则没有例外并非偶然：在那里，我们以规则开始，而且我们所想象的物体都会遵守这些规则。但我们不能这么随心所欲地为已经存在的事物编制规则，所以我们唯一的路径就是以不完美的猜测开始，先收集已有的粗糙规则，然后去寻找哪里有问题。

我们很自然地倾向于从成功中学习，而不是从失败中学习。然而，我怀疑把我们限制在“积极的”学习体验中这件事本身就会使我们已经会做的事进步余地变小。而几乎可以肯定的是，在我们的思维方式做出一些实质性的改变时，至少一定程度的不舒服是无法避免的。

## 9.4 享受不舒服

不要依恋你喜欢的事物，不要一直厌恶你不喜欢的事物。悲伤、恐惧和束缚都来自人们的喜恶。

——佛陀

孩子们为什么明知自己会害怕，甚至会头晕，还是会喜欢游乐园里可以骑着玩的游乐设施？探险家们为什么明知自己的目标一旦到达目的地就烟消云散，还是愿意忍受苦与痛？还有普通人为什么会一直做很多年他们讨厌的工作，然后在未来的某一天他们可以……有的人似乎忘记可以干什么了吗？

动机并不止于即时的奖励。当我们成功完成了某件事，思维的内部会发生许多事。举例而言，我们内心可能会充满成就感与骄傲，迫不及待地想展示给别人我们做了什么，是怎么做到的。然而，对更多有雄心壮志的知识分子而言，成功的喜悦注定转瞬即逝，其他问题又会出现在思维里。这是一个好现象，因为许多问题并不是独立存在的，它们只是更大问题中的一小部分而已。通常，在解决了一个问题之后，我们的智能组会回头去解决其他一些更高水平的不满，又一次迷失在其他的子问题中。如果我们向满意屈服，那就什么也完不成。

但如果有一个情形完全在我们的控制能力以外，而且也无法从痛苦中逃离怎么办？那时我们所能做的就是建立某种内部计划来忍受它。技巧之一就是改变我们此刻的目标，比如我们会说：“到达就是最有意思的事了。”还有一种方式就是期待未来的自我能从中获益：“我一定会从中学到些什么。”如果这也不起作用，我们还能诉诸一些更无私的方法：“也许其他人能从我的错误中学到些什么。”

这种复杂性让人无法为“愉悦”“快乐”这样的普通词语下一个好的定义。我们的思维中有许多类型的目标和需求，它们在不同的智能组和不同的时间范围内互相竞争，这些都不是简单的语言足以表达的。毫无疑问，那些广受欢迎的关于奖励和惩罚的理论，无论在动物训练中多么有用，都没能真正解释人类学习的更高形式。人们在获得任何真正的新技能的早期阶段，都必须至少采用一部分反愉悦的态度：“很好，这是一个体验尴尬和发现新错误的机会！”做数学题、攀登冰山顶峰或者用脚弹奏管风琴时都是一样的：思维的一部分认为这太可怕了，另一部分却很享受强迫前面所说的这部分为它们工作的过程。我们还没有给这种过程起什么名字，不过它们一定是我们最重要的成长方式之一。

这并不是说我们可以丢弃在日常生活中所使用的愉快、喜欢的概念。但我们一定要理解它们在心理学中的作用：它们表述的是复杂的简化方式所产生的最终效果。

# 第10章 派珀特原则

采访者：现在，亚当，听我说。告诉我哪个说法更好：“一个水”还是“一些水”？

亚当：突然过去一只鼬鼠。

——罗杰·布朗和厄休拉·贝卢吉在讨论年幼儿童实验的问题

## 10.1 皮亚杰的实验

心理学家让·皮亚杰是最先意识到观察儿童可能是一种理解心智社会如何发展的方法的人之一。在他的一个经典实验中，他向儿童展示了两套匹配的鸡蛋和鸡蛋杯，然后问他们："是鸡蛋多还是鸡蛋杯多？"

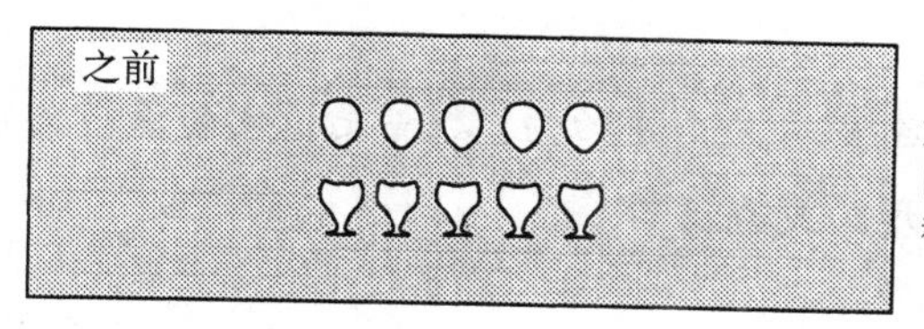


大部分孩子，不论是年长的孩子还是年幼的孩子，都说："它们一样多。"

然后他把鸡蛋之间的距离分开了一些（就是在孩子们面前分开的）然后又问是鸡蛋多还是鸡蛋杯多。

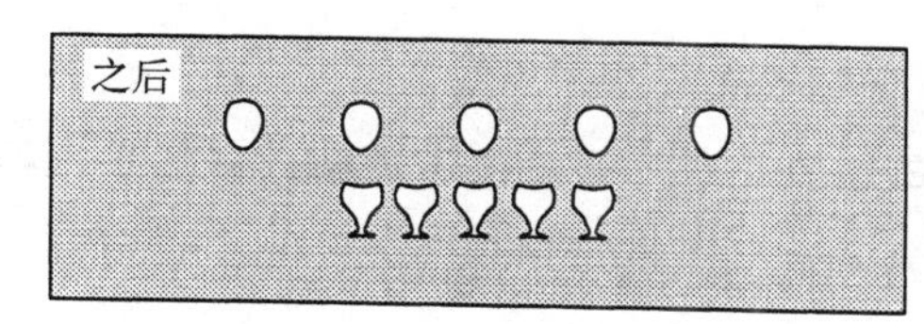


典型的 5 岁儿童："鸡蛋多。"

典型的 7 岁儿童："一样多，因为还是一样的鸡蛋。"

人们可能会用年长的儿童更会数数来解释这个现象。然而，这无法解释皮亚杰的另一个著名实验，就是三个罐子有两个装了水的实验。所有儿童都同意那两个又矮又胖的罐子装的水一样多。然后，就在他们眼前，皮亚杰把一个矮罐子中的所有液体都倒到了另一个又高又细的罐子中，然后问孩子们哪个罐子里的液体多。

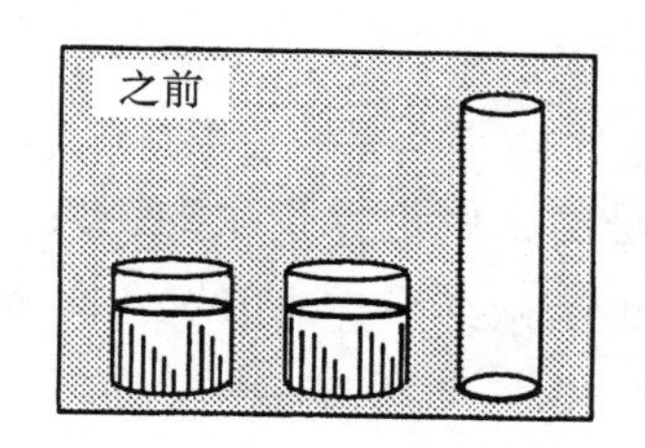


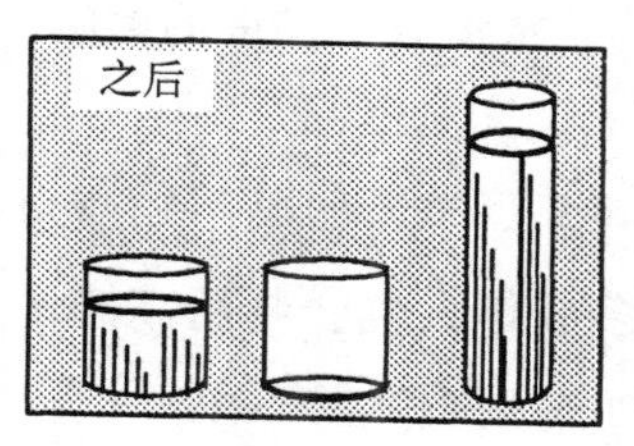


典型的 5 岁儿童："高罐子里多。"

典型的 7 岁儿童："一样多，因为是一样的水。"

这些实验在许多国家都通过各种方式重复过，结果都是一样的：每个正常的儿童最终都会获得成人的数量观——很明显没有成人的帮助！这种转变发生的时间可能各有不同，但这个过程看上去非常统一，让人不禁会怀疑这是不是反映了思维发展的某些基本方面。在接下来的几部分中，我们会研究“更”这个理念，而且会展示这个理念隐藏了一个巨大而复杂的“更社会”（Society-of-More）所做的工作，这些工作是用了许多年才学会的。

## 10.2 关于数量的推理

**守恒**（conservation）：名词，（某个事物的）数量是恒定的原则，它可以转换成无数种形式，但不会增加或减少。

——《**韦氏词典**》

那些鸡蛋和水罐的实验能够针对我们从婴儿时期的成长过程做出什么说明呢？让我们来考虑这样几种解释。

> **数量**（quantity）：年幼的儿童可能只是不理解数量的基本概念而已：液体的量是一样的。

在接下来的几部分中，我会证明我们学会的不是一种单一的、潜在的“数量概念”。每个人都必须建立一种多水平的智能组，我们将其称为“更社会”，它会找到不同的方式来处理数量问题。

> **程度**（extent）：把鸡蛋分开使空间变大和让水柱升高的程度似乎对年幼的儿童造成了过度的影响。

这也不能完全说明问题，因为如果不知道水是怎么倒进罐子里的，只看到了最终的场景，许多成年人也会判断高罐子里的水多！还有其他一些有关年幼儿童如何进行判断的理论：

> **可逆性**（reversibility）：年长的儿童把更多的注意力放在他们认为会保持不变的事物上，而年幼的儿童更关注发生改变的事物。

**限定**（confinement）：年长的儿童知道如果没有添加、减少或者溅出，水的数量就是一样的。

**逻辑**（logic）：也许年幼的儿童还没有学会应用在理解数量概念时所需的推理。

所有这些解释都有一定的正确性，但它们都没有触及问题的核心。有一点很清楚，那就是年长的儿童对这类事物知道得更多，而且能做更为复杂的推理。但有大量的证据表明，年幼的儿童也拥有了足够的能力来做出这些推理。举例而言，我们只要描述这个实验，不需要真的去做，或者在一块挡板后面，不在儿童的视线范围内做。然后，当我们解释发生了什么时，不少孩子都会说："它们当然会一样多。"

那么到底难在何处呢？很明显，年幼的孩子已经拥有了他们所需的理念，但是不知道什么时候应该运用这些理念！人们可能会说孩子缺乏足够的关于自己知识的知识，或者他们还没获得所需的制衡能力来选择或拒绝大量拥有不同看法和优先考虑事物的智能体。能够使用许多类型的推理是不够的，人们还得知道在不同的环境中使用哪种推理！学习不仅仅是累积技能。无论我们学会了什么，关于如何使用所学的东西，都还有更多需要学习的内容。

## 10.3 优先选择

让我们通过说明儿童的智能组如何应对比较来解释一下水罐的实验。设想这个孩子开始时只有三个智能体：

"高"智能体说："越高越多。"高的东西能装得更多。

"细"智能体说："越细越少。"细的东西装得更少。

"限定"智能体说："一样多，因为没有增加或减少。"

我们怎么知道儿童有这样的智能体呢？我们可以确定年幼的儿童拥有

如“高”和“细”这样的智能组，是因为他们可以做出这些判断：

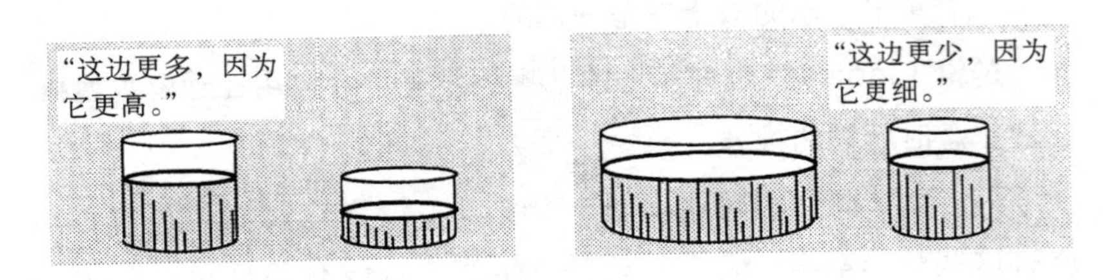


要知道年幼的儿童是否拥有“限定”这样的智能体要困难一些，但他们中的许多人实际上可以解释把液体倒来倒去量是不变的。无论如何，因为这三个智能体给出了更多、更少和一样这三种不同的答案，所以一定会有冲突！怎么做才能解决这个冲突呢？最简单的解释就是年幼的儿童给这三个智能体排好了“优先顺序”。

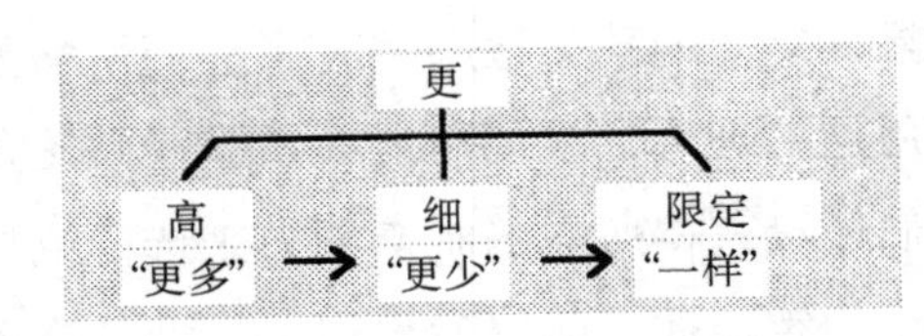


如果“高”被唤醒，就让它做决定。如果它没有被唤醒，而“细”是开启状态，就让“细”做决定。如果这两种情况都不是，就让“限定”做决定。

这种方案极为实用，因为把所有的智能体排好优先顺序就可以轻松知道要用哪一个。举例而言，我们常常根据事物的范围来进行比较，也就是它们能到达的空间范围。但是为什么把高度排在宽度前面呢？因为人们似乎确实对竖直的范围更敏感。我们不知道这是不是天生就在我们脑中建立好的，但无论如何，这种偏见常常得到证实，因为“高度更高”常常伴随着其他更大的度量结果。

> 谁更“大”——你还是你表哥？背靠背站好！
> 谁最强壮？那些看起来更高大的成年人！
> 怎样均分液体？让它们一样高就可以！

在日常的比较中，没有其他智能体像“高”这么好用。不过，没有一个优先计划能一直起作用。在水罐实验中，“限定”应该先起作用，但年幼儿童的优先顺序使得他们做出了错误的判断。人们可能会顺便问一问，高和矮、宽和细是否应该被看作不同的智能体。从逻辑上来讲，每一对中有一个就够了。但我怀疑在脑中仅仅用“高”停止活动是否足以代表“矮”。对成年人来说它们是“相反的”，但儿童并不会这么有逻辑。我认识的一个孩子坚持认为刀是叉的反义词，而叉是勺子的反义词。水是牛奶的反义词。对于反义词的反义词，孩子们觉得这太傻了，不需要讨论。

## 10.4 派珀特原则

如果不同种类的知识之间不一致，人们该怎么办呢？有时给它们安排一个优先顺序是有帮助的，但我们也已经看到，这仍然有可能出错。我们怎么才能让自己的系统对不同的环境做出不同的反应呢？秘密就是使用无法妥协原则，然后从其他智能组那里寻求帮助！要帮助对比数量，我们需要在“更社会”中增加新的“管理智能体”。

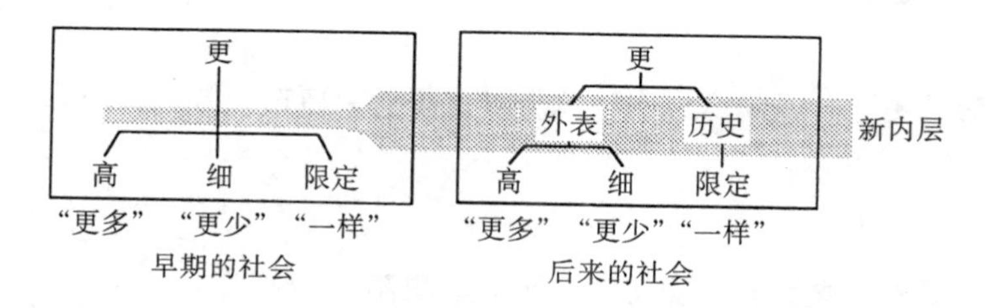


新的“外表”管理者就是用来在“高”活跃的时候说“更多”，在“细”活跃的时候说“更少”，以及在出现了又高又细的事物时不说话的。然后另一个新的管理者，“历史”，会根据“限定”的说法来进行决策。

这种对年长和年幼儿童之间差异的解释首先由西蒙·派珀特在 20 世纪 60 年代提出，那也是我们刚开始探索心智社会理念的时期。许多以前的理论都试着解释皮亚杰的实验，认为儿童在不同的时间会发展出不同类型的推理能力。这当然是对的，但是皮亚杰的设想之所以重要，是因为他不仅仅强调推理的组成部分，还强调它们是如何组织的：仅仅通过积累知识，思维不会真的有太大发展。一定还需要发展更好的方法来使用已经拥有的知识。这个原则值得拥有一个名称。

**派珀特原则**（Papert's Principle）：思维发展中最重要的一些

步骤不仅仅需要获得新的知识，还需要获得新的管理方式来运用已有的知识。

我们的两个中层水平的管理者展现了这一理念："外表"和"历史"形成了一个新的中介层，它们把特定的低水平技能组合在一起。为这些组合挑选智能体是非常严格的。如果我们把"高"和"细"组合到一起，这样在它们出现冲突时"限定"可以获得控制权，那么整个系统会非常好用。但如果我们把"高"和"限定"组合在一起，就会让事情变得更糟糕！那么是根据什么来进行组合的呢？派珀特原则提出，组合智能体的过程必须在一定程度上利用这些智能体的技能关系。举例而言，因为与"限定"相比，"高"和"细"之间的特征更相似，在管理等级中把它们组合得更近一些比较合理。

## 10.5 更社会

想想"更"有多少意思啊！似乎对于每一类事物，我们都用它表达不同的意思。

更红。更大声。更迅速。更老。更高。
更软。更残忍。更生动。更高兴。更有钱。

每种用法都有不同的意义，包含着不同的智能组。所有这些比较的方法怎么能组合成一个社会呢？下面是一个儿童可能会用来应对鸡蛋杯问题的"更社会"。

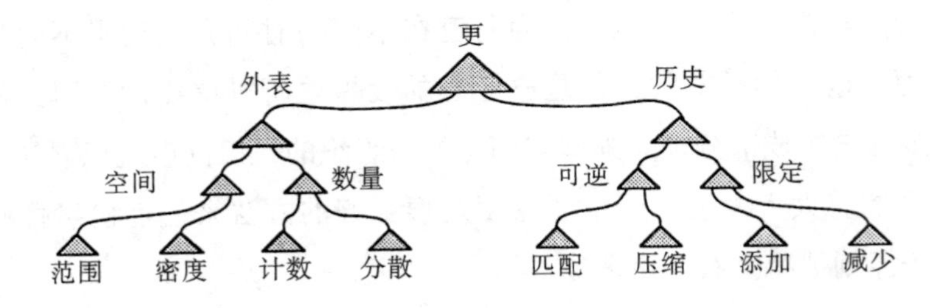


这个社会有两个部门。在"外表"部门，"空间"这个分部门既会考

虑分散的鸡蛋所占用的空间范围增加，也会考虑外观变稀疏或者密度减小。在那些分散的鸡蛋中，这种冲突以及“空间”智能组都会撤退。之后，如果那个孩子会数数，“数量”就会做决策；否则“历史”部门就会启用一些智能体来利用关于最近发生过什么事的记忆。如果有些鸡蛋滚跑了，“限定”就会说它们的数量和原来不一样了；如果鸡蛋仅仅是在附近移动，“可逆”会宣布鸡蛋的数量不可能改变。

为了解决水罐的问题，“更社会”还需要其他较低水平的智能体：

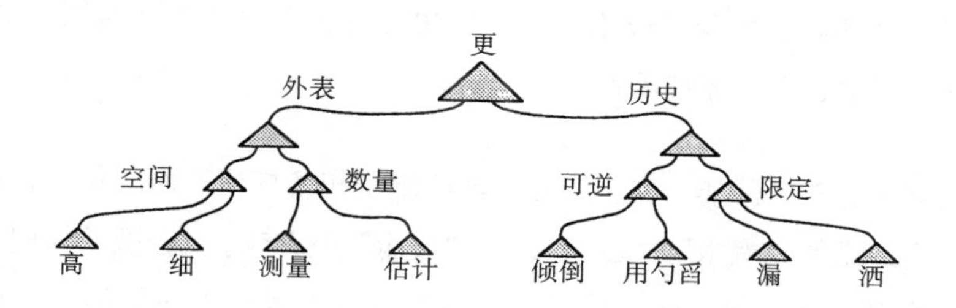


你可能会抱怨，就算我们需要这么多低水平的智能组来作比较，这个系统里中级水平的管理者也太多了。但是这些堆成山的官僚机构是值得付出成本的。每个更高水平的智能体都体现了一种“更高阶”的知识，可以通过告诉我们何时以及如何利用所知的事情帮助我们整理自我。没有多层次的管理，我们无法在低水平的智能组中运用这些知识，它们只会互相妨碍。

## 10.6 关于皮亚杰的实验

尽管皮亚杰关于数量守恒的实验已经像心理学中的其他实验一样得到了完全的确认，但有些人在刚听说这些发现时还是表示怀疑，他们产生怀疑的原因也能让我们受益。这些发现与传统的假设相矛盾，那些假设认为儿童和成人是一样的，只不过更无知而已。在这么多世纪的历史中，皮亚杰所观察到的这些现象之前从未引起过人们的注意，就好像从来没有人仔细地观察过小孩子一样，这是多么奇怪啊！不过科学一直以来都是这样的。我们的思想家们为什么花了那么长时间才发现像牛顿的运动定律和达尔文的自然选择这么简单的理念呢？这里有一些常见的挑战。

> **家长：**难道不会是年幼的儿童使用词汇表达的意思和成年人不一样吗？也许他们只是把“哪个更多”理解成“哪个更高”或“哪个更长”而已。

人们进行过小心的实验证明这不可能完全是词汇的问题。我们可以不用语言就给出选项，但年幼的儿童仍然会选择更高、更细的罐子所装的橙汁，或者选择被分散开的糖球。

> **批评者：**如果“**外表**”和“**历史**”冲突怎么办？不会使你的整个“更社会”瘫痪吗？

实际上会的，除非“更”还有其他的水平和备选项。而成年人有其他类型的解释，比如“魔术”“蒸发”或者“被偷”。但实际上，魔术师们发现把东西变没并不会让年幼的儿童觉得有意思，这大概是因为他们太常遇见无法解释的事吧。如果“更”无法决定该做什么会怎样？那要看其他智能组的状态，包括那些与应对挫折、不安和无聊有关的智能组。

> **心理学家：**我们听说最近的证据表明，不管皮亚杰怎么说，很小的孩子确实拥有数量的概念，他们很多人甚至能数清那些鸡蛋。这不是会驳倒一些皮亚杰的发现吗？

不一定。想想看，并没有人反驳那些水罐和鸡蛋杯实验的结果。那么，有证据表明年幼的儿童拥有可以给出正确答案的方法又有什么意义呢？他们又没有使用这些能力。在我看来，这种证据只能进一步证明我们需要像派珀特和皮亚杰那种解释。

> **生物学家：**你的理论也许可以解释儿童是如何获得那些数量概念的，但它无法解释为什么所有儿童最终发展出了相似的能力！我们是不是生来就拥有让头脑自动这样做的基因呢？

这是一个深刻的问题。很难，但不是不可能想象，基因可以直接影响那些我们最终学会的高水平的理念和概念。我们将会在本书的附录中讨论这一点。

## 10.7 概念的概念

在学习“更社会”的过程中，儿童学会了各种各样比较不同质量和数量的技能，比如数字和范围。试图通过一句简单的“孩子们正在学习某个东西”来总结所有这些过程是一件很诱人的事；我们可以把这个东西称为数量的概念。但为什么我们觉得必须把所学的东西当作是事物或是概念呢？我们为什么要把所有的事都“物化”呢？

什么是一个事物？没有人会怀疑儿童的积木是一件事物，但一个孩子对母亲的爱也是一个“事物”吗？我们受制于词汇贫乏，因为尽管我们可以很好地描述物体和行为，但我们没有什么好的方法可以描述性格倾向和程序。除非在思维里填充上人们可以看见或触摸到的事物，否则我们很难说清思维是做什么的。这就是为什么我们会紧紧抓住“概念”和“理念”这种术语不放。我并不是想说这样做不好，因为“物化”实际上是一种非常好的思维工具。但基于我们当前的目的，假定我们的思维中包含着某种单一的“数量概念”是很糟糕的。在不同的时刻，像“更”这样的词汇可以表示很多不同类型的事物。想想这些表达方式。

**更富有色彩。更大声。更迅速。更有价值。更复杂。**

我们说起来好像这些词的意思很相似，但它们每个词都包含了一个不同的、来之不易的思维方式网！“更大声”乍看之下好像仅仅是数量的问题，但想一想遥远的钟声为何比耳边的悄悄话显得更大声——尽管它的强度实际上更小。你对自己听到了什么的反应不仅取决于物理强度，还依赖于你的智能组对来源的特征有何总结。这样你就能通过对声音来源的无意识假设，知道钟声是来自远方的强音，而不是距离很近的微弱声音。还有其他各种类型的“更”也参与了这样微妙的专业技术。

我们不应该假定儿童是要把一个单一的“数量概念”具体化，而应该尽力发现儿童是如何积累这么多对比事物的方法以及如何将它们分类的。像“高”“细”“矮”和“宽”这样的智能体是如何形成次级智能组的？对成年人来说，更高和更宽都可以很自然地和更大联系在一起。然而是什么阻止儿童发明一些无意义的概念，比如“又绿又高而且最近还被摸过”呢？没有一个儿童有时间生成并测试所有可能的组合来发现哪些概念是有意义的。生命短暂，不能浪费时间做这么多烂实验！秘诀在于：我们总是先尝试把相关联的智能体组合在一起。高、细、矮、宽之间的关系都很紧密，因为它们都和空间质量间的对比有关。实际上，它们包含的智能组很有可能在脑中彼此非常接近，并且共享许多共同的智能体，所以自然而然看起来很相似。

## 10.8 教育和发展

**家长：如果那些年幼的儿童要花这么长时间获得像质量守恒这样的概念，我们不能早点儿教给他们这些事，帮助他们加快发展吗？**

这种课程似乎就是效果不太好。给予足够的解释和鼓励，再加上足够的演练，我们能让儿童看上去明白了。但就算这样，在真实的情形中，他们还是不太常使用已经“学会的”东西。因此，似乎就算我们引领他们走上这些路径，他们仍然不太会使用我们展示给他们的内容，只有等到他们发展出自己内部的指路牌才行。

我猜想问题出在这里。大概儿童觉得分散的鸡蛋“更多”，是因为它们跨越的距离更长。最终，我们想让那些更长的距离被感觉到鸡蛋间有更多空白的地方抵消。在更为成熟的派珀特等级结构中，这种事会自动发生，但现在，儿童智能把它当作一个特殊的孤立规则来学习。通过制定特殊规则，其他许多问题都可以得到解决。但完全依靠像“外表”和“历史”这些中层水平的智能体来“模仿”这种多层社会，需要涉及许多特殊规则和许多例外情况，年幼的儿童没有能力管理这么复杂的情况。结果就是，声称“根据皮亚杰的理论”开发的教育项目常常从这一刻到下一刻都很成功，但由此建立的结构却非常脆弱和特殊，儿童只能在几乎与他们所学习的场景完全一样的情境中才能运用这些技能。

这些情况让我想起了我的一个朋友吉尔伯特·福亚特来我家拜访的事，那时他还是派珀特和皮亚杰的一名学生，后来成了优秀的儿童心理学家。在看到我家那对 5 岁的双胞胎时，他两眼放光，很快在厨房即兴设计了一些实验。吉尔伯特让朱莉先来，他打算问她一个土豆可以立在一根、两根、三根还是四根牙签上。首先，为了评估她的一般发展水平，他先进行了水罐实验。他们之间的对话是这样的：

**吉尔伯特：**“是这个水罐里的水多还是那个水罐多？”

**朱莉：**“看起来那罐比较多。但你应该问问我哥哥亨利，他已经学会守恒了。”

吉尔伯特仓皇逃离。我一直想知道亨利会怎么说。无论如何，这件轶事说明年幼的儿童可能拥有了许多判断这种问题的知觉组件、知识和能力，但仍然不能把这些元件恰当地组合在一起。

**家长：**为什么在你所说的社会中，智能体之间的竞争性这么强呢？它们总是互相攻击。它们为什么不能互相合作，而是让“高”和“细”这样的智能体彼此抵消呢？

本书的第一部分会给人这种印象，是因为我们必须以相对简单的原理开始。通过在不同选项之间转换来解决冲突比较容易，要建立可以合作和妥协的机制要困难得多，因为那需要智能组之间以更复杂的方式互动。在本书后面的部分中我们会看到，较高水平的系统间可以进行更合理的谈判和妥协。

## 10.9 学习一种等级制度

在改变和添加新的智能体以及它们之间的联结时，大脑是如何持续运转的？方法之一就是保持旧系统不变，同时绕过或穿过它建立一个新版本，但是在我们确定新系统能实现旧系统的关键功能之前不允许它掌握控制权。之后，我们就能切断某些旧的联结了。

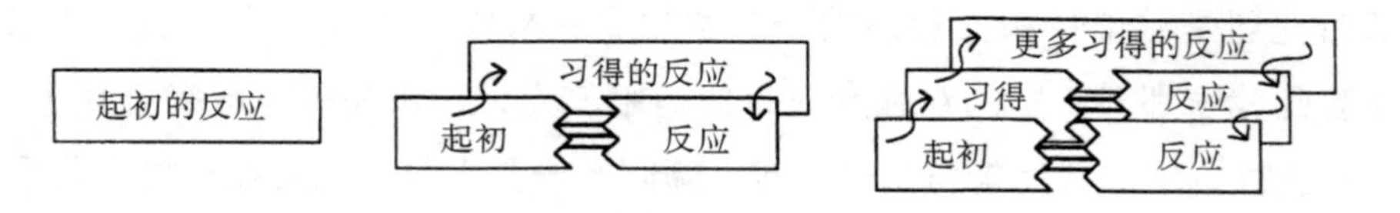


我们可以利用这种方法来形成我们的“更社会”等级结构。

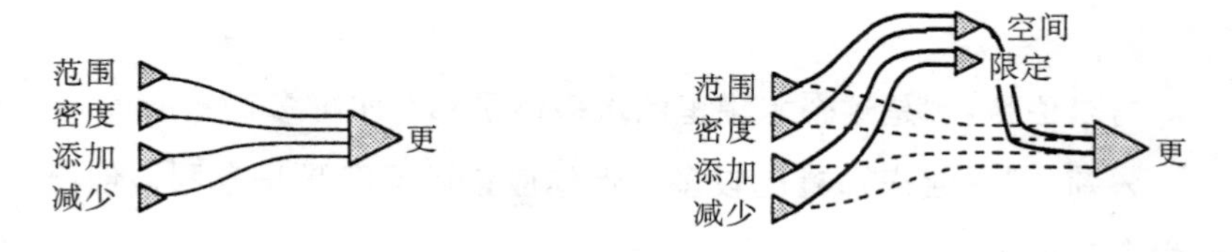


现在让我们用另一种形式描绘它，就像旧智能体之间没有空间安置新智能体一样。

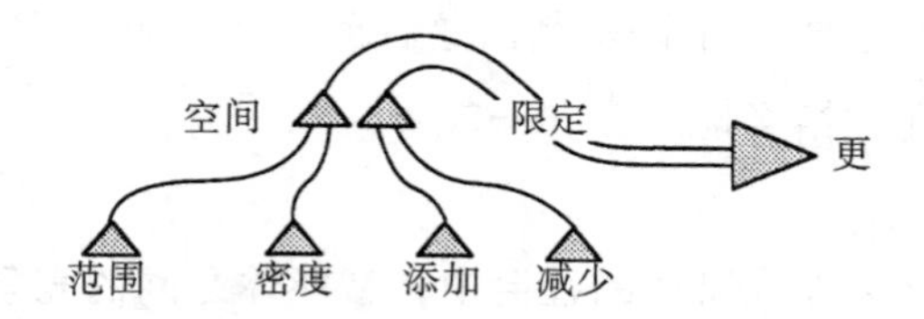


在我们积累了更多低水平的智能体和其他用来管理它们的调节层之后，这个系统就发展成了我们以前见过的这种多水平等级结构。

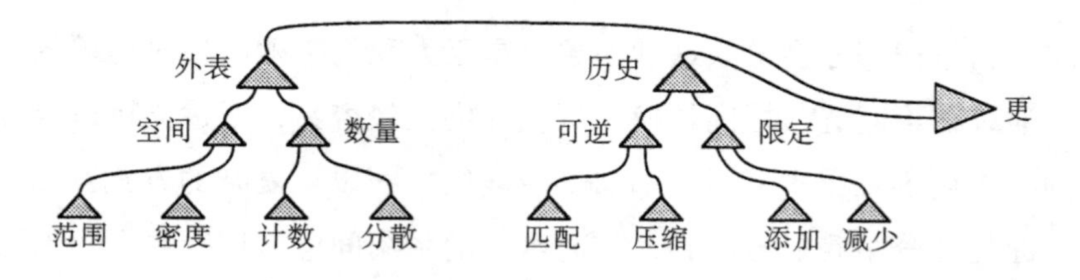


动物脑中的神经细胞不一定能往旁边移动，为额外的细胞提供空间，所以那些新的层次实际上可能不得不在别处安置，然后通过线路联结。实际上，脑的解剖结构中最令人惊讶的就是那些由联结线构成的巨大团块了。

# 第11章 空间的形状

The Society of Mind

“这一天充满了从海上漂来的斑驳的彩云。”这句成语、眼前的日子和眼前的情景似乎形成了一个和弦。语言。这就是它们的颜色吗？他让那各种各样的颜色：朝日的金黄色、苹果园里的黄褐色和绿色、海浪的蔚蓝色、羊毛般云彩的银灰色等等一个接一个亮起来，又暗了下去。不，这不是它们的颜色：这是这个时代本身的姿态和风貌。难道他对于语言的抑扬顿挫的热爱更甚于它们的色彩和它们眼前一切传说的关系吗？要不就是由于他视力微弱、思想羞怯，通过五颜六色、内容丰富的语言的三棱镜所表现出来的光辉灿烂的世界的缩影，还不如观赏一段明澈、细腻的散文所完美地反映出来的个人情绪的内心世界，能够给予他更多的乐趣吗？

——詹姆斯·乔伊斯

## 11.1 看见红色

头脑中的什么事件可以与一个普通词语的意义这样的事相对应呢？当你说“红色”的时候，声带会遵守从脑中“发音智能体”那里传来的命令，这能让你的胸部和喉头的肌肉动起来，产生特殊的声音。这些智能体一定是从其他地方接收的命令，而在那些地方，其他的智能组则对来自另一个地方的信号做出反应。所有这些“地方”一定是思维智能组的某些社会的组成部分。

要设计一个知道这里有红色东西存在的机器很容易：首先要有一些传感器可以对不同颜色的光做出反应，然后要把对红色最敏感的传感器与中央“红色智能体”联结在一起，同时要纠正场景照明的颜色。我们可以通过把每个颜色智能体与一个发出相应单词声音的设备相连，来让这个机器“说话”。这样，这台机器就可以说出它所“看到”的颜色，而且甚至比一般人可以辨认的颜色还要多。但如果把这个叫作“视力”，就曲解了意思，因为它只不过是一个列出了许多色点的目录而已。它完全不具备人类所说的颜色的意义，因为如果没有材质、形态以及其他许多信息，它所具备的人类关于影像和思维的特质则少之又少。

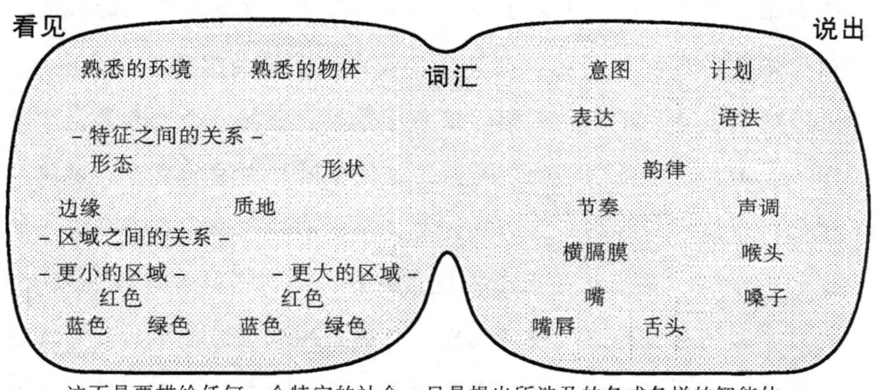


这不是要描绘任何一个特定的社会，只是提出所涉及的各式各样的智能体。

当然，任何一个真人关于世界的思维碎片都不是一个小小的图画能描绘的。但这并不表示没有机器可以拥有人类所拥有的感受力，这只能说明我们不是简单的机器。实际上，我们应该明白，在学习理解庞大机器的性质方面，我们还处于无知的黑暗时代。无论如何，图画只能展示原理：没有一种简洁的方式可以表述一个发展完善的心智社会中所有的细节。要谈论这么复杂的事，我们只能求助于语言技巧，它可以让听众的思维去探索它们自己的内部世界。

## 11.2 空间的形状

脑是被限制在颅骨之中的，那是一个安静、黑暗、静止的地方，它怎么会知道外面是什么样子呢？脑的表面本身是没有一点触觉的，它没有可以感觉外部的皮肤，它只是与皮肤联结在一起。脑也看不见，因为它没有眼睛，它只是和眼睛联结在一起。外部世界通往脑部的唯一路径就是那些和来自眼、耳、皮肤一样的神经束。这些信号是如何通过那些神经产生“身处”外部世界的感觉呢？答案就是感觉是一种复杂的错觉。我们从来没有真正直接接触外部世界。与此相反，我们处理的是建立在头脑内部的外部世界的模型。接下来的几部分将会尽力概述这是怎么发生的。

皮肤的表面有数不清的微小触觉智能体，视网膜上包含着上百万微小的光探测器。科学家们了解很多关于这些传感器如何把信号送往脑部的知识，关于这些信号是如何产生触觉和视觉的，人们却知之甚少。试试这个简单的实验：

**摸摸你的耳朵。**

是什么感觉？似乎没办法回答，因为几乎没什么可说的。现在来试试另一个实验：

**摸耳朵两次，分别在不同的地方，再摸摸鼻子。**

哪两次的感觉更像？这个问题似乎更容易回答：人们可能会说摸耳朵的那两次感觉更像。很明显，人们对于“单独的感觉”本身似乎没什么可说的，但做对比的话，我们常常能说出多得多的内容。

> 用数学如何对待一个“完美的点”来做类比。我们不应该谈论它的形状，它就是没有形状！但因为我们习惯于认为东西是有形状的，因此忍不住认为这些点是圆形的，就像一个“非常非常小的圆点”。与此相似，我们也不应该谈论这种点的大小，因为根据定义，数学上的点是没有大小的。同样，我们无论如何还是忍不住认为“它们非常小”。

实际上，关于单一的一个点，除了它与其他点的关系之外完全没有什么可说的内容。不是因为这种事太复杂，无法解释，而是因为它们太简单，没什么可解释的。人们甚至无法只根据一个点来谈论它的位置，因为“位置”只有在和空间中的其他点有关系时才有意义。然而一旦我们知道了一对点，就可以把它们与连接它们的那条线联系起来，这时我们就能定义新的、不同的点，在这些点之间各种成对的线条都可能相交。重复这件事就会产生整个几何世界。一旦我们知道了这个可怕的事实，也就是一个点什么都不是，它们只存在于和其他点的关系之中，那时我们就可以问，就像爱因斯坦问过的那样，时间和空间是否只是许多接近组合在一起而已。

同样，对于“单一的触觉”或者任何单一的感觉探测智能体会做些什么，我们也没什么可说的。然而，对于两个或更多的皮肤触觉之间的关系，可说的内容就多得多，因为皮肤上两个点之间的距离越近，它们被同时触摸到的频率就越高。

## 11.3 邻近

我们的皮肤之所以有感觉，是因为我们的神经天生就把皮肤的每个点都与脑部相连。一般而言，皮肤上任何一对邻近的地方所连接的头脑区域也是邻近的。这是因为那些神经倾向于以平行的纤维束形式出现，差不多像下图中这个样子。

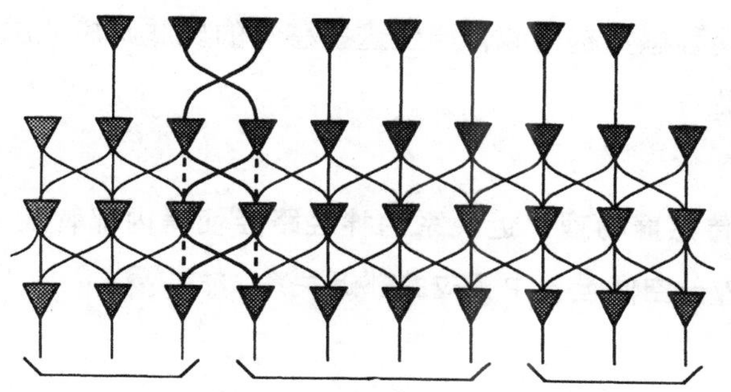


每个感觉体验都涉及许多不同传感器的活动。一般而言，两个刺激唤醒的相同的传感器越多，这些刺激产生的局部思维状态就越像，而这些刺激“看上去”也会越像，这只是因为它们将会引发相似的思维结果。

**其他条件保持一致，两个刺激之间明显的相似性取决于它们能在多大程度上引发其他智能组产生相似的活动。**

从皮肤到脑部的神经倾向于以平行的束状形式出现，这个事实说明刺激皮肤上相近的点通常会引发头脑内部非常相似的活动。在下一部分中，我们将会看到这如何使脑中的智能体发现皮肤上的空间布局。举例而言，如果你用一根手指在皮肤上移动，新的神经末梢受到了刺激，那么就可以很安全地假定新到达的信号表述的是手指尖端皮肤上的点。

有了足够多这样的信息，一个设计合理的智能组就可以组合一张地图，表述出皮肤上哪些点比较接近。由于从皮肤到脑部的神经束路径有很多不规则的地方，所以构建这种地图的智能组必须有能力“把事物整理干净”。举例而言，绘制地图的智能组必须学会纠正图画中展示出的交叉区域。但这还只是任务的开始。对一个儿童来说，学习皮肤范围之外的空间世界是一段延伸多年的旅程。

## 11.4 天生的地形

我们已经看到过，触摸皮肤上邻近的点会产生相似的感觉，这是因为与其相对应的神经是以平行的路径传导的，于是在脑内产生了相似的活动。

反过来通常也是这样：两种感觉越相似，产生这些感觉的皮肤距离就越近。这会产生一个重要的结果：

> 维持我们皮肤传感器物理邻近关系的神经路径使得内部智能组可以很容易发现外部空间世界中相应的邻近关系。

用手摸过一个物体可以告诉你一些有关这个物体形状的信息。想象一个小婴儿用手触摸一个物体会发生什么：每个连续的动作都会产生一系列皮肤传感信号。随着时间的流逝，各种绘制地图的智能体可以先利用这些信息学习皮肤上哪个点和哪个点最接近，这是比较简单的。之后，更进一层的地图绘制智能组可以学习皮肤上哪个点在其他一些点之间。这应该也很简单，因为许多小动作几乎是直线进行的。但是之后，由于空间本身就是一个关于各个地方邻近关系的社会，这就是我们“重建”皮肤空间结构所需的全部信息了。所有这些都与一个基本的数学原理一致：

> 设想你迷失在某个未知的空间里，只能分辨哪些点比较接近，但这足以让你搞清楚许多有关这个空间的信息了。从这一点，你就可以推断自己是处于二维还是三维空间。你可以辨别哪里有障碍和边界，哪里有洞、通道和桥梁，等等。你可以仅仅根据这些点之间的邻近关系就推断出所处世界的整体布局。

从原理上来说，人们可以仅仅根据哪两个点离得比较近这样的线索就推断出一个空间的整体地形，这是多好的一件事啊！但是要真的画出这样的地图又是另一回事了，而且目前还没有人知道脑是如何做到这一点的。要设计一台机器来完成这个任务，人们可以先制作一层“关系智能体”，每个智能体都负责一小块皮肤，它们被设计成可以探测到在几乎一样的时间里皮肤上哪些其他的点最常被唤醒，这些点就会在地图上被绘制成最近的点。第二层相似的智能体可以开始为更大的区域绘制地图，这样若干层之后就可以组合出一套各种规格的地图，可以表述不同水平的细节。

如果脑是这样工作的，那么就有可能解决一个困扰着一些哲学家的问题："为什么我们对外部空间是什么样子的看法一致呢？"为什么不同的人没有以不同的方式解释空间呢？原则上来说，从数学的角度而言，只要对邻近的点有足够的经验，每个人都能总结出世界是三维的，而不是二维或四维的。然而，如果连接皮肤和头脑的线路是随机的或是纠缠在一起的，我们就很有可能永远也搞不清楚这一点，因为这种计算量会超越我们的能力范围。

## 11.5 感知相似性

（下定义的）难度会随着用同一种语言解释词汇必要性的增加而增加，因为通常每个词都只表示一个理念。尽管像亮、甜、咸、苦这样的词用另一种语言翻译很容易，但要解释它们并不容易。

——塞缪尔·约翰逊

我们的思考方式在一定程度上依赖于被抚养长大的方式，但在开始的时候，在很大程度上取决于我们脑部的线路分布。这些微观特征是如何影响我们思维世界里发生的事呢？答案就是，我们的思维在很大程度上受那些看起来非常相似的事物的影响。哪些颜色看起来最像？哪些形态和形状，哪些气味和味道，哪些音色和音高，哪些痛苦和疼痛，哪些感受和感觉看起来非常相似呢？在每个思维发展阶段，这种判断都会产生巨大的效果，因为我们能学到什么取决于我们是如何分类的。

举例而言，如果一个儿童对火的分类是以它发光的颜色为依据的，那他可能会害怕一切橙色的东西。这时我们会抱怨这个孩子太过"概化"了。但如果这个孩子对火焰的分类根据它永远也不会两次完全一样，那这个孩子就会常常被烫伤，这时我们又会抱怨他概化得不够。

我们的基因为身体提供了许多种类的传感器，也就是探测外部事件的智能体，它们探测到特定的物理条件时，就会向神经系统发送信号。我们的眼睛、耳朵、鼻子和嘴里都有传感智能体，可以辨别光、声音、气味和味道；我们的皮肤中有感受压力、触觉、震动以及热和冷的智能体；我们有内部的智能体可以感受肌肉、肌腱和韧带的张力；我们还有其他许多平时意识不到的传感器，比如那些探测重力方向的传感器，还有感觉身体不同部位各种化学成分含量的传感器。

人眼中感受颜色的智能体要比玩具机器中的“红色智能体”复杂得多。但并不只是因为结构不够复杂，简单的机器才无法领会“红色”对我们的意义，因为人眼中的感觉探测器也无法领会。就像对于一个单点没什么可说的一样，一个孤立的感觉信号也没什么可让人说的。当我们的“红色”“触觉”或“牙疼”的智能体向脑部发送信号时，每个智能体只能说“我在这里”，这些信号对我们的其他“意义”则取决于它们是如何与其他智能组联结在一起的。

换句话说，传送给脑部的信号的“质量”取决于关系，就像空间中没有形状的点一样。这就是约翰逊博士在为他的词典创建定义时所面临的问题：如“苦”“亮”“咸”或“甜”这样的词都是在描述一种感觉信号的质量。但一个单独的信号所能做的只是表述自己的活动，或者可能带有一些强度的表述。你的牙不会疼（它只会发送信号），只有在你的高水平智能组解释了那些信号之后你才会感觉疼。除了粗略地区分每个单独的刺激，这些刺激的其他特征或质量，比如触感、味道、声音或亮度，都完全取决于它与思维中其他智能体之间的关系。

## 11.6 居中的自我

我们是如何了解真实的三维世界的？我们已经看到过特定的智能组可能会为皮肤的结构描绘出地图，但我们如何以此为起点来了解皮肤之外的空间世界呢？人们可能会问，为什么婴儿不能只是“四处看看”就知道是怎么回事。不幸的是，“只是看看”这句话听起来简单，实际却隐藏了太多的问题。你看一个物体的时候，它的一些光会照射到你的眼睛里，并刺激其中的传感器。然而，你身体、头或眼睛的每个动作都会让你眼中的画面发生很大的改变。所有事物都变得这么快，我们如何从中提取有用的信息？尽管原则上我们有可能设计出一台机器，可以最终学会把这些动作与它们引发的图像变化联系在一起，但这肯定要花很长时间，而且似乎我们的大脑已经进化出了一些特殊的机制，可以帮助我们抵消身体、头和眼睛的运动。这让其他智能组学习视觉信息变得更容易。之后我们会讨论其他一些思维领域，在这些领域中，我们用对比和隐喻来改变自身的“视角”。也许那些不可思议的能力都是以相似的方式进化来的，因为认识到一个物体从不同的角度看还是同样的物体，与“想象”根本没有看到的物体，二者是差不多的。

无论如何，我们真的不知道儿童是如何学会认识空间的。也许我们还是要先从一些简单的小实验开始，研究一下我们最先绘制的关于皮肤的粗糙地图。接下来我们可以把这些研究结果与眼睛和四肢的动作联系起来，如果两个不同的动作产生了相似的感觉，那么它们很有可能经过了同样的空间位置。关键的一步是要开发一些智能体来“表述”几个皮肤以外的“地方”。一旦这些地方确立（第一个地方可能就在婴儿的脸部附近），人们就可以进入下一个阶段：组建一个智能组来表述这些地方之间关系、轨迹和方位的网络。一旦完成，这个网络就可以继续延伸，覆盖更多的地方和关系。

然而，这才只是开始。很久以前，像弗洛伊德和皮亚杰这样的心理学家就观察到儿童似乎会重新概述天文学的历史：他们首先会想象世界是以自己为中心的，之后才会开始认为自己是在一个静止的宇宙中移动，在这个宇宙中，他们的身体和其他物体一样。要到达这个阶段，需要若干年的时间，即使到了青少年时期，儿童仍在改进自己从其他视角看待事物的能力。

## 11.7 注定的学习

如果我们能把所有的行为都分为“天生的”和“习得的”两类就太好了，但遗传和环境之间就是没有这么简单清晰的边界。之后，我会描述一个智能组，它一定会学习一件特别的事：识别人类。但如果这个智能组注定最后会产生一种特定的行为，那么说它会学习合理吗？既然这种类型的活动似乎没有一个共同的名称，我们就把它叫作“注定的学习”吧。

每个儿童最终都会学会伸手去拿食物。诚然，每个不同的儿童所经历的“伸手够东西”的经验也不一样。然而，根据我们的“空间邻近模型”理论，所有这些儿童最后的结果都差不多，都是受到了真实世界的空间邻近关系的限制。最终的结果已经这么清楚了，为什么还要让头脑经历这样沉闷的学习过程呢？为什么不直接把答案写在基因里就好呢？原因之一可能是学习是一种更经济的方式。要迫使每个神经细胞都精准地做出正确的联结，需要储存大量的遗传信息，而建造一个学习机器来整理那些限定不太严格的设计所产生的不规则，需要的信息量就少得多。

因为这一点，询问“儿童的空间概念是习得的还是遗传的”就不太明智了。我们的一些智能组根据遗传决定的程序学习，我们利用这些智能组获得了空间的概念。这些智能组会从经验中学习，但它们学习的结果实际上是我们身体中的空间地形预先注定的。这种后天适应与先天命运的混合在生物学中很常见，不只是脑的发展，身体的其他部分也是这样。举例而言，我们的基因如何控制骨骼的形状和大小呢？可能首先会对一些特定的早期细胞类型和位置有相对精确的指示。但仅仅这一点对动物来说是不够的，它们还需要让自己适应不同的条件，因此这些早期细胞本身已经设定好去适应各种以后可能会面对的化学和机械影响。这些系统对我们的发展很关键，因为我们的器官必须能够完成各式各样严格限定的活动，同时又要能适应不停变化的环境。

关于注定的学习，也许可以把“更社会”的发展当作一个例子，因为似乎每个儿童不需要外界帮助，都会发展出“更社会”。这似乎很清楚，这种复杂的智能组不是先天就存储在基因里的。相反，我们每个人都会发现自己用来表述对比的方式，但最终的结果都差不多。遗传线索大概是通过在差不多正确的时间和地点提供新的智能体层次来帮助其发展的。

## 11.8 半脑

让我们再做一个实验：摸一只耳朵然后摸鼻子。这二者感觉不太一样。

现在先摸一只耳朵再摸另一只耳朵。这两者感觉更像一些，尽管它们之间的距离是耳朵和鼻子间距离的近两倍。有一部分原因可能是它们是由相关的智能组表述的。实际上，我们的脑中有许多成对的智能组，它们就像镜像一样排列着，中间连接着大量的神经束。

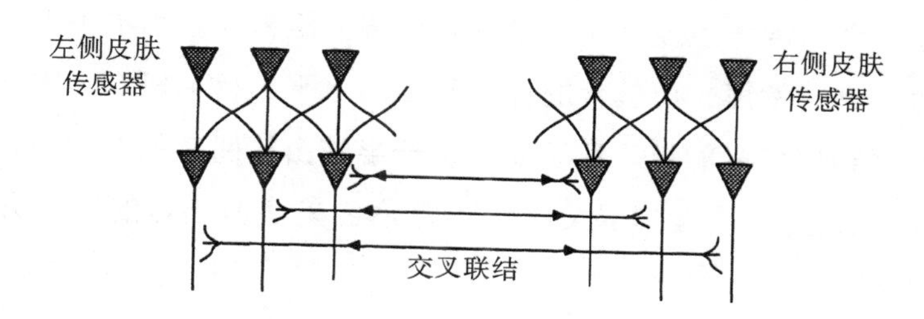


大脑的两个半球看起来非常像，有很长一段时间，人们都认为它们是一样的。之后人们发现，在那些交叉联结被破坏后，通常只有左脑可以识别或口述语言，而只有右脑可以画画。最近，现代技术发现了这二者之间一些其他的不同之处。在我看来，一些心理学家好像疯了一样，他们试图把这些差异与每个出现过的心理主义的双块理论相匹配。我们的文化很快被这种现代伪装下的旧理念迷住了：我们的思维变成了成对的反原则相遇的地方。一边是逻辑，它的对面一边是类比。左脑是理性，右脑是情感。这么多人抓着这种伪科学不放并不奇怪：它给那些近乎死亡的理念注入了新的生命，这些理念把思维世界劈成两半，就像劈开一只桃子一样。

这个理念的错误之处在于脑是由许多部分组成的，而不仅仅是两半。而且尽管脑的左右两半之间有许多不同之处，但我们也应该研究一下为什么它们之间实际上又如此相似。这有什么作用吗？我们知道如果一个年轻人的一块主要脑区被破坏，那么与之相对称的那个区域有时会接管它的功能。而且很有可能就算没有受伤，一个智能组如果占用了附近的所有空间，它可能也会扩展到对面的镜像区域内。另一个理论是：一对呈镜像对称的智能组在作比较和识别差异方面可能很有用，因为如果一边能够在另一边复制自己的状态，那么在完成一些工作后，它就可以比较初始状态与最终状态之间有什么进展。

对于两个半脑之间的交叉联结遭到破坏后发生了什么，我自己的理论是，在生命早期，两边的智能组非常相似。之后，随着我们发展得越来越复杂，遗传和环境的共同作用使得其中的一半获得了两边的控制权。否则，我们可能会由于冲突而陷入瘫痪，因为许多智能体都不得不侍奉两个主人。最终，许多技能的成年管理者会倾向于发展和语言关系最密切的那一半，因为那些智能组通常和大量的其他智能组相连。脑中不太占优势的那一边也会继续发展，但包含的计划和更高水平的目标较少，因为这些活动会同时用到许多智能组。那么如果这一半脑由于偶然的原因被遗弃，那么它看上去就会更幼稚、不太成熟，因为它在管理能力的发展方面太过落后。

## 11.9 哑铃理论

外行人和科学家里都有一部分人对这种左右两半理论很痴迷，这不是什么新鲜事。它是我们如何获得各种各样成对词汇的征兆，这些词汇把世界的某些方面划分成了相反的两极。

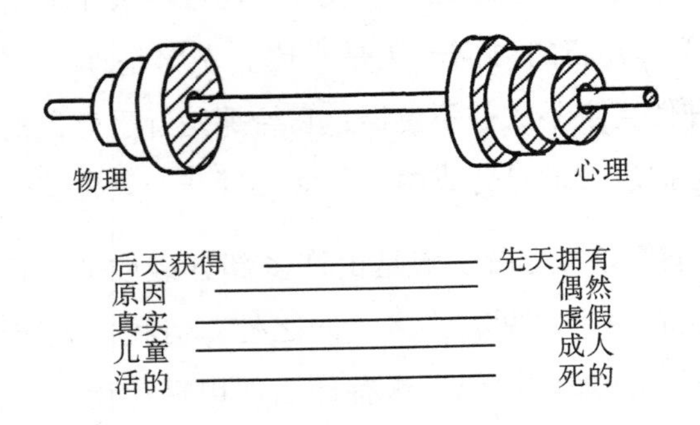


这类划分都是有缺陷的，但它们常常为我们提供有用的思维方式。在起步阶段把事物一分为二是有好处的，但人们应该尽量去发现至少第三种备选项。如果做不到，人们也应该怀疑根本不是两个理念，而是只有一个，再加上一些相反的形式而已。这种二分的形式有一个很严重的问题，就是它们之中有很多部分都很相似，这会让我们做出错误的类比。看看下面这些成对的事物，每对都是把自我一分为二，让每个人都认为它们之间有一些共同之处。

| | |
|---|---|
| 思想 | 感受 |
| 逻辑 | 直觉 |
| 如实的 | 类比的 |
| 理性 | 情绪 |
| 故意 | 自发 |
| 科学 | 艺术 |
| 质量 | 数量 |

左边的那些条目被认为是中立客观而机械的，只会出现在头脑中。我们认为“思维”和它的附属物都很精确，但刻板而麻木。右边的那些条目被认为是心灵的事物，它们有活力、温暖而独特。我们倾向于相信“感受”对于那些最重要的事来说具有更好的判断力；冷静的“理性”本身似乎太过客观，太没心肝了；“情绪”与心的关系更近，但当它变得非常强大，完全压倒理性时，也会变得很不可靠。

这是一个多么了不起的比喻啊！如果不包含一点儿真理在内，它的效果怎么会这么好呢？但等一下：只要出现一个简单的、似乎能解释很多事情的理念时，我们就必须怀疑其中有诈。在我们相信哑铃理论之前，有必要尽量去搞清楚它们那奇怪的吸引力，以防自己被骗。就像华兹华斯所说：

> ……利用一些虚假的次级力量，
> 软弱的我们制造了差异，然后
> 认为我们微弱的边界是
> 我们所知觉到的事物，而不是我们创造的。

# 第12章 学习意义

The Society of Mind

在我生命的历程中，现实曾多少次使我失望，因为就在我感知它的时候，我的想象力，这唯一使我得以享用美的手段无法与之适应。我们只能想象一下在眼前的事物，这是一条不可回避的法则。

——马塞尔·普鲁斯特

# 12.1 一个积木拱门场景

我们的那个孩子在玩积木和一辆玩具车时，碰巧盖出了下面这个结构。我们把它叫作一个“积木拱门”。

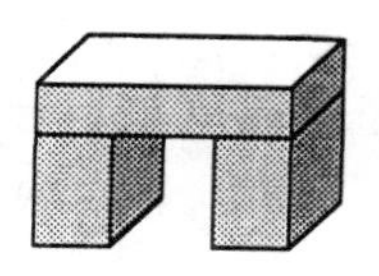
两块竖立的积木和一块横放的积木。

“积木拱门”似乎引发了一个新的现象：当你推着车穿过它的时候，你的胳膊被困住了！之后，为了完成这个动作，你必须放开小车，然后把手伸到拱门的另一边，也许还要换一只手。孩子开始对这个“换手”的现象感兴趣，想知道“积木拱门”是怎么引发这个现象的。很快，孩子又发现了另一个看上去很像的结构，只不过连“换手”都没有了，因为你推着车根本没法穿越它。不过两种结构都符合同样的描述！

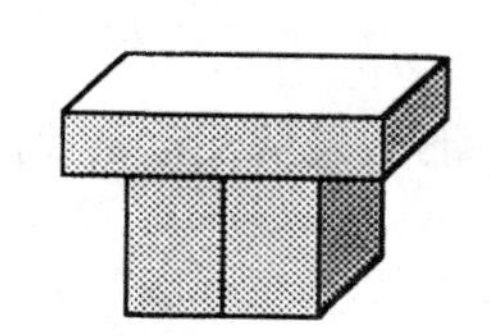
两块竖立的积木和一块横放的积木。

但如果“积木拱门”引起了“换手”，那上面这个结构肯定不是一个积木拱门。所以孩子必须给积木拱门换一种和这个结构不一样的思维描述方式。它们之间的差异在哪里呢？也许是因为竖立的两块积木现在挨在了一起，而之前不是挨着的。我们可以根据这个把“积木拱门”的描述改为：“要有两块竖立的积木和一块横放的积木。竖立的积木不能挨着。”但这也不够，因为孩子很快发现另一种结构也符合这个描述。这个结构使得“换手”现象消失了；现在你可以推着车穿过它而不需要放手了！

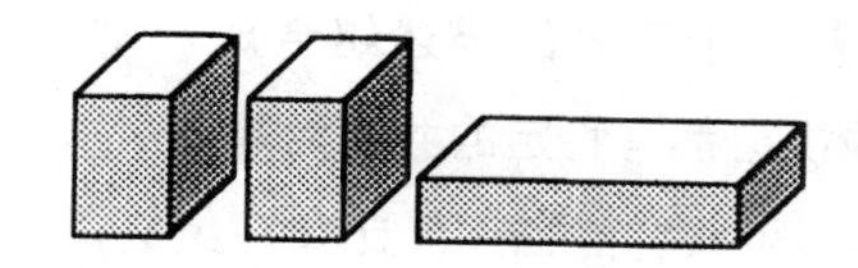
要有两块竖立的积木和一块横放的积木。
竖立的积木不能挨着。
它们必须支撑横放的积木。

这次我们又必须修改描述来防止这个结构被当作“积木拱门”。最后，孩子又发现了另一个变体可以产生“换手”现象：

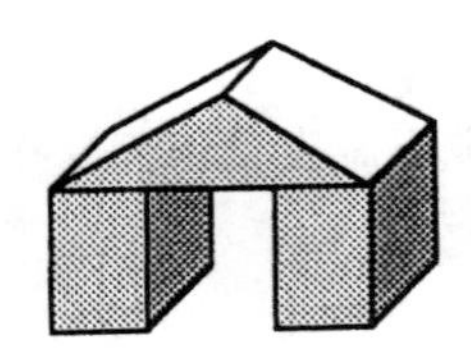

两块竖立的积木和另外一个东西。
竖立的积木不能挨着。
它们必须支撑另外那个东西。
另外那个东西可能是一个楔形物体或者一块积木。

我们的孩子完全以自己的经验为基础，为自己建立了一个有用的拱门概念。

## 12.2 学习意义

到底什么是学习呢？这个词确实很难定义。在“积木拱门”的场景中，孩子已经发现了一种方式去学习某些成年人所说的“拱门”的意义，但我们不能假定在学习背诵诗歌、使用勺子和系鞋带时涉及的是同样的程序。一个人在学习阅读、学习加法、学习一种新的语言、学习预估一个朋友的倾向或者学习建造一座能立住的塔时发生了什么呢？如果我们试图为“学习”寻找一个单一的定义来涵盖这么多种程序，那么最终只会得到一些没什么用的宽泛语句，就像这种：

“学习”是在我们思维的运作过程中做一些有用的改变。

问题在于我们用“学习”这个单一的词汇覆盖了一个非常多样化的理念社会。这种词可以用来作为一本书的标题，或者为一个机构命名。但如果把它本身作为研究对象，我们还需要更多各具特色的术语来区分不同的重要学习方式。就连那个“积木拱门”场景都揭示出至少四种学习方式。我们将会为它们安排一些新名称：

**统一框架**（uniframing）：把若干个不同的描述组合成一个。比如，通过观察发现所有的拱门都有特定的共同组建。

**积累**（accumulating）：汇集不可兼容的描述。比如，组成词组“积木或楔形物”。

**重新构想**（reformulating）：调整描述的角度。比如，描述两块分开的积木而不是整个形状。

**转变框架**（trans-framing）：在结构与功能或行动间建立桥梁。比如，把拱门的概念与换手的行为联系在一起。

接下来的几部分将会解释这些词语。在我看来，心理学中那些旧词汇，比如泛化、练习、条件、记忆或者联想，不是太模糊没什么用就是与一些不健全的理论联系在一起。同时，计算机科学和人工智能的革命引发了一些新的理念，这些理念涉及各种各样的学习原理，它们应当有一些新的名称。

我们的积木拱门场景是以1970年帕特里克·温斯顿开发的一个计算机程序为基础的。温斯顿的程序需要一个外部的老师来提供样例，并说出其中哪些是拱门，哪些不是。在我那个没有编为程序的版本中，这个老师是由儿童内部的某个智能组来替代的。这个智能组要解释为什么会出现那个神秘的“换手”现象：为什么某些特定的结构会迫使你放开玩具车，而别的结构不会呢？因此我们假定儿童是为了解释一些奇怪的现象而自发学习的。有的人可能会抱怨说，如果学习是出于儿童的好奇心，那就更难解释了。但如果我们真的想理解思维是如何发展的，首先一定要面对现实：人们只有在感兴趣或者关心某件事时才会学得更好。关于学习和记忆的旧理论都没有走得太远，就是因为它们总是试图过分简化，丢失了环境中最本质的方面。如果一个理论中的知识是被收藏起来的，也没有相应的理论来说明如何恢复使用这些知识，那这个理论就没有什么用处。

## 12.3 统一框架

在“积木拱门”场景中的那个孩子检查了几种不同的积木排列方式，但最后对它们的描述都是一样的！发现如何用完全一样的语句描述拱门的所有不同实例，“由两块不挨在一起的竖立的积木支撑着的顶端”，这是一项伟大的成就。我会用一个新词“统一框架”来表示这一过程，也就是一个可同时应用于若干不同事物的描述。人们怎么进行“统一框架”呢？

那个孩子关于“积木拱门”的统一框架是通过几步建立起来的，每一步都采用不同的学习方案！第一步，把整个场景分解为一些拥有具体属性和关系的积木。第二步，我们的统一框架坚持认为拱门的顶部必须由竖立的积木支撑，我们把这一步叫作强制执行。第三步，要求我们的统一框架拒绝那些两个竖立的积木挨在一起的结构，这个可以叫作阻止：这种方式可以防止接受不想要的情形。最后一步，我们要求统一框架对拱门顶端的形状保持中立，这样就不会去做那些我们认为不相干的区分。我们把这一步称为包容。

一个人怎么能知道如何选择需要强制执行、阻止和包容的特征与关系呢？当我们比较以下两个结构时，会强制执行 B 和 C 支撑 A 的关系。但想一想，我们是不是可以强调其他的不同之处来取代它。

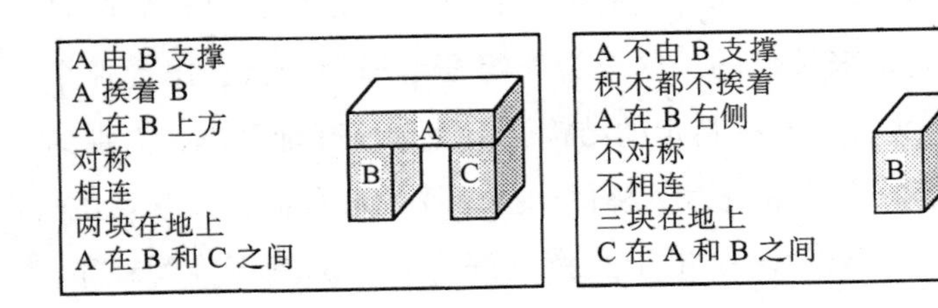


这些事实都可以用得上，只用其中一个会不会很浪费？我们是不是应该学会利用所有我们能得到的信息？不！不要注意太多东西是有原因的，因为每个看上去很重要的事实都会产生一些没用的、偶然的，甚至是误导性的事实。

**许多差异都是多余的，剩下的那些差异大部分也都出于偶然。**

举例而言，假设我们已经知道 A 是由 B 支撑的，就没有必要再记住 A 和 B 挨着或者 A 在 B 上方，因为这些事都是我们可以推理出来的。再举一个不同类型的例子，假设我们知道 A 不是由 B 支撑的，那么似乎也没有必要记住“A 在 B 的右侧”。常识会告诉我们，如果 A 不在 B 的上方，它一定在其他什么地方。然而，至少在当前的背景下，这个“其他什么地方”是不是右侧都不太重要，下一次它也有可能在左侧。如果我们太草率地储存这些信息，思维就会被没用的事实堆满。

但是我们怎么判断哪些事实有用呢？我们根据什么来决定哪些特征很重要，哪些仅仅是偶然现象呢？这类问题是无法被解答的。如果不知道答案是用来干什么的，那么回答这些问题也没有意义。学习不是简单的神秘魔法，我们只是不得不学习大量各种各样的学习方式！

## 12.4 结构与功能

当眼睛或想象力遇到了某种不寻常的现象，活动着的思维接下来就会按照自己的执行方式来转化这些现象。

——塞缪尔·约翰逊

假设一个成年人看着我们那个孩子说："我看到你造了一个拱门。"那个孩子可能会怎么理解这句话呢？要学习新的词汇或新的理念，人们必须与思维中的其他结构建立联结。"我看到你造了一个拱门"应该让那个孩子把"拱门"这个词与负责描述"积木拱门"和"换手"现象的智能组相连，因为这些就是那个孩子思维中的内容。

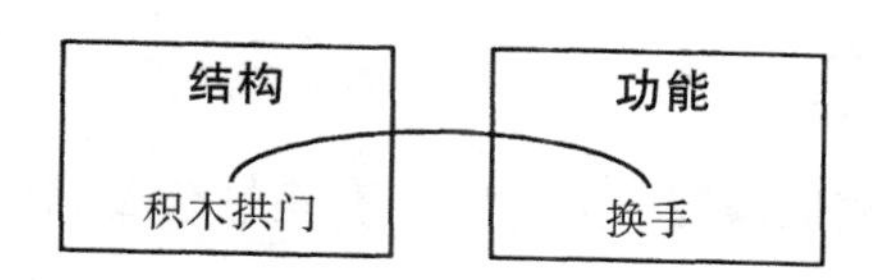


但人们不是仅仅靠把事物与名字联系在一起就能学习。每个词汇－理念还必须加入一些原因、行动、目的和解释。想一想，"拱门"这个词对一个明白拱门的工作原理和构造的真实孩子来说意味着多少事，他们可以用多少方法来使用它们！一个真实的孩子一定也会注意到，拱门就像以前见过的很多其他事物的变体一样，比如"没有路的桥""带门的墙""像桌子一样"，或者"像一个倒着的字母 U"。我们可以利用这种相似性来帮助发现其他有利于我们实现目的的事物：比如把拱门当作是一个通道、一个洞或者隧道，它可以帮助一些人解决他们关注的运输问题。什么样的描述对我们来说最有用呢？这取决于我们的目的。

我们最强有力的思维方式就是那些让我们可以把不同环境中学到的内容融合在一起的方式。但人们怎样同时用两种不同的方式思考呢？通过在思维中的某处建立一些不同类型的拱门。

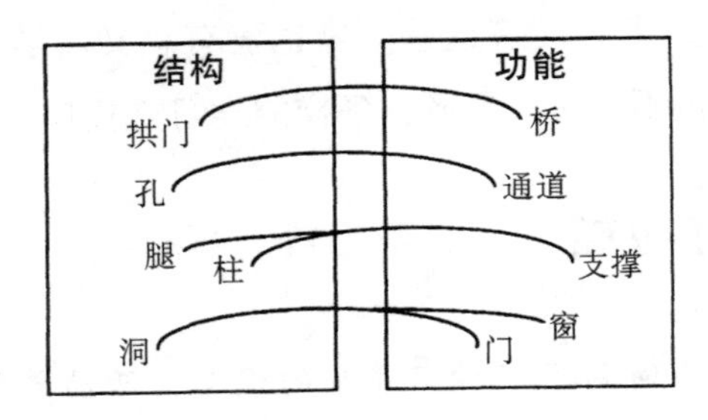


在思维的不同地方之间架设桥梁，这是不是一种很傻的比喻？我敢肯定，我们经常用熟悉的空间形式来设计思维并非出于偶然。我们后来的思维方式在很大程度上取决于我们在生命早期学到的关于空间世界的内容。

## 12.5 结构的功能

许多我们认为是物理方面的事其实是心理方面的。想知道这是为什么，让我们来试试看“椅子”对我们来说是什么意思。开始的时候，这样说似乎就够了：

> “椅子就是有四条腿、有靠背、有座的东西。”

但是当我们更仔细地观察我们是如何识别椅子的，会发现很多椅子都不符合这个描述，因为它们不能分解成这些部分。在仔细分析完毕后，我们发现所有的椅子几乎没有多少共同之处，除了它们的用途。

> “椅子就是你可以坐在上面的东西。”

但这似乎也不够：它让椅子看起来好像是一个像愿望一样没有实体的东西。解决办法就是我们至少需要把两种不同类型的描述组合在一起。一方面，我们需要结构性的描述，这样当我们看见它时可以认出来。另一方面，我们也需要功能性的描述，以便知道我们可以用椅子来做什么。通过把两个理念交织在一起，我们可以捕捉到更多想表达的意义。但仅仅提出一个模糊的联想也是不够的，为了使它有点儿用处，我们需要关于这些椅子如何帮助人们坐下的更紧密的细节。为了找到合适的意思，我们需要椅子结构之间的联结，以及这些组件要想达到的目的对人类的身体有什么要求。我们的网络中需要像这样的细节：

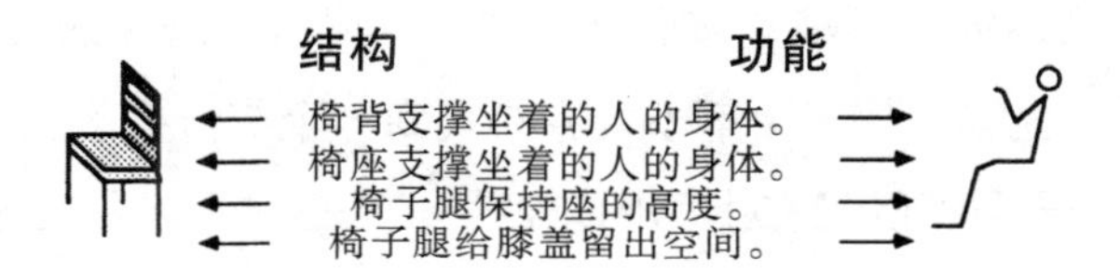


没有这些知识，我们可能会爬到椅子下面或者试图把它戴到头上。但是有了这些知识，我们就可以做许多令人惊异的事，比如运用椅子的概念来看我们怎么能坐到一个盒子上，尽管盒子没有腿也没有靠背。

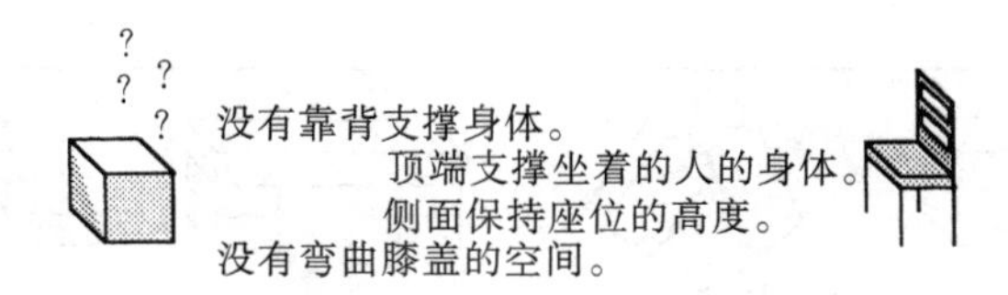


包含这种结构的统一框架可以变得非常强大。举例而言，这种关于结构、舒适和姿势之间关系的知识可以用来理解什么时候盒子可以当椅子用：那就是，只有当它高度合适，坐它的人也不需要靠背或弯曲膝盖的空间的时候。当然，这种聪明的推理需要特殊的思维技能，利用这种技能可以重新描述或者“重构”盒子和椅子的描述，这样尽管它们之间有差异，也能“匹配”到一起。除非我们学会让旧描述适应新环境，否则我们的知识只能应用于我们学会这些知识时的环境。而这几乎是不可能实现的，因为环境从来没有一点儿都不变地重现过。

## 12.6 积累

统一框架不是万能的。我们常常想让某个日常的理念变得精确，却找不到什么可以统一的地方。于是，我们只能积累一些例子。

要找到这些东西的共有属性当然很难。硬币是硬的扁圆形，钞票又薄又软，金银都很重，贷款甚至都不是物理实体。我们把它们全部看作交易媒介，但这并不能帮助我们识别这些事物本身。家具也是这种情形。要说明家具是干什么用的并不难，它们就是“让房屋适于居住的装备”。但对于这些物体本身，就连“椅子”都不太容易找到一个统一框架。它的功能角色似乎很清晰，“一个可以坐在上面的东西”。问题在于人们几乎可以坐在任何东西上，长凳、地板、桌面、一匹马、一摞砖、一块石头。就算是定义“拱门”都有问题，因为许多我们认为是拱门的东西都不符合我们“积木拱门”的统一框架。

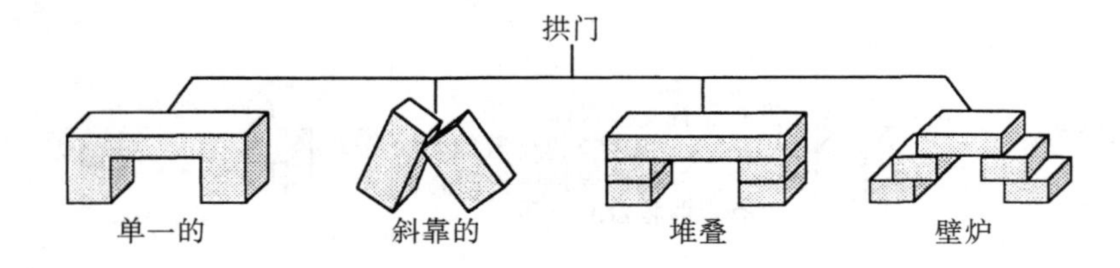


所有这些形状都可以描述为“带有洞的形状”或者“桥接一个缺口的积木”，但这些描述还会包含一些我们不想当作拱门的东西。如果找不到统一框架，最简单的学习方式就是积累对经验的描述。

开始的时候，积累例子可能比找到更统一的方式来表述它们更容易。但是这样做是有代价的：当我们试图推理一些事情时，积累就变成了一件麻烦事，因为那时我们就不得不找到不同的论据或解释来证明每个单独的例子。也许，脑的不同组成部分已经进化到可以两种策略都使用。如果各个智能体互不干扰，所有的例子都可以同时处理，那么积累就不需要太长时间。不过一旦那些程序开始需要彼此的帮助，整个社会的效率就会迅速下降。也许减速本身就是一种刺激，促使我们想办法统一，至少对那些我们经常使用的智能体来说是这样。

关于我们什么时候开始使用新的统一框架，还有一个更简单的理论，那就是在脑中，对于各种类型的智能体可以直接获得多少K线在结构上是有限制的。举例而言，在一个特定的等级结构中，一个特定智能组中的智能体在每个分类中可能只能积累不超过7个分支。一旦积累超过这个数量，智能组就被迫要把某些例子合并到一个统一框架中，或者到其他地方求助。

## 12.7 积累策略

让我们对一些人的人格提出一个哑铃理论。

**统一框架者**（uniframer）为了支持想象中的规律，会不考虑差异性。他们更有可能是完美主义者，但也倾向于以刻板的方式思考。这有时会有些草率，因为他们为了制作自己想要的统一框架不得不否认一些证据。

**积累者**（accumulator）没有那么极端。他们会不断收集证据，因此不太容易犯错，但他们的发现速度也会比较慢。

当然，这些想象中的人格只是一种漫画手法，每个人都混合了这两种极端状态。尽管我们中有些人会更倾向于其中一种方式，但大部分人都发现了一些合理的折中方式。我确信我们所有人都会混合使用不同的学习策略，积累描述、K线、统一框架或者其他策略。表面来看，积累比统一框架更容易，但是选择积累什么可能需要更深刻的洞察力。无论如何，如果积累变得太过庞大而笨拙，我们就会试图用一个统一框架来替代其中的某些成分。但就算我们成功找到了合适而简洁的统一框架，也可以确定最终肯定需要积累一些例外，因为最初的描述很少能符合之后所有的目的。

举例而言，当一个孩子第一次遇见狗，他可能首先会尝试制作一个统一框架，把这种动物的组成部分进行归类，比如眼睛、耳朵、牙齿、头、尾巴、腿，等等。但是这个孩子最终会了解就算在这里，也会有一些例外。

此外，那个统一框架也无助于回答孩子在面对任何一只狗时最迫切需要回答的问题：这只狗友好吗？它会大声叫吗？它是那种爱咬人的狗吗？每个问题可能都需要建立一个不同类型的等级树。

这会产生一个无法避免的难题。我们各种各样的动机和担忧都很有可能需要一些无法调和的分类方式。你无法根据狗叫声来预测它是否咬人。我们所建立的每个分类都体现着不同种类的知识，而我们很少能同时使用其中的好几种。当我们有一个简单而清晰的目标时，可能会选择一种特别的描述方式，让问题变得简单而容易解决。但如果有几种类型的目标发生了冲突，我们就很难知道应该去做些什么。

## 12.8 不统一的问题

什么时候你应该积累，什么时候又应该制作统一框架呢？应该选择哪个，取决于你的目的。有时因为事物的形态相似而认为它们具有相似性是比较有用的，有时因为事物有相似的用途而把它们归为一类比较合理。此刻，你可能希望强调相似性；但下一刻，你可能又想强调差异性。通常，我们需要把统一框架和积累混在一起使用。在“积木拱门”的例子中，我们发现可以有两种不同类型的拱顶，一块积木或一块楔形物。与此相应，当我们使用“积木或楔形物”的语句时，实际上是在统一框架中插入了一个“次级积累”。

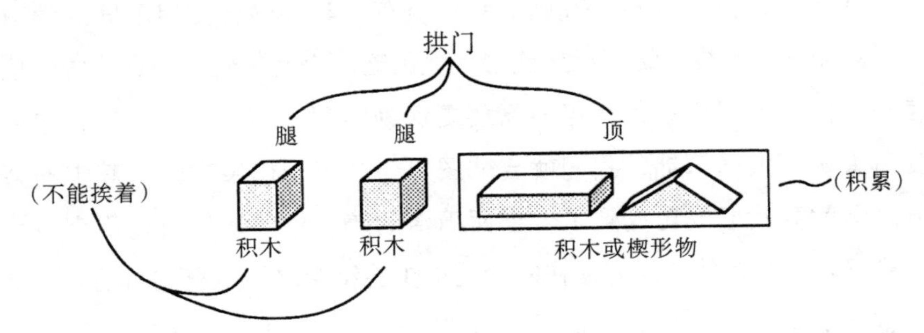


积累很少让人感到很满意，因为我们觉得理念应该有更多统一性。如果只是一堆毫不相关的东西列在一起，那么像椅子、拱门或者货币这种词就不会出现了。如果对那些东西没有任何具有统一性的想法，我们在一开始的时候就不会列出它们！为什么描述出它们的本质那么困难呢？在接下来的几部分中，我们会看到一些原因。这里先列举其中一个：

> 许多好的理念其实是合在一起的两个理念，它桥接了两个思维领域或两种观点。

当我们在结构和功能之间建立桥梁时，桥梁的一端代表的是目标或用途，另一端表述的是我们为达到这些目的而可能使用的东西。但那些结构很少能完全与功能相对应。问题在于我们常常寻找不同的方法来实现目标，这意味着我们会在桥梁的结构那一端发现积累。举例而言，如果想够到高处的一个东西，你可以站在椅子上，用棍子够，或者请个子高的人帮你够。与此类似，每一个结构也都对应着功能或目标的积累。我的同事奥利弗·塞尔弗里奇（Oliver Selfridge）曾经写过一本书，书名就是《用棍子可以做的事》(*Do with a Stick*)。

> 目的与方法有着各自不同的世界，二者之间通常无法匹配得太好，所以当我们在其中一个世界发现了一个简洁而有用的统一框架时，它通常在另一个世界里对应着一个积累。

我们在更早的时候就遇到过这个问题。当我们把鸟归类为动物，而把飞机归类为机器时，其实就把不统一性强加给了那一类会飞的事物。之后，当我们遇到关于比喻的理论时，将会看到这类问题几乎是无法避免的，因为我们知道，只有很少一部分方案的统一性可以跨越许多领域，因此这些方案也是非常珍贵的。

## 12.9 例外原则

当一条法则或规则不是总能发挥作用的时候，我们能用它来做什么？在我们发展“积木拱门”的统一框架时看到过一种方式，就是不断改变它以适应新的例子。但如果已经这样做了，还是有例外不能适应它时该怎么办？

> **例外原则**（The Exception Principle）：篡改一条几乎总是有效的规则很少有什么意义，积累一些具体例外来对其进行补充是更好的办法。

所有儿童都会了解鸟会飞，在水里游的动物是鱼。所以当有人告诉他们企鹅和鸵鸟是鸟但不会飞，或者鲸鱼和海豚在水里游但不是鱼时，他们应该怎么办呢？当儿童遇到不再有效的统一框架时该怎么办呢？根据例外原则，不应该太草率就更改它们。我们不应该期望规则是完美的，而只能说什么是典型的。如果为了让每个例外都能被包含在内就去调整规则，那么我们的描述将会变得太累赘，无法使用。先从"鸟会飞"开始，然后改成"鸟会飞，除非是企鹅或鸵鸟"，这其实是一个不错的办法。但如果继续追求完美，那你的规则就会变成可怕的东西：

> 鸟会飞，除非是企鹅或鸵鸟，还除非它们死了，还除非它们翅膀受伤了，还除非它们被关在笼子里，还除非它们的脚被埋在水泥里，还除非它们经历过可怕的事，心理上认为自己不能飞了。

除非我们把例外区别对待，否则它们会破坏我们试图形成的泛化。想一想为什么关于鱼的常识性理念这么有用。它是对一类事物一般信息的积累，这类事物有许多共同之处：它们是生活在水中的动物，有某种特定的流线型外形，通过各种各样的鳍状器官来蠕动身体和扇动水流。然而，生物学家关于鱼的理念就非常不一样，他们的理念会更多地涉及这些动物的起源和内部机制，因此强调的方面在视觉上就没那么明显：如果鲸鱼有肺而鳟鱼有鳃，那它们就属于不同的统一框架。儿童在听到鲸鱼不是鱼的时候会感到困扰，因为相对于起源和机制，他们通常更关注用途和外表。他们更有可能像这样分类：

> 那些动物是做什么的？它们生活在哪里？它们好捉吗？它们危险吗？它们有用吗？它们吃什么？它们味道怎么样？

像“鱼”这种普通词汇的能量来源于我们如何让它们同时跨越这么多意义的世界。然而，为了达成这一点，我们必须能够容忍很多例外。我们几乎没有发现过不存在例外的规则，除非是在某种特定的人造领域中，比如数学和神学从一开始就缺乏有趣的不一致性。但要小心，不要把我们自己的意图错当成已经发现的自然现象。在现实生活中，坚持完美的法则所面临的风险就是根本找不到任何法则。只有在科学领域，各种例外都必须被解释清楚，付出这种代价才有意义。

## 12.10 塔的工作原理

人们为什么可以用石头或者砖块来造塔，但是不能用水、空气或者沙子造塔？要回答这个问题就要问一问：“塔的工作原理是什么？”但是这么问又显得太怪了，因为答案似乎很明显：“一块积木支撑着另一块积木，然后就行了！”就像我们以前说过的：

> 如果你忘了是怎么学会某个理念的，那这个理念看起来就像一个不证自明的理念！

谈到一些似乎立即就能理解的事时，我们常常用“洞察力”“直觉”之类的词。但如果假定某些事看起来“很明显”，那么它一定也很简单或者不证自明，这可是一种糟糕的心理学理论。许多这类事情都是在我们已经忘记了的那段很长的童年时间里，思维中庞大的系统默默为我们完成了许多这类事情。我们很少想到那些用来理解空间的巨大引擎，它们的工作非常安静，没有在我们的意识里留下任何痕迹。每个人都已经知道塔的工作原理很长时间了，提出这个问题似乎都很奇怪：

> 塔的高度只取决于它组件的高度！积木的其他属性都无关紧要，它们需要花多少钱，它们原来在什么地方，你怎么想它们都不重要。只有举高才算数，所以要造一座塔，只要去想怎么能让它增加高度就可以了。

这让建塔变得很容易，让我们把基本的建造计划从所有的小细节中分离出来。要建一座特定高度的塔，只要找到足够的“有高度的组件”，并且通过举高的动作把它们叠在一起就可以了。不过塔还需要稳定，所以下一个问题是找到一些可以采取的措施来使我们的塔稳固。这时我们可以运用另一个精彩的原则：

> **如果每块积木都放在合适的正上方，塔就能够稳住。因为这一点，我们建塔时可以先竖直举起每块积木，然后做水平调整。**

注意这第二个为了稳定性而做调整的动作，它只需水平移动即可，这和塔的高度并没有关系。这解释了为什么建塔这么容易。要增加塔的高度，你只需要竖直举起的动作就行。假如积木有水平的表面，要完成第二级目标，也就是稳定性，只需要水平滑动的动作，这个动作和高度没有什么交互作用。“先做重要的事”，这就让我们可以很简单地完成目标。

对成年人来说，高度和宽度彼此独立，没有什么神秘之处。但对婴儿来说并没有那么明显：要理解空间和时间的世界，每个孩子都要去发现许多这类事。不过，把“举高”和“平移”分开是有特殊重要性的：在世界内部移动有无数种方式，一个人怎么能学会所有的方式呢？答案就是：我们不需要学会所有方式，因为我们可以分开处理每个维度。“举高”有特殊的重要性，是因为它把竖直维度与其他维度分离开来，并且与平衡的理念联系在一起。“平移”这个补充的操作可以把剩下的两个维度区分开：要么是推和拉，要么是从一侧移到另一侧。一种“举高”的方式和两种“平移”的方式合成了三种方式，这就足以在一个三维的世界中穿行了！

## 12.11 原因如何起作用

我们能找到某个事物的原因时感觉特别好。塔之所以高，是因为组成它的每块积木都贡献了高度，它能够立住，是因为那些积木足够宽也足够稳定。婴儿哭，是因为他想要食物。石头会落地，是因为重力的作用。为什么我们可以用原因和结果解释这么多事呢？是因为每个事物都是有原因的吗？还是我们只学会了询问那些有原因的事？原因是不是根本不存在，只是我们的思维创造出来的东西而已？上述的这些内容其实就是答案。原因确实是我们的思维编造出来的东西，但只有在特定的世界中对特定的部分起作用。

到底什么是原因呢？原因这个概念涉及一种特定的风格元素：因果解释必须简短。除非解释很简洁，否则我们不能用它来进行预测。如果看到 Y 依赖 X 的程度比依赖其他任何事的程度都多，我们可能会同意 X 引起了 Y。但如果描述 X 需要无穷无尽的论述，几乎要提到这世上所有其他的事，那我们就不会说 X 是 Y 的原因。

**在一个发生任何事都同样或多或少取决于发生其他事的世界里是不会有任何“原因”的。**

实际上，在这样一个世界里谈论任何“事物”都是没有意义的。我们关于“事物”的概念有一个前提假设，那就是某些属性在它周围的其他事物发生变化时会保持不变（或者以可预测的方式变化）。当“建设者”移动一块积木时，那块积木的位置会发生变化，但颜色、重量、大小、形状不会变。我们的世界是多么方便啊，可以只让位置发生变化而让其他那么多属性都保持不变！这让我们可以很好地预测动作的效果，把它们按照前所未有的方式串联在一起，却仍然能预测它们的主要效果。此外，因为我们的宇宙有三个“维度”，所以只要知道几个动作在每个维度中的效果，就可以很容易预测把这些动作混合在一起会产生什么效果。

为什么积木在移动的时候大小和形状都保持不变呢？这是因为我们很幸运，在我们所处的宇宙中，效应都是小范围的。一个实物之所以有稳定的形状，是因为它的原子紧紧地“粘在一起”，当你移动其中某些原子时，其他原子也会被拉走。但这种现象只有在这样一个宇宙中才会发生：宇宙中的力学法则与时间和空间的“接近性”相一致。换句话说，在这个宇宙中，离得比较远的实体之间的相互影响比紧密联系在一起的实体之间的相互影响要小得多。如果世界中没有这种限制，我们就无法知道任何“事物”或“原因”。

知道一种现象的原因就是至少在原则上知道如何改变或控制某些实体的某些方面，而不会影响剩余的其他方面。

我们的思维可以识别的最有用的因果关系，就是那些我们可以采取的行动与我们可以感知的改变之间可预测的关系。这就是为什么动物们倾向于进化出这样一种传感器官，它们可以探测到那些可以受动物自身行动影响的刺激。

## 12.12 意义与定义

**意义**（meaning）：名词，1. 作为一种稳定的目标或目的存在于思维、观点或意图之中；打算或意图去做的事；意图；目的；目标。2. 通过行为或语言意图或实际上被传达、指示、表示或理解；词语的道理、重要性或含义；重要性；动力。

——《韦氏词典》

意义是什么？有时我们会得知一个词的定义，然后我们突然知道了一种使用这个词的方法。但定义的效果并不总是很好。假设你需要解释“游戏”的意思，你可以这样开始：

> **游戏**（game）：一种活动，在这种活动中，两个队伍竞争，让一个球做某些事以便得分取胜。

这个定义适用于一定范围内的游戏，但如果有的游戏玩的是文字，或者不计分，或者缺乏竞争元素怎么办呢？我们可以使用其他定义覆盖其他一些游戏的性质，但没有一个定义可以涵盖所有游戏的性质。对于所有我们称为游戏的事，我们不太能找到很多共同点。但人们还是觉得在游戏这个理念的背后有一个特定的概念。举例而言，我们觉得自己可以识别出一个新游戏，而这并不仅仅是一次随意的积累。

但是现在，让我们把注意力从游戏的物理属性上移开，关注一下游戏能够实现的心理目的。这样，要给大部分成人游戏找到一些共同性质就简单多了：

> **游戏**（game）：一种有意脱离现实生活，让人参与其中并提供娱乐的活动。

第二种定义没有把游戏当作一个物体，而是当成了一个思维过程！开始看起来可能有些奇怪，但其实它没什么新鲜之处，就连我们的第一个定义也包含了心理元素，就隐藏在“竞争”和“赢”这两个词语中。从这个角度来看，不同类型的游戏之间似乎有了更多相似之处，因为尽管物理表现千差万别，但它们都服务于共同的目的。毕竟，可以用来完成同样心理目标（在这个例子中，这个目标就是提供娱乐，不管它表示什么意思）的物理客体或结构，它们的变化实际上是无穷无尽的。于是很自然地，人们很难为游戏所有可能的物理形式指定范围。

当然，“游戏”比“砖块”含有更多的心理特征，这一点儿也不奇怪，砖块可以用物理术语来定义而不需要考虑我们的目标。但许多理念都介于二者之间。“椅子”的例子就是如此，要描述它必须涉及它的物理结构和心理功能。

## 12.13 桥梁定义

最后，我们距离领会像椅子和游戏这种事物的意义越来越近了。我们发现结构性的描述很有用，但它们似乎总是太过具体。许多椅子都有腿，也有许多游戏都计分，但总有例外。我们也发现目的性的描述很有用，但似乎又总是不够具体。用“你可以坐在上面的东西”来描述椅子太泛泛了，因为你几乎可以坐在任何东西上面。“娱乐性的活动”对游戏来说也太宽泛，因为还有很多其他的方式可以让我们的思维从严肃的事情上转移走。一般而言，单一的定义方式很少能用。

**目的性定义通常太松散。**

它们包含了很多我们不想包含的事物。

**结构性定义通常太紧缩。**

它们会排斥一些我们想要包含在内的事物。

但通过同时从几个方面进行压缩，利用两种或多种不同类型的描述来提取想要的内容，我们常常能理解一些理念。

**我们最好的理念通常是那些桥架于两个不同世界之间的理念！**

我并不是说每个定义都必须包含结构和目的这两个特定的成分。但这个特殊的组合有个特别的优点：它有助于我们在想要寻找的“终点”与已有的“方法”之间建立桥梁。也就是说，它帮助我们把可以识别（或制作、找到、做、想）的事物与想解决的问题联系在一起。如果不能通过某种方式找到或使用 X，那么知道 X 的“存在”也没什么用。

我们讨论积累的时候，看到过关于“家具”和“金钱”的概念，它们的功能性定义是合理而简洁的，但积累了很多结构性描述。与此相反，“方形”和“圆形”的概念拥有简洁的结构性描述，但积累了无穷多种可能的用途。

要学习使用一个新词或不熟悉的词，你开始时会把它当作一个符号，在他人的某个思维中，这个符号有一些你可以利用的结构。但是不管解释得多么仔细，你还是必须用自己思维中已有的材料重建那个思维。有一个好定义固然不错，但你还是要为每个新理念塑形，让它们适合你已经拥有的技能，以期它们对你能像对以前使用这个理念的人那样有用。

人们所说的“意义”并不常常与特定的结构相对应，我们智能组间的联系与制约构成了巨大的连锁网络，“意义”倒是与穿插于这些网络碎片间的联结相对应。由于这些网络在持续不断地发展和改变，意义很少能非常精确，我们也并不总是能用简洁的词语序列来“定义”它。言语解释只能提供部分线索，我们必须从观察、工作和玩耍，当然还有思考中去学习。

# 第13章 看见与相信

The Society of Mind

赛尚说，“尽管世界似乎
很复杂，但它就是由方块和球体组成的，
还有柱体和锥体：
四种基本结构，就像
肉中骨，支撑着任何松散的形状各异的东西。”

“它们更加基础，”弗洛伊德说，“它们
比几何基础得多：
你唯一可靠的象征物
那吸引你目光的器官；
艺术唯一的主题
就男性和女性。”

身体也可以表达
我们的忧伤和喜悦
甚至性的无意识起舞
都在描绘精神环境
的震荡，来回于
宇宙的是与否之间。

“世界，”梵·高说，“是一副面孔，
我在其中看到了自己灵魂的苦相。”
但现实已经变成
仅仅是情绪的媒介了吗？
宇宙所有的形式，我问道，
你是一面镜子，还是面具？

——西奥多·梅尔尼恰克

# 13.1 重新构想

想象一下人们可以建构的所有拱门。

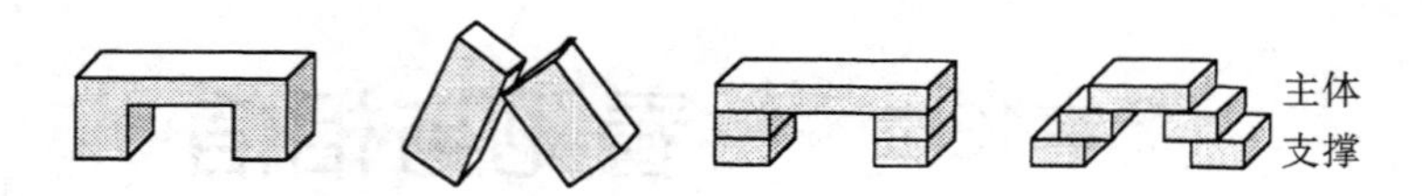


我们如何能用单一的统一框架来捕捉这么多事物的共同点呢？如果我们被迫从积木以及如何置放它们的角度来思考，答案是不可能。我们之前用过的表达方式没有一种可以应用于它们所有："三块积木"不行，"两块积木立着"不行，"支撑的积木不能挨着"也不行。我们的思维怎么会把这些拱门都知觉为一样的呢？方法之一就是像这样画一条想象的线：

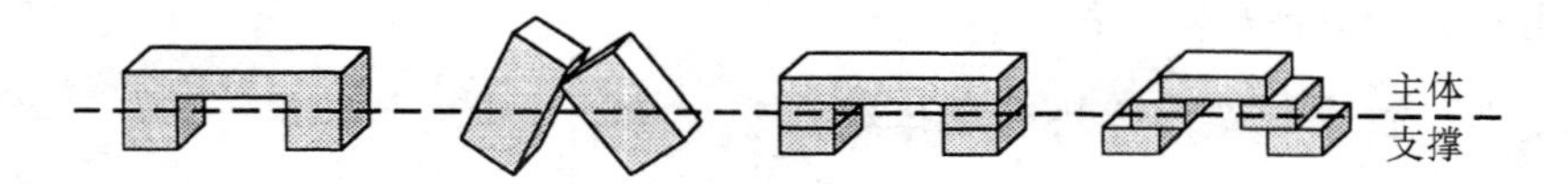


现在，忽然之间，所有这些不同的拱门都符合了单一的框架，即一个主体和两个支撑。这里有两个不同的理念。第一个理念是把一个客体分割为两个部分，一个是"本质"部分，也就是"主体"，另外还有辅助的部分，与支撑相对应。之后我们会看到这个理念本身就很强大。第二个理念更强大也更普遍：在无法为所有这些拱门找到统一的描述时，我们放弃了之前所使用的方法，而采用了一种非常不同的描述方式。简而言之，我们从新的角度重新构想了问题。开始时我们使用一种以表达单个积木精确形状为基础的语言。之后我们换成了另一种语言，在这种语言中，我们所说的形状和轮廓并不受限于积木本身的形状和轮廓。

很明显，重新构想很强大，但人们怎么去重新构想呢？人们怎么能找到新的描述方式，让问题看起来更容易呢？这是取决于某种神秘的洞察力，还是取决于一种神奇的创造性天赋呢？又或者我们只是偶然想出来的？在讨论创造性的时候我已经说过，这在我看来只是程度的问题，因为人们总是在进行各种各样的重新构想。有些理念就像突然洒在整个思维领域的光一样，比如进化论、重力或相对论。如果我们仔细想想这些最少见、最具革命性的新理念，常常会在事后发觉，这些就是人们以前知道的一些事物的变体。于是我们不得不反问，这些重新构想为什么推迟了这么久。

## 13.2 边界

天空是不分南北的，人们在自己的思维里进行了划分，之后就相信这是真的了。

——佛陀

什么是创造性？人们怎么获得新的理念？许多思想家都一致认为秘诀就是找到“新的方式来看待事物”。我们刚才已经看到如何利用“主体－支撑”概念来重新构想某些空间形式，很快我们将会看到如何用强度、容量、原因和链条等方式重新构想。但我们首先还是要再仔细看看如何通过让那四种不同的拱门都符合“由两个支柱支撑着的一个东西”来让它们看起来都一样。在单体拱门的例子中，我们是通过想象某种实际不存在的边界来实现的：它把一个单独的客体分成了三个。

主体
支撑

然而在处理塔形拱门时，我们的做法正好相反：我们假装某些真实存在的边界不存在。

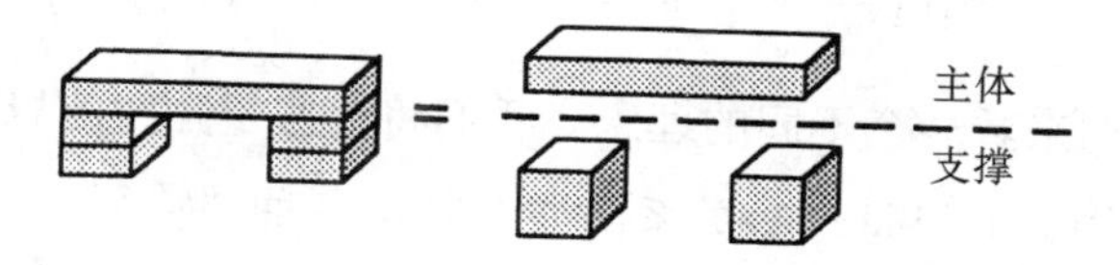


把三个不同的事物看作一个，又把一个看作三个，这种对待世界的方式是多么随性啊！我们总是在改变边界！手肘从哪里开始或结束？什么时候青少年变成成年人？海洋什么时候变成海水？我们的思维为什么不断画线来组织现实世界？答案就是：如果不制造这些思维建构的边界，我们根本不会看到任何“事物”！这是因为我们看什么事物都很少能两次看到的完全一样，几乎可以肯定每次我们都会从某种不同的角度来看，也许近点或远点，高点或矮点，光线的颜色或亮度不同，或者是背景不同。举例而言，看看同一张桌子的两种外形。

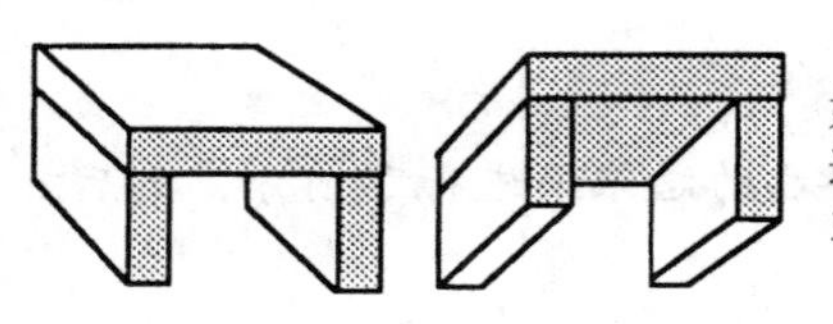

如果用实际的线条和表面来描述，这两种外形完全不同，但如果用主体和支撑来描述，则完全一样。

如果思维不能够丢弃每个画面中对其呈现目的不重要的内容，我们就永远也无法学会任何东西。做不到这一点，我们的记忆和外表很少能匹配，那么什么都是没有意义的，因为什么都不是永恒的。

## 13.3 看见与相信

让一个孩子去画一个人。身体在哪？胳膊和腿为什么与头连在一起？如果问年幼的孩子，许多孩子实际上都更喜欢这种画，而不是很多成年人喜欢的画。

我们通常认为儿童看见的和成年人看见的是一样的，只是儿童缺乏一些我们所拥有的肌肉精细技能。但这无法解释为什么这么多儿童都会画出这种特定类型的画，也无法解释他们为什么对这种画这么满意。无论如何，这种现象表明儿童的思维中似乎不太可能拥有真实的、和照片一样的“映像”。

现在让我们来看一个不同的理念。我们将会假定儿童的思维中不存在像照片一样的事物，而只是一些关系网络，其中各种“特征”都能让人满意。举例而言，一个孩子的“人像”特征网络可能由以下一些关系和特征组成。

**头**（head）：大的封闭图形。

**眼睛**（eyes）：两个圆形，在头里靠上的部分。

**嘴**（mouth）：在两眼下方中间的物体。

**身体**（body）：大的封闭图形。

**胳膊**（arms）：两条线，和身体上部相连。

**腿**（legs）：两条线，和身体下部相连。

为了把这些描述转化为真正的绘画，儿童必须利用一些“绘画程序”。这里有一个程序，它就是按照那个特征列表向下运行，就像一个小型的计算机程序一样：

1. 考虑列表中的下一个特征。
2. 如果一个特征已经画完，执行步骤 3。否则画出这个特征。
3. 如果列表完成，停止。否则，返回步骤 1。

当孩子开始画的时候，列表上的第一项是“大的封闭图形”。因为还没有这个东西，孩子画了一个：那就是头。接下来画好眼睛和嘴。但到了要画身体的时候，程序的步骤 2 发现“大的封闭图形”已经画好了。于是，没有新的内容需要画，程序直接前进到了步骤 3。结果孩子继续把胳膊和腿连接在了指定给身体和头的那个图形上。

成年人是不会犯这种“错误”的，因为一旦一个图形分配给了头，那这个图形就算是“用光了”或者“被占用了”，不能再代表其他特征了。但儿童“保持记录”的能力或倾向较弱。于是，既然那个“大的封闭图形”符合头和身体的描述，尽管是在不同的时间点，那也没什么理由不满意了。那个小艺术家已经满足了描述所要求的所有条件！

## 13.4 儿童的绘画框架

那种身体–头的绘画对许多成年人来说都是严重错误的，但似乎让许多孩子都很满意。对这些孩子来说，那真的像一个人吗？这个问题看起来简单，但并不简单，因为我们必须记住，儿童不是一个单一的智能体，儿童思维中各种各样的其他智能组可能并不满意。只是在那个时刻，其他智能组没有控制权或者没什么影响力。但如果某个和这幅画很像的生物真的出现了，许多孩子也会感到害怕。只说一个人“真的”看到什么是没有意义的，因为我们有这么多不同的智能组。

大一些的孩子倾向于画出更清楚的身体组件和其他特征，比如手指、脚趾、头发、眉毛和衣服。

中间的这些年发生了什么，让大一些的孩子可以把身体单独画出来了呢？我们甚至不用改变在之前的部分中所使用的特征和关系列表就可以实现。只要在绘画程序的步骤 2 做一点儿小改变就可以：

1. 考虑列表中的下一个特征。
2. **就算已经画过相似的特征，也把这个特征画出来。**
3. 如果列表完成，停止。否则，返回步骤 1。

这可以保证列表中提到的每个特征在绘画中都只呈现一次，就算两个特征很相似也是如此。当然，这需要给每个特征计数一次而不是两次的能力。为了画出成熟、现实的画作，儿童可以利用正确数数所需要的同样的能力，这多有意思啊！

当然，我们也可以用其他方式解释儿童的进步。那个新的、“更现实的”画作可以通过在列表中添加一个脖子的特征来实现，因为这样做将会需要一个分开的身体和头。只要施加一个额外的限制或关系就够了：那就是头在身体上面。人们可能会争论说，年幼的儿童一开始就没有对独立存在的身体有清晰的概念，你可以用胳膊和腿或者用头做许多事，但身体只会产生阻碍。

无论如何，在掌握了这种身体 - 头绘画的艺术后，许多儿童在画人像方面的进展就非常缓慢了，这些“幼稚的”绘画方式常常会持续一些年。我怀疑在儿童学会画可识别的特征后，常常会继续面对的问题是：需要表述的场景比以前复杂得多。在他们这样做的时候，我们应该继续赞赏儿童在处理他们给自己设定的问题时表现有多么好。他们可能无法达到成年人的预期，但他们常常能解决我们所提出的问题的儿童版。

## 13.5 学习脚本

专家不需要思考，他知道。

——弗兰克·劳埃德·赖特

我们那个画画的孩子接下来会尝试什么呢？有的孩子继续努力提高自己人像绘画的技艺，还有许多孩子会用他们新获得的技能去画那些更具雄心的场景，在这些场景中，有两个或多个照片人互动。这个过程包含了有关如何描绘社会互动和关系的奇妙问题，而且这些更具雄心的项目使得儿童不再去关注如何把单个的人像画得更精细、更真实了。这件事发生时，家长们会因为孩子们似乎不再进步了而感到失望。但我们应该尽力去欣赏孩子们的雄心不断变化的特征，承认他们所遇到的新问题可能甚至更具挑战性。

这并不是说对绘画的学习停止了。尽管孩子们不再想办法把人像画得更精细，但他们画人像的速度却在不断提高，而且所费的精力也越来越少。为什么会这样？这又是怎么发生的呢？在日常生活中，我们认为“熟能生巧”是理所当然的，重复和演练一项技能在某种程度上会自动就变得更快、更可靠。但仔细想一想这个过程，你就会发现这真的很奇妙。你可能会认为学到的东西越多，你会变得越慢，因为你需要选择的知识更多了！多练习怎么会提高速度呢？

也许，当我们练习自己已经能使用的技术时，进行了一种特殊的学习。在这个过程中，原始的表现过程被新的、更简单的程序替代或“桥接”。左下方的“程序”展示了在我们还是绘画新手时，需要许多步骤才能画出每一张幼稚的身体 – 脸。右边的“脚本”展示了那些实际产生绘画线条的步骤，这个脚本的步骤只有新手的一半那么多。

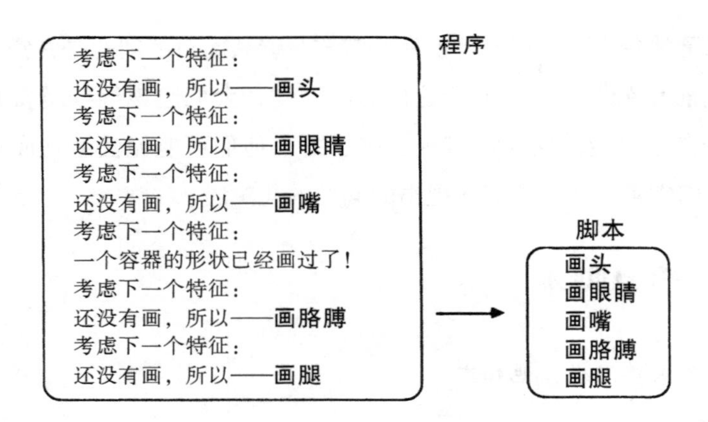


我们称为“专家”的那些人在操练他们的特殊技能时似乎很少思考，好像他们在阅读预先写好的脚本一样。也许当我们通过“练习”提高技能时，主要是在建立不需要那么多智能组参与的、更简单的脚本。这让我们可以用少得多的“思想”去做旧的工作，让我们有更多的时间去思考别的事情。儿童考虑把胳膊和腿放在哪里的时间越少，剩下来表述画中的人在做什么的时间就越多。

## 13.6 边界效应

从皮亚杰的另一个实验中，我们可以获得更多关于儿童的真知灼见。给儿童展示一块短积木放在另一块长积木上，让他们画出这个场景。接下来让儿童画一个草图表示，如果我们把上面那块积木向右推一点儿会发生什么。开始时，结果和我们预期的差不多。

但是让儿童把同样的事再做一遍时，我们看到了奇怪的结果。上面那块积木的边缘和长积木对齐后突然变短了！

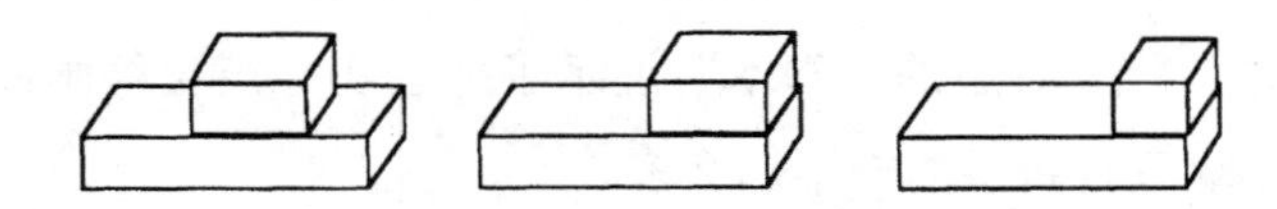

为了搞清楚发生了什么，把你放在儿童的位置上想一想。你已经开始画那个短方块的上沿，但你怎么决定在什么时候停止呢？

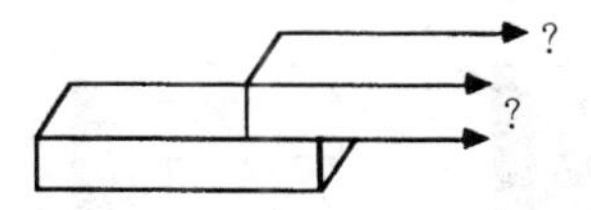


年幼的儿童还没有能力按照很好的比例画线。相反，他们倾向于使用的程序是寻找每个新特征和画作中已经呈现的其他特征之间有什么可识别的关系，根据关系放置新特征。也就是之前已经描述过的“可以轻易描述的地方”。既然长积木中间没有这种特征，儿童会用和之前一样的方法画开始的部分，不管这种方法是什么。但描述长积木末端的位置很容易，所以年幼的儿童一到了这附近就倾向于在这里停止。皮亚杰将其称为“边界效应”，也就是倾向于把新特征放置在容易描述与其他已有特征位置关系的地方。

为什么儿童不能简单地复制他们所看到的内容呢？我们成年人并不真的懂得复制其实是多么复杂的一件事，因为我们已经不记得自己在学会复制前所发生的事了。要制作一个好的副本，儿童必须把每条线都按比例画，而且方向要与其他所有线条相符。但这些年幼的儿童很少能够用手指沿着物体的轮廓边线滑动，他们当然也无法在思维中把一个地方的形状轮廓完全转移到另一个地方。所以成人也许认为更加“抽象”的事对儿童来说实际上更容易一些：首先在思维中构想出场景中的关系，然后设计一个绘画方案把这些关系表述出来。我们认为简单的复制或模仿所需要的技能可能比我们认为“抽象的”表述所需要的技能更多！

## 13.7 副本

有时观察一个场景时，我们所看到的整体恰好就是它们的所有组件“相加”之和。但还有一些时候，我们不在乎某种事物是不是被数了两次。在下面的第一幅图中，我们把一个拱门分成了主体和支撑，不考虑这两个部分有完全相同的边界。在第二幅图中，我们似乎看到了两个完整的拱门，尽管实际上并没有足够的支撑柱来制作两个分开的拱门。

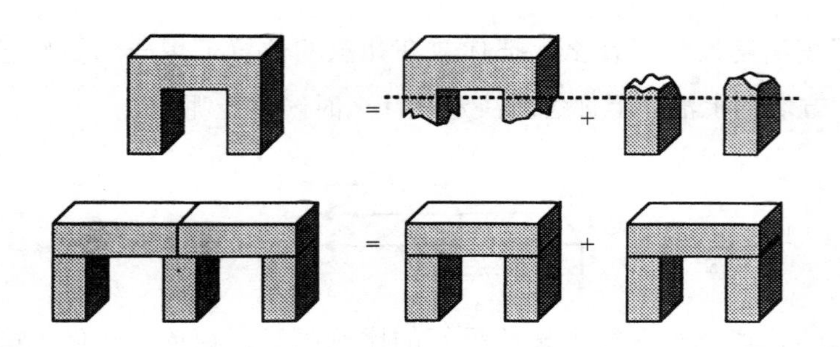


有时保持记录很重要，必须确保每个事物都只数一遍。但在其他一些情形中，数两次也没什么大碍。在制作供汽车行走的高架桥时同一块积木用两次是很高效的。但如果我们试图用同样的五块积木建造两座分开的桥梁，最后就会材料短缺。不同类型的目标需要不同风格的描述。讨论“更”的概念时，我们看到了每个孩子如何必须学会什么时候用外表描述事物，什么时候用过去的经验描述事物。双重拱桥问题也需要选择描述风格。如果计划建造几个单独分开的事物，你最好仔细数数，不然就要承担组件不够用的风险。但你如果一直这么做，就会错过用一个物体同时实现两个目的的机会。

我们还可以把这个过程构想成在结构性描述和功能性描述之间进行选择。假设我们试图在双重拱桥和那两个单独拱桥的结构性元素间进行匹配。一种方式是，我们首先给每个拱桥分配三块积木，然后确定每个拱桥都是由两块不挨着的积木支撑的一个顶构成。当然到最后，我们只会发现一个由三块积木构成的拱门，不会有第二个拱门，因为只剩下了两块积木。

另一方面，我们可以把对双重拱桥场景的描述建立在更具功能性的主体—支撑描述风格的基础上。根据这种方法，我们必须首先关注最“关键”的部件。拱门最关键的部件就是它顶端的那块积木，而且我们确实找到了两块可以作为顶端的积木。之后我们只需要确定每个顶端都由两块不挨着的积木支撑即可，实际情况正是如此。在以功能为导向的方法中，仔细数清最关键的组件，而确定辅助元素的功能只要在一定程度上可用就行，这似乎是很自然的事。功能性描述更容易适应高水平智能组的目标，但这并不是说功能性描述一定更好，用它们很难察觉真正的限制，因此它们更有可能导致过度乐观，让人充满希望的思维。

# 第14章 重新构想

The Society of Mind

在人们发明了那种学术范式（中世纪的“冲量”理论）之前，科学家们可以看到的不是钟摆，而是摇晃的石头……然而，我们真的需要把区分伽利略与亚里士多德，或者拉瓦锡与普里斯特里的东西描述为一种视觉的转变吗？这些人在观察同样类型的物体时看到的真的是不同的事物吗？……当亚里士多德和伽利略看到摇摆的石头时，前者看到了受限的下降，后者看到了钟摆，我非常清楚这种说法所产生的困难。然而，我确信我们必须学习去理解至少和这些话相似的句子。

——托马斯·库恩

## 14.1 运用重新构想

如果我们无法解决某个问题时可以怎么办？我们可以尽力找到一种新的方式来看待这个问题，用不同的方式来描述它。要逃离一个看似毫无希望的困境，最强有力的办法就是重新构想。于是，当我们无法在那些不同类型的拱门间找到任何共同之处时，我们改变了看待它们的方式。我们从一种刻板的几何积木描述转移到了一个没有那么多限制的主体 - 支撑描述方式，我们在这里找到了一种为所有拱门建构统一框架的方法：由一对支柱支撑的一段跨越物。但是想一想所有可以描述拱门的其他方式。

**美学**（aesthetic）：一种令人愉悦、美观的形式。
**动态**（dynamical）：如果移走任何一个支柱，顶端都会落下。
**拓扑**（topological）：拱门围绕着空间中的一个洞。
**几何**（geometrical）：三块积木形成一个倒 U 形。
**建筑**（architectural）：拱门的顶端可以是其他一些事物的基础。
**构造**（constructional）：先放置两块积木，再在它们上面放置另一块积木。
**规避**（circumventional）：可以用于绕过一个障碍物。
**变革**（transportational）：可以用来当作从一个地方通往另一个地方的桥。

所有这些方式都包含了不同的思维“领域”，它们都有自己描述事物的风格。而每个不同的思维领域可以带来一些与问题有关的新技能。我们每个人都学会了各种各样关于路径与障碍的推理方法；我们每个人都学会了处理竖直支撑，处理门和窗，处理盒子、桥梁与通道，处理楼梯与斜坡的方法。

对旁观者来说，一个具有创造性的发明者（或者设计师或思想者）必须拥有无尽的资源来开发新的方式去处理事物。但是在发明者的思维内部，所有这些可能都源于很少几个主题的变体。实际上，在发明者的视角中，那些思维风格可能看起来非常清晰（这些发明也都很相似），于是问题变成了其他形式："为什么旁观者不能理解如何思考这些简单的问题呢？"长期而言，最高产的思维不是我们用来解决具体问题的方法，而是那些引领我们重新构想有用的新描述的思维。

我们是怎样重新构想的呢？每个新技术大概都是从利用以前在其他旧的智能组那里学到的方法开始的。所以新的理念通常源于旧理念，并适应了新的目标。在下一部分中，我们将看到主体－支撑理念实际上在每个思维领域都有与其相对应的理念。直到这本书的最后，我们都会思索那些不同的领域本身是如何在思维内部发展的。

## 14.2 主体－支撑概念

通过把拱门分割成一个主体和一个支撑，我们可以为许多不同类型的拱门建立统一框架。这个技术对许多其他类型的事物也很好用。

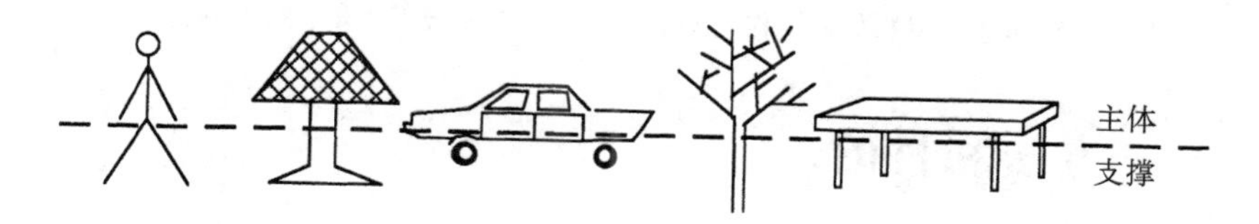


是什么让这种简单的切割看起来这么有意义呢？这是因为我们可以为每件事物想象出目的。在日常生活中，把一张桌子分成"桌面"和"桌腿"是有特殊意义的。这是因为我们用桌子时主要用的就是桌面——"把东西放在上面的东西"。桌腿的用途是次要用途：没有桌腿，桌面会掉下来，但没有桌面，桌子根本就没有用。而如果想象把桌子竖直分割成两半是没有意义的，只是两个卡在一起的L形组件。

这一定是主体－支撑理念看似如此普遍的原因之一。这不仅仅是物理支撑的问题，更深刻的理念是在一个事物与其目的之间建立思维桥梁。这就是为什么桥梁定义如此重要：它们帮助我们把结构性描述和心理目标联结在一起。但问题在于仅仅把不同领域中的描述（比如"由几条腿支撑的顶部"和"把东西放在上面的东西"）联结在一起是不够的。仅仅知道桌子把东西与地面隔开是不够的。要利用这个知识，我们还必须知道它是如何做到的：那个东西必须放在桌子上才行，而不是放在比如桌子腿之间的地方。

主体－支撑表述是这样帮助我们对知识进行分类的。“主体”代表的结构组件是达成目标的直接工具，“支撑”代表了所有其他特征，它们仅为前面所说的工具服务。一旦可以把桌面归类为桌子的“主体”，我们会倾向于认为桌面的作用只是把东西与地面隔开。当然，如果理解那些支撑物如何帮助主体实现目标，也就是桌子腿是如何帮助桌面本身离开地面的，我们会获得更多控制力。要理解这一点，有一个很好的方法就是能够表述如果桌子腿无法完成自己的工作，可能会发生什么。

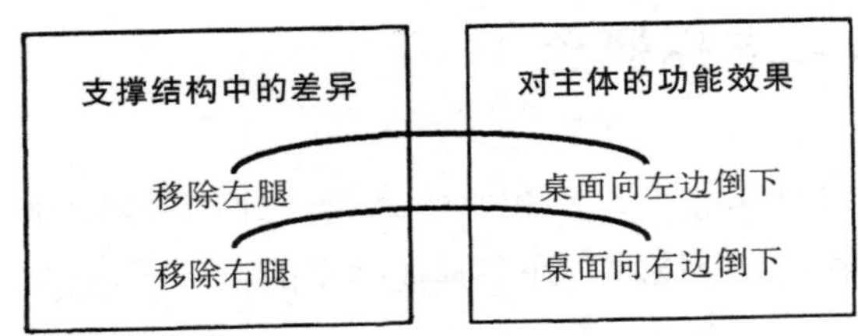


要理解某个事物如何工作，知道怎么能让它无法工作是有帮助的。

## 14.3 方法和目的

我们如何把所拥有的东西与想达成的目标联系在一起？答案就是：我们有很多方法！每种用途或目的都会提示一些相应的方法来把事物分割开，而每种分割方式中都会有一些看似“最关键”的组件。这些关键组件就是那些直接服务于目标的组件，剩下的那些看起来像次级组件的部分只是支持那些主要组件而已。我们不仅在物理领域这样做，在许多其他领域也是如此。

| 功能 | 目的 | 结论 | 效应 | 主体 |
|---|---|---|---|---|
| 结构 | 方法 | 前提 | 原因 | 支撑 |

上述这些哑铃形状的区分方式，在区分关键部分和支持性部分时，每种都有自己的风格。即使是在物质世界里，我们也能把这些不同的思维视角以不同的方式来运用。举例而言，有许多不同的方式可以描述为了够得

更高而站在桌上。

> **支撑**（support）：桌子支撑着东西离开地面。
>
> **功能**（function）：桌子是用来支撑东西的。
>
> **结论**（conclusion）：如果你把一个东西放在桌子上，它的高度会增加。
>
> **原因–效应**（cause-Effect）：我可以够得更高，因为我的起点更高。
>
> **方法–目的**（means-Ends）：如果想够得更高，我可以站在桌子上。

就算是简单地把某个东西放在桌子上，我们也很有可能同时采用若干种这类描述，这也许是在思维的不同部分进行的。我们的理解质量取决于我们在这些不同的领域之间移动有多自如。为了可以很容易地把其中一个领域中的内容翻译给另一个领域，我们必须找出系统性的跨领域通信方式，然而我们很少能找到。通常，就和我们在椅子和游戏的例子中发现的一样，一个世界中的元素描述与另一个世界中一组很难描述的结构积累相对应。主体–支撑概念的绝妙之处就在于它常常可以引发系统性的跨领域通讯。举例而言，我们可以利用它把建筑领域中的“由……支撑”翻译成几何领域中的“水平表面之下”。当然，这种对应无法表述在物体上方提供悬挂支撑的可能性。但例外总是不可避免的。

我们的系统性跨领域翻译是丰富比喻的来源，它们让我们可以理解以前从没有见过的事物。如果一个东西对我们的描述世界来说是全新的，那么在把它翻译到另一个世界时，它可能会和我们已经知道的某个事物很像。

现在，在你翻到下一页之前，试试解决下面这个谜题。

谜题：

不能抬起笔，画4条直线穿过所有9个点。

## 14.4 看见正方形

许多人觉得九点图问题很难解决，是因为他们认为这些点形成了一个正方形，限制了工作空间。实际上，除非把线条扩展到区域之外，否则这个问题是无法解决的。因此，如果不把那些点当作一个正方形，问题就会容易一些。我们经常强加给自己一些设定，这些设定让问题变得更困难，而我们只有重新构想这些问题，给自己腾出更大空间，才有可能逃离困境。

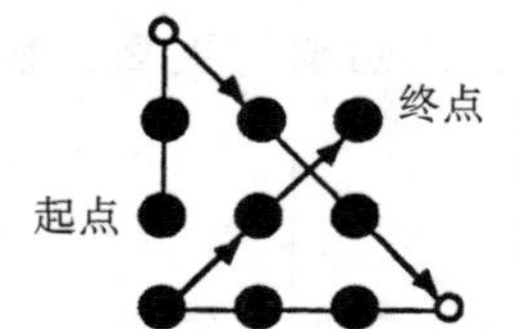

这个问题的难点似乎是伦理而不是概念。人们觉得超过了正方形的范围就像是“作弊”。

实际上，从来就没有什么正方形，也就是“四边都相等的四边形”。为什么我们会把这么多不同类型的事物都当作正方形呢？

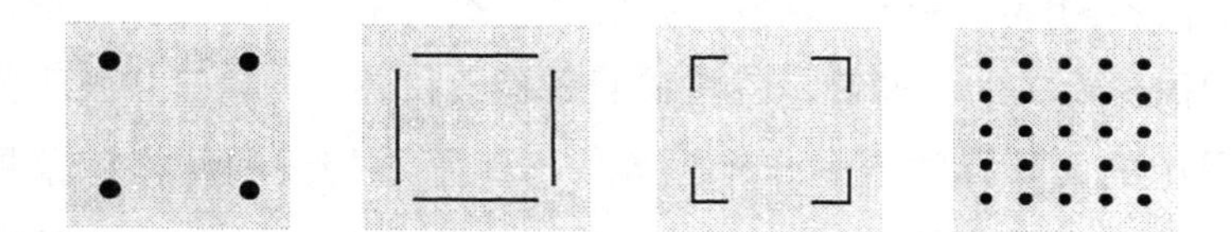

这些正方形中有的没有角，有的没有边，有些既没有角也没有边！是什么让我们把它们都看作正方形的呢？心理学家很久以前就在研究我们是如何识别这种相似性的，却常常忘记去问我们一开始是怎么识别最简单的正方形的。我们先识别的是什么，是具体的特征还是整体的形状？这必须取决于当时的思维状态。我们在不同时刻感知世界的方式只在一定程度上取决于我们的眼睛，剩余的部分来自我们的头脑内部。我们不仅对视觉特征做出反应，也对以前见过某个东西的记忆做出反应，还会对我们预期看到的事物做出反应。

我们的视觉程序是单向的，只把外界的信息传入思维内部，这种假设是很诱人的：

世界 ⟶ 感觉 ⟶ 知觉 ⟶ 识别 ⟶ 认知

但这不能解释我们预期看到的东西如何影响我们所看到的东西。人类视觉一定在某种程度上把来自外界的信息与记忆中的结构结合在了一起。整个情形一定是这个样子的：

感觉 ——→ 描述 ←—— 预期

## 14.5 头脑风暴

一旦你把那个九点问题放在更大的框架中，可以按照例行的方式，稍微思考一下就解决了。一旦你开始思考这个问题，什么能让你这么容易就重新构想这么复杂的场景呢？这一定是因为你的思维一直在通过联结不同的描述类型来为此做着准备。于是，当你最终改变视角，发现另一种看待事物的方式时，就可以像打开开关一样轻易地运用你一生的经验。

这让我们又回到了以前的一个问题，什么时候做简化者，什么时候做创新者。在你付出了大量的精力、按照某种方式做一件事之后，又是如何决定放弃的呢？在可能要找到答案之前丢弃以前所有的工作是很糟糕的，但我们也无法知道什么时候会找到答案。人们是否应该总是打破已经建立好的、自制的思维边界，试图用更没有限制的方式来思考？当然不是这样。这样做通常是弊大于利。

然而，当你真的被困住了，不妨试试用更狂野的方法来寻找新的理念。你甚至可以考虑用一用那些像治疗一样的系统方法，比如头脑风暴、横向思维、冥想，等等。当人们被困得无路可走时，这些方法可能有帮助，它们有助于人们寻找重新构想的方法。然而，如果转换到不熟悉的视角，你可能会获得新的理念，但也可能把自己置于新手的境地；你可能不太会判断哪些新理念和你的旧技能相匹配。

无论如何，你不能太草率地认为，怎么那么傻，没能立刻看出来呢！记住预期原则：只是为了同化单独一次的新经验就改变自己可能太仓促。严肃对待每次预期就会有可能丢掉那些一般的规则，而过去的经验常常证实这些规则是有效的。你也要特别谨慎地对待那些总是可用的方法：

退出你正在做的事。

找到一个更简单的问题。

休息一下。之后你会感觉更好。

只是等待。最后情形会发生变化。

重新开始。下次事情可能会进展得更好。

这些方法太一般，你随时可以做这些事，但它们对任何一个特别的问题都不会特别管用。有时，它们能帮助我们解除困境，但常用的思维一定会阻止它们，或者至少给它们的优先性比较低。那些我们“随时”可以做的事正是那些我们应该很少做的事，这并非巧合。

## 14.6 投资原则

凡有的，还要加给他叫他多余；没有的，连他所有的也要夺过来。

——马太

有些理念获得了过多的影响力。主体 - 支撑理念的卓越性是实至名归的，在帮助我们把事物联结成如因果关系一般的链条方面，没有其他方案能和它相比。但有些理念是通过不那么正当的方式获得影响力的。

**投资原则**（The Investment Principle）：我们的旧理念与新理念相比具有不公平的优势。我们越早学会一种技能，通过这种技能掌握的方法就越多，因此新理念就必须和旧理念所积累的大量技能相竞争。

这就是为什么用旧的方法做新的事情时要容易得多。每个新理念，尽管从原则上来说很不错，但在我们能熟练掌握之前都会觉得它很笨拙。于是旧理念就持续被加强，新理念却很少能赶得上。此外，我们最古老、发展得最好的技能也会最先被扩散到其他思维领域中，在那些领域中，它们又会提前出发，把新理念远远甩在后面。

短期而言，使用旧理念通常比刚开始用新理念表现更好。如果你的钢琴已经弹得非常好了，那么用同样的方式开始弹奏管风琴就很容易。许多表面的相似性让你很难分辨自己的旧技能在哪些方面不合适，最简单的过程就是继续使用旧技能，试着修复每一次瑕疵，直到不再出现瑕疵为止。长期来看，你最好还是完全重新开始学习一项新技能，然后从旧技能中借鉴一些可用的东西。麻烦在于我们几乎总是沉浸在"短期"的便利之中。所以投资原则和预期原则会让我们不情愿破坏那些我们已经建立好的技能和统一框架，以免危及我们在旧有基础上建立起来的一切。我并不是说使用你已经知道并且让你感到舒服的方式从原则上来说是错的，但是仅仅依靠积累那些回避缺陷的方法来支持旧理念是很危险的。那样只能增加旧理念战胜新理念的力量，而且随着时间的累积，还会导致你的思维风格所依赖的基础越来越少。

进化论展示了程序会如何受到投资原则的奴役。鱼类、两栖类、爬行动物、鸟类还有蝙蝠，为什么那么多动物的脑都包含在头颅之内呢？这种安排是从早在3亿年前我们还没有爬上陆地的水生祖先那里继承来的。对于其中的许多动物来说，另一种安排方式至少也会一样好，比如啄木鸟。但是一旦把多种功能集中于头部的模式建立好以后，它就附带着巨大的从属网络，这些网络涉及身体的许多方面。基于这一点，如果这种模式中的任何一个部分因为突变而产生变化，将会干扰许多其他的组件，并导致可怕的障碍，至少在短期进化过程中是这样。而且由于进化本质上就是这么短视，因此就算这种改变在很长时间以后会带来一些优势，也并没有什么意义。也许从这样一个事实中就能看出端倪：地球上的每种植物和动物，它们的每个细节都写在了基因密码里，这些密码在10亿年的时间里都不会发生一点儿改变。这些密码似乎并没有特别高效或可靠，但这么多的结构都是以此为基础建立的，所有生物都被困其中！改变密码中的单一细节可能会导致许多蛋白质缠结在一起，最后没有一个细胞可以存活。

## 14.7 组件与整体论

作为重新构想的一个例子，我们会用一种有目标的机器的形式来表述一个盒子的概念。我们可以用它来理解“换手”现象。是什么让“积木拱门”困住了人的手臂，只有收回手臂才能逃离？解释的方式之一就是想象拱门是由四个潜在的障碍组成，包括地面在内。

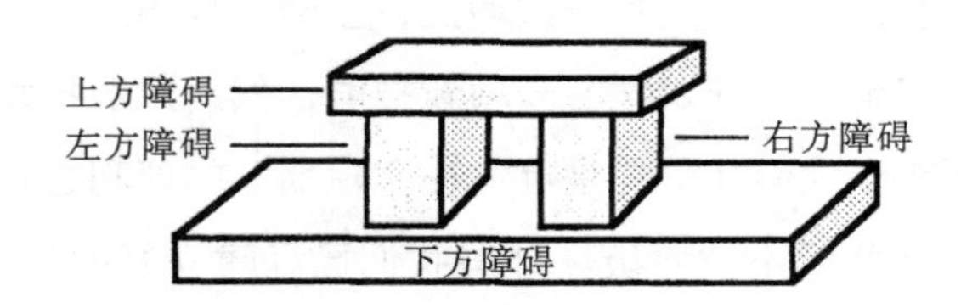


障碍就是一个物体，它会阻碍朝某个特定方向移动的目标。困住的意思就是在任何一个可接受的方向上都无法移动。为什么积木拱门会形成一个阻碍呢？最简单的一种解释就是它的四面都会阻止我们朝某个特定方向逃离。（对我们目前的目标来说，手向前或向后移动都是不可接受的。）因为只有四个可以接受的方向，也就是上、下、左、右，而每个方向都分别被堵住了，因此我们被困住了。然而从心理学的角度来说，这种解释中缺失了一些东西：它没太描述出我们被困的感觉。当你被困在一个盒子里时，你会感觉好像有什么东西把你留在那里。那个盒子似乎比分开的几面要多些什么，你并不觉得被特别的哪一面困住。这看上去像是一种共谋，每个障碍都因为其他所有障碍协同合作不让你四处活动而变得更有效。在下一部分中，我们将组装一个智能组，通过展示那些障碍物如何协同合作困住你，来表述这一活动的挫折场景。

为了表述困境或围栏的概念，我们首先需要表述容器的理念。为了简化，我们不去处理那种真实的、有六个面、像盒子一样的三维容器，我们只考虑二维、四面的四边形。这可以让我们继续使用“积木拱门”的统一框架，额外的那一面就是地面。

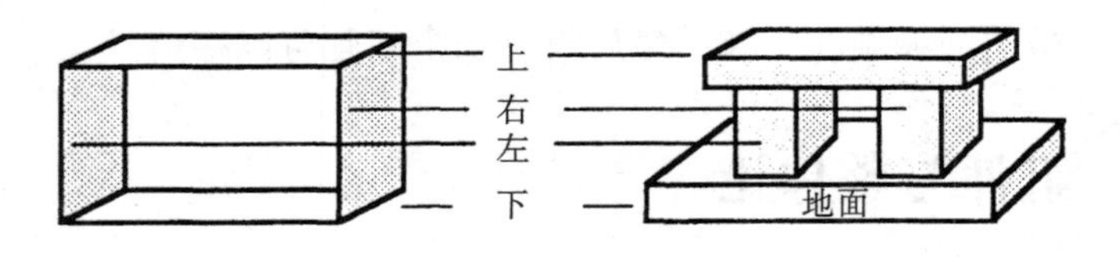


为什么要专注于容器的概念呢？因为如果没有这个概念，我们几乎无法

理解空间世界的结构。实际上，每个正常的孩子都会花很多时间来学习空间环绕的形状，把它当作用于包容、保护或囚禁事物的物理元素。但同样的理念可不仅仅在物理学中很重要，在心理上，它作为想象和理解其他事物的工具，是一种更为复杂的结构。这是因为一组“所有可能的方向”的理念具有庞大而连贯的跨领域一致性，可以运用于许多不同的思维领域。

## 14.8 消极思维的力量

生活在什么地方筑起围墙，智慧便在那里凿开一个出口。虽然不存在医治单相思的药物，人们却能从痛苦中逸出，哪怕是从中上了一课才出来。智慧并不认为生活中存在完全没有出路的局面。

——马塞尔·普鲁斯特

盒子是怎么把东西装在里面的？几何学是理解形状的优良工具，但只有几何学也无法解释“换手”之谜。因此，你还必须知道移动的原理。假设你推一辆汽车通过“积木拱门”，如果不把手臂收回来，手臂就会被困住。你会怎么理解这件事的原因呢？下方的图描绘了一个智能组，这个智能组表述了手臂可以在四边形内移动的几种方式。高水平智能体“移动”有四个次级智能体：“向左移动”“向右移动”“向上移动”和“向下移动”。（和以前一样，我们不考虑在三维空间里向里和向外移动的可能性。）如果我们把这些次级智能体与四面盒子框架的各个面一一对应连在一起，每个智能体都可以（通过看见是否有障碍物）检测手臂是否能朝相应的方向移动。那么，如果每个方向都被封锁，手臂根本不能移动，这就是我们所说的被“困住”。

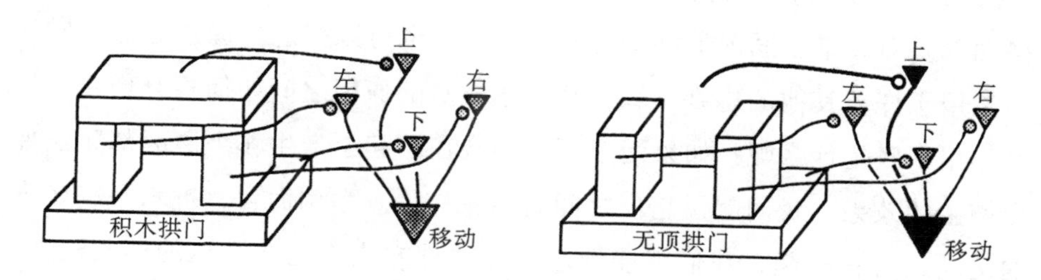


图中的“---o”符号表示每个盒子框架的智能体被联结后用来抑制相应

的“移动”次级智能体。左侧的障碍让“向左移动”进入了无法移动的状态。如果四个障碍都出现，那么盒子框架的四个智能体都会被激活，这会抑制所有“移动”的智能体，让“移动”本身陷入无法移动的状态，这样我们就知道困境已经形成。然而，如果我们看见一个“无顶拱门”，那么“向上移动”智能体就不会被抑制，“移动”也不会瘫痪！这提示了一种有意思的方式来发现“无顶拱门”的出口。首先，想象你被困在一个盒子框架里，你知道这里面没有出口。然后，由于顶端的积木实际上不见了，当你的视觉系统寻找真正的障碍时，不会出现抑制“向上移动”智能体的信号。与此相应，“移动”就可以激活这个智能体，然后你的手臂就会自动向上移动并逃离出来！

这个方法有一些矛盾的性质。它开始时假定不可能逃离，然后这种悲观的思维行为，也就是想象手臂被困住了，直接引领人们找到出路。我们常常期望能通过把自己所拥有的与想要的进行对比，然后消除差异，以更积极、更直接针对目标的方式来解决问题。但我们所做的却与此相反。我们拿来和所处的窘境相对比的不是我们想要的情形，而是更糟糕的情况，也就是最不想要的、与目标正相反的情形。但即使这样实际上也有帮助，它会展示当前的情形和毫无希望的状态并不匹配。用哪种策略最好呢？这取决于对差异的识别以及了解哪些行动会影响这些差异。当人们看到有好几种方法可用时，乐观的策略比较有意义，只要选出最好的就行。悲观的策略应该保留到人们根本看不到出路，情况真的很绝望时使用。

## 14.9 相互作用 - 正方形

向左向右或者向上向下的移动有什么特殊之处呢？人们可能会认为这些理念只对二维空间内的移动有效，但我们也可以把这种像正方形一样的框架用于许多其他的思维领域，来表述成对的原因之间如何相互作用。相互作用到底是什么呢？如果两个原因混合在一起会产生哪个原因都无法独自产生的效果，我们就说它们之间有相互作用。举例而言，把水平和竖直的运动结合在一起，我们就能到达单独哪种方式都无法到达的那些地方。我们可以通过使用像指南针标签一样的图画，表述这种结合所产生的效果。

我们的许多身体关节可以同时朝两个独立的方向移动，膝盖不行，但手腕、肩膀、髋部、脚踝和眼睛都可以。我们是怎么学会控制这么复杂的关节的呢？我的理论假设是通过训练微小的相互作用－正方形智能组来完成，这些智能组开始时会挨个学习那九个移动方向。我怀疑我们的许多非物理技能也都是以相互作用－正方形的编队为基础，因为这是表述当两个原因相互作用时发生了什么的最简单方式。（甚至有证据表明，脑的许多部分都是由按正方形编队的小智能组组成。）

想一想在我们的“更社会”中，空间智能组并不是真的与空间有关，而是与像“高”和“细”这样的智能体相互作用。如果说物体 A 比物体 B 更高、更宽，那你可以确定 A“更大”。但如果说 A 比 B 更高、更细，那你就无法确定哪个“更大”。相互作用－正方形的编队提供了一种便利的方式来表述所有可能的组合：

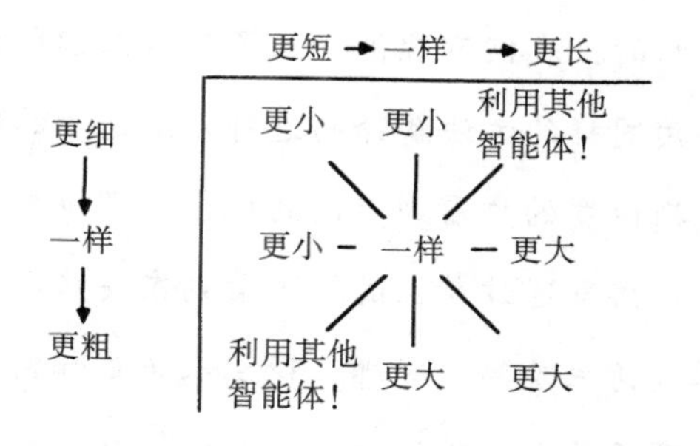


如果正方形－编队可以表述成对的原因如何相互作用，那么类似的方案可以用于三个或更多的原因吗？那可能需要太多的“方向”，无法实际操作。用这种方式，我们将会需要 27 个方向来表述三种相互作用的原因，四个原因则需要 81 个方向。看起来，人们只有在很少的情况下会同时处理两个以上的原因。与此相反，我们要么会想办法重新构想当时的情境，要么会胡乱积累一些在一定程度上由相互作用的正方形填充的社会，只覆盖最常见的一些组合。

# 第15章 意识与记忆

The Society of Mind

但是如果这是真的，我们不就被带入了哲学家们所说的用前事解释后事，而前事也需要用同样的方法解释的这种无限退步的境地了吗？如果康斯太勃尔是通过庚斯博罗的画看到英国的风景，那庚斯博罗呢？这个问题我们可以回答。庚斯博罗通过荷兰的绘画看到东安格利亚的低地风景，他勤奋地研究并临摹过荷兰绘画……那么荷兰人又是如何获得他们的词汇的呢？这类问题的答案正是人们所知的“艺术史”。

——E.H. 贡布里希

## 15.1 记忆思维状态

我们通常假定意识就是知道我们的思维当下正在发生什么。在接下来的几部分中，我会证明意识关注的并不是现在，而是过去：它与我们如何思考最近的思维记录有关。但我们怎么会思考思维呢？

> 描述意识的时候有一些奇怪的地方：无论人们想说什么，他们似乎就是无法说清楚。这不像是感到困惑或无知，相反，我们觉得自己知道正在发生什么，但就是无法恰当描述。事物怎么会近在咫尺，却总也够不到呢？

有一个简单的道理可以说明思考思维与思考其他普通的事物没有太大区别。我们知道特定的智能组必须学会识别触摸手或耳朵的感觉，甚至要给这些感觉命名。与此类似，一定还有其他智能组会学习识别头脑内部所发生的事，比如管理记忆的智能组所产生的活动。我认为这些是意识的基础。

感知头脑内部的事件并不是什么奇特的理念。智能体还是智能体，而且探测由脑内原因引起的脑内事件与探测外部世界引起的脑内事件一样容易。实际上，我们的智能体中只有很少一部分直接与外部世界的传感器相连，比如那些从眼睛和皮肤发送信号的传感器，脑中的大部分智能体探测的都是脑内的事件。但是这里我们特别关注的是那些利用和改变我们最近期记忆的那些智能体。这些是意识的基础。

举例而言，为什么我们对某个事物的意识会随着对其他事物意识的加强而减弱呢？当然，确实是因为我们的某些资源接近了极限，而且我认为我们对近期的思维保持良好记录的能力有限。比如，为什么思维常常看上去像连续流淌的水流一样？那是因为一旦空间不足，我们对新思维的记录就会替换掉对旧思维的记录。而为什么我们几乎不太知道自己是如何获得新理念的呢？因为在解决困难的问题时，我们的短时记忆太过投入这件事，因此没有时间和空间来对最近所做的事进行详细的记录。

当我们试图思索最近的思维时会发生什么呢？我们会检查最近的记忆。但这些记忆过去正忙于我们的“思考”过程，而且任何自查系统都倾向于改变它正在检查的东西，于是系统很有可能崩溃。描述一个形状稳定的东西已经很困难了，要描述那些在我们眼前发生变化的东西更困难，对于那些我们每次思考它时都会改变形状的东西根本就无法描述。这就是我们试图思考当下的思维时所发生的事，因为每个这种思维都一定会改变我们的思维状态！如果改变任何一个程序所看到的内容，它不会感到困惑吗？在这种困境中，人们怎么能表达清楚呢？

## 15.2 自我检查

在说到“感觉”“意识”或者“自我意识”这样的词语时，我们想表达什么意思呢？它们似乎都指的是感觉到自己的思维在工作，但除此之外，很难说清这些词的意义之间有什么不同。举例而言，假设你刚刚笑了一下，然后有人问你刚才是否意识到这件事。这个问题怎么问几乎没有什么影响：

> “你刚才笑了吗？
> “你意识到你刚才笑了吗？”
> “你记得刚才笑了吗？”
> “你对刚才所做的事有意识吗？”
> “你知道这件事吗？”

这些问题真正问的是你对于自己刚刚过去的思维可以说些什么。为了让你诚实回答“是的，我知道我刚才笑了”，你的说话智能体必须利用最近的特定智能体的活动记录。但是参与到你所说和所做的每件事中的其他智能体呢？如果你真的有自我意识，难道不应该也知道所有这些事吗？人们心中有一个常见的谬误，认为我们的意识强大而深不可测，但实际上，对于脑中庞大的计算机到底发生了什么，我们其实几乎什么都不知道。我们怎么会在不知道什么是思考的情况下思考呢？我们怎么会有了好主意，却不知道主意是什么，又或是怎么产生的呢？

为什么要谈论我们当下的思维状态那么困难呢？我们已经知道了一些原因。其中之一就是思维不同组件之间的时间延迟表明，“当下的状态”这个概念在心理学上并不合理。另一个原因是每次我们试图反思自己的思维状态时就会改变那种状态，这就好像给快速移动的物体拍照一样：照片总是虚的。无论如何，我们最关心的并不是要学会描述自己的思维状态，相反，我们更关注实际的事物，比如制订和执行计划。

我们到底能有多少真实的自我洞察呢？我确信我们的记忆机器提供了一些有用的线索，只要我们能学会解释就行。但每个部分都不太可能完全知道其他部分所发生的事，因为看起来，我们的记忆控制系统只有很少的临时内存，就连表述自己的活动都不能太详细。

## 15.3 记忆

思维要想思考，必须歪曲思维状态的碎片。假设你想要重新布置一个房间的家具。你的注意力不停地转换，从一个角落转移到另一个角落，又转到房间的中央，然后也许会转到光线如何打到架子上的一个物品上。不同的理念和映像互相干扰着。此刻你的整个思维好像都聚焦于某个小细节上，下一刻又在仔细思考起初为什么会考虑这个房间，然后你可能会发现自己正在比较两种不同的布置效果：“如果沙发放在那里，客人就有地方聊天了。但还是不要了，那样会挡路，客人们都进不来了。”

我们的各种智能组是如何记录想象中的场景变化的呢？那些不同的版本在离开思维之后又去了哪里呢？我们又要怎么把它们弄回来呢？它们一定是作为记忆被储存了起来，但这是什么意思呢？可能会让有些读者感到惊讶的是，记忆生成时头脑中到底发生了什么，生物学家们仍然没有建立起很好的理论。不过心理学家一致认为至少存在两种机制。我们似乎有可以持续几天、几年甚至终生的“长时记忆”，也有只持续几秒或几分钟的“短时记忆”。在接下来的几部分中，我们会主要谈论如何使用这些关于最近思维的瞬间痕迹。举例而言，每当解决问题遇到困境时，我们需要能够回溯、调整自己的策略，然后重新尝试。要做到这一点，我们需要有那些短时记忆，这样才不会重复同样的错误。

我们记得多少呢？有时我们让自己都感到惊讶，因为会记得一些我们都不知道自己知道的事。这能说明我们记得所有事吗？有些古老的心理学认为是这样的，而且关于有些人有令人难以置信的能力也有很多传说。举例而言，我们常常听说有的人有“照相机记忆能力”，让他们可以很快记住一张复杂图片中的微小细节，或是在几秒钟内记住一页文本。到目前为止我可以说，所有这些故事都是未经证实的神话，只有专业的魔术师或是江湖骗子才会进行这种表演。

无论如何，我怀疑对于某个特定的经历，我们从来没有真的记住很多东西。相反，我们的各种智能组会在无意识中有选择地决定，只把特定的状态转化为长时记忆，可能是因为它们被归类为在其他方面有用、危险、不常见或很重要。如果只是简单地储存着大量没有分类的记忆，对我们来说是没什么用的，因为每次需要这些记忆时，我们得在所有内容中搜索。它们如果同时涌向我们的智能组也不会有什么用。相反，我们每个人必须发展出高产而有效的方式来组织自己的记忆，但我们无法意识到这是怎么做到的。是什么阻碍了我们了解这些事呢？在接下来的几部分中，我们会勾勒出一些理论来解释记忆系统是如何运作的，以及为什么我们不能通过直接检查自己的思维来了解这一点。

## 15.4 关于记忆的记忆

随便找个人问他童年的记忆，每个人都能说出一堆这样的故事：

> 我邻居的爸爸在我四岁的时候死了。我记得我和我朋友坐在他家门前，看着人们走来走去。很奇怪，谁都没有说话。

记忆与关于记忆的记忆很难区分。实际上，没什么证据表明我们的任何成年记忆可以真的追溯到婴儿时期，那些看起来像早期记忆的内容有可能只是我们对旧思维的重构而已。因为一方面，我们最初五年的记忆似乎以一种奇怪的方式完全孤立；如果我们问前些天发生了什么，得到的答案几乎总是“我不记得了”。另一方面，那些早期记忆所涉及的事件意义非常重大，因此很可能在几年之内不断重复地占据孩子的思维。最值得怀疑的是，这种记忆常常被描述得好像是从其他年长的人眼中看到的一样，描述者被刻画在场景之中，就在舞台中央附近。因为我们从来不会真的看到自己，这些记忆一定是重构出来的，从婴儿时期就在排练和重新构想。

我怀疑这种“婴儿健忘症”不仅仅是随着时间的流逝而消退，而且是婴儿期结束时不可避免的结果。记忆不是孤立的事物，和它在思维中的运作方式脱不了关系。要记住早期的经验，你必须不仅能“提取”一些旧的记录，而且要重构早期思维如何对其做出反应。要做到这一点，你必须重新回到婴儿的状态。要想长大结束婴儿期，你只能牺牲记忆，因为它们是用古老的文字写就，你之后的自我已经无法再看懂了。

我们也会重构最近的记忆，因为它们描述我们看到的东西没有我们再认的东西多。从一刻到下一刻，你的思维状态不仅是由外部世界的信号塑造的，对其产生影响的还有受到这些信号唤起的记忆所激活的智能体。举例而言，当你看到一把椅子的时候，是什么让它看起来是一把椅子，而不是混合在一起的一堆木棍和木板呢？它一定唤起了一些记忆。你只有一部分记忆来自你所看到的东西激活的智能体，大部分高水平智能组的体验来自那些视觉智能体所激活的记忆。通常，我们对发生的这些事没有意识，而且当我们迅速、安静地加工信息时不会使用像“记忆”或“记得”这种词，而是会使用“看见”“认出”或“知道”这种词。这是因为这些程序没有给思维的其余部分留下很多线索可以凝思。相应地，这些程序是无意识的，因为意识需要有短时记忆。只有在再认时，有大量的时间和精力，我们才会说“记得”。

那么我们所说的“记忆”又是什么意思呢？我们的大脑会使用很多不同的方式来储存过去的印记。没有一个单独的词汇可以描述这么多内容，除非它只是用来描述一般的信息。

> 记忆是一种程序，它让我们的一些智能体按照以前在不同的时间行动的方式再次行动。

## 15.5 固有幻觉

每个人都很乐意承认，一个人感觉到过热而产生的疼痛或者温暖带来的愉悦与他事后回忆这种感觉或者通过想象预期这种感觉相比，思维所产生的知觉是非常不同的。这些感官可能会模仿或复制对那些感觉的知觉，但永远也无法完全达到原始感觉的强度和生动性……最生动的思维也比不上最迟钝的感觉。

——**大卫·休谟**

我们倾向于认为记忆可以恢复我们以前所知道的事。但记忆并不是真的能把事物带回来，它们只是复制以前思维状态的一些碎片，是那时影响了我们的景象、声音、触觉、气味和味道。那么是什么让有些记忆显得特别真实呢？秘密就是，实时的体验也一样是间接的体验！我们理解世界最近的途径就是通过智能体的描述。事实上，如果换一个问题，问一问为什么真实的事物看起来那么真实，我们会看到，这同样取决于我们对已知事物的记忆。

举例而言，当你看到一部电话，你所产生的感觉不仅仅是你看到的内容，比如它的颜色、质地和形状，而且还包括你拿着这个设备在耳边的感觉。你也似乎立刻会知道电话是干什么用的：你朝这里说话，在那里听；如果它响了，你就去接；当你想打电话的时候，就用它拨号。就算你还没碰它，就已经能感觉到它的重量，它是硬的还是软的，它的另一面是什么样子。这些理解都来自记忆。

> **固有幻觉**（immanence illusion）：当你能在感觉不到延迟的情况下就回答出一个问题，那么这个答案似乎已经在你的

思维中处于活动状态了。

我们觉得看到的东西“呈现”在当下，这就是一部分原因。但也不是每次我们看到一个事物出现在眼前时，关于它的描述都会立即出现。我们对瞬间思维的感觉是有缺陷的，我们的视觉智能组会在它们的任务完成之前就开始唤醒记忆。举例而言，当你看见一匹马，对其一般形状的初步识别可能使一些视觉智能体在其他视觉智能体辨认出它的头和尾巴之前开始唤起以前关于马的记忆。知觉能够非常迅速地唤起我们的记忆，快到我们无法分辨所看到的内容和回忆起来的内容。

这揭示了视觉和回忆之间的一些主观差异。如果你想象一部黑色的电话，很有可能觉得重新把它想象成红色也不难。但如果你看见一部黑色的电话，然后再试图把它想成红色的，你的视觉系统会很快把它转变回来！所以，看见东西的体验与想象事物时产生的体验相比具有相对稳固的特征。你思维的其余部分想要强加给视觉智能组的每个改变都受到抵制，而且通常会被扭转。也许我们所定义的“生动”和“客观”正是源于这种描述的稳固性。我并不是想说这通常是幻觉，因为它常常真的反映出真实事物的持久性。有时，当一种态度或记忆变得比它表述的东西更稳定、更持久时，我们的客观感会被扭转。举例而言，我们对喜欢或厌恶的事物的态度比这些事物本身更加不容易改变，尤其是对其他人的个性特征。在这样的例子中，我们的私人记忆可能比现实更加稳固。

## 15.6 多种记忆

通常我们谈论“记忆”的方式都好像它是一种单一、确定的事物，但每个人都有多种记忆。一些我们所知道的事似乎完全和时间分离，比如 1 英尺[㊀]等于 12 英寸[㊁]，或者公牛有危险的犄角这种事实。另一些我们知道的事与特定的时间和空间范围有关，比如关于我们住在哪里的记忆。还有一些记忆就像某些片段的纪念品一样让我们可以重新体验：“有一次去看我爷爷

㊀ 1 英尺 = 0.3048 米。——译者注
㊁ 1 英寸 = 0.0254 米。——译者注

奶奶的时候，我爬上了一棵大苹果树。”

**脑没有单一、通用的记忆系统。脑的每一部分都有若干类型的记忆智能组，它们为了实现特定的目的以不同的方式工作。**

我们为什么有这么多种记忆呢？如果记忆是对我们以前思维状态的记录，那么这些记录是如何存储和保留下来的呢？关于记忆的样式有一个流行的看法，就是认为记忆就像我们储存在头脑中各种“地方”的物品一样。但那些地方是什么样子的呢？记忆如何到达这些地方，又怎么出来呢？在这些储存记忆的密室中又会发生什么呢？记忆库是像冷冻集装箱一样吗？其中的时间保持静止还是里面的内容会互相影响呢？我们陈旧的记忆可以保持多久？其中的一些记忆会随着时间而老化死亡吗？它们是会变弱和褪色，还是会丢了再也找不到了？

我们有一种印象，随着时间的流逝，就连长时记忆也变得很难回想起来，而这会让我们认为逐渐消失是它们的固有属性。很有可能，一些记忆机制只会把感觉记录保留几秒钟，还有一些机制我们只会保留几天或几周用来接受习惯、目标和风格，而我们用来建立个人情感关系的机制会持续很多个月或很多年。但是突然，我们有时会调整一些在那时看来是永久性的记忆。

有更多的证据表明，许多类型的记忆来自偶然的头脑损伤。有的损伤可能会导致处理姓名的能力丧失，有的损伤会让你无法识别面孔或者记住乐曲旋律，还有一些损伤不会改变你在以前已经学会的事，却让你不能再学会某个特定领域中的新内容。有证据表明，如果长时记忆的先行者短时记忆不能持续一段时间，那么就无法形成长时记忆。这一过程可能会受到各种各样的药物和损伤的影响，这就是为什么有些人永远也无法回忆起脑震荡前几分钟内发生的事。

最后，我们建构长时记忆的速度似乎受到很强的限制。尽管有很多关于奇迹的传说，但似乎没有设计精良的实验证据表明有人类可以用比平常人快两三倍的速度建构长时记忆。

## 15.7 记忆重新排列

让我们回到移动思维家具的例子中。要想象移动一间屋子里的物品，我们需要怎么做？我们首先需要某种方式来表述物品在那个空间中是如何排列的。在“积木拱桥”的场景中，我们用的是物体的形状以及它们之间的关系来表述场景。在房间场景中，你可能会把每个物品与墙和角落联系起来，你可能会注意到沙发大约在桌子和椅子的中间，而这三个物品在某堵墙附近排成了一条直线。

一旦有办法表述房间，我们还需要一些技术来操控这些表象。我们如何能把改变沙发和椅子位置的结果视觉化呢？让我们过度简化一下，假设只要交换两种智能体的状态就可以做到：智能体 A 表述沙发，智能体 B 表述椅子。要交换它们的状态，我们假定两种智能组都可以获得“短时记忆单元”，我们称之为 M–1 和 M–2，它们可以记录智能组的状态。然后，我们就可以通过先储存 A 和 B 的状态，再用相反的顺序恢复它们来交换 A 和 B 的状态。换句话说，我们可以用以下这种简单的四步“脚本”：

1. 在 M–1 中储存 A 的状态。
2. 在 M–2 中储存 B 的状态。
3. 用 M–2 决定 A 的状态。
4. 用 M–1 决定 B 的状态。

这样的“记忆控制脚本”只有在我们有足够小的记忆单元时才能生效，这种记忆单元可以把较大场景中沙发尺寸的部分挑选出来。M–1 和 M–2 如果只能储存整个房间的描述，就无法完成这项工作。换句话说，我们必须能够把短时记忆与当前问题的适当方面联系在一起才行。要学会这种能力并不简单，而且有的人恐怕永远也无法掌握这种能力。如果我们想重新安排三种或更多物品时怎么办？事实上，我们只要利用同时交换两个物品的操作方法，是有可能任意重新安排的！当你处理一种不熟悉的问题时，最好还是先从改变一到两处开始。然后，在成为专家的过程中，你会发现一些方法可以同时在记忆中进行多处改变。

我们的成对交换脚本需要更多的机器，因为每个记忆单元都必须等到之前那一步完成才行，而脚本中的每一步所需的时间取决于各种各样的“条件传感器”。简而言之，我们将会看到，就算这样也不足以解决困难的问题：我们的记忆控制程序在向其他智能组或记忆寻求帮助时同样也需要一些方式来干扰它们自己。实际上，我们在管理记忆时需要解决的问题，与我们在处理外部世界的事物时所面对的问题惊人地相似。

## 15.8 记忆的解剖结构

从这一刻到下一刻，是什么控制着思维的工作呢？做一项复杂的工作时，我们怎么能给原来的地方做好标记，这样如果外界或者思维内部出现什么干扰，我们还可以“回到”原来的地方，而不必从头再来？我们怎么记住自己试过了什么，学会了什么，而不会一次又一次反复循环呢？

目前还没有人知道记忆是如何在我们头脑内部控制自己的，也许每个主要的智能组都有某种不同的程序，每种程序都适用于一些特定类型的工作。下面的图画提出了一些记忆的机器，我们认为它们会出现在典型的大型智能组中。

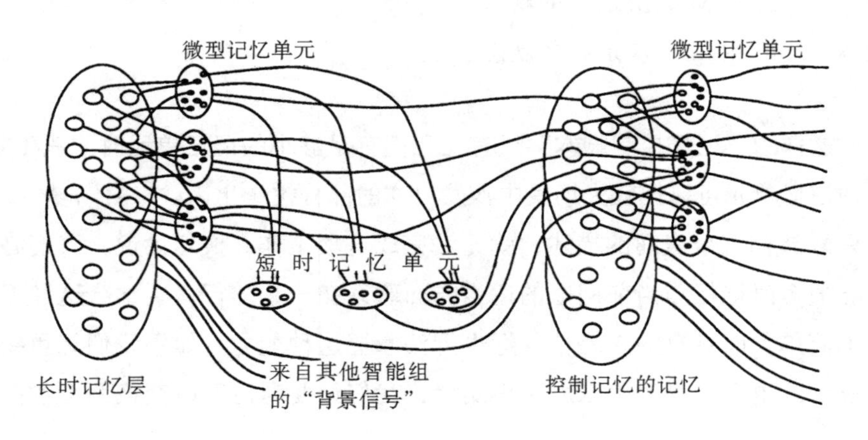

我们会假定每个实质性的智能组都有若干个“微型记忆单元”，每个单元都是一种临时的 K 线，它可以迅速储存和恢复这个智能组中许多智能体的状态。每个智能组同样还有一些“短时记忆单元”，它们能反过来储存或恢复微型记忆本身的状态。如果这些临时的记忆单元被重新使用，储存在它们之中的信息就会被消除，除非能通过某种方式“转移”到更“永久”或更“长时”的记忆系统中。有良好的证据表明，在人脑中，把信息转移到长时记忆的过程非常慢，需要的时间从几分钟到几小时不等。因此，许多临时记忆都会永久丧失。

一个成长中的儿童需要许多方法来控制所有这些机制。与此相应，我们的图画中也包含了其他智能组中的信息流。因为这种记忆控制智能组同样也需要学习和记忆，我们的图画中也包含了为它提供的记忆系统。

## 15.9 干扰与恢复

想象一下你计划去旅行。你开始思考要怎么打包行李箱并启动一些解决空间问题的智能组，我们把它叫作“打包者”，它会去看怎么把较大的东西放进去。然后你打断自己去思考怎么把小一些的东西放进去，比如怎么把你的首饰装在小盒子里。现在“打包者”不得不重新投入一个新的、不同的盒子打包的问题。当一个智能组向另一个智能组求助时，想对正在发生的事保持记录已经很困难了。在另一项工作完成前，第一个智能组必须对之前正在做的事有一些临时的记录。在“打包者”的例子中问题更糟糕，因为在打包小盒子的时候它干扰的是自己。还有最重要的一点：当第二项打包工作完成，我们要回到第一项工作时，不能回到最开始的位置，否则就陷入了无限的循环。相反，我们必须回到受到干扰时所离开的位置，这意味着系统需要对之前在做什么有一些记录。这和我们在很久以前提到的“寻找”和“看见”需要在同时做一些不同的工作所面临的问题完全一样。

为什么我们受到干扰时常常感到混乱？因为那种时刻我们必须同时给几个程序占位。为了保持事情的条理，我们的记忆控制机需要一些复杂的技能。但从心理学的角度来说，我们并不知道普通的思维是这样复杂。如果有人问："你的思维刚才在做什么？"你可能会这样说：

"我在想打包行李箱的事，而且我正在想雨伞是不是放得下。我记得之前旅行的时候，也是这个箱子，我把相机都放进去了。我正在脑子里比较雨伞和三脚架哪个更长。"

这可能是对刚才我们正在思考的事的正确描述，但它几乎没有说出我们的思维到底是怎么运作的。要理解思维的运作方式，我们真的需要关于这些程序本身的描述：

"'打包者'是我的一个空间排列智能组。一小段时间之前，我激活了'打包者'内部的两个微型记忆单元，同时也激活了'打包者'的记忆控制脚本。这个脚本程序把那两个微型记忆单元中的信息作为线索，用来从与'打包者'有情感联结的长时记忆系统中取回特定的状态。接下来，控制'打包者'记忆系统的脚本请求特定的高水平计划智能组记录'打包者'当下的大部分状态。然后它会交换两个活动着的微型记忆单元的内容，再利用其他线索从长时记忆中取回第二个脚本，这样就消除了当前的这个副本。第二个脚本的最后一步使得另一个微型记忆系统恢复了'打包者'之前的状态，这样最初的那个脚本又可以继续完成它被打断了的工作。然后……"

但从来没有人会这么说。这些程序与那些我们用来操控涉及语言和意识的短时记忆的程序相差的水平太远。如果不能进一步了解记忆机器的解剖结构，我们想用这种方式思考也不行。就算我们可以表述那些高水平的程序，我们的记忆控制系统也很有可能在尝试同时解决难题并记录全过程的时候发生过载。

## 15.10 失去条理

每当我们解决复杂问题的时候，我们的智能组必须同时记录许多程序。在计算机程序中，许多"子工作"常常像积木塔一样堆积起来。实际上，计算机程序员常常使用“堆叠”这个词来描述这种情形。但我怀疑没有受过训练的人类思维是否会使用这么有条理的方法，事实上，在遇到需要这种记忆堆叠的情况时，我们真的不太擅长处理。这可能就是为什么我们在听到下面这种句子时会感到混乱：

> 这是那只狗咬过的那只猫杀了的那只老鼠喝了的麦芽酒。
>
> This is the malt that the rat that the cat that the dog worried killed ate.

同样的词可以重新安排成意思一样的句子，而且每个人都看得懂：

> 这只狗咬过这只猫，这只猫杀了那只喝了麦芽酒的老鼠。
>
> This is the dog that worried the cat that killed the rat that ate the malt.

第一句话很难理解，是因为在结尾的时候有这么多动词程序互相干扰，有三个相似的程序仍然处于活动状态，但它们已经搞不清楚哪个动词应该分配给剩下的哪个名词了，也就是老鼠、猫和麦芽酒。[⊖]为什么视觉程序很少遇到类似的困难呢？第一个原因是我们的视觉系统与语言系统相比，可以同时支持更多的操作程序，这会减少程序之间的互相干扰。第二个原因是视觉智能组可以为自己选择落实细节的顺序，而语言智能组受到说话者的控制。

每个人都要花很多年的时间才能学会掌控记忆系统，年幼的儿童当然不能像成人一样保持条理。我们不太可能要求一对两岁的小孩一起或者轮流玩一个玩具，因为我们认为他们太自我中心，太没耐心，做不到这一点。他们对欲望的控制确实不如我们，但这种没有耐心可能源于对记忆没有安全感：儿童可能会害怕他们想要的东西会在他们玩其他东西的时候从思维中溜走。换句话说，被要求“轮流玩”的孩子可能会害怕轮到他们的时候，他们已经不再想玩这个东西了。

---

⊖ 英文语法与中文语法不同。——译者注

当人们问我："机器会有意识吗？"我常常想反问："人会有意识吗？"我把这当作一种严肃的回答，因为我们对自我的理解太不足了。在我们开始尝试理解自己的运作机制之前，进化过程早已限制了脑的结构。然而，我们可以按照意愿设计新的机器，并为它们提供更好的方式来记录和检查自己的活动，这意味着机器有可能比我们具有更多的意识。诚然，只给机器提供这种信息并不能让它们自动就可以利用这些信息来促进自身的发展，而且在我们能设计出更具感知力的机器之前，这种知识可能只会帮它们找到更多失败的方式：在学会控制自己之前，它们越容易被自己改变，也就越容易被自己毁灭。幸运的是，我们可以把这个问题留给未来的设计师，除非有好的理由，否则他们肯定不会制作这种东西。

## 15.11 递归原则

让我们最后考虑一次思维是如何在想象的房间中鼓捣不存在的家具的。为了比较不同的布置方式，我们必须同时在思维中维持至少两种不同的描述。我们可以把它们储存在不同的智能组中，而且同时保持活动状态吗？这意味着要把我们的空间排列智能组分割为两个较小的部分，每个部分负责一种描述。表面上看，这好像没什么明显的错误。然而，如果这些较小的智能组开始从事一些相似的工作，那它们也需要分裂成两部分。然后我们只能用 1/4 的思维来做每项工作。如果我们还必须继续把智能组分成更小的碎片，最后每项工作就没有思维可以去完成！

这种情形可能看上去不太常见，但它其实很稀松平常。解决一个难题最好的办法就是把它分割为若干个简单一些的问题，然后把这些子问题进一步分割成更简单的问题。那时，我们就会面临和思维碎片一样的问题。还好，我们还有另一种方式。我们可以一遍又一遍地利用同一个智能组，按照一定的顺序，一个接一个地解决一个问题的不同组成部分。当然，这会花费更多时间，但它有一个根本的优点：每个智能组都可以全力去解决每个子问题！

> **递归原则**（The Recursion Principle）：当一个问题分为较小的组成部分时，除非可以把思维的全部精力都用于解决每个子问题，否则人的智力会被打散，留给每项新任务的聪明才智就变少了。

实际上，当问题分为不同部分时，我们的思维通常不会被打散成无用的碎片。我们可以在想象如何打包首饰盒的同时，又不忘记怎么把它放进行李箱里。这表明我们可以把全部的空间排列资源轮流应用于每个问题之中。但在思考了其他问题之后，如果不重新开始，我们又如何返回第一个问题呢？从常识来看，答案似乎很清楚：我们只要“记得我们当时的位置”即可。但这意味着我们必须有某种方法可以储存被打断时智能组的状态，而且之后能重建这个状态。在幕后，我们需要有机器可以记录所有未完成的任务，这样就可以记住一路上我们学会了什么，可以比较不同的结果，还可以衡量进展以便决定下一步做什么。所有这些都要与更全盘、有时还不断变化的计划相一致。

正是因为我们有记录最近状态的需求，“短时记忆”才成为短时记忆！为了迅速有效地完成它们的复杂工作，每个微型记忆设备都必须是一个实质性的机械系统，带有许多复杂的专用联结。如果是这样，我们的脑无法负担制作这么多这种机器的副本，所以对于不同的工作，我们必须重复使用已有的资源。每次我们重新使用一个微型记忆设备时，储存在其内部的信息都必须被擦除，或者移到其他成本更低的地方。但这同样也需要花费一些时间，并且会打断思维的流动。我们的短时记忆必须非常迅速地工作，没有时间可以留给意识。

# 第16章 情感

每种情感都有自己的世界观。

爱包容、融合和滋养

欢乐体态轻盈，与目光起舞

悲伤沉重、无望，内心空虚，无法呼吸

恨想要毁灭与杀戮

那就是它的本质

几乎是不自觉的。实际上，

我的另一部分说：

“这是未知的。”

——曼弗雷德·克莱因斯

## 16.1 情感

为什么这么多人认为情感比智力难解释？他们总是这样说：

“从原则上，我理解计算机可以通过推理解决问题，但我无法想象计算机怎么能拥有情感，或者理解情感。这根本不像机器会做的事。”

我们常常认为非理性是很危险的，但是在“挑战者教授”的场景中，“工作”利用“愤怒”来抑制“睡觉”，和用木棍去够手伸不到的地方一样理性。“愤怒”仅仅是“工作”用来解决问题的一个工具。唯一复杂的情况就是“工作”不能直接唤醒“愤怒”，然而它发现了一种方法可以间接做到这一点，那就是开启对“挑战者教授”的想象。尽管如此，人们把这种情况引发的思维状态称为情绪化。对“工作”来说，这只是完成它被分配的任务时可以采用的另一种方式而已。在普通的思维中，我们总是使用想象和幻想。我们用“想象”来解决几何问题，计划到一个熟悉的地方去散步，或者选择晚餐吃什么：在每项任务中，我们都要把实际并不在那里的事物视觉化。无论是否情绪化，使用幻想都是在每次解决问题的过程中必不可少的工具。我们总是需要处理并不存在的场景，因为思维只有能够改变事物表面的样子，才能真正开始思考如何改变事物真正的样子。

无论如何，我们的文化错误地教导我们，思维和情感存在于几乎隔绝的不同世界中。实际上，它们之间总是相互纠缠。在接下来的几部分中我们将会提出，一般情况下情感与思维并非互无关联，它是思维的变体或者说不同类型的思维，每种情感都以不同的头脑机器为基础，这些机器各自工作于一些特定的思维领域。在婴儿时期，这些“原型专家”互相之间几乎没什么联系，但之后尽管它们之间还是互不理解，但它们在相互利用的过程中共同发展，就像“工作”利用“愤怒”来阻止“睡觉”那样。

我们认为情感比理性更为神秘和强大的另一个原因是，我们错误地把理性的许多成就都归功于情感。我们对普通思维过程的复杂性都不太敏感，于是把常识这一奇迹看作是理所当然。每当人们做出一些杰出的事，我们并不会试图去理解思维到底完成了什么真正的工作，而是会把成就归因于任何我们能轻易辨认出的肤浅情感信号，比如动机、激情、灵感或者敏感性。

无论如何，一个目标不管看起来多么中性或理性，如果它持续的时间足够长，最终还是会和其他目标发生冲突。没有一个长期项目在执行的过程中不会遇到利益竞争，在我们最紧要的目标之间发生冲突，很有可能引发情感反应。问题不是智能机器是否有情感，而是智能机器是否能在没有情感的情况下拥有智能。我怀疑一旦我们赋予机器改变自己能力的能力，就必须为它们提供各种各样复杂的制衡方式。“像机器一样”这句话有两个相反的含义可能并非偶然：一个意思是毫不关心、无感觉、无感情、没有任何兴趣，另一个意思是一门心思投入某个单一的事业之中。因此，每个意思都不仅表现出不近人情，还表现出愚蠢。太投入会导致只能完成一件事，太分心则会没有目标地闲晃。

## 16.2 思维发展

古时候人们认为新生儿的思维和成年人的思维是一样的，只不过还没有填充理念。因此儿童被看作是无知的成年人，已经具备了他们将来的才智。当今则有许多不同的看法。一些现代理论认为婴儿的思维开始时就是一个单一的“自我”，它所面对的问题就是把自身和世界中其余的部分区分开来。另一些理论认为思维就像一个地方包含了一大堆思维碎片，这些互无关联的碎片杂乱地混合在一起，每片都要学会与其他碎片互动与合作，共同发展并形成更连贯的整体。还有一些理论认为儿童的思维是通过一系列层状阶段发展起来的，在这些阶段中，新水平的机器是在旧水平的基础上建立起来的。

我们的思维是怎么形成的？每个人生来就有隐藏的、建好的智能等待着被发现吗？还是思维必须从无知一小步一小步发展起来呢？这两种概念中的成分都会包含在接下来几个部分的理论中。我们从设想一个简单的脑开始，这个脑由一些独立的“原型专家”构成，每个原型专家都负责某种重要的要求、目标或本能，比如食物、饮水、庇护、舒适或防御。但这些系统必须融合：一方面，我们需要行政智能组来解决各个专家之间的冲突；另一方面，每个专家必须能够利用其他专家所获得的任何知识。

对于一种相对简单的动物来说，具有内置目标且几近独立的智能组结成松散的联盟就足以在适当的环境中生存下来。但人类思维不仅要学会达成旧目标的新方式，还要学到新的目标类型。这使得我们可以在更广泛的环境中生存，不过也会带来相应的风险。如果我们能够不受限制地学会新目标，很快就会成为事故的牺牲品，在外部世界和我们的思维中都是如此。在最简单的水平上，我们必须防止一些事故的发生，比如不能学习不呼吸。在高一些的水平上，我们需要防止获得致命的目标，比如学会压抑所有其他目标，就像某些圣徒或神秘主义者所做的那样。什么样的内嵌式自我限制可以引导思维向那些不会导致自我毁灭的目标前进呢？

内嵌的遗传基因无法告知什么对我们有好处，因为和其他动物不同，我们人类所面临的大部分问题都是我们为自己制造的。与此相应，每个人都必须从我们称为传统和遗产的东西中学会新的目标。因此，我们的基因必须建立某种具有“一般目的性”的机器，人们通过这些机器可以一代接一代地获得和传播目标与价值观。头脑机器如何转化成价值观和目标这样的事物呢？接下来的几部分将会表明，这是通过利用我们称为情感的个人关系做到的，比如恐惧和喜欢，依恋与依赖，恨与爱。

## 16.3 思维原型专家

假设你要做一个人造的动物。首先，你要列出想要这个动物做的事。然后，你会让工程师找到一种方式来满足每种需要。

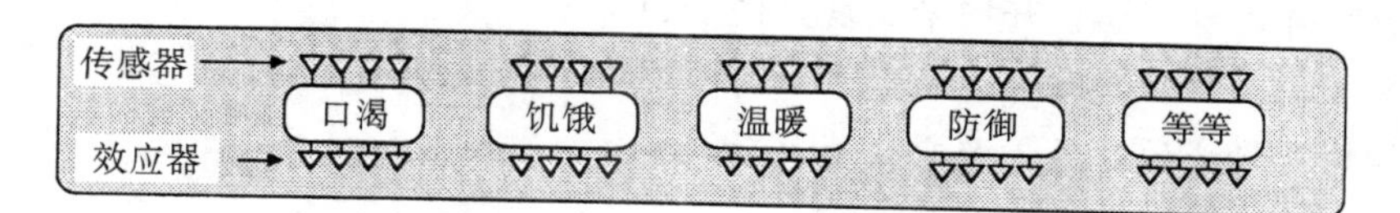


这幅图画为若干个“基本需求”各自描绘了一个独立智能组，我们把它们称为“原型专家”。每个智能组都拥有独立的迷你思维来完成它的工作，

而且都配备了特殊的传感器和效应器，用来满足特殊的需求。举例而言，“口渴”的原型专家可能有这样一套组件：

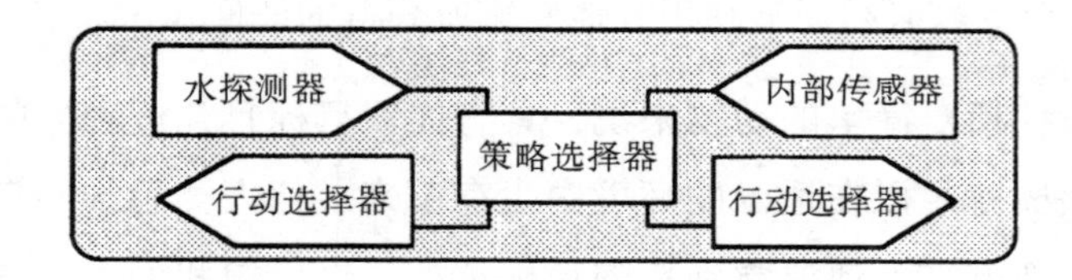


用这种方式制作动物有时不太切合实际。带着这么多的独立专家，我们最后就会需要十几套不同的头、手和脚。要携带和喂养这么多器官不仅会增加成本，而且它们之间会互相阻碍！尽管存在这种不便，但有些动物确实是以这种方式生存的，它们可以同时做许多事。从遗传学上来说，社会化的蚂蚁和蜜蜂群体实际上就是有很多身体的个体，它们的不同器官可以自由走动。但大部分动物的构造都很经济，它们的众多原型专家在与外界互动时共用同一套器官。

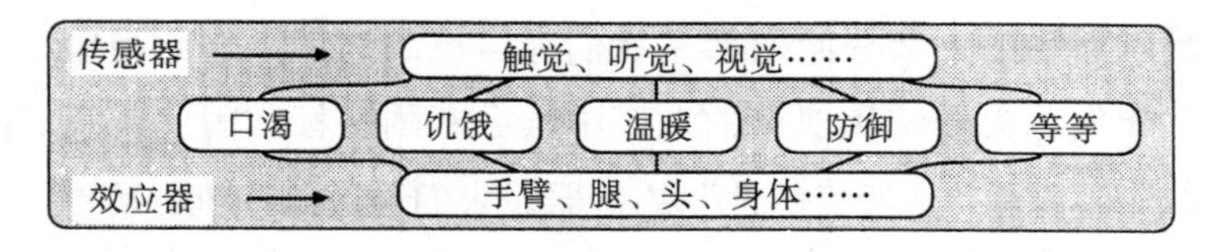


还有一种节约的方式就是让原型专家们共享学到的内容。无论你是寻求温暖、安全、营养还是陪伴，最终都必须识别出这些东西并采取行动获得它们。所以尽管它们最初的目标不同，但所有这些不同的原型专家最终都会需要解决同样类型的“子问题”，比如找到绕过障碍物的方法以及决定如何保存有限的资源。在试图解决越来越复杂的问题时，不论我们已经知道了什么特别的技术，它们都会变得越来越不足，于是获得新的知识和技能就变得更重要了。最后，我们在实现那些具有雄心的目标时所需的大部分技能都可以共享，并用来实现其他的目标。

狗跑起来的时候，是它让腿移动。

海胆跑起来的时候，是腿移动它。

——雅各布·冯·于克斯屈尔

## 16.4 交互排斥

普通的单体动物一次只能朝一个方向移动，这会限制它们一次只能为一个目标工作。举例而言，如果这种动物急需喝水，管理“口渴”的专家就会获得控制权。不过，如果寒冷更重要，那找到温暖的地方就变得更优先。但如果同时出现若干个紧急需求，就必须要有一种方式从中选择一个来满足。方法之一就是利用某种中央市场，在这个市场中，不同的目标会根据紧迫程度互相竞争，竞价最高者获得控制权。但这个策略很有可能陷入一种可笑而致命的犹豫不决之中。为了理解这个问题，我们来想象一下这只动物现在又饿又渴。

> 假设这只动物的饥饿感起初只比口渴的感觉强烈一点点。所以它开始向北部平原进发，那里通常能找到食物。当它到了那里，吃了一口食物后，口渴的感觉立刻超过了对食物的需求！
>
> 现在口渴成了当务之急，我们的动物又出发了，长途跋涉到达了南边的湖。但是它刚喝了一口水，天平又立即倒向了食物！这只动物注定要在两点之间来回跋涉，变得更渴更饿了。每个行动都只是补偿了不断增长的迫切需求而已。

这样做在餐桌上是没有问题的，食物和饮料都在伸手可及的范围之内。但是在自然条件下，如果每次犹豫都会导致策略上的重大改变，那么没有动物浪费这么多能量还能幸存下来。管理这种情形的一种方法就是降低“市场”的使用频率，但这也会降低我们的动物处理紧急情况的能力。另一种方法被称为交互排斥，脑中的很多区域都会使用这种方法。在这种系统中，一个智能体小组的每个成员都天生会向小组中的其他所有智能体发送“抑制”信号，让它们形成竞争关系。小组中的任何一个智能体被唤醒，都会倾向于抑制其他智能体，这会产生雪崩效应。结果就是，就算刚开始时竞争者之间的差异很小，最活跃的智能体还是会很快把其他智能体排除在外。

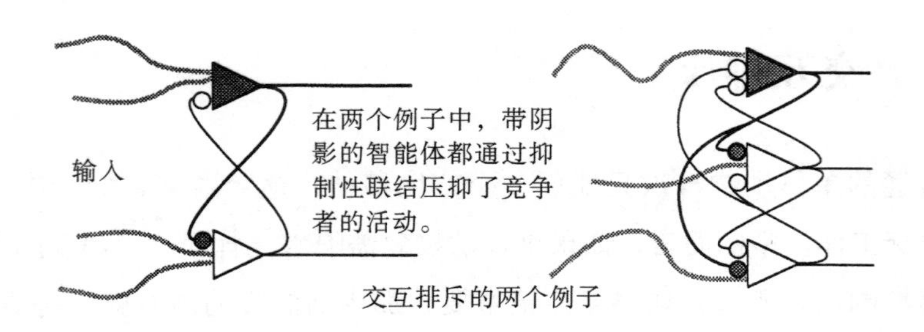

交互排斥的两个例子

在相互竞争的智能体紧挨在一起的脑区，交互排斥可以为“无法妥协”原则提供基础。交互排斥团体还可以用来建构短时记忆单元。每当我们迫使这种团体中的一个智能体开始活动，哪怕只是一小会儿，它就会持续活动下去（而其他的智能体也会持续被抑制），直到有强烈的外部影响改变了当下的情形为止。由于有来自内部的抵制，微弱的外部信号几乎不会产生任何影响。如果它能无限持续下去，我们为什么叫它短时记忆呢？因为一旦它发生了改变，以前的状态不会留下任何痕迹。

## 16.5 雪崩效应

我们所讨论的那些方案如果和我们描述的一模一样，那么它们很少能真正起作用。它们大部分很快就会崩溃，因为实际上所有的智能体都会参与到不受限制的活动中去。设想每个典型的智能体都倾向于唤醒其他若干智能体，然后这些被唤醒的智能体又会去唤醒若干其他智能体，以此类推，活动的传播速度会比森林大火还快。但这项活动最终什么也无法完成，因为所有的智能体都会互相干扰，谁也无法获得它们所需资源的控制权。实际上，这差不多就是癫痫发作时会发生的事。

每个生物系统都会发生相似的问题。每个原则或机制都应该受到控制，只在限定的范围内运作。就连小小的基因团体也有一些方案，在每个细胞内指挥制造蛋白质时也会控制数量。在每种规模上，我们都发现了这样的模式。每种生物组织、器官和系统都受一些控制机制约束，一旦这些机制失效就会出现疾病。是什么保护了我们的脑不受这种活动雪崩的影响呢？在我们的智能组中，交互排斥方案很有可能是最常见的约束各种水平的活动方式，但同样也有其他防止爆炸的常见方案。

**节约**（conservation）：强迫所有活动都依赖于某种物质或其他可量化的事物，每次只能获得特定的量。举例而言，我们给所有的智能体都设定了电流限制，用以控制Snarc机器，这使得在特定的时刻，它们之中只有几个可以活动。

**消极反馈**（negative feedback）：提供一个“总结”设备评估智能组中的所有活动，然后按照与整体的比例向智能体广播“抑制”信号。这会把雪崩扼杀在摇篮中。

**审查员与抑制器**（censors and suppressors）：“节约”和“反馈”方案都倾向于进行无差别的控制。之后我们会讨论一些方法，它们在学习识别和避免之前产生过麻烦的特定活动类型方面更敏感，功能也更多。

这些方法足够简单，可以在小社会里应用，但它们的功能不够多样。在更复杂的社会中，我们需要学习解决困难的问题，这些方法无法解决可能出现的所有管理难题。幸运的是，在更大规模上建立的系统也许能够通过建构和解决自我管理的问题，把自身得到强化的能力应用于对自身的管理。在接下来的几部分中，我们将会看到这种能力如何在几个发展阶段中不断成长。所有这些并不一定需要在每个孩子的思维中独立发生，因为孩子所处的家庭和文化社群可以发展出更复杂的自我约束方案。所有人类社会似乎都在制定方针指导其成员如何思考，这些方针以常识、法律、宗教或哲学的形式出现。

## 16.6 动机

想象一个口渴的孩子学会去拿旁边的杯子。之后，孩子为什么没有在任何情况下都去拿杯子呢，比如觉得孤独或者觉得冷的时候？我们是怎么区分我们学到的不同东西可以实现不同目标的呢？方法之一就是给每个不同的目标保留一个单独的记忆库。

记忆 口渴 记忆 饥饿 记忆 温暖

每个原型专家的独立知识库

为了让这个方法起效，我们必须限制每个专家只在自己的目标活动时才学习。我们可以通过把它们放置在一个交互排斥系统中来实现这一点，比如“饥饿”的记忆只有在“饥饿”活动时才会形成。这样的系统永远不会对要用什么记忆感到困惑。感到饥饿的时候，它只会去做以前感到饥饿时学会去做的事；不会在口渴的时候去吃东西，也不会在饥饿的时候去喝水。但如果给每个目标都保留一个不同的记忆库就太奢侈了，因为就像我们说过的，大部分真实世界的目标使用的都是同样类型的知识。如果所有专家都可以共用常见的、一般性目的的记忆不是会更好吗？

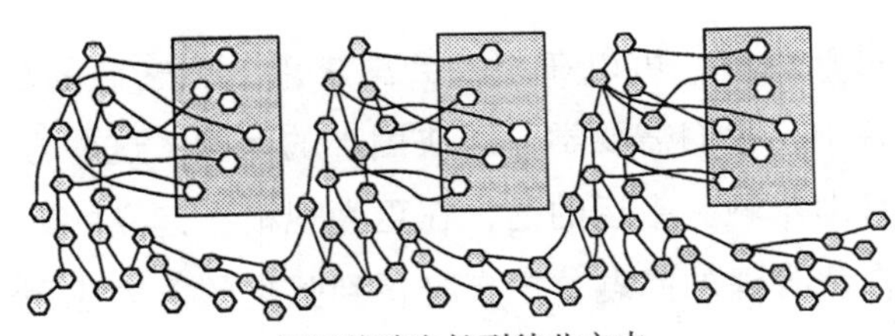

知识基础生长到彼此之中

这也会产生问题。如果任何一个专家为了自己的好处想要重新安排某些记忆，其可能会破坏其他专家所依赖的结构。不可预测的互动太多。专家们如何合作共享它们所学到的内容呢？如果它们和人一样，就可以交流、谈判和组织。但因为每个单独的专家太小，所工作的领域也太特别，所以它们无法理解其他专家的工作。它们能做到的最好的事就是互相利用其他专家可以做的事，而不需要理解那是什么。

## 16.7 利用

思维中的一个专家如果不理解其他专家的工作，又怎么和它们合作呢？在外部世界中，我们也面临同样的窘境，我们同人和机器打交道，但不知道他们的内部运行原理。头脑中也是一样，思维的每个部分都会利用其他部分，但并不知道其他部分是怎么工作的，只知道它们看上去在做什么。

假设“口渴”知道可以在杯子里找到水，但不知道怎么找到或者拿到杯子，这些事只有“寻找”和“拿起”知道该怎么做。于是，“口渴”必须有某种可以利用其他那些智能体的能力。同样，“建设者”也有相似的问题，因为它手下的大部分次级智能体之间都不能直接沟通。开启“寻找”和“拿起”对“口渴”或“建设者”来说是很容易的事，但这些次级智能体怎么能知道要找什么和拿什么呢？“口渴”一定要向“寻找”传送一张杯子的图片吗？“建设者”一定要传送砖块的图片吗？麻烦之处在于“建设者”和“口渴”都没有“寻找”所需要的那种信息，也就是事物的外观样式，这类知识存在于“看见”的内部记忆机器里。然而“口渴”可以通过激活两个联结而实现喝水的目标：一个联结是让“看见”幻想一个杯子，另一个联结是激活“寻找”。“寻找”之后又可以激活“拿起”。如果这个杯子在视线范围内的话，这就足以让“口渴”定位并得到杯子了。

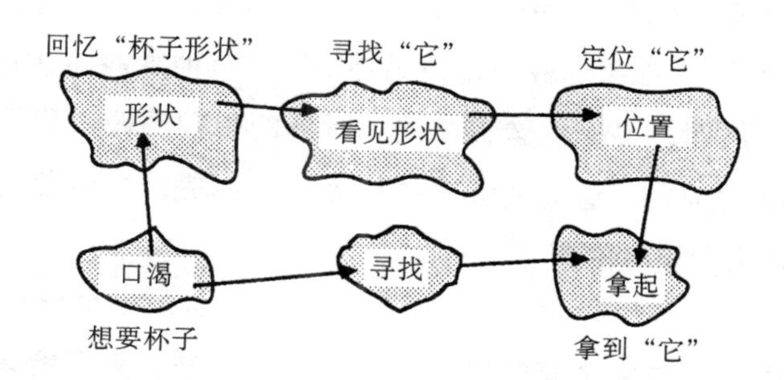


这个方案可能不可靠。如果“看见”此时开始关注别的事物，“拿起”就会得到错误的物体。婴儿常常因为这样而让自己失望。但这种方案的简易性是每个人在建立更强大的技能时都需要的：人们需要一个程序，在能够改进这个程序之前，它有时能起作用就行。

这仅仅是描绘如何建构一个“获取机器”的草图。之后讨论语言的时候，我们还会回来谈这个理念，因为“口渴”和“建设者”必须做的事与人们在使用语言时需要做的事很像。当你对另一个人说，“请帮我递一下杯子”，你不会传一张杯子的影像给别人，而只是发送一个信号去利用那个人的记忆。

相对于自己知道怎么去做，通过利用其他智能组的能力来完成目标可能看上去是一个劣质的替代品，但这就是社会资源的力量。如果要关注每条神经和肌肉要做什么这种小细节，那么没有一个高水平的智能组可以完成复杂的目标。除非大部分工作都由其他智能组完成，否则一个社会中没有一个部分可以完成任何重大的事情。

## 16.8 刺激与束激

我们刚刚看到过一个智能组如何通过把注意力聚焦于外部世界的某个物体来利用其他智能组。因此如果视线范围内有杯子，那么“口渴”可以让“拿起”去拿杯子。但关于“挑战者教授”的幻想又是怎么回事呢？在这个场景中，没有真正的坏人，只是一种记忆而已。很明显，一个智能体只要通过想象一个刺激就可以唤醒另一个智能体！“愤怒”要想做到这一点，方式之一就是通过某种方法创造一幅人工图像，以便让“看见”这样的其他智能组可以“看见”。如果这件事做得足够细致，其他智能体就看不出这幅图像不是真的。然而，要建构像在电视上看到的那种图像，我们必须激活上百万不同的感觉神经，这需要大量的机器才可以完成。除此之外，我们可以用更少的精力做更多的事：

**幻想不需要完全复制真实场景的每个细节，只要能复制这个场景对其他智能组产生的效果就可以了。**

幻想通常会“描绘”我们从没见过的事。它们不需要细致、真实的影像，因为高水平的思维其实并不会真的“看见”东西！相反，它们处理的是信号摘要，这些信号来自感觉体验，并且一路上在若干水平上被压缩。在对“挑战者教授”的幻想中，我们没有必要看见“挑战者教授”本人的任何真实特征，只要复制他曾经影响我们的感觉就行了。

什么样的程序可以复制想象的存在对我们的影响呢？尽管科学家们还

不知道我们视觉系统运作的所有细节，但我们可以假定它们包含一些水平，可能是像这样的：

-- 第一步，几束光线激活视网膜上的传感器。
--- 第二步，其他智能体探测到边界和质地。
---- 第三步，另外一些智能体描述区域、形状和形态。
----- 第四步，一些记忆框架识别出熟悉的物体。
------ 第五步，我们识别出这些物体间的结构关系。
------- 最后一步，我们把这些结构与功能和目标联系起来。

与此相应，在任意一个水平进行操作都可以产生幻象。最困难的是通过从头脑内部唤醒上百万最低水平的传感器智能体来建构“照片影像”，这些智能体就是参与真实世界视觉的那些智能体。也许最简单的方式就是迫使最高水平的视觉智能体进入一种看到某个特定场景就会产生的状态：这只需要一些适当的K线就可以了。让我们把它叫作束激（simulus，新造词），也就是一个刺激所产生的最高水平的效应副本。处于最高水平的束激不会使一个人回想起某个真实事物或事件的细节，但可以让人理解和思考它最重要的结构和关系，同时体验到这些事物或事件出现时的感觉。束激相对于照片影像来说有许多优势。它不仅可以用更少的机器更迅速地工作，我们还可以把若干束激的部件组合在一起，用来想象我们以前从来没有看到过的事物，甚至可以想象根本无法存在的事物。

## 16.9 婴儿情感

一个弃儿突然醒来，
用惶恐的目光打量周围的一切，
但是发现再也找不到
那对充满深情的眼睛。

——乔治·艾略特

把婴儿的思维描绘成由几乎完全分离的智能组组成，可能会令一些读者感到害怕。但如果没有关于人性如何开始的理论，我们永远也无法理解它是如何发展的。完全分离的证据之一就是婴儿会突然从满足的微笑转变成因饥饿而愤怒的尖叫。与成年人所展示出的复杂混合表情相反，年幼的儿童似乎常常处于一种或另一种界限清晰的活动状态之中，比如满足、饥饿、困倦、玩耍、喜爱，等等。年长一些的儿童情绪突变的情况会少一些，而且从他们的表情可以看出，有时同时会出现不止一种情绪。因此我们的思维可能开始时就是一些相对简单、独立的需求机器。但很快，每个机器都和其他正在发展的机器牵绊在了一起。

我们应该如何解释婴儿时期明显的单一思维模式呢？对于这些态度上的明显转变，有一种解释就是一个智能体获得了控制权，强行抑制了剩下的其他智能体。还有一种观点认为，许多程序都在同时运行，但一次只有一种程序可以表达出来。让所有原型专家同时处于工作状态会比较高效，这样，每个专家在紧急情况下都能更有准备地承担起控制责任。

这种机制让婴儿隐藏起其他混合的情绪，一次只表达其中一种。这样做有什么优势吗？也许这种人工的锐化对孩子有好处，它能让家长更容易对最紧急的问题做出响应。想知道婴儿想要什么已经很困难了，如果他们再用带有混合情感的复杂表情面对我们，要理解他们的需求就更难了！婴儿的生活，以及受其影响的我们的生活，都取决于他们是否能清晰地表达自己的感受。为了达到这种清晰程度，它们的智能组必须配备强大的交互排斥设备，用来把小差异放大到可以让人知道哪种需求最优先的程度。这会形成简单的“摘要”，它表现为外表、声音、情绪的巨大变化，让别人可以轻易解读。这就是为什么在一些成年人只会皱一下眉头的情况下，婴儿会倾向于大哭。

这些信号已经很清晰了，那么又是什么力量促使我们对其做出响应呢？为了帮助子孙后代成长，许多动物进化出两个匹配的方案：沟通是一种双向通道。在一边，婴儿以哭声为工具唤醒远处不在视线内或者可能睡着了的家长。再加上这些信号被锐化，交互排斥机制也增大了它的强度。而在另一边，成年人会觉得这些信号无法抵挡：我们的头脑中一定有特殊的系统，给了这些信息最高优先权。这些看护婴儿的智能体是和什么联结在一起的？我猜是和同一类原型专家中残留的部分联系在一起的，一旦被唤醒，会让我们感觉像最初在婴儿时期的哭喊一样。这让成年人对婴儿的哭喊做出响应，因为他们觉得婴儿需求的紧迫程度和自己小时候这样大哭时的紧迫程度一样。于是看护者会对婴儿的需求产生迫切的共情，从而对其做出响应。

## 16.10 成人情感

（机器人基斯卡说）既然情感很少而原因很多，那么一群人的行为比一个人的行为更容易预测。

——艾萨克·阿西莫夫

到底什么是情感呢？我们的文化认为这个问题深奥、古老而神秘。心智社会的理念是否有助于理解我们的祖先说过的话呢？常识心理学甚至还没有对存在哪些情感达成一致。

| | | | | |
|---|---|---|---|---|
| 不安 | 害怕 | 高兴 | 嫉妒 | 难过 |
| 好奇 | 憎恨 | 热情 | 雄心 | 口渴 |
| 迷恋 | 生气 | 爱慕 | 懒惰 | 厌恶 |
| 急躁 | 爱 | 无聊 | 鄙视 | 饥饿 |
| 兴奋 | 贪婪 | 尊敬 | 焦虑 | 性欲 |

如果存在生气，那愤怒是由什么构成的？害怕与恐惧、惊骇、恐怖、惧怕、惊恐以及所有其他可怕的事物有什么关系呢？爱与尊敬或依恋，又或者是爱慕有什么关系呢？它们的关系只是不同的强度和方向吗？还是它们本来就是不同的存在，只是碰巧在未知的情感世界里相邻？恨与爱是完全孤立的事物吗？还有类似的勇气与怯懦，它们仅仅是相对应的两极，还

是其中一方消失就是另一方？情感到底是什么？还有其他我们贴上了情绪、感受、激情、需求或敏感性这些标签的东西到底是什么？我们发现，人们很难对这些词是什么意思达成一致，这大概是因为它们很少会与清晰的思维过程一致。相反，当我们学会这些词，每个人都会把它们与思维中不同的、个人化的概念积累联系在一起。

很明显，婴儿的早期情感符号表示他们有需求。之后我们就学会对这种信号大加利用，于是你就可以学会利用喜爱或愤怒作为社交货币来交换各种各样的膳宿。举例而言，人们可以在特定的环境中假装生气或高兴，甚至提出自己会生气或爱，也就是威胁或承诺。我们的社会对这种事的想法是很矛盾的；一方面人们教导我们情感应该是自然自发的，另一方面人们也说我们应该约束自己的情感。我们从行为上（但没有从语言上）承认情感比智能的其他部分更容易理解和调节。我们会指责那些没有学会控制自己情绪的人，但对于那些问题解决能力差的人却仅仅是同情；我们会因为“缺乏自我控制”而不是“智力不足”而责备别人。

在建立了我们早期情绪的程序中，先天的原型专家控制着脑内所发生的事。很快，随着周围的环境教导我们应该感受到什么，我们学会了驳回那些方案。家长、老师、朋友还有最后的理想自我都会给予我们新的规则，告诉我们如何利用那些早期状态的遗迹：他们教给我们什么时候以及如何感受及展示每种情感。我们进入成年的时候，这些系统已经变得太复杂而难以理解了。越过了所有的发展阶段时，我们的成年思维为了记住或理解婴儿时期的感受，已经重建了很多次。

# 第17章 发展

The Society of Mind

关于周围的事物是有益还是有害，孩子会犯许多错误，但自然给了他们各种各样修正任何错误的方法。每一次，他的判断力都会得到经验的修正；错误的判断会带来匮乏和痛苦，良好的判断会让人满意和愉悦。在这种大师的带领下，我们不会失败，只会获得更多知识。当匮乏和痛苦是相反行为的必然结果时，我们很快就会学会恰当地推理。

在科学研究和实践中就完全不同了。错误的判断既不会影响我们的存在，也不会影响我们的福祉，我们也不会迫于物质需求而修正它们。想象力则正相反，它总是在真理的界限之外游荡，再加上自恋和自信，我们特别倾向于纵容和促使自己不根据直接的事实得出结论……

——A. 拉瓦锡

## 17.1 自我教育的顺序

到目前为止，我们一直把思维描述为散乱的机器碎片。但我们成年人很少这么看自己，我们有更强的统一感。在接下来的几部分中，我们将论证这种一致性是通过许多“发展阶段”完成的。每个新阶段开始时，都会在以前阶段的指导下完成工作，以便获得某些知识、价值观和目标。然后它会继续改变自己的角色，变成后续阶段的指导者。

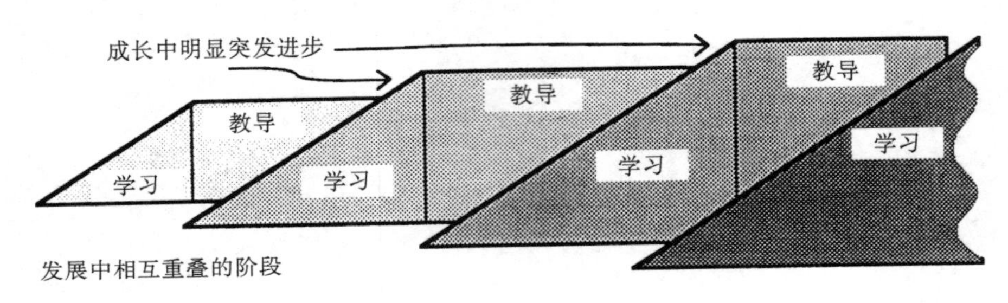


如果早期的阶段知道的比后续阶段还少，它怎么指导自己的学生呢？许多老师都知道，这可能并没有看上去那么难。一方面，通常再认问题的解决方案比发现解决方案要容易，这就是我们所说的“猜谜原则”。另一方面，老师不需要知道如何解决问题就可以因为学生解决了问题而奖励他们，或者通过传授给学生取得进步是什么感觉来帮助学生寻找解决方案。更好的办法是老师向学生传授新的目标。

发展的早期阶段怎么能影响后期阶段的目标呢？一种简单的方式就是让后期阶段可以在一定程度上接触早期阶段的目标。然而，那些早期的目标就会因此而保持幼稚的状态。后期阶段如何发展出更高级的目标呢？简单来说，我们将会看到一个令人吃惊的答案：在组织的“更高水平”中未必需要形成更高级的目标，因为它们很有可能会自发地发展为相对简单的目标的子目标。

无论如何，如果一个领域中所装备的系统还没有经过测试和检验，那么把学生送入其中并不安全。更安全的策略是让每个新阶段在通过测试证明它至少和其前任能力相当之前，都保持抑制状态，也就是无法控制儿童的真正行为。这可以解释在我们儿童时期的发展中，为什么会经历一些明显的突发进步，比如语言技能的快速增长阶段。这种明显的加速可能只是一种幻觉，因为它很可能仅仅是隐藏在思维中的项目悄悄进行了很长时间之后的结果。

回到我们的“自我”感觉，这么多的步骤和阶段是怎么产生统一感的呢？它们为什么反而没有让我们感觉到越来越支离破碎呢？我怀疑秘密就是在每个旧阶段完成工作后，它的结构仍然可供未来阶段所用。之前自我的这些遗迹为我们提供了强大的资源：一旦当前的思维感到混乱，它可以利用以前的思维所使用过的内容。尽管我们那时没有现在聪明，但我们可以确定，曾经的阶段中都有一些管理事物的可行办法。

> 一个人当前的人格无法享有所有以前人格的思想，但它可以感觉到以前人格的存在。我们之所以觉得自己拥有一种内在的“自我”，这就是原因之一。这种内在的“自我”其实就是一种一直存在的个人伙伴，它存在于思维内部，我们总是可以向它求助。

## 17.2 依恋学习

假设一个孩子在以某种方式玩耍，这时出现了一个陌生人开始批评和指责。这个孩子可能会感到害怕和不安，并且试图逃走。但如果在同样的情形下，孩子的家长来了并开始指责和批评，结果就不同了。那个孩子可能不会感到害怕，而是觉得愧疚和羞耻，他不会想办法逃走，而是会试图改变自己正在做的事，以寻求安心和认可。

我怀疑这两种情形涉及的是不同的学习机制。在面对可怕的陌生人时，孩子可能会学到“我不应该在这种情形下努力去完成当前的目标”。但如果是受到孩子所“依恋”的人的批评，他可能会学到“我根本不应该完成当前的目标”！在第一种情况下，孩子学习的是在哪种情形下完成哪种目标；在第二种情况下，孩子学习的是应该完成什么目标。如果我的理论是正确的，那么依恋的人出现，实际上会把学习效果转移到不同的智能体中。要看到其中的差异，让我们对差异发动机的概念做一些小调整，再来表述婴儿可能会使用的三种不同的学习方式。

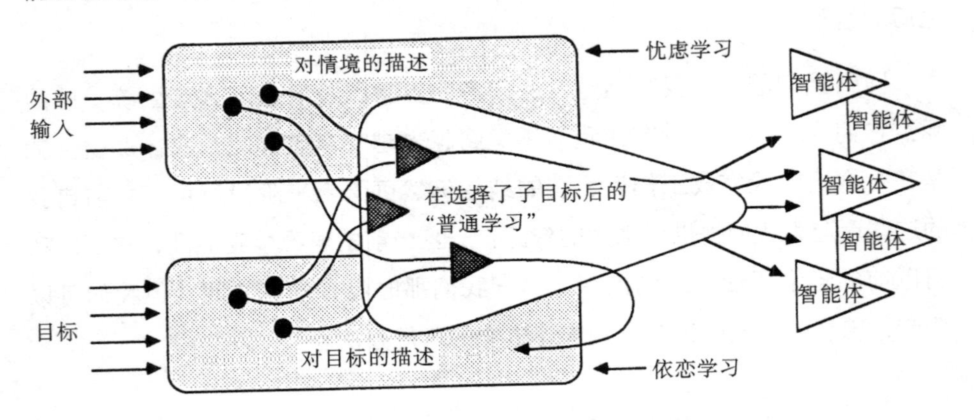


对于一般形式的失败或成功信号，学习者会调节达成目标的方法。

在遇到唤起恐惧的干扰时，学习者可能会调节对情境本身的描述。

在遇到与依恋相关的失败或奖励信号时，学习者会调整哪些目标值得追求。

就我所知，这是一个关于依恋的新理论。它提出了一些特定的学习类型，这些学习只有在人们感到依恋的特殊个体出现时才会发生。

## 17.3 依恋简化

没有一种行为比依恋行为所伴随的情感更强烈。这种行为针对的对象是人们所爱的人，他们的出现会让人感到愉悦。只要一个孩子主要依恋的人一直在身边或者很容易找到，他就会感到安全。面对失去依恋的人的威胁，他会感到焦虑；如果真的失去了，他会感到难过；如果两者都有，则很有可能引发愤怒。

——约翰·鲍比

大部分高等动物都进化出了本能的“限制”机制，让年幼的后代可以紧紧跟着家长。人类的婴儿也是如此，他们天生就倾向于形成特殊的依恋，所有的家长都知道自己有强大的效力。在生命早期，许多孩子都会开始依恋一个或一小部分家庭成员或看护者，有时这种依恋非常强烈，孩子可能有好几年都不会离开依恋对象超过几米。在这些年中，如果加长孩子与依恋对象的分离时间，可能会带来抑郁或不安，此时孩子的人格无法正常发展。

童年时期的依恋有什么功能呢？最简单的解释就是它能让儿童处于一种安全的教养和保护环境中。但根据我们的理论，人类的约束机制还有额外的功能，它促使儿童从特殊的年长者那里获得价值观、目标和理想。这一点为什么非常重要呢？因为尽管儿童可以有许多其他方式学习普通的因果关系，但除了根据某种已经存在的方式，儿童无法建构一个统一的价值系统。建立“有教养的人格”会超越任何一个单一个体的创造力。此外，如果可以获得的成人模式太多样，人们很难建立起连贯的人格，而且这可能导致很多冲突和不一致，造成彼此之间的互相抵消。如果依恋机制把儿童的注意力限制在很少的几种模式中，就能简化儿童的任务。

我们的依恋关系是如何发展的呢？对许多动物来说，依恋发生得非常迅速，依恋关系也很稳固，研究动物行为的科学家把它称作“印刻”。那些让我们学会家长目标的机器大概是通过我们动物祖先的机制遗传下来的。可能我们在各种天生的系统学会辨认家长的特性后，就形成了婴儿时期的依恋关系。这些特性包括触觉、味道和气味，然后是声音，最后是面孔。

一旦这些依恋关系形成，儿童对陌生人和家长的面孔和声音会做出不同的反应，因为它们会对我们如何学习产生不同的影响。依恋对象的喜爱或拒绝所产生的效应与普通的“成功 – 失败”目标 – 奖励不同，后者仅仅教给我们怎么做才能达成目标。与依恋有关的信号似乎会直接作用于目标本身，因此可以调整我们的人格。依恋教给我们的是目的，不是手段，这样就把家长的梦想加在了我们身上。

## 17.4 功能性自治

我们已经谈论过一些向其他人学习目标的方法，但如何制订自己的目标呢？把目标转化成子目标似乎一直很容易，但人们怎么能反过来，向外去发现新的目标类型呢？我们的答案开始时看起来可能很奇怪：从某种意义上讲，我们永远无须真的去创造新的“高水平”目标。这是因为，至少从原则上说，持续创造出低水平的子目标来解决我们必须解决的问题就可以！这无须限制我们的雄心壮志，原因如下。

> **功能性自治**（functional autonomy）：在解决足够复杂的问题时，占据我们注意力的子目标可能会野心越来越大，同时也越来越偏离原始的问题。

假设一个婴儿最初的目标是够到一个特定的杯子。这可能会产生一个子目标，也就是学会如何高效地移动手臂和手，这个子目标又会产生另外一些子目标，学会移动周围的障碍物。这可能会持续下去，演变成越来越一般、越来越抽象的目标，也就是如何理解和管理物理的空间和时间世界。于是我们可能是从卑微的目标开始，但最后产生的一些子目标带领思维进入了我们可以构想出的最具雄心的事业中。

在社会领域中也可能发生这样的事。同一个婴儿，这次形成的子目标是利用别人的帮助把杯子递给他。这会使他尽力寻找有效的方式来影响其他人，于是这个孩子可能会开始关注如何表述和预测其他人的动机和性格倾向。以前，喝水是一个相对朴素目标，但它能引发更强大的能力，比如这一次就发展出了理解社会互动的能力。最初只是对个人的舒适感简单关注，后来转变成了更具雄心、更少自我中心的事业。

> 实际上，如果能了解这个问题产生的背景，任何问题都会变得更容易解决。无论一个人的问题是什么，只要这个问题足够困难，他就能从学习过程中学到更好的学习方式。

我们中的许多人都愿意相信，我们的智力发展依赖于更高级的计划，而不是日常活动。但是现在我们可以把这种学术价值方案颠倒过来。一旦这样做，我们最抽象的调查就会被看作是在寻找普通目标的实现方法。当获得了足够的功能性自治可以抛开其根源，它们就转变成了我们认为的很高贵的品质。最后，我们当初的目标已经不怎么重要了，因为无论最初的目标是什么，通过更好地预测和控制世界，我们能够获得更多。甚至那个婴儿最初是倾向于效仿还是反对家长，开始时是害怕还是喜爱都不重要。成就这些事的方法都差不多。知识就是力量。无论一个人的目标是什么，如果他能够变得聪明、富有和强大，就更容易达成目标。而这些特质可以通过理解事物的运作方式来获得。

## 17.5 发展阶段

从表面上看，让·皮亚杰和西格蒙德·弗洛伊德的理论似乎处于不同的科学领域中。皮亚杰似乎关注的都是智力问题，而弗洛伊德研究的是情感机制。但他们之间的差异并没有那么明显。人们普遍相信情感行为依赖于无意识的机器，但很少有人承认普通的“智力”行为所依赖的机制也非内省所能察觉。

无论如何，尽管他们之间有差异，但这两位伟大的心理学家认为每一个儿童的思维都是通过一些“阶段”发展起来的。当然，每位家长都会注意到，儿童有时会一直处于同样的阶段，而有时看起来变化迅速。我们不再回顾儿童发展阶段的某些特殊理论，而是来看一看“阶段”这个概念本身。

我们为什么不能稳定、平滑地成长发展呢?

我认为像人类思维这么复杂的事物，除非是按照单独的步骤进行，否则根本无法发展。原因之一就是改变一个已经起效的系统通常是很危险的。假设你发现了一种新的思维理念或方式，它似乎已经非常实用了，通过它可以建立更多的新技能。但如果你之后发现这种理念存在严重的缺陷会怎么样呢？你怎样恢复以前的能力呢？方式之一可能是保留完整的记录，这样你可以取消所有的改变。但如果那些改变已经让你的思维品质差到你自己无法辨认它到底有多差时，这个办法就行不通了。更安全的方式是在每次建立思维的新版本时完整保留一些以前思维的旧版本。这样万一新版本失效，你还可以退回到以前的阶段，而且还可以利用旧版本来评估新阶段的表现。

还有一种保守的策略就是除非有证据表明新阶段比它的前任表现更好，否则就不让它控制真实的行为。如果一个儿童采取了这种策略，旁观者会看到什么呢？只会看到“高原期”，儿童在这个时期不会有什么明显的行为改变，之后会出现“成长的迸发”，新的能力迅速出现。但这只是一种错觉，因为真正的发展其实发生于那些安静的时期。这种方式有一个很大的优势，那就是儿童在思维发展时期仍然可以正常行事，因此“在装修期仍然可以照常营业”。每个运行版本在新版本安全行进前都可以保持不变。

这适用于每个大型组织，不光是涉及儿童发展的那些。比如一个社群已经可以运行，同时做多处改变也很危险，每个变化都很可能会对依附于它的其他系统产生一些有害的副作用。有些副作用开始时可能不太明显，但如果很多积累起来，系统就可能会恶化到无法挽回的程度。与此相应，最好时不时地停下来，进行内省和修复。在学习任何复杂的技能时都是如此，除非你的目标能在足够长的时间里保持不变，否则你不会有足够的时间来学习实现这个目标所需要的技能。让思维以稳定平滑的方式发展，基本就是一件不现实的事。

## 17.6 发展的先决条件

是什么在控制思维的发展速度？尽管发展的一些方面取决于外部环境，还有一些似乎就是偶然，但有一些特定的方面似乎就是一个阶段接着一个阶段地不停发展，就好像这些阶段已然注定。这又让我们回到了以前的问题，发展为什么是按阶段进行的？

一项技能需要通过许多步骤发展，原因之一是它需要一些“先决条件”。你不能只是把房顶放在最上面就可以搭建房子，首先要砌一些墙才行。这不是一个武断的规则，而是完成这项事业所固有的方式。对一些思维技能来说也是如此，人们无法学习某些程序，除非他们已经拥有了其他一些程序。皮亚杰怀疑某些特定的概念是需要先决条件的，他的许多理论都是以这个怀疑为基础的。举例而言，他认为儿童在形成质量守恒的概念之前，必须知道什么操作是可逆的。这种假说引领皮亚杰做出了许多伟大的实验。但想想这些实验在1000年前就可以很容易地做到，它们所需要的设备只有儿童、水和各种各样的罐子。皮亚杰的理念是不是设计这些实验的先决条件？

要建立一个良好的“更社会”，在获得“高”“细”“没有损失”和“可逆”这些低水平的智能体之前，向儿童介绍“外表”和“历史”这种中间水平的智能体是不切实际的。在达到相应的阶段之前，这些管理者没什么可做的事！当然，严格来说这也不完全对，就像人们在盖房子时可以利用脚手架先建屋顶，然后再建房子的四周。我们永远无法完全确定一项技能的先决条件是什么，这总是让心理学变得很复杂。

我们对于儿童思维的发展知之甚少，原因就是我们无法观察起作用的程序。要精炼一个新的智能组可能需要几年的时间，在这段时期内，儿童的行为会受其他智能组的程序主导，这些智能组本身也在自身发展阶段的重叠时期不断发展。心理学家们所面临的一个严峻的问题就是我们永远也无法直接观察到有些特定的思维发展类型。那些非常重要的“B-脑”程序尤其如此，我们会通过这些程序学习新的学习方法。它只有间接的产物才会出现在儿童的真实行为中，甚至在高水平的发展发生了很长时间之后才会显现。最困难的可能是发觉抑制器和审查员的发展（相关内容见27.2）。要分析人们所做的事已经很困难了，还要去识别他们从来没做过的事几乎是不可能的。

更糟糕的是，我们观察到的许多“发展阶段”实际上并不存在。有时，每位家长都会产生错觉，觉得孩子突然变了，这只是因为他们没有观察到过去一些更小的真实变化而已。这种情况下，如果真的存在一个“发展阶段”，那也只是存在于家长的头脑中，而不是存在于孩子身上！

## 17.7 遗传时间表

我们第一次介绍派珀特原则（通过在旧智能组间插入新的管理水平而发展的理念）时，没有问新的层次应该在什么时候建立。如果管理者介入得太早，它们管理的工作者还没成熟，那几乎什么也完不成。如果管理者来得太晚，同样会推迟思维发展。怎么能保证管理者不会参与得太早或太迟呢？我们都见过看起来成熟得太快或太慢的儿童，他们的某些方面与其他方面的发展速度不符。在理想的系统中，每个发展中的智能组都受其他智能组控制，这些智能组在必要的时候会引入新的智能体，也就是已经学到了足够的内容，可以开始一个新阶段了。无论如何，如果我们的学习潜能出现得太早，那肯定是一场灾难。如果每个智能体从出生起就可以学习，它们就会被婴儿时期的理念压垮。

管理这种事务的办法之一就是在遗传决定好的时间里开启新的智能组。在各种各样的“生物”成熟阶段，特定的智能体阶级可以开始建立新的联结，其他智能体则被迫通过建立永久联结来放慢发展速度，这些联结在此之前都是可逆的。是否有这种确定可以生效的发条机制呢？来想想这样一个事实，许多儿童在五岁之前就获得了“可逆”和“限定”这样的智能体。对这些儿童来说，这些至少已经足够在这个年龄激活新的中间水平的智能体了，所以这些儿童可以继续建立像“外表”和“历史”这种智能体。然而，还没有准备好的儿童会因为要被迫建立一些不太有效的“更社会”而受到一点儿阻碍。对那些已经发展到“时间表之前”的儿童来说，这种刻板的成熟机制效果也不太好。最好有这样一些系统，在这些系统中，每个阶段的时间安排取决于之前真正发生了什么。

阶段性的事件可能是通过我们所说的投资原则开始的：一旦某项特定的技能抑制了它附近的所有竞争者，它就会越来越有可能受到重用，于是就为它提供了更多进一步发展的机会。这种自我加强的效应可以引发一段快速的发展，在这段时期一种特定的技能很快就会主导整个场景。阶段性事件的结束方式之一可能是我们所说的例外原则。为了搞清楚这是怎么发生的，我们来假设某个特定的智能组发展出了一种特别实用的工作方法，许多其他智能组也很快学会利用这种能力。其他智能组越依赖这种能力，这种能力每次“进步”造成的干扰就越大，因为现在它需要取悦的客户更多了！甚至加快一种程序的速度都会损坏其他依赖它工作时长的智能组。因此，一旦一种方案持续的时间足够长，它就会变得很难改变。不是因为它自身或发展它的智能组的固有限制，而是因为社会中其余的部分都依赖它现在的形态。

一个旧智能组一旦变得很难改变，就是时候建立另一个新的智能组了，进一步的发展需要的可能是革命而不是进化。为什么一个复杂的系统必须通过一系列单独的步骤来发展，这可能是另一个原因。

## 17.8 依恋影像

*愧疚是不断给予的礼物。*

**——犹太谚语**

每个人都会谈到目标和梦想，谈到优先任务，谈到好与坏，正确与错误，美德与邪恶。在儿童的思维中，伦理和理念是如何发展的呢？

在西格蒙德·弗洛伊德的一个理论中，婴儿会开始喜欢一个或两个家长，这会以某种方式让婴儿吸收，或者用弗洛伊德的话说，“摄取”喜爱对象的目标和价值观。自那以后的整个人生中，那些家长的影像会永存于已经长大成人的儿童的思维里，并影响着所有他们认为值得追求的思想和目标。我们并不是一定要同意弗洛伊德的叙述，但我们必须要解释儿童为什么会发展他们家长的价值观模式。只要安全，依恋关系就足以保证孩子会在家长附近活动。发展复杂的理想自我会有什么生物和心理功能呢？

答案对我来说似乎很明显。考虑到我们的自我模式这么复杂，就连成年人都无法解释。没有某种模式做基础，碎片式的婴儿思维怎么能建构这么复杂的事物呢？我们并非生来就具有“自我”，但我们中的大部分人都很幸运，生来就有人类看护者。于是，我们的依恋机制迫使我们专注于家长的方式，这使得我们可以建立与家长本身很像的影像。通过这种方式，文化中的价值观和目标得以从一代传到下一代。这些内容的学习方式与技能的学习方式不同。我们所学到的最早的价值观受到与依恋相关的信号影响，这些信号表述的不是我们自己的成功或失败，而是家长的爱或拒绝。当我们在坚持这些标准时，感受到的是美德，而不仅仅是成功。当我们违反这些标准时，感到羞愧或自责，而不仅仅是失望。这不单单是词汇的问题：那些东西不一样，就好像目的与手段之间的差异。

许多无思维的智能组是怎么产生连贯性的呢？可能是弗洛伊德第一个发现，这源于婴儿的依恋效应。几十年之后心理学家才承认，把儿童与他们依恋的人分离，会对他们的人格发展造成毁灭性的影响。弗洛伊德还观察到，儿童常常会拒绝一个家长而偏爱另一个家长，这个过程显示出性别嫉妒的交互排斥，他称之为俄狄浦斯情结。但如果说这种事情和依恋与性之间的联结并无关联似乎也很合理。如果一个身份的发展是以其他人为基础的，那么如果依恋两种不同的成年“模式”势必会让人感到混乱。这可能会促使儿童通过拒绝或移除此情形中的一方来尽力简化所处的情境。

很多人都不喜欢家长愿望的影像从内部支配着个体的这种想法。但是作为交换，这种奴役也让我们获得了（与其他动物相比）相对的自由，不用被迫遵循那么多不学而知的先天本能目标。

## 17.9 不同的记忆跨度

每个人都可以掌控悲伤，除了悲伤者本人。

——**威廉·莎士比亚**

想象一下一个母亲和一个新生儿。她的孩子需要她付出很多年的时间。有时她一定会想：“这个孩子为什么值得这么大的牺牲？”脑中会出现各种答案："因为我爱他。""因为有一天他会照顾我。""因为他来到这里是为了给我们传宗接代。"但理性很少会回答这种问题。通常，这种问题会在家长继续抚养孩子的过程中逐渐消失，孩子就好像是他们身体的一部分一样。但有时，有些品性可能会压倒那些保护儿童免受伤害的机制，从而导致悲剧发生。

这些家长对儿童和儿童对家长的联结一定会以特定类型的记忆为基础。有些记忆不太容易改变，我怀疑依恋关系所包含的记忆记录就是那种能够迅速形成，但变化特别缓慢的类型。从儿童的角度来说，这些联结也许是由被称为"印刻"的学习形式转变而来，许多动物的幼崽都是通过印刻迅速学会识别家长的。从家长的角度来说，许多成年动物都会拒绝那些在出生后不久没有产生联结的幼崽，于是养育它们就变成了不可能的事。为什么相互联结的记忆这么难改变呢？在动物中，抚养不相干的其他个体的后代通常是一种进化缺陷。人类婴儿的发展必须受到额外的限制，要有恒定的成人模式作为他们人格发展的基础。这类影响目标的联结可以解释在之后的生活中常常出现的无法抵挡的"朋辈压力"。也许所有的依恋关系利用的都是同样的机器。

许多动物还形成了其他类型的社会联结，比如一个个体选择了一个伴侣，在之后的生活中都一直与其保持依恋关系。许多人也会这样做，有些人似乎没有从看起来具有相似外表或特征的备选项中进行选择，但他们其实也有依恋对象。如果这些人依恋的不是特定的个体，那也一定是特定的恒定原型。还有一些人常常发现自己被热恋所奴役，他们思维中的某些部分对此不满，却无法防止或克服。一旦形成，那些记忆联结只会慢慢地逐渐消失。不同类型的记忆时间跨度在进化过程中适应的不是我们自身的需求，而是我们祖先的需求。

我们都知道哀伤的时间跨度似乎无情地长，我们常常需要很久才能接受失去自己所爱的人。也许这一点也反映出依恋的变化是缓慢的，尽管它只是影响因素之一而已。这在一定程度上也可以解释，在经历过身体、情绪或性方面的侵害后，人们会有很长时间的心理障碍。人们可能会问，如果这种经历会产生这么多破坏性的效果，为什么还会与依恋的记忆有关呢？我怀疑任何形式的亲密关系，无论多么不受欢迎，都会对依恋和性所共用的机器产生影响。无论这个暴虐的情节有多短，都会在我们的普通生活中造成长期的精神错乱，部分原因是那些智能组变化很缓慢。受害者以中立的态度对待当时的情境也没什么帮助，因为思维中其余的部分无法控制这些智能组，只有时间才能让它们重新正常运转。人们用来建立身份的智能组如果无法正常工作，这种伤害比失明或断手断脚还要严重。

## 17.10 智能创伤

许多个体的发展都受到潜伏在我们无意识思维里的未知恐惧的影响，这是弗洛伊德的理念之一。这些强大的焦虑包括害怕惩罚、伤害或者无助，还有最糟糕的是害怕失去我们所依恋的人的尊重。无论是真是假，持有这种观点的大部分心理学家都只把这个理念应用于社交领域，他们认为智能领域太过直接和客观，不会涉及这些感受。但智能的发展同样也会依赖于对他人的依恋，也会涉及隐藏的恐惧和担忧。

之后，当我们讨论幽默和玩笑的本质时将会看到，社交和智能领域的失败所产生的后果是非常相似的。主要的不同之处就是，在社交领域只有其他人能告知我们违反了禁忌，而在智能领域，我们常常能探测到自己的缺陷。建塔的孩子因为放错了一块积木而毁掉整座塔的时候，不需要有人教，他就知道要抱怨。当某种悖论把一个有思维的孩子吞噬并卷入一场可怕的旋风时也不需要有人来告诉他，他自己就会因为没有达成某个目标而产生焦虑。举例而言，每个孩子一定都有过这样的想法：

> 嗯，10 和 11 差不多，11 和 12 也差不多，所以 10 和 12 差不多。
>
> 以此类推，如果这样算下去，10 和 100 一定也差不多！

对成年人来说，这是一个愚蠢的笑话。但在年幼的时候，这种事情可能会引发自信危机和无助感。用更符合成年人思路的方式来叙述这件事是这样的：儿童可能会想，我看不出自己的推论有任何问题，却产生了糟糕的结果。我只是利用了一个很明显的事实而已，那就是如果A接近B，B接近C，那么A一定接近C。我看不出这有什么错，所以一定是我的脑子出了问题。无论是否想得起来，我们曾经一定因为需要描绘大海和海洋之间并不存在的边界而感到苦恼。第一个想到“先有鸡还是先有蛋”这个问题的人是什么感觉呢？时间的起点之前是什么，空间的边界之外又是什么？“这句话是错的”这种能让思维感到眩晕的句子是什么呢？我不知道是否有人会因为想起这些事而感到害怕。但是，就像弗洛伊德所说，这个事实可能只是一个线索，它表明有一个区域受到了审查。

如果人们曾经被可怕的思想伤害过，那为什么这些思想没有像情绪创伤一样，让我们产生恐惧症、强迫症或者类似的情况呢？我怀疑答案是它们其实做到了，只不过伪装了起来，我们没把它们当作病理问题。每个老师都见过并且厌恶这种情况，他们相信孩子可以学会某件事，但孩子就是坚定地拒绝学习：“我就是不会。我就是做不好。”有时，这可能表示他们在过去学会了以某种方式来避免因为失败而受到社会指责时所产生的羞愧和压力。但这也可能是对非社会压力的一种反应，这些压力源于无法自己处理某些特定的理念。今天，我们一般认为如果某个人很不幸地缺乏“天赋”和“才智”，智能不足是很正常的。与此相应，我们会说“那个孩子不太聪明”，就好像思维不足是某种注定的命运一样，所以它不是任何人的错。

## 17.11 智能理想

如果思维是一种自我人格，那么它可以做这做那，就好像它可以决定一样，但思维常常飞离它认为正确的事物而不情愿地去追求它认为邪恶的事。不过，似乎没有什么事会按照自我所希望的方式发生。思维只是被不纯的欲望蒙蔽了，没有参透智慧，固执地坚持只想着“我”和“我的”。

——佛陀

我们如何应对导致可怕结果的思维？那个关于“差不多”的悖论，它暗示所有的事物，无论大小，可能都是一样大的。面对这种论点，人们应该怎么想呢？策略之一就是永远不要把两个或三个这种差不多的关系联结在一起，限制这种推理。于是，人们可能会继续推广这种策略，因为害怕不安全，做任何推理都不会把太多例子绑在一起。

但“太多”又是什么意思呢？对于这个问题，我们没有统一的答案。就像在“更社会”的例子中，我们必须在不同的重要思维领域中各自单独学习它：每种类型和风格的推理方法，它们的限制是什么？人类的思维不是以单一的统一“逻辑”为基础，而是以无数的程序、脚本、成规、评论家和审查员、类比和比喻为基础。有些是通过基因的操控获得的，有些是从环境中学来的，还有一些是我们自己建构的。但就算在思维内部，学习也不是独自完成的，每一步都会利用许多我们以前从语言、家庭和朋友，还有从早期的“自我”那里学到的事物。如果不是每个阶段教导下一个阶段，人们无法建构像思维这么复杂的事物。

我们的智能发展与情感发展的差异不大，这还体现在另一个方面：我们也会建立智能依恋，而且想要按照某些特定他人的思维方式思考。这些理想智能可能源于家长、老师和朋友；源于我们从没见过的人，比如作家；甚至源于根本不存在的传奇英雄。关于我们应该如何思考的影像和我们应该如何感受的影像，我怀疑我们对这二者的依赖程度差不多。我们最持久的记忆，有些是关于一些特定的老师的，但不是关于他们教了我们什么。（写现在的内容时，我感觉我的英雄沃伦·麦卡洛克正不以为然地看着我，他是不会喜欢这种新弗洛伊德理念的。）不论一项事业从情感上看起来多么中立，世上并没有“纯理性”的事物。人们总是会带着一些个人风格和倾向来处理某个情境。就算是科学家，也会做出带有个人风格的选择：

证据足够了吗，还是应该再找一些？
是时候做一个统一框架了吗，还是应该积累更多的样例？
我可以依赖旧理论吗，还是应该相信自己的最新猜想？

### 我应该去做简化者还是创新者?

在每一步中，我们所做的选择都取决于我们变成的样子。我们的科学、艺术和伦理技能并非起源于毫不相干的理想真理、美感或美德，而是在一定程度上源于那些我们努力安抚或取悦的影像，这些影像在早年时期已经建立好了。我们成年后的性情是从婴儿时期的冲动进化而来，不过现在如果我们不把它们变形、伪装，或者像弗洛伊德所说的“升华”，就一定会受到指责。

# 第18章 推 理

The Society of Mind

机器，拥有无可辩驳的逻辑，对数字有冷酷的精确性，不知疲倦，能进行完全精准的观察，拥有对数学的绝对知识，它们可以详细阐述任何理念，无论这种理念的源头是多么简单，最后也能得出结论。机器拥有对理想类型的想象力，这种能力可以根据当下的事实建构必然的未来。但人类拥有的是另一种想象力。那是一种不合逻辑但充满才气的想象力，它能模糊地看到未来的结果，却不知道是为什么，也不知道是怎么变成那样的。这种想象力胜过了机器的精准。人们可能会更迅速地得出结论，但机器总是在最后得出正确的结论。人类跳跃前行，机器则是以稳健而不可抵挡的步伐列队前行。

——小约翰 W. 坎贝尔

## 18.1 机器一定要有逻辑吗

有一些旧观点认为如果机器可以思考，那么它们一定是以完美的逻辑进行思考，这种论点有什么问题吗？人们总是说因为机器本身的性质，它们都是按照规则来工作的。人们还说它们只会做人类让它做的事。除此之外，我们还听说机器只能处理量的问题，因此无法应对质的问题或其他类似的问题。

这种论点大部分都是以一个错误为基础的，这个错误就像是把智能体和智能组混为一谈一样。当我们设计并制作一个机器时，我们对于它如何工作有充分的了解。当我们的设计是以整齐的逻辑原则为基础时，我们很有可能犯这样一种错误，期望机器能以同样整齐而有逻辑的方式行事。但这种想法把两件事弄混了，一个是机器内部的“工作”原理，一个是我们期望它在外部世界中的行为方式。能够用逻辑术语解释机器的组件如何运作，并不会自动就能用简单的逻辑术语解释它后续的活动。埃德加·爱伦·坡曾经指出，某种特定的下棋“机器”其实是骗人的，因为它并不总是能赢。他认为，如果它真的是一台机器，那一定拥有完美的逻辑，因此不会犯任何错误！这种论点的谬误出现在哪里呢？很简单，没有什么可以阻止我们用逻辑的语言来描述不合逻辑的推理。机器只会做它被设计来做的事，在某种程度上这是对的。但这并不妨碍我们在了解了思维的运作原理之后，设计出可以思考的机器。

在真实生活中，我们什么时候会真正用到逻辑呢？我们会在想要简化和总结我们的思想时用上它。我们用它来向其他人解释论点，说服他们这些论点是正确的。我们还用它来重新构想我们的理念。但我们使用逻辑真的常常是为了解决问题或者“获取”新的理念吗？我对此表示怀疑。相反，我们都是在通过其他方式建构或发现了解决方案或新理念之后，才会用逻辑术语来总结论点和结论。只有那时，我们才会用语言和其他类型的正式推理来“进行清理”，把重要的部分从千头万绪的思维和理念中分离出来，这些思维和理念正是那些重要部分的起源。

想理解为什么逻辑一定是事后生成的，我们来回想一下利用生成与测试的方法来解决问题的理念。在解决任何问题的过程中，逻辑都只是推理中的一个碎片，它可以作为一种检验方法来防止我们得出无效的结论，但它不能告诉我们应该生成哪些理念，或者应该使用哪些程序和记忆。逻辑无法解释我们是如何思考的，就像语法无法解释我们是怎么说话的，这两种标准都只能告诉我们已经生成的句子是否恰当，但不能告诉我们要生成哪些句子。如果没有知识和意图之间的紧密联系，逻辑只会导致疯狂，而不会产生智能。一个没有目标的逻辑系统仅仅会产生无数无意义的事实，就像下面这些：

A 表示 A。
P 或者不是 P。
A 表示 A 或者 A 或者 A。
如果 4 是 5，那么猪可以飞。

## 18.2 推理的链条

普通的常识中有这样一项规则：如果 A 取决于 B，B 取决于 C，那么很明显，A 取决于 C。但这种表达有什么意义呢？为什么这种类型的推理不仅会用于依存关系，还会用于蕴涵和因果关系呢？

如果 A 取决于 B，而 B 又取决于 C，那么 A 取决于 C。
如果 A 必然包含 B，而 B 又必然包含 C，那么 A 必然包含 C。
如果 A 引发 B，而 B 又引发 C，那么 A 引发 C。

所有这些不同的理念之间有什么共同之处吗？它们都投入了一种链状序列。每当看见这种序列，无论它有多长，我们都会很自然地通过删除头尾之外的所有内容，把它们压缩成一根单一的链条。这让我们“总结出”了这样的结果，比如 A 取决于、必然包含或引发 C。我们甚至会利用想象中穿越时间和空间的路径来做到这一点。

地板上 放着 桌子，桌子上 放着 碟子，碟子上 放着 杯子，杯子里 放着 茶。

方向盘 转动 传动轴，传动轴 转动 齿轮，齿轮 转动 传动轴，传动轴 转动 齿轮。

有时我们甚至把不同类型的事物链接在一起：

从房子 走向 车库 开向 机场 飞向 机场。

猫头鹰 是 鸟，鸟 会 飞，所以猫头鹰 会 飞。

包含“走”“开”和“飞”的链条使用的可能是几个不同类型的链条。但尽管它们所使用的交通工具不同，但都与穿越空间的路径有关。在猫头鹰－鸟的例子中，“是”和“会”最初看来是不同的，但我们可以把它们翻译成更统一的语言，把“猫头鹰是鸟”变成“猫头鹰是一种典型的鸟”，而把“鸟会飞”变成“典型的鸟是一种可以飞的东西”。两个句子现在都用到了同一类型“是”的链条，这让我们更容易把它们链接在一起。

几代科学家和哲学家都试图用逻辑原则来解释普通的推理，实际上都没有成功。我怀疑这项事业之所以失败是因为它在朝错误的方向寻找答案：常识能有效运作不是因为它接近逻辑。在我们积累的大量不同却实用的链接方法中，逻辑只占很小一部分。许多思想家认为逻辑的必然性位于我们推理的中心，但基于心理学的目的，我们最好还是把完美演绎的暧昧理想搁置在一边，试着去理解人们实际上是如何处理常见和典型的事物吧。要做到这一点，我们常常会从因果、相似性和依存性的角度来思考。所有这些思维形式之间有什么共同之处呢？它们都使用不同的方法来制作链条。

## 18.3 链接

链接为什么这么重要？因为就像我们刚才看到的，它似乎在许多领域都有效。除此之外，它还可以在同一领域里同时用多种方式工作。想一想，没有明显的思维串，我们是如何第一次把同样类型的拱门想象成桥梁、隧道或者一张桌子的，以便我们可以根据不同的视角想象把它们链接在一起。

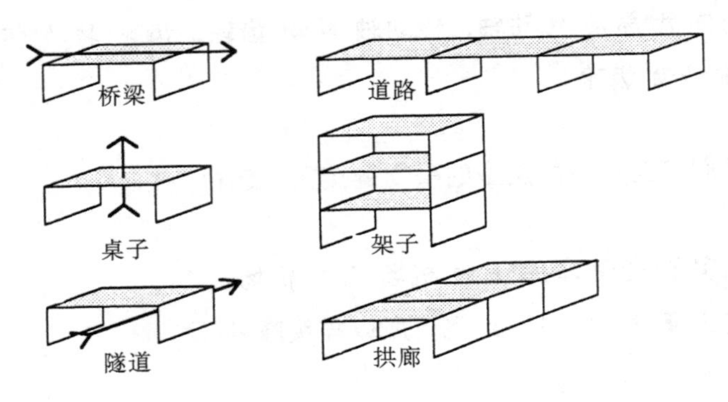


链接似乎不止贯穿于我们的推理方式中，还存在于我们对空间和时间结构的思考方式中。我们发现只要我们想象或解释某件事，就会涉及链接的过程。为什么建立思维链条的能力可以帮助我们解决许多不同类型的问题呢？也许是因为所有类型的链条共享同样的属性，就像下面这些：

> 当链条被拉紧时，最薄弱的环节会最先断裂。
>
> 要修复一根断裂的链条，人们只要修复断裂的部分就可以了。
>
> 如果链条上某个部分的两头都是固定的，就无法从链条上移除这一部分。
>
> 如果拉动 A，B 也会动，那么 A 和 B 之间一定存在着一根链条。

每一条单独看来似乎都是常识，至少当我们把它们应用于实体事物时是如此，比如一座桥、一个栅栏或者一根锁链。但是对于非实体的“思维线条”，链条为什么也适用呢？那是因为链条的断裂方式和推理的失败方式非常相似。

## 18.4 逻辑链条

我们会通过特定的方式利用“逻辑”这个词来把理念链接起来。但我怀疑纯粹的演绎逻辑在一般的思维过程中是否也发挥着如此重要的作用。有一种方式可以用来对比逻辑推理和一般思维。这两者都会在理念之间建立链状的联系。不同之处在于，逻辑推理中没有中间地带，逻辑链条只有存在或不存在，所以逻辑论证不会有任何“薄弱环节”。

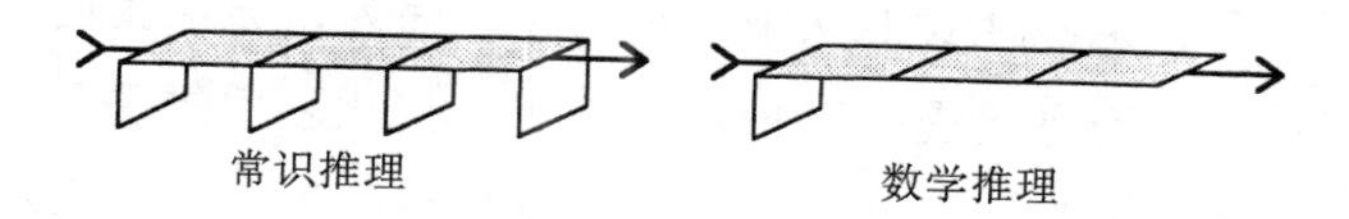


逻辑的每个环节只需要一种支持条件，也就是一个单一的、无缺陷的论断。而常识在每一步都会询问，到目前为止我们所发现的内容是否符合日常经验。任何一个明智的人都不会信任又细又长的推理链条。在真实生活中，听到一种论证时，我们不仅仅会检查单独的每一步，还会看目前论证者所描述的内容看起来是否合理。我们会寻找此推理方式之外的证据。想想我们是不是常常用结构或建筑学的表达方式来谈论推理，就好像我们的论证和“建设者”建塔一样：

> “你的论证**基础**证据**薄弱**。”
> “你必须找到更多证据**支持**这一点。”
> “这一论断**摇摇欲坠**。最终它会**崩塌**。”

这就是常识推理与逻辑推理的不同之处。当普通的论断看起来很薄弱的时候，我们也许能够用更多证据来支持它。但在逻辑链条中是无法用额外的证据来支持其中某个环节的：如果这个环节不太正确，那么它绝对就是错的。实际上，逻辑所特有的优势正来源于这一弱点，因为我们得出结论所需要的基础越少，论证过程中出现薄弱环节的可能性就越低！这一策略在数学领域非常好用，但在处理不确定的事物时就帮不上太多忙了。把生活投注在这么容易分崩离析的链条上，所产生的后果我们承担不起。

我并不是说逻辑有什么错，我只是反对人们想当然地认为普通的推理在很大程度上以逻辑为基础。那么，逻辑的功能是什么呢？它很少能帮助我们获得新的理念，但常常能帮助我们检测到旧理念中的薄弱环节。有时，它还能通过把混乱的网络整理成简单的链条，来帮助我们厘清思想。因此，一旦我们发现解决某个特定问题的方法，逻辑就可以帮助我们找到其中最重要的步骤。这样，我们就能更容易地向他人解释我们的发现，而且在向自己解释理念时，也能让我们从中受益。这是因为，通常我们不会解释自己实际做了什么，而是会提出一种新的构想。与此矛盾的是，我们认为自己有逻辑、有条理的那个瞬间，可能正好就是我们最具创造力和创新性的那段时间。

## 18.5 强有力的论证

当人们产生分歧时我们常常会说，一方的立场似乎比另一方“更强有力”。但“力量”和推理之间有什么关系呢？在逻辑中，论断除了对就是错，因为它没有给程度留任何空间。但在真实的生活中，很少有论断是完全确定的，所以我们必须知道各种形式的推理都容易犯什么样的错误。于是我们可以用不同的方法来让推理链条更难攻破。其中一种就是利用不同的论证方式来证明同一个观点，让它们“齐头并进”。这就好像在峭壁上停车，只靠刹车并不安全。如果刹车中的任何一个环节有问题都无法制动，而且让人郁闷的是，刹车中的各个部件所组成的就是一根很细的链条，其中最薄弱的环节决定了整根链条的强度。

-- 司机的脚踩在刹车踏板上。
--- 刹车踏板把活塞推入制动缸。
---- 这使得刹车液从制动缸中流出。
----- 刹车液通过管道流向车轮的制动系统。
------ 闸缸中的活塞向刹车蹄块施力。
------- 刹车蹄块压向轮毂，使车轮停住。

专业的司机还会让车挂上挡，并且让车轮卡在路沿里。尽管这些技巧都不是百分之百安全，但组合在一起的话，除非三种措施都失效，否则是不会失败的。这个整体比它的任意一个组件都更强有力。

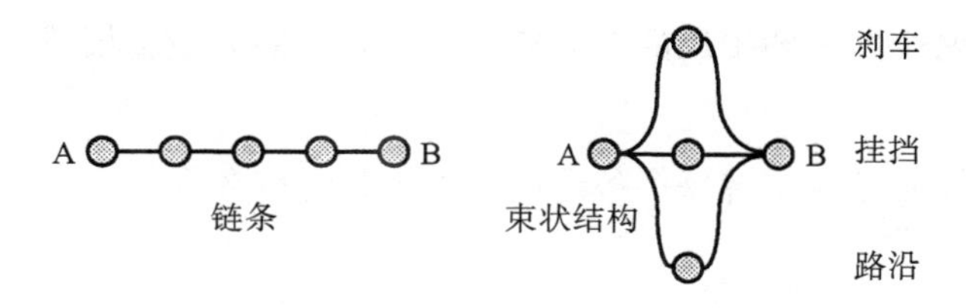


一根链条中任何一处伤害都会使整个链条断裂，但是平行束状结构只有在每根链条都断裂时才会失效。我们的汽车不会溜走，除非刹车、车轮和停车齿轮三者同时出问题。平行束状结构和单一链条只是把各种组件连接在一起最简单的两种方式，这里还有许多其他方式。

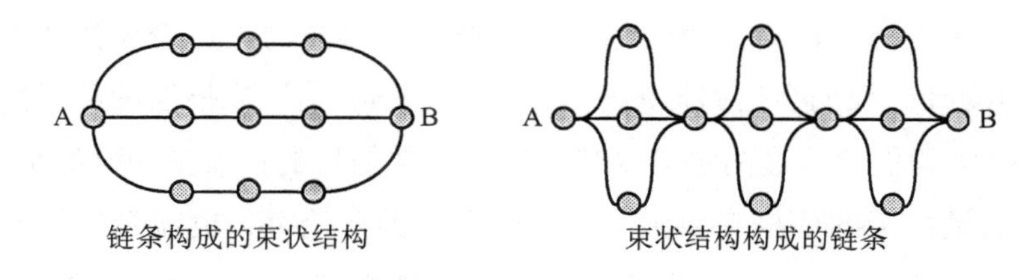


每个串行的联结会让结构更脆弱，而每个束状的联结会让结构更强有力。

## 18.6 从多少到大小

我们喜欢相信推理都是理性的，但我们通常把论证过程表述为敌人之间的战斗，它们常常要对谁的力量更强大争出一个胜负。软弱、强大、击败、胜利，我们为什么会用拳击里这种充满力量的攻击性画面来描述这个过程，打破敌人的防御呢？为什么不能用冷静、清晰、没有瑕疵的推理来证明我们是正确的呢？答案就是我们很少需要知道某个事情是绝对正确还是错误的，相反，我们只想在备选项中选出最好的。

要决定两组推理中哪一组“更强有力”，我们有两种不同的策略。第一个策略就是用大小比较两个相对立的论点，就像比较两种物理力量如何互动：

> **根据大小判断力量**（strength from magnitude）：当两个力量共同作用时，它们会相加变成一个更强大的力量。但是当

两个力量朝相反的方向施力时，它们的力量会相减。

第二个策略是看支持每个备选项的原因数量有多少：

**根据多少判断力量**（strength from multitude）：对于一项特定的决策，我们能找到支持它的原因越多，就越有信心做出这项决策。这是因为如果其中某些原因后来被发现是错的也没关系，还有其他原因支持它。

无论使用哪种策略，我们都倾向于把胜利那方的论点表述为“更强有力”。但为什么我们会用同样的一个词——“强有力”来描述两种不同的策略呢？因为我们使用这两种策略都是出于一样的目的：减少失败的可能性。无论我们做决策的依据是单独一个“强有力的”论据，也就是一个不太可能出错的论据，还是若干个较弱的论据，以期它们不会同时全部都是错的，最后的结果都一样。

我们为什么会倾向于用相互冲突的敌手来描述推理过程呢？有一部分原因是文化因素，但还有一部分原因是遗传。当我们用建筑学的比喻来描述某个论点没有适当的支撑时，利用的可能是空间智能组中进化出来的结构。与此相似，当我们用战斗的语言来表述推理过程时，利用的可能是为物理防御而进化的智能组。

## 18.7 数字是什么

为什么我们觉得要解释事物有什么意义很困难？因为某个事物代表什么“意义”取决于每个人不同的思维状态。这样的话，你可能会怀疑没有什么东西的意义对两个人来说是完全一样的。但如果真的是这样，你可以从哪里开始呢？如果一个人思维中的每个意义都由他思维中其他事物的意义决定，那所有的事不是就进入了一种循环往复的过程吗？而且如果你无法打破这些循环，对于建立科学理论来说不会太主观吗？不会的。许多事物相互依赖的现象没有任何问题。要理解这些循环，你也不一定要进入那些循环中。事物的定义非常完美，不同的人可以以完全相同的方式来理解它们，这只是一个美好的梦想。但这种理想是无法实现的，因为想让两种思维对事物的看法完全达成一致，它们必须一模一样才可以。

我们对意义的理解最接近的领域是数学，比如我们在谈论“3”或“5”的时候。但就算像“5”这样客观的事物也并非孤立地存在于人们的思维中，它也是一个巨大网络中的一部分。举例而言，我们有时在数数的时候会想到“5”，就是当我们要满足每个东西都碰一次，且碰每个东西都不超过两次的时候会背诵“1、2、3、4、5”。要确保这一点，方法之一就是每数一个数，就把一个东西拿起来并移走。还有一种方法就是把一组事物与五个一套的标准件进行对比，比如你的手指，或者是在你思维中默默流过的音节。如果一个对一个，东西都对上了，没有落下的，那么就正好是“5”个。还有一种思考“5”的方式就是想象一个熟悉的形状，五边形、X形、V形或W形、星形，或者甚至是一架飞机。

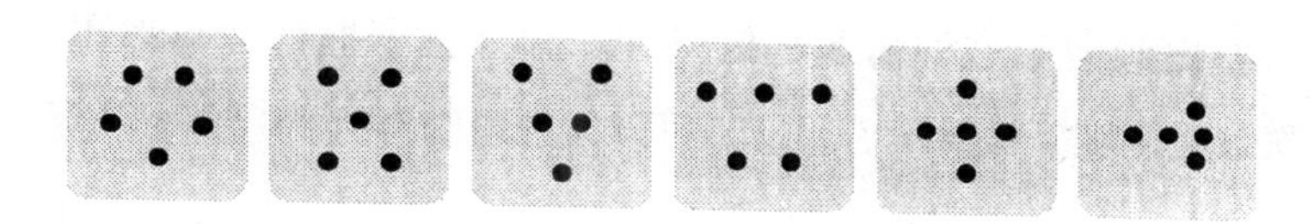

通过这种方式，儿童甚至可能在学会比较小的数字之前就学会比较大的数字。我真的认识一个孩子，她似乎在明白“5”之前就已经明白“6”了，因为她常常在玩三角形和六边形的玩具。

数字的每种意义都适用于不同的问题领域。数数、匹配，还是分组，哪种意义是对的？这就是一个愚蠢的问题：每种方法都会互相帮助，所有方法合并在一起产生了大量的技能，这些技能的效力和效率都会不断增长。真正有用的“意义”不是用定义组成的脆弱的逻辑链条，而是一些更加难以表达的网络，这些网络由记忆、对比和改变事物的方法组成。一根逻辑链条很容易断裂，但当你使用一个交互联结的意义网络时，就不太容易被困住了。于是，任何一项意义失效，你都可以很简单地转向另一个意义。想一想，比如儿童知道多少关于“2”的意义：两只手、两只脚、两只鞋、两只袜子，还有它们之间可以互相交换。关于“3”，回想一下儿童很喜欢的童话故事《三只熊》。这些熊常常被看作是“2”加“1”，也就是熊爸爸、熊妈妈再加一个熊宝宝。而儿童被禁止触碰的粥碗则可以看作另外一种“3”：太烫、太凉和刚刚好，极端之间的折中选项。

## 18.8 数学变得更难了

那个理论没有价值。它甚至连错都算不上！

——沃尔夫冈·泡利

科学家和哲学家们总是在寻求简化。如果能够用已经定义过的事物来定义新的事物，他们是最高兴的。如果我们能一直做到这一点，那么每个事物都可以用连续的层次和水平来定义了。数学家就常常用这种方法来定义数字。他们从定义“0”开始，或者他们干脆假定“0”不需要定义。然后他们把“1”定义为“0”的后继者，“2”是“1”的后继者，以此类推。但为什么要更倾向于这种薄弱的链条呢？为什么不把每件事都和尽可能多的事物联系起来呢？答案有点儿似是而非。

> 作为科学家，我们喜欢把自己的理论整理得越轻薄、越纤巧越好。我们喜欢用这样一种方式安排事物，即如果其中最微不足道的事错了，所有理论也会同时崩塌！

科学家们为什么要用这么不可靠的策略呢？因为这样的话，如果任何一个方面出了问题，他们都能最先发现。科学家们之所以喜爱这种脆弱性，是因为它能帮他们找到珍贵的证据，让每一步都可以和之前的每一步完美契合。就算这个过程失败了，也只是表明我们又有了一个新发现而已！尤其是在数学领域，“几乎正确”和“完全错误”一样糟糕。这就是数学，它追求的是绝对的一致性。

但在心理学领域这可不太好。在真实生活中，我们的思维必须常常容忍那些之后发现可能是错误的理念。我们让老师把儿童的数学思维塑造成由摇摇欲坠的细塔组成的链条，而不是交互联结的强韧网络，这也很糟糕。链条可能会在任意环节断裂，细塔轻轻一推可能就倒了。而这就是数学课上儿童的思维里会发生的事，他们只是稍微走了一点儿神去看漂亮的云彩而已。

老师们试图让学生相信等式和方程式比一般的语言有更强的表达性。但要熟练运用数学语言需要好多年，在此之前，方程式和等式在很多方面甚至还不如常识性的推理值得信任。与此相应，投资原则会与数学老师对着干，因为尽管正式的数学也许潜藏着非常实用的特性，但那实在是太遥远了，大部分孩子在学校之外的日常生活中会继续使用他们习惯的方法。只是跟他们说“有一天你会发现它很有用”或者甚至是“学会这个我就会很爱你”是不够的。除非这个理念可以和儿童世界中的其他事物联系在一起，否则这个知识就无法被用上。

普通公民的普通目标与专业的数学家和哲学家不同，后者喜欢用尽可能少的联结来整理事物。因为儿童从日常经验中得知，他们的常识理念越是交互联结，就越有可能很实用。为什么有那么多学生害怕数学呢？也许在一定程度上是因为我们总是试图教他们那些正式的定义，这些定义旨在把意义网络变得尽可能稀疏、纤细。我们不应该想当然地认为，谨慎、精密的定义总是有助于儿童“理解事物”，它也有可能让儿童更容易把事物混在一起。相反，我们应该在他们的头脑中建立更强韧的网络。

## 18.9 强韧与恢复

人们制造的很多机器都会在组件发生故障时停止工作，我们的思维在改变自我的时候却能够持续运行，这不是很神奇吗？实际上，它们必须这样，因为思维在“关门装修”的时候无法简单地关机。但如果正在调整的是重要组件，甚至可能失去这部分组件，我们要怎样维持运行呢？事实上，我们的脑在受到损伤和大量细胞死亡的境况下，还是能继续维持运行。怎么会有这么强韧的事物呢？有这样几种可能性：

**复制**（duplication）：设计一台机器，让它的每个功能都由若干个复制出的智能体在不同的地方实现，这是有可能的。那么，如果任何一个智能体的能力丧失，它的一个副本就可以“接管”它的工作。根据这种复制方案制作的机器，其强韧性可能很惊人。举例而言，假设每种功能都复制到了十个智能体中。如果一次事故毁掉了其中的一半，任何特殊功能完全失效的可能性和扔十次硬币全部都是正面朝上的可能性一样大，也就是不到1/1000的可能性。而人脑中有很多区域确实存在若干副本。

**自我修复**（self-repair）：身体中的许多器官都可以再生，也就是说它们可以替代损伤或疾病中失去的部分，然而脑细胞通常不具备这种能力。因此，大脑的强韧并没有太依赖愈合功能。于是人们会想，为什么像大脑这样重要的器官进化得还不如其他器官中那些可以修复或替代损伤的部分。大概是因为只是替代单个的脑－智能体没有什么用吧，除非愈合过程可以同时恢复所有这些智能体之间已经学会的联结。既然体现我们学习内容的是那些网络，那么仅仅替换单独的组件也无法恢复失去的功能。

**分布过程**（distributed processes）：也有可能制造一台机器，其中没有一项功能是定位于某个具体位置的。相反，每项功能都“广泛分布”在一片区域，这样每个部分的活动对每项不同的功能都有一点儿贡献。那么任何一个小部分被破坏也不会损害整体的功能，只会对许多不同的功能造成一些小损伤。

**积累**（accumulation）：我确信我们的脑可以利用上述所有方法，但我们还有另外一个强韧性的来源，它可以提供更多优势。想一个从利用积累开始的学习方案，在这种方法中，每个智能体都倾向于积累一整套次级智能体，它们可以通过几种方式实现这个智能体的目标。之后，如果任意一个次级智能体受损，它们的主管仍然能够完成自己的任务，因为它的其他次级智能体将会继续完成剩下的工作，尽管是以不同的方式完成。所以，积累，这种最简单的学习方式既能提供强韧性，又具有多种功能。我们的学习系统可以建立一个多样化中心，其中每个智能体都配备各式各样的备选项。如果这个中心被破坏，那只有等到这个系统逆转并且几近耗竭的时候，效果才会开始显现。

# 第19章 词汇和理念

The Society of Mind

我并没有迷失在字典编纂中，忘记了词汇是大地的女儿，事物是天堂的儿子。语言只是科学的工具，词汇不过是理念的符号：然而我希望，这一工具不要破败，这种符号可以永恒，就像它们所指代的事物。

——塞缪尔·约翰逊

## 19.1 意图的根源

风随着意思吹，你听见风的响声，却不晓得从哪里来，往哪里去；凡从圣灵生的，也是如此。

——约翰福音

语言会在我们的思维中建立事物，但语言本身不是我们思维的物质基础。它们本身没有意义，只是特殊的标记和声音。如果要理解语言的运作方式，我们必须摒弃那种常见的观点，认为语言可以指示、代表或指定事物。相反，它们的功能是控制：每个词汇都会让各种智能体改变各种其他智能体的工作。如果想要理解语言的运作方式，我们永远不能忘记，用语言思考只能揭示思维活动中的一块碎片而已。

我们常常会思考词汇，但不会意识到这些词汇来源于哪里，为什么会出现，或者之后它们会如何影响我们未来的思想以及我们接下来会做什么。我们在进行内心独白和对话时不需要费任何力气，也不需要思考或明白这个过程是如何进行的。这时你可能会争论说，你知道自己为什么会想起这些词，因为它们是你“表达”自己意图和理念的方式。但还是一样的问题，你也并不理解你的意图出现和离开的方式。举例而言，假设在一个特定的时刻，你发现自己想离开房间。然后，你很自然地会去找门。这个过程中有两个神秘之处：

> 一个神秘之处是，你为什么想离开房间？仅仅是因为你在这个房间待腻了吗？还是因为你想起了一件需要做的事？无论你想到什么原因，都还得问一问是什么让这些原因出现。你在思维中往回追溯得越远，那些因果关系的链条看起来就越模糊。
>
> 另外一个神秘之处就是我们同样不知道自己是如何对意图做出反应的。我们的愿望是离开房间，是什么让你想到“门”的呢？你只知道你的第一个想法是“该走了”，然后接着就想“门在哪儿”。

我们对这个过程太习惯了，所以觉得这是完全自然的事，但我们几乎不知道为什么一个想法会接着上一个想法出现。是什么把离开这个想法与门的理念联系在一起的呢？离开和门这两种局部的思维状态是直接联系在一起的吗？还是涉及一些间接的联系？比如不是这些状态本身之间的联系，而仅仅是某种表述这些状态的信号之间的联系。又或者背后还有更加复杂的机制？

我们的内省能力太弱，回答不了这些问题。我们所思考的词汇就好像盘旋在某个非物质的界面上，我们既不理解这些表达自身愿望的符号，也不理解它们所引发的行动和技能将去向何处。这就是为什么词汇和影像看起来这么神奇：我们既不知道为什么，也不知道是怎会回事，它们就发挥了作用。在某一刻，一个词看起来可能具有重大意义；但下一刻，它可能不过是一串声音而已。这就是它应有的样子。正是词汇这种潜在的无目的性使得它们具有潜在的多功能性。宝箱里的东西越少，你能放进去的东西才越多。

## 19.2 语言智能组

*语言并不仅仅是我们与他人沟通理念的媒介……词汇是我们形成所有抽象概念的工具，我们利用这种工具改变和表达理念，通过它，我们可以迅速滑过一系列前提假设和结论，快到在记忆中都没有留下这个过程中各个步骤的痕迹。而且对于这件事的功劳有多大，我们也没有意识。*

**——约翰 L. 罗杰**

正常情况下我们无法意识到我们的头脑机器如何让我们看见、行走或者记住想要的东西。我们同样也不知道自己是如何理解所听到的词汇的。就我们所能意识到的内容来说，一旦我们听到一个短语，脑中就会立即蹦出它的意思，但我们意识不到那些词语是怎样产生这些效果的。想一想，所有的儿童都学会了说话和理解，但几乎没有成年人会认识到语法的约束。举例而言，所有说英语的人都知道说“大黄狗”是对的，而“黄大狗”在某种意义上是错的。我们怎么知道哪种短语是可接受的呢？甚至连语言科学家都不知道头脑要学会这种事需要一次还是两次：首先知道要说什么，其次知道听到了什么。在这两个过程中，我们使用的是同样的机器吗？我们有意识的思维并不知道答案，因为意识不会揭示语言的工作方式。

然而从另一个角度来说，语言似乎在意识的工作中发挥着一定的作用。我怀疑这是因为语言智能组在我们的思维方式中承担特殊的任务，它们对其他智能组中的记忆系统有很强的控制能力，因此对这些记忆系统中所包含的大量知识也有控制作用。但语言只是思维的一部分，我们有时会用词汇来思考，有时却不会。我们不使用词汇的时候，是用什么来思考的呢？利用词汇工作的智能体又如何与不用词汇的智能体进行交流呢？既然没人知道，我们只能建立一个理论。首先来想象一下，语言系统被划分为三个区域：

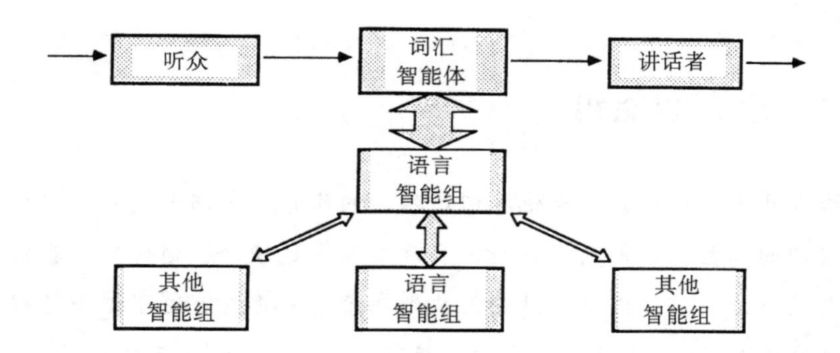


上边的区域所包含的智能体涉及的是具体词汇。下边的区域包含的智能组受词汇影响。中间的智能组涉及的是语言如何参与我们的回忆、预期以及其他心理过程。还有一点奇特之处：语言智能组似乎有一种不寻常的能力来控制自己的记忆。我们的图画显示出这可能是因为语言智能组可以利用它自己，就像利用其他智能组一样。

## 19.3 词汇与理念

为什么像“苹果”这样一个非实体的词汇会让人想到一个真实的事物，

一个有特定尺寸、红色、圆形、甜的、有光泽的、有薄皮的客体呢？一个普通的声音怎么能产生这么复杂的思维状态，牵扯出颜色、物质、味道和形状这么多性质呢？可能因为每种不同的性质涉及的是不同智能体。但是，我们曾经说过不同的智能体之间无法交流，那么这些不同的接收者为什么全都“明白”这同样一条信息呢？语言智能体是不是有不同寻常的能力，可以与不同类型的智能组交流？

许多人试图把语言解释为与心理学中其他内容完全分离的一部分。实际上，语言研究本身也常常被划分为更小的学科，传统的分类方式包括句法、语法和语义。但是因为关于思维也没有更宽泛的理论可以把这些碎片融会贯通联系在一起，它们彼此之间逐渐失去了联系，也渐渐失去了与现实的联系。一旦假定语言和思维是不同的事物，我们就迷失在了拼凑本来没有分开过的碎片中。因此，在之后的几页中，我会把陈旧的语言学理论放在一边，回到引领语言学的几个问题中来：

> 词汇与思维过程有什么关系？
> 语言为什么可以让人与人进行沟通？

在接下来的几部分中，我们将介绍两种智能体，它们为语言的力量做出了贡献。第一类叫作“多忆体”（polyneme），它与长时记忆有关。多忆体是一种 K 线，它向不同的智能组发送相同的简单信号，每个智能组都必须独立学会在收到这种信号时要做什么。当你听到“苹果”这个词，一个特定的多忆体就被唤醒，然后来自这个多忆体的信号会让“颜色”智能组进入一种表述红色的状态。同样的信号还会让“形状”智能组进入表述圆形的状态，以此类推。因此，苹果的多忆体真的非常简单，它其实不知道关于苹果的颜色、形状或者其他任何事情。它仅仅是一个开关，负责开启其他智能组的程序，这些智能组已经学会了用自己的方式做出反应。

之后我们会讨论另一种称为“独原体”（isonome）的语言智能体。每个“独原体”控制一个智能组的短时记忆。举例而言，假设我们正在谈论一个特定的苹果，然后我说："请把它放到这个桶里来。"这种情况下，你会假定"它"这个词指的就是那个苹果。然而，如果我们在讨论的是一只左脚的鞋，你就会假定"它"指代的是那只鞋。同样一个词"它"会激活一个"独原体"，这个"独原体"的信号本身没有特定的意义，但它能控制各种智能体去利用近期的记忆。

## 19.4 客体与属性

像"苹果"这样的词是什么意思呢？这其实是把许多问题合并到了一个问题中。

> 听到"苹果"这个词为什么会让你"想象出"一个苹果？
> 看见苹果为什么会激活代表"苹果"的词汇智能体？
> 人们在考虑苹果的时候为什么会考虑"苹果"这个词？
> 看到苹果为什么会让人默默地就想起苹果的味道？

通常我们都无法完全准确地"定义"一个词语，因为你无法捕捉到在一句短语中你想表达的所有意义；一个苹果意味着一千件事。然而，通过列出属性，你可以说出一部分想表达的意义。举例而言，你可以说"苹果"是一个圆形、红色、很好吃的东西。但"属性"到底是什么呢？同样，这个理念也很难定义，但是关于我们希望属性具有什么属性，还是有几件事可以讲的。

> 我们喜欢那些不会变幻无常的属性。

汽车的颜色每天都是一样的，不发生事故的话，它的基本大小和形状，以及它的材质都不会变化。现在，假设你打算给汽车刷一种新的颜色，它的形状和大小还是会保持不变。这就涉及我们希望属性遵循的另一点：

> 最有用的属性组合是那种成员间不会相互影响太多的组合。

这就解释了为什么全世界都喜欢把这样几个特定的属性组合在一起：尺寸、颜色、形状和质地。因为这些属性几乎不会相互影响，你可以任意组合它们，组成或大或小、或红或绿、或木质或玻璃、或圆或方的客体。而且用不会相互影响的属性来表述事物，可以让我们获得奇妙的力量：想象力。当我们发明自己从没见过的新组合与变异时，可以预期会发生什么事。举例而言，假设一个特定的客体几乎很适合做一项特定的工作，除了它的尺寸小了点儿，那么你可以想象用一个更大的东西来做。利用同样的方式，你还可以想象改变裙子的颜色或尺寸，样式或布料，不需要改变其他任何属性。

为什么这么容易就可以想象出这种变化的效果？首先，这些属性反映的是现实的性质：在我们改变一个客体的颜色或形状时，其他属性通常会保持不变。然而，这无法解释为什么这些变化在思维中不会相互影响。为什么想象一个棕色小木方块或者一条红色丝绸长裙这么容易呢？最简单的解释就是我们是在不同的智能组中表述材料、颜色、尺寸和形状这每一种属性的，之后这些属性可以在若干个思维分区中同时唤醒单独的局部思维状态。这样，一个简单的词语就可以同时激活许多不同类型的思维！于是，“苹果”这个词可以让你的“颜色”智能组进入“红色”状态，让“形状”智能组进入“圆形”状态，或者表述一个被咬过的球形，还会让你的“味道”和“尺寸”智能组根据以前关于苹果的经验记忆做出相应的反应。语言是怎么做到这些事的呢？

## 19.5 多忆体

当一个单一的智能体向若干个不同的智能组发送信号时会发生什么？在许多情况下，这种信息对于每个不同的智能组来说都会产生不同的效果。就像之前提到过的，我会把这种智能体叫作“多忆体”。举例而言，你的词汇智能体对于“苹果”这个词一定是个多忆体，因为它让你的颜色、形状和尺寸智能组进入不相关的状态，分别表述独立的红色、圆形和“苹果大小”这几个属性。

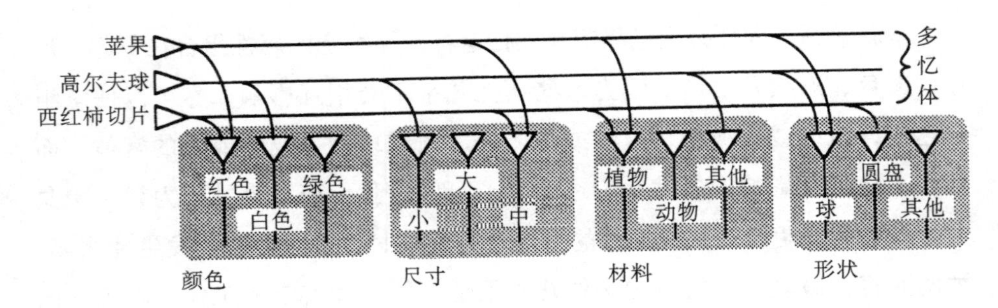


但同样的信息为什么会对这么多智能组产生这么多样的效果呢？而且每种效果都适用于“苹果”的理念。只有一种解释：其他所有智能组一定已经学会了自己对同样的信号应该作何反应。因为多忆体和政治家一样，它们所说的话对于不同的听众来说有不同的意义，每个听众都要学会以自己不同的方式来对信息做出反应。（poly- 这个前缀表明多样性，-neme 这个后缀表示的是这个过程对记忆的依赖程度。）

> **为了理解多忆体，每个智能组都必须学会自己适当的反应方式。每个智能组都要有自己的私人词典或记忆库，可以告诉它如何对每个多忆体做出反应。**

所有这些智能组如何能够学会对每个多忆体做出反应呢？如果每个多忆体都与每个智能组中的 K 线相联结，这些 K 线只需要学会应该唤醒智能组中的哪个局部状态就可以了。下方的图画表明这些 K 线可以在它们所影响的智能组旁边形成小型“存储器”。于是，在需要利用记忆的地方就形成并存储了所需的记忆。

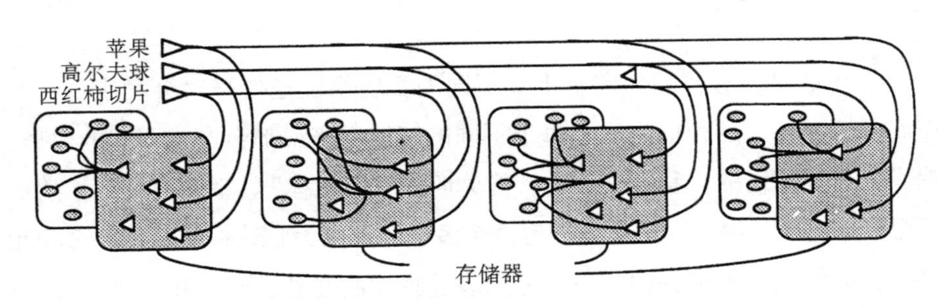


像这样一种简单的方案就能引发语言所包含的所有丰富意义吗？答案

就是：关于意义的所有理念其自身看起来都是不足的，因为没有什么事物可以表示所有的意义，除非是在某种更大的理念背景下。

## 19.6 识别器

当我们看到一个苹果，我们怎么知道这是一个苹果？我们是怎么认出一个朋友的？甚至我们怎么知道看到的是一个人呢？我们如何识别事物？识别事物最简单的方式就是确认它有特定的属性。在多数情况下，要识别出一个苹果，寻找红色且是圆形且是苹果大小的事物可能就足够了。为了做到这一点，我们需要一种智能体来检测是否所有三个条件同时出现。最简单的形式就是只要所有三种输入信息都处于活动状态，那么这个智能体就被激活。

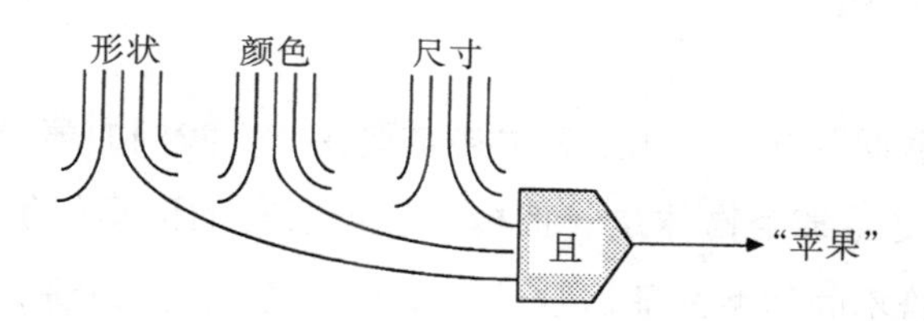


我们可以使用"且"智能体来识别很多东西，但这种理念也有严重的局限性。假设你试图通过这种方式识别一把椅子，如果你坚持寻找"四条腿且有一个座位且有一个靠背"，那么这个任务通常会失败。你很少能同时看到椅子的全部四条腿，通常至少有一条腿在视线之外。此外，如果有人坐在椅子上，你常常根本无法看到座位。在现实生活中，如果一个识别方案是以绝对完美的证据为基础，那么它并不总是能起作用。一个更明智的方案不会要求椅子的每个特征都能被看到，相反，它会在椅子出现时"权衡证据的重要性"。举例而言，我们让椅子智能体在看到椅子 6 个特征中的 5 个或以上时就激活：

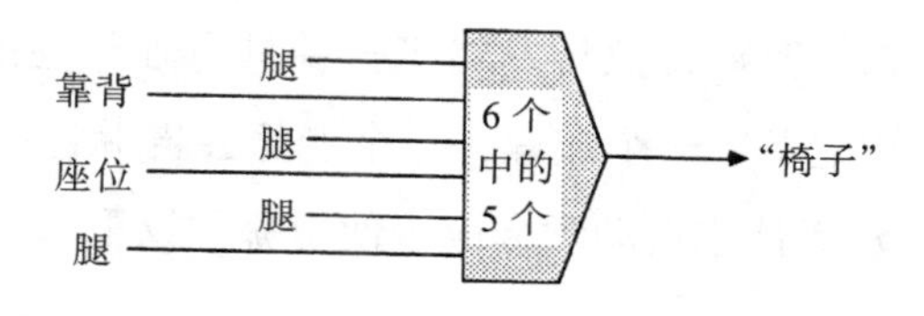

这种方案同样也会犯错。如果椅子的特征中有很多都看不见，那也会无法识别出椅子。如果这些特征虽然呈现出来，但是以错误的排列出现，智能体就会把其他物体错认成椅子。比如椅子的所有四条腿都安在了“座位”的同一边。实际上，仅仅确认所有要求的组件都存在，通常不足以用来识别事物，人们还要确认这些组件的维度和关系。否则我们的识别器无法区分椅子和沙发，甚至不能区分椅子和一堆木板木条。有一类荒谬的笑话就是以无法确认关系为基础的：

> 什么东西有八条腿还能飞？
> ——一个乘飞机旅游的弦乐四重奏乐团。

## 19.7 权衡证据

在“权衡证据”这个主题上有很多重要变体。我们的第一个理念就是数出有多少证据支持某个物体是一把椅子。但所有的证据价值都一样，所以我们可以通过给不同类型的证据赋予不同的“权重”来改进方案。

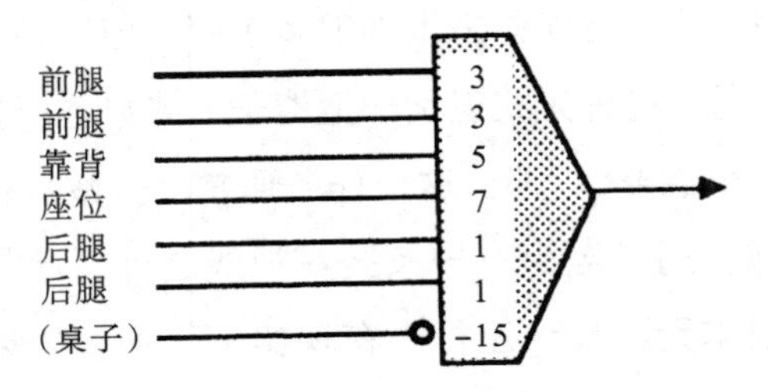


桌子也有四条腿和一个座位，我们如何防止这个椅子识别器把桌子当成椅子呢？方法之一就是安排权重。但如果已经拥有了一个桌子识别器，我们就可以用它的输出作为证据来反对把这个物体当成椅子，只要给它赋予负数的权重即可！人们应该如何决定每个特征应该被赋予多少权重呢？在 1959 年，弗兰克·罗森布拉特发明了一种具有独创性的证据加权机器，叫作“感知器”。它配备了一个流程，一个老师会告诉它，它所做的哪种区分是不可接受的，从而让它自动学会应该使用哪种权重。

所有的特征加权机器都有严重的局限性，因为尽管可以估量各种特征是否出现，但它们无法足够重视这些特征之间的关系。举例而言，在《感知器》（*Perceptrons*）一书中，西蒙·派珀特和我用数学方法证明了没有一个特征加权机器可以区分下列图案，无论我们用多么聪明的办法来加权。

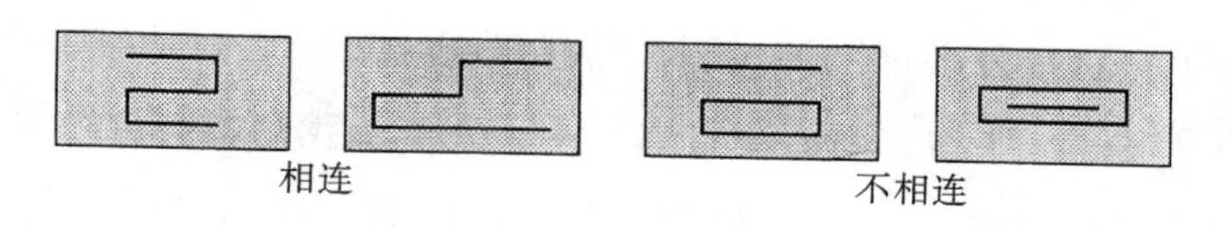


左边的两幅图描绘的是相连的图形，也就是可以用一条线画出的图形。右边的两幅图是不相连的图形，需要用两条分开的线来画。下面这种方法可以证明没有一种特征加权机器可以认出这种不同之处。假设你把每张图都撕成一堆碎片。仅仅因为每一堆都包含着同样种类的图画碎片，我们无法知道哪一堆碎片来自相连的图画，哪一堆来自不相连的图画！每堆碎片都包含着四个直角，两个“线段的端点”，以及同样长度的水平线和竖直线。因此，通过“证据叠加”是无法区分这几堆图形的，因为所有关于各种证据间关系的信息都已经丢失了。

## 19.8 泛化

我们看到一些例子，然后把它们应用于以前没有见过的情境，通过这种方式，我们总是能从经验中学习。一声吓人的咆哮或吠叫可能会让一个婴儿害怕所有差不多大小的狗，甚至害怕所有的动物。我们是怎么泛化这些零碎的证据呢？我的一只狗曾经被车撞过，于是它再也不去自己被撞的那条街了，但它却从来没有停止过在其他街道上追车。

每个时期的哲学家都会试图概括我们是如何从经验中学到这么多东西的。关于这一点，他们曾经提出过许多理论，起了一些如“抽象法”“归纳法”“溯因法”这样的名字，但还没有人发现一种方式可以一直进行正确的泛化。这大概是因为这样简单的方案根本就不存在，无论我们“学会”什么，最后都可能是错的。无论如何，我们人类不会根据任何固定不变的原则进行学习。相反，我们会积累各种学习方案，这些方案在性质和种类方面都各不相同。

我们已经看到过几种泛化的方式。其中一种就是建立统一框架，在这种方式中，我们会做出一些描述，把认为不重要的细节都排除在外。有一个相关的理念是建立在“水平带”概念中的。然而还有一个方案隐含在多忆体的概念中，这个方案试图通过把一些预期组合在一起来猜测事物的特性，那些预期是根据一些独立属性建立的。不管怎样，我们如何“表述”已知的事物与看似最合理的泛化之间存在着紧密的联系。举例来说，第一次提出椅子“识别器”时，我们是根据多忆体把它组装起来的，与这个多忆体相关的是一些我们已经熟悉的理念，也就是座位、椅子腿和靠背。我们已经给予了这些特征适当的权重。

如果我们改变这些证据的权重，就会产生新的识别器。举例来说，给“靠背”一个负权重，新的智能体就会拒绝椅子，而接受长凳、板凳或者桌子。如果所有权重都增加（但所需要的总权重保持不变），那么新的识别器就会接受更多类型的家具，或者那些有更多特征隐藏在视线之外的家具，还有其他一些根本就不是家具的物体。

为什么这种变体非常有可能产生有用的识别器呢？如果我们只是随机选择旧的识别器，并把它们组合成新的识别器，确实不太可能。但如果每个新的识别器都是由智能体发送的信号组成，并且这些智能体已经证明自己在相关的环境中是有用的，那么产生有用的新识别器的可能性就高得多。就像侯世达所解释的：

> 使一个主题产生变化是创造性的症结所在。但这并不是两个看不见的概念相撞而产生的一个魔幻而神秘的过程，它是概念可以划分为重要的次级概念元素所产生的结果。

## 19.9 识别思维

我们如何识别自己的理念呢？起初，这看起来像一个奇怪的问题。但想想这两种不同的情境。第一种情境是，我拿着一个苹果问："这是什么？"我们已经知道看一眼这个苹果会激活像"苹果"或者"水果"这种词的多忆体。第二种情境是，现场没有苹果，我问道："我们把那种圆形、红色、带有薄皮的水果叫什么？"这一次，你脑中也会想起苹果。人们可以仅从听到一些词语就"认出"一件事物，这不是很神奇吗？我们识别事物的这两种不同方式之间有什么共同之处吗？答案就是在脑中，这些情境其实并没有什么不同。无论哪种情境，脑中都不存在真正的苹果。两种情境中，都是某一部分思维认出了在其他特定部分的思维中发生了什么。

让我们继续追寻这个例子，想象一下那些词语激活了你的智能组中三个局部状态。你的"味道"智能组与苹果的味道相对应，"物理结构"智能组表述了薄皮，而"质地"智能组的状态与水果相对应。因此，就算在视线中没有苹果，这种组合也很有可能激活"苹果"的多忆体。让我们将其简称为"苹果 – 忆体"。我们怎么能制造一部机器来做这种事呢？只要简单地把另一个识别器与"苹果 – 忆体"联系起来即可，这个识别器的输入来自记忆，而不是感官世界。

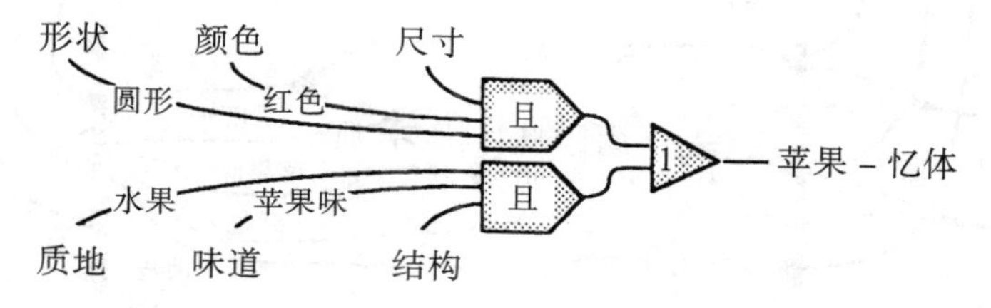


在某种有限的程度上可以说这种智能体识别出了特定的思维状态，如果我们大胆一些可以说，识别出了一组理念。从这个角度来说，物理和思维客体都可以进行相似的表述和加工。在我们积累这些识别器的时候，每个智能组都需要第二种记忆，就像是为了让识别器识别出各种各样的状态而提供的识别字典。

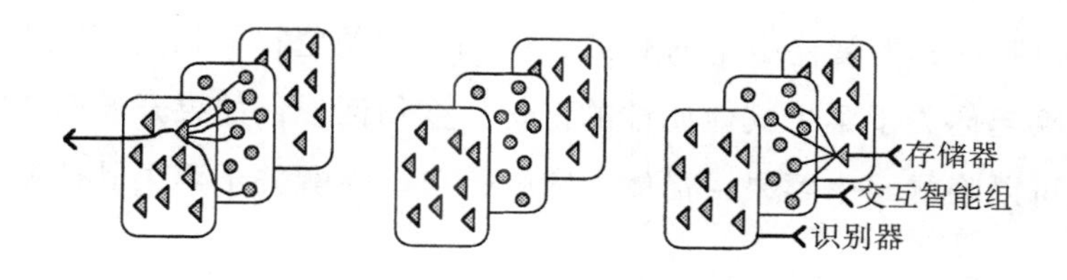

这个简单的方案对于我们如何表述理念只能解释一点点内容，因为只有特定的事物才能用这种简单的属性列表来描述。我们通常还需要关于事物组件之间的限制与关系这类额外的信息，比如要表述“汽车的车轮必须在车体之下”这种知识。去发现我们可能会如何表述这类事物，已经成为当代心理学和人工智能领域关注的主要问题。

## 19.10 封闭圆环

现在让我们来为语言智能组画一张图，不过要根据之前的几部分内容填充更多的细节。

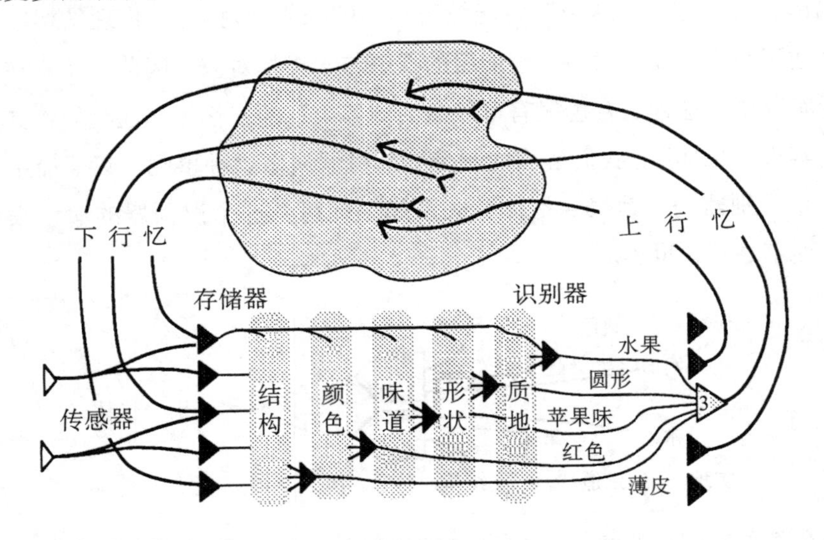


当你沿着这种环形四处查看的时候会发生神奇的事！假设你要想象苹果的三种属性，比如它的质地、味道还有薄皮的结构。然后，就算现场没有苹果，而且就算你还没有想到“苹果”这个词，也足以让左侧的识别智能体去激活“苹果”的多忆体了。（这是因为在苹果多忆体识别器中，我使用数字 3 作为必要的总和，而没有要求所有 5 种属性都出现。）于是这个智能体就可以唤醒其他智能组中的 K 线，比如关于颜色和形状的智能组，之后就可以唤起你关于苹果其他属性的记忆！换句话说，如果开始时你有足够的线索可以唤醒一个苹果－忆体，它就会自动唤醒关于苹果其他属性和品质的记忆，并创造出更完整的印象、“束激”或幻觉，就好像看到、感觉到甚至吃到了苹果一样。通过这种方式，一个简单的闭环机器就可以仅仅根据有关特定部件的线索重新建构一个更大的整体。

许多思想家都认为所有的机器都无法具备这样的能力。但这里我们看到，从一些部件中提取整体并不需要像魔术一样越过逻辑和必然性，只需要一些智能体，当特定的条件被满足时，它们可以“识别”就行。如果某个东西是红色、圆形，并且与苹果的大小与形状一致，而且也看不出什么别的错误，那么人们就很有可能认为这是“苹果”。

这种从不完整的线索中唤醒完整回忆的方法，我们可以叫作“提醒法”，它虽然很有效，但并不完美。说话的人脑中想的可能并不是苹果，而是其他一些圆形、红色的水果，比如西红柿或石榴。这种情形只能靠猜，而且常常会猜错。然而，为了有效思考，我们常常不得不搁置确定性，冒一些犯错的风险。我们的记忆系统之所以强大，是因为它们不会强求完美！

# 第20章 背景与意义不明确

The Society of Mind

要对我们语言的词汇分类进行哲学安排，必须揭示这样一个事实，不可能以绝对清晰的界限来划分和限制某些小组。如果我们要解开那些交织在一起的分支，试图把每个词都限制在其主要或原始的意义范围内，那我们应该会发现一些已经与许多词语或短语紧密联系在一起的次要意义。要切断它们之间的联盟，就是在剥夺我们语言的丰富性，因为这会使其丧失无数的自然变化。

——约翰 L. 罗杰

# 20.1 意义模糊

我们经常发现很难“表达我们的想法”，也就是很难总结我们的思维状态或者用语言叙述我们的理念。把这种事归咎于语言是很诱人的，但问题比这要深得多。

**思想本身就意义模糊！**

人们可能会抱怨说这是不可能的。“我所想的完全就是我所想的，不可能是其他情况，而且这与我能否准确表达它没有任何关系。”但是，“你现在正在想的”其自身本来就意义模糊。如果我们把它解释为你所有智能组的状态，那就会包含很多无法“表达”的内容，仅仅就是因为你的语言智能体无法理解这些内容。对于“你现在在想什么”更恰当的解释是，你的某些高水平智能组当前状态的局部指征。任何智能组状态的重要性都取决于它有可能会怎样影响其他智能组的状态。这表示，为了“表达”思维的当前状态，你必须对自己的某些智能组将要做什么能有一部分预期。当你能够表达自己的时候，你已经不再处于之前的状态了，这是无法避免的。你的思想从开始的时候就意义模糊，而且你从来没有成功表达过它们，仅仅是用其他的思想代替了它们而已。

这不仅仅是词汇的问题。问题在于我们的思维状态通常会受到变化的支配。当物理事物的背景改变时，它们的属性倾向于保持不变，但一个思想、理念或局部思维状态的“意义”取决于此时哪些其他思想也处于激活状态，还取决于最终从那些智能体之间的冲突和谈判中会浮现什么。认为在“表达”和“思考”之间存在绝对清晰的界限，这是一种错觉，因为表达本身就是一个活动的过程，它可以通过把自己从背景中更弥散和多变的部分中分离出来，简化和重构思维状态。

听众同样也必须应对意义模糊的问题。“我要去找那个坏蛋算账。”尽管“算账”这个词还可以表示统计和计算账目，可你还是理解这句话是什么意思。如果词汇本身的意义这么模糊，那我们为什么可以这么清楚地理解句子呢？因为每个单独词汇的背景被其他词汇以及听众过去的经验锐化了。我们可以容忍词汇意义模糊，因为我们已经有能力应对思维的模糊性了。

## 20.2 处理意义模糊

许多常见词汇都意义模糊，就连最简单的句子也可以有好几种理解方式。

那个天文学家和明星结婚了。

这很有可能是一个电影明星，尽管听众可能也会感到片刻的混乱。问题在于“明星”这个词是和不同的多忆体联系在一起的，它可以是一个天体、一个著名演员，或者是一个特定形状的物体。出现短暂的混乱是因为“天文学家”这个词让我们一开始就偏向于天体意义上的“明星”。但产生了非人性的意义引起了我们“结婚”智能体的冲突，这很快就带出了另一个更协调的解释。当一个句子包含了两个或更多意义模糊的词语时，问题就更困难了。

John shot two buck.

“shot”这个词可以表示开枪，在美国俚语中也可以表示打赌。“buck”这个词可以表示一美元或者一头鹿。这些备选意思至少组成了四种解释。有两种不太可能，因为人们很少会向钱开枪或者用鹿打赌。但另外两个意思都有可能，因为很不幸，人们确实会用美元打赌，也确实会朝鹿射击。如果没有更多线索，我们就无法在这些解释之间进行选择。但如果前文给出了一点点线索暗示金钱或赌博，而不是打猎、森林或者户外生活，我们就会毫不怀疑地认为“buck”是美元的意思。

“背景”是如何澄清这种模糊意义的呢？户外的多忆体如果被激活，会略微倾向于唤醒鹿和枪而不是美元和打赌，于是“闭环”效应会很快放大这种偏好。其他如打猎和杀戮这类多忆体将会很快参与其中，并联合起来激活其他相关多忆体的识别器，比如森林和动物。很快，这将会产生许多互相支持的多忆体，建立起单一、协调的解释。

人们可能会害怕这反而会导致雪崩效应，唤醒思维中所有的智能体。如果各种可能的意义通过形成交互排斥的小组来互相竞争，那么这种情况就不太可能发生。于是，随着鹿和枪的多忆体获得了力量，它们会削弱和镇压那些与其竞争的多忆体，也就是关于金钱和赌注的多忆体，从而削弱支持另一种背景的那些多忆体。最后的效果几乎立即就会出现。经过几轮意义环的循环，与鹿和枪相关的智能体将会完全抑制住它们的竞争者。

## 20.3 视觉上的意义模糊

我们通常认为“意义模糊”是和语言有关的事，但意义模糊在视觉中也存在。下面展示的是什么结构？它可以被看作九块单独的积木，一个由另外两个拱门支撑的拱门，或者一个由九块积木构成的复杂拱门！

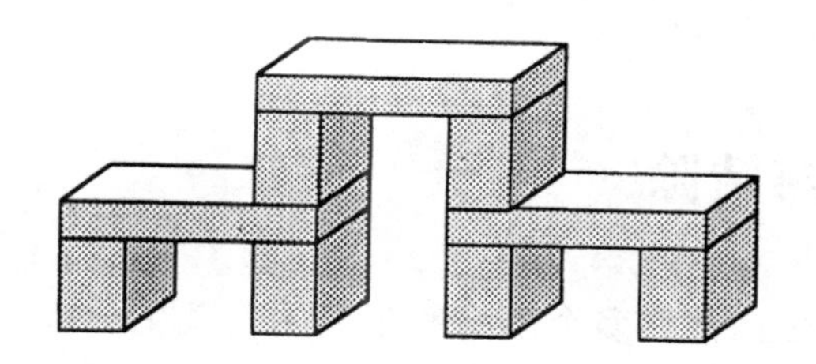

是什么样的过程让我们可以把这个超级拱门看作是由三个小拱门组成，而不是由九块单独的积木组成的呢？就此而言，我们又是如何一开始就认出这是积木，而不是一些线和角？这些“模糊的意义”在正常情况下会迅速而安静地解决，我们高水平的智能组感觉不到任何冲突。当然，我们有时会同时用若干种方式来感知同一个结构，比如将其看作一个复杂的拱门或三个简单的拱门，但我们通常会锁定一个特定的解释。

有时低水平的信息无法处理模糊的意义，比如奥利弗·塞尔弗里奇提出的这个例子。

TAE CAT

这个例子中，H 和 A 没有差异，但我们在不同的背景中认为它们代表了不同的意思。很明显，由视觉产生的“束激”受到某个语言相关智能组的强烈影响。此外，就像我们可以用不同的方式来描述同样的图形，我们也可以用同样的方式描述不同的图形。因此我们可以把所有这些图形都识别成相似的图形，尽管任意两个实际上都不一样：

如果我们用线条的长度、方向和位置来描述这些图形，它们各自非常不同。但我们可以用同样的方式来描述它们中的每一个，这会让它们看起来都差不多。比如这样：“一个三角形以及从一个顶点延伸出来的两条线。”问题在于，我们“看见”了什么并不仅仅取决于什么东西从外部世界到达了我们的眼睛，我们解释这些刺激的方式在很大程度上取决于自身的智能组内部正在发生什么。

## 20.4 锁定与清除

语言中有许多词都和多个不同的多忆体联系在一起，这些多忆体又与每个词的许多“意义”一致。要同时唤醒这么多多忆体，通常会导致冲突，因为每个多忆体都会同时试图把智能组引入不同的状态。如果没有其他背景线索，有些冲突就会根据它们的联结强度来解决。举例而言，在听到“那个天文学家和明星结婚了”的时候，如果其他条件一样，剧作家就会倾向于优先考虑演绎明星，而天文学家会首先考虑遥远的太阳。

但其他条件并不总是一样的。一个人的思维每时每刻都会卷入某种“背景”之中，在这种背景下，许多智能体都处于积极的活动状态。因此，当每个新词唤醒了不同的多忆体时，这些多忆体会竞相改变那些智能体的状态。如果某些特定的智能体组合会彼此强化，那么有些改变就会得到支持。那些没有得到支持、独自待在那里的改变会逐渐减弱，于是大部分模糊的意义就被清除出去了。经过几轮循环，整个系统会为每个词牢牢“锁定”一个意义，并坚决镇压其余的意义。

乔丹·波拉克和戴维·华尔兹开发的一款计算机程序就是按照这种方式工作的。当把这个程序应用于“ John shot two bucks”这句话的时候，再补上最微弱的背景线索，程序通常都会确定一个一致的解释。换句话说，在几个循环之后，智能体们就会进入一种互相支持的模式。在这种模式中，每个词只有一种意义可以维持强烈的激活状态，而其他的意义都会被压抑。此后，无论这种词汇意义是与狩猎结盟还是与赌博结盟，它都会变成自我支持的状态，可以抵御之后任何来自外部的小信号。实际上，系统已经为这个句子找到了一种稳定、明确的解释。

如果这种系统停留在一个错误的解释上该怎么办？举个例子，假设“户外”的线索已经让系统决定 John 正在打猎，但之后，它被告知 John 是在森林里赌博。既然一个单一的新背景线索无法克服已经建立起来的意义联盟，那么可能需要某个高水平智能组重新启动这个系统。如果其他智能组无法接受锁定的最终结果怎么办？只是简单地重复这个程序只会导致同样的错误。为了防止这种事发生，有一种方法就是记录在之前的循环中哪些意义已经采纳过了，然后在下一个循环开始时抑制这个意义。这样就很可能产生一个新的解释。

我们无法保证这种方法总是能找到恰当的解释，可以产生与句子中所有词语都相符的意义。那么如果锁定过程失败了，听众就会感到混乱。人们也可以尝试一些其他方法，比如想象一个新的背景，然后重新启动闭环程序。但是没有一种方法可以一直有效。要利用语言的力量，人们必须获得许多不同的理解方式。

## 20.5 微忆体

那种把事物按照属性分类的旧理念并不能完全让人满意，因为有许多性质都以复杂的方式相互影响。我们经历的每个情境或条件都会受到成千上万背景中的阴影和颜色影响，或者可以说被染色，就像透过彩色玻璃看世界，所有的事物都会受到微弱的影响。

**材料**：有生命的、无生命的；天然的、人工的；理念中的、现实的

**知觉**：颜色、质地、味道、声音、温度

**坚固程度**：硬度、密度、弹性、强度

**形状**：角度、曲度、对称性、垂直性

**持久性**：珍稀性、年代、脆弱性、可替代性

**位置**：办公室、家、汽车、剧院、城市、森林、农场

**环境**：室内、户外；公共、私人

**活动**：狩猎、赌博，工作、娱乐

**关系**：合作、冲突；谈判、对峙

**安全性**：安全、危险；庇护、暴露；逃跑、战胜

这些条件和关系中的有些也许可以用语言来形容，但大多数都不能用词汇表达，就像我们对于大多数滋味和香气、姿势和语调、态度和倾向都无法表达一样。我会把它们称为“微忆体”（microneme），也就是那些内在的思维背景线索，这些线索以我们几乎无法表达的方式影响着我们的思维活动。每个人的思维中有一个稍有不同微型结构，实际上，正是它们无法表达的特性反映了我们的个人特征。然而，通过把这些未知影响力想象成特定智能体，我们就可以对思维的影像进行分类。相应地，在接下来的几部分中，我们将会把微忆体想象成能到达许多智能组的K线，这些智能组效力广泛，可以唤醒和抑制其他智能体，包括其他微忆体。这些微忆体参与了所有的“锁定”和“清除”过程，比如“户外”的微忆体活动对于唤醒“狩猎”的微忆体会有少量的贡献。虽然这种效应单独来看都相对较小，但激活许多微忆体通常会合作建立起一种背景，在这种背景下大部分词汇的意义都可以清晰理解了。

举例而言，在一种背景下，“波士顿”这个词可能会引起一些关于美国革命的思维。在另一种背景下，同样一个词可能会被想成一个地理位置。还有一些背景可能会引发关于著名的大学、球队、生活方式、说话口音或者传统食物之类的思维。这些概念中的每个都一定是由特定的智能体网络所表述，这些网络都直接或间接地与波士顿的词汇智能体相连。但听到或想到这个词本身还不足以确定应该激活这些意义网络中的哪一个，我们还必须依靠当前背景的其他方面才行。我们的假说是，这主要是通过每个意义智能体学习识别特定微忆体组合的激活状态实现的。

就连最简朴的微忆体家族也可以覆盖广泛的背景。仅仅 40 个独立的微忆体就可以演变出 1 万亿种不同的背景，而我们至少有几千个不同的微忆体，也许甚至有几百万个。

## 20.6 忆体的螺旋

我们的多忆体和微忆体发展成了由众多分支组成的网络，这些网络可以到达每个智能组的每个水平。它们类似于等级结构的一般形式，但其中充满了捷径、交互联结和例外。没有人可以理解一个人类个体中发展出的所有联结的细节，这就好像要去理解这个人所有的思维和倾向如何互动。我们最多就是能够想象一下这类结构最粗犷的轮廓而已：

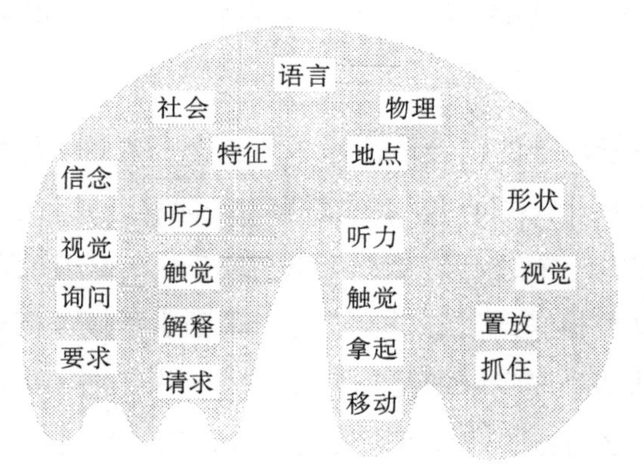


在言语智能组附近的区域内，这个网络中的有些元素可能会预示或表

述我们可以用语言轻易表达的理念和思维。但因为说话是一种社会行为，对于那些没有直接参与沟通的智能组，我们还远不能表达与其相关的忆体的重要性。这是因为那些智能组受到公共语言学的束缚较少，相应地，它们内部的忆体在人与人之间的差异就大一些。

无论如何，我们的高水平智能组一般不会意识到低水平智能组在做什么。它们负责监督和管理下级的工作，却几乎不能理解它们当中所发生的事。举例而言，高水平智能组可能会发现某个特定的下属工作无效，因为这个下属正在应对的忆体太多或太少，于是高水平智能组相应地调整了下属的敏感性。就像 B– 脑一样，一个负责控制的智能组不用理解那些微忆体的本地意义就可以做出这样的判断。就像我们在讨论一个智能组与其 K 线树内的“螺旋”计算理念时提出的那样，这也可以为控制其他智能组的活动水平提供基础。如果各项工作都进行得不错，那么主管就可以指导低水平的程序朝着小细节“盘旋而下”。但如果似乎出现了太多障碍，活动水平就会“螺旋向上”，到达可以诊断和改变无效计划的水平。

## 20.7 联结

一个普通人要想说好并理解一门语言，至少需要学习几千个词。要学会适当地使用某个词，会牵扯到和这个词相关的智能体与其他智能体之间的大量联结。这些联结是如何产生的？它们的物理形态又是什么样子呢？

任何一个关于思维的综合理论都必须包含一些关于智能体之间联结性质的理念。想一想一个人可以学会“联想”任何理念或词汇的组合。这是不是需要我们假定，一个给定的 K 线可以与成千上万或几百万的其他智能体中任意一个都直接相联结。鉴于我们对于人脑中的联结所知道的内容，这似乎是毫无疑问的。许多脑细胞都有纤维，这些纤维可以触及几千种其他细胞，但很少有脑细胞的纤维可以触及几百万其他细胞。而且就我们所知，一个成熟的脑细胞只能与由它发出或伸向它的纤维附近的其他细胞建立新的联结。此外，我们在出生后似乎不会长出许多新的脑细胞；与此相反，它们的数量会下降。当然，脑细胞会继续在若干年中“发展成熟”，而且它们的纤维很可能不断延伸。但没人知道这是学习了新联结的结果，还是它们先生长，然后这些细胞才有可能学会新的联结。

就算是脑细胞之间的长距离联结，也不是随便两个智能体就可以直接相连的，因为那些长联结一般是以有序的束状结构安排的，就像皮肤到脑之间的平行路径一样（虽然没有那么规律）。幸运的是，直接的联结是没有必要的，就像世界上的每部电话，不需要用十几亿条线把它与每座房子相连，也可以和其他任何一部电话通话。电话系统是通过间接的方式联结在一起的，它们所使用的是一个叫作“交换机”的智能组，它只需要适量的线路就可以了。我并不是说脑所使用的就是电话系统中的那类交换方案，而是说没有必要让每个 K 线智能体都直接和其他最终可能与其产生联系的每个智能体相连。

有些因素可以降低相互联结问题的重要性。首先，为了复制记忆中局部思维状态的主要特征，它只需要足够激活其智能体的一个代表性样本。其次，根据我们的知识树理论，大部分 K 线的联结都是以间接的方式开始的，因为它们只与附近的 K 线树相联结。一个多忆体也必须只和每个智能组附近的单一存储器智能体相联结。没有 K 线需要与任何智能组中的所有的智能体都拥有潜在联结，因为只与特定的水平带相联结就足够了。

## 20.8 联结线

有时在夜里，幻想着什么惶恐，

好容易把一棵矮树看作人熊。

——威廉·莎士比亚

下图中描绘了一个联结方案，这个方案可以让许多智能体互相交流，但所需要的联结线却少得惊人。这个方案是由卡尔文 E. 穆尔斯在 1946 年计算机时代来临之前发明的。通过这种方式，我们仅用 10 根线路就可以让几百个“传送智能体”中的任意一个激活相似数量的“接收智能体”。诀窍就在于让每个传送智能体激活不是 1 条，而是 5 条线路，这 5 条线路是从那 10 根线路中随机选取的。然后，每个接收智能体都配有一个且 – 智能体，用于识别同一个 5 线组合。

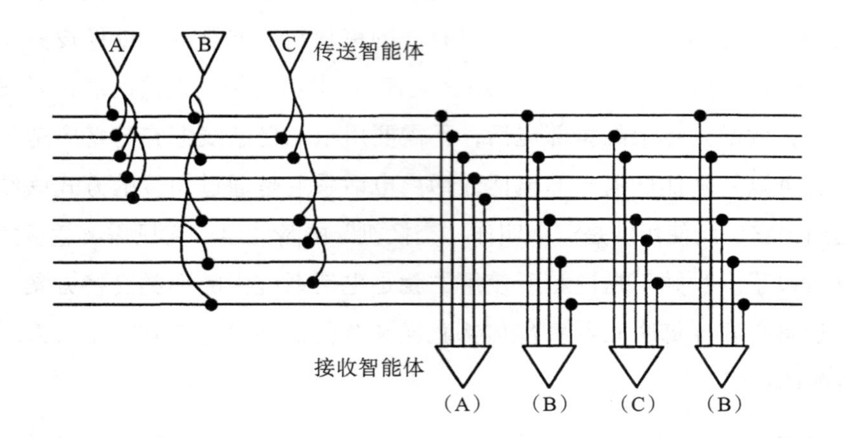


在这个例子中，每个接收智能体都是由一个传送智能体精确唤醒的。如果想让每个接收智能体对若干个传送智能体做出反应，我们可以加入一些单独的识别器，那么接收智能组的输入看上去就好像一棵树，每个树枝的尖端都带有一个识别器。这些接收器如何能学会要识别哪些输入模式呢？方法之一就是使用我们之前描述过的那种证据加权机器。实际上，这对脑细胞来说是非常合理的，因为一个典型的脑细胞实际上拥有一个树状的网络，可以收集它的输入信号。没有人确切知道这些网络是干什么用的，但如果发现它们就是像感知器一样的简单学习机器，我一点儿也不会吃惊的。

上图中展示的网络有一个严重的缺陷：它每次只能传送一个信号。问题在于，如果若干个传送智能体同时被唤醒，那么几乎所有 10 根联结线路都会被激活，继而又会唤醒所有的接收智能体，并产生雪崩效应。然而，通过为系统提供足够的附加联结线，我们就可以让这个问题消失。举例而言，假设有 1 万根联结线，而不是 10 根，那么每个传送智能体就会和 50 根线相连。于是，就算是有 100 个智能体要同时发送信号，错误地激活某个特定的接收智能体的概率只有不到万亿分之一。

## 20.9 分布式记忆

让我们用三层智能体的形式重新描绘一下联结线方案。

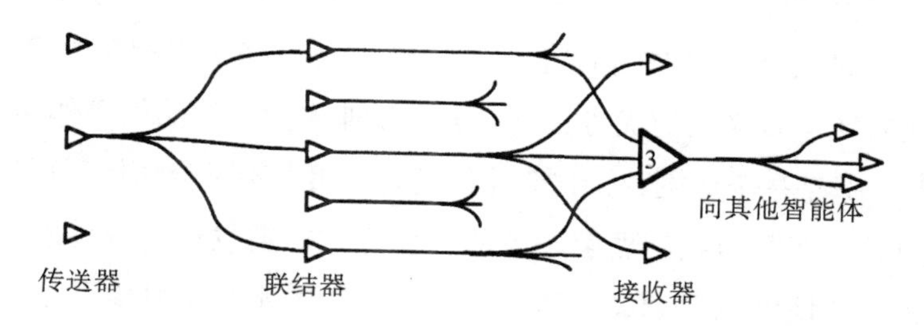


K 线或者存储器都可以充当传送智能体，因为它们都会发送信号给各种其他智能体。接收智能体也可以充当简单的识别器，因为每个接收智能体只能由特定的联结器智能体组合唤醒。然而，因为一个典型的智能体必须既能唤醒其他智能体，也能被其他智能体唤醒，所以它一定会倾向于在输入端和输出端都形成分支。所以我们的网络可以画成这个样子：

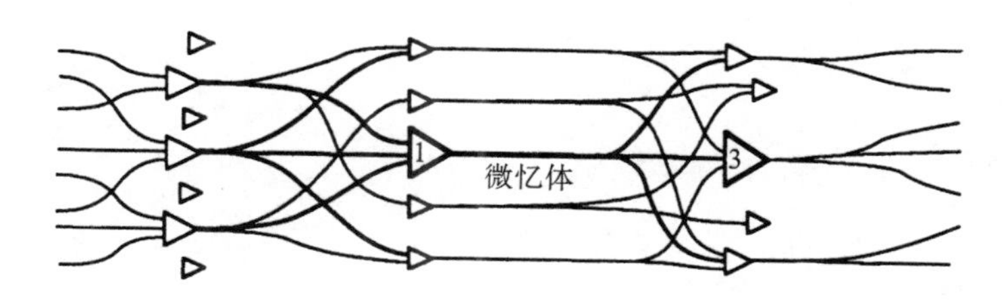


用这种方式表述智能体的时候，我们会看到它们都可以充当简单的证据加权智能体，只要配备不同的“门槛”价值即可。每个识别器可以从与多个联结器智能体相连开始，然后以某种方法学会通过改变它的联结权重来识别特定的信号。根据这种简单的方案建立学习机器可行吗？那是 20 世纪 50 年代许多科学家的梦想，但没有一个实验运行良好，足以激励进一步的工作。最近，一种新的网络机器展示出了更好的前景：一种叫作 Boltzmann 的机器很像一个感知器，它也有一个自动的程序可以学习新的联结权重，但它还拥有某种能力可以通过利用各种“闭环”过程来解决意义模糊的问题。再过几年，我们应该能知道更多有关这种机器的事。也许它们可以为那些与 K 线运作方式相似的记忆系统提供基础，用以复制旧有的局部思维状态。

在设计这些聪明的方法来减少联结线数量的过程中，许多研究者都提出以随机的方式连线，这样任何一个特定线路上的信号本身都没有什么重要意义，只是代表一块碎片而已，这块碎片来自许多不相关的活动之一。这样做具有数学意义上的优势，它只会产生非常少的偶然相互作用。然而，在我看来这似乎是个坏主意：它会让传送智能组很难学会如何利用接收智能组的能力。我怀疑当我们理解了脑的运作方式时会发现，各种联结线小组实际上都有本地的重要意义，因为它们在邻近的水平中其实是最重要的智能体。联结线本身就能形成微忆体！

# 第21章 Trans-框架

The Society of Mind

## 21.1 思维的代词

我们常常可以用少到让人觉得不可能的词语来说我们想说的内容。

"你看到那边那张桌子了吗？""看到了。"
"你看到它上面那块红色的积木了吗？""看到了。"
"好。请把它拿过来给我。"

第一个"它"让讲话者不用再说一遍"那张桌子"。第二个"它"则省去了"那块红色积木"。与此相应，许多人认为像"它"这样的代词是为了简化或替代近期使用过的另一个短语。但如果我们更仔细地看这件事会发现，代词其实不需要指代任何一个短语。举例而言，前一个句子中的"这件事"并不是任何特定短语的缩略版本。相反，它对你，也就是对读者来说是一个信号，让你更仔细地去检查某个特定的局部思维状态，在这个例子中所指的就是关于代词的理论，我假定这个理论在你的思维中已经被前面那句话唤醒了。换句话说，代词并非指代物体或词语，而是表述说话者假定正在听众思维中运转的概念、理念或者活动。但如果存在若干种可能性，听众怎样才能分辨代词指代的是哪个活动呢？

"你记得简喜欢的那个戒指吗？""记得。"
"好。请把它买下来然后给她。"

我们怎么知道"她"指的是简，"它"指的是戒指，而不是反过来呢？我们知道"她"指的不是戒指，是因为语法通常把代词"她"限定为一个女人，尽管这个词也可以表示一个动物、一个国家或者一艘船。但在任何情况下，你都会知道"它"指的是"那枚戒指"，因为你的"购买"智能组不会接受购买简的想法，你的"给"智能组也不会接受把礼物给戒指的想法。如果有人说："把简买下来然后给那枚戒指。""购买"和"给"都会产生强烈的冲突，问题就会升级到听众更高水平的智能组那里，这个智能组会产生怀疑的反应。

我们的语言常常使用像代词的词语来指代思维活动，但我们不仅在语言领域这样做，在我们思维的其他所有高水平功能中都会发生这种事。之后我们会看到，尽管“建设者”只是说“去找”，但“寻找”就会去找一块积木，而不会去找玩具长颈鹿。诀窍就是“寻找”会利用关于当前背景中所有可以获得的描述。因为它已经在为“建设者”工作了，它的次级智能体会假定它应该找一块用于建设的积木。

每当谈话或思考的时候，我们会用像代词一样的设备来利用任何已经被唤醒的思维活动，把它与思维中已经活动着的思想相连。要做到这一点，我们需要有可以用作临时“把手”的机器来抓住和四处移动那些活动着的思维状态碎片。为了强调是与语言中的代词进行类比，我会把这种把手叫作“代原体”(pronome)。接下来的几部分我们将设想一下代原体是如何工作的。

## 21.2 代原体

为什么句子这么容易理解？我们是怎么把理念压缩为成串的词语，之后又把理念释放出来的呢？典型情况下，一个英语句子是围绕着一个动词建立的，这个动词表述的是某种行为、事件或变化：

Jack drove from Boston to New York on the turnpike with Mary.
(杰克带着玛丽开车行驶在波士顿去往纽约的高速公路上。)

当你听到这种话的时候，思维的一部分就会参与到这些和驾驶相关的事情上来：

| 作用 | 相关的事 | 作用 | 相关的事 |
|---|---|---|---|
| 起点 | 最初的状态 | 终点 | 最终的状态 |
| 行动 | 做了的动作 | 行动者 | 发这件事的人 |
| 差异 | 产生的变化 | 原因 | 引起变化的事物 |
| 接收者 | 受到影响的人 | 方法 | 是怎么做到的 |
| 动机 | 为什么这样做 | 障碍 | 问题是什么 |
| 轨迹 | 选择的路径 | 工具 | 使用的工具是什么 |
| 对象 | 受到影响的事物 | 交通工具 | 所使用的交通工具 |
| 时间 | 什么时候发生的 | 地点 | 在哪里发生的 |

这些相关的事和“作用”似乎非常重要，每种语言都为它们发展出了特殊的词语形式或语法结构。我们如何知道是谁驾驶的汽车呢？我们知道是“Jack”，因为行动者出现在动词之前。我们如何知道汽车也牵涉其中呢？因为“drive”的默认交通工具就是汽车。这些事是什么时候发生的呢？是过去发生的，因为动词 drive 使用的是 dr-o-ve 的形式。[⊖]这趟旅行的起点和终点是哪里呢？我们知道起点是 Boston，终点是 New York。因为在英语中，from 和 to 这对介词会分别出现在起点和终点之前。但我们也常常用同样的介词表示不同的相关事物。在关于开车的句子中，“from”和“to”指的是空间中的地点。但在下面的这个句子中，它们指代的是时间间隔：

> He changed the liquid from water to wine.
> （他把那种液体从水变成了酒。）

液体的成分从它“在”之前某个时间的样子发生了变化。在英语中，我们既会用像“from”“to”以及“at”这样的介词来表示空间中的地点，也会用来表示时间中的时刻。这并非出于偶然，因为用相似的方式表述空间和时间，让我们可以在这两种情况下运用同样的推理技能。因此，我们的许多语法“规则”都体现或反映出某种系统一致性，而这些就发生在我们最强大的思维方式之中。许多其他语言形式也以类似的形式发展，让人们可以很容易构想和沟通有关我们最关注的事物。在接下来的几部分中，我们会讨论之前提到过的“代原体”如何参与到我们制作动词和非动词“推理链条”的过程中。

## 21.3 Trans- 框架

每当考虑一个行动的时候，比如从一个地方移动到另一个地方，我们几乎总是会关注如下这些特定的问题：

> 行动在哪里开始？在哪里结束？

⊖ drove 是 drive 的过去式。——译者注

使用了什么工具？目的或目标是什么？

会产生什么效果？会产生什么差异？

我们可以用一个简单的图画来表述其中的一些问题，我们把这个图叫作 Trans– 框架。

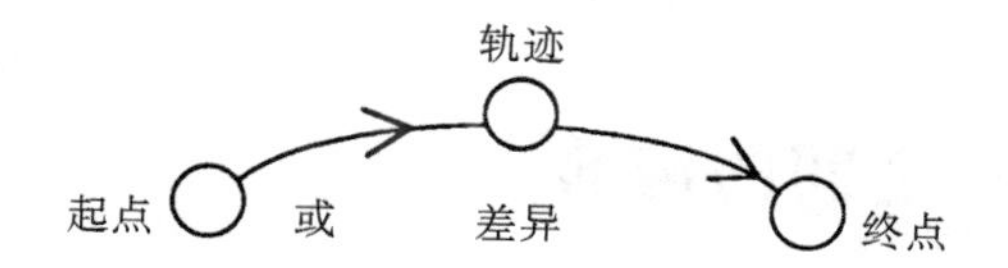


在 20 世纪 70 年代早期，罗杰·尚克开发了一些用相对较少的关系来表述许多情境的方法，他称之为“概念依存”。其中一种方法被称作 P-Trans，表述的是从一个地方到另一个地方的物理运动。还有一种方法叫作 M-Trans，表述的是当约翰告诉玛丽自己的电话号码时所涉及的一种思维运输过程。第三种概念依存的方法被称为 A-Trans，表述的是当玛丽买了约翰的房子时所涉及的思维过程。房子本身从来没有移动过，但它的“所有权”从约翰的房产变成了玛丽的房产。

但我们为什么应该用同样的方式来表述空间运输（transportation）、理念传送（transmission）和所有权转换（transfer）这三种如此不同的理念呢？我怀疑正是出于同样的原因，我们的语言利用同一个词语碎片（trans）来叙述这三种情况：这是一种普遍的、系统性的、跨领域的一致性，它使得我们可以在许多不同的思维领域使用相同或相似的思维技能。举例而言，假设你要开车先从波士顿到纽约，然后从纽约到华盛顿。很明显，整体的效果应该和从纽约驾车到华盛顿是一样的，但如果你不使用特定的思维链接技能，这件事就没有这么“明显”。与此相似，如果约翰告诉你他的电话号码，然后你又告诉了玛丽，最终的结果和约翰直接告诉玛丽差不多是一样的。如果你先买了约翰的房子，然后又把房子卖给玛丽，最后的结果同样和玛丽直接从约翰那里买房子是一样的。所有这三种 Trans– 框架的形式都可以在链状结构中使用！这表示一旦你学会高效的链条操作技能，就可以把它们应用于许多不同的情境和行动中。你所要做的就是把每个 Trans– 框架的终点都换成下一个 Trans- 框架的起点。

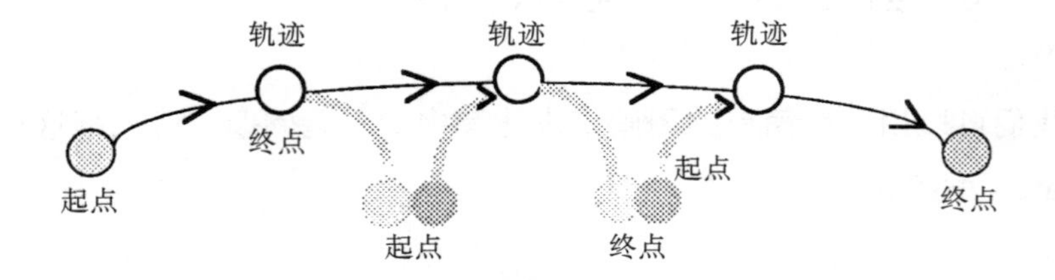


## 21.4 智能体之间的沟通

如果智能体和我们一样拥有庞大的思维，它们可以像人一样交谈，那么“添加”可以说，“请‘拿起’一个苹果并‘置放’于桶中。”也许我们最大的智能组可以处理这种信息，但小一些的智能组，比如“拿起”，是无法解读这些表达方式的，因为它们的专业领域太窄，无法理解这么复杂的欲望和需求。那么为了找到苹果，而不是积木、刀叉或者纸娃娃，“拿起”如何能知道要拿起什么呢？为了检验这个问题，我们必须对听众的思维中会发生什么提出一些假设。此刻，我们简单地假设结果就是激活一个和“建设者”相似的社会，这个社会要包含以下要素：

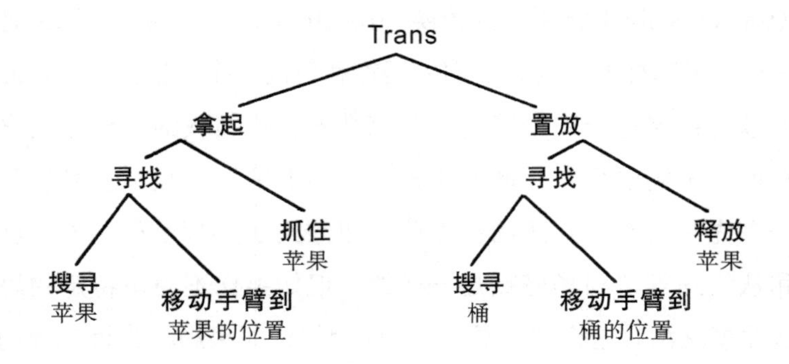


初看之下，好像所有这些智能体都与苹果和桶有关。但仔细看一看你会发现，只有低水平的智能体“搜寻”和“抓住”真正与实际对象的物理属性相关；其他智能体仅仅是“中间水平的管理者”而已。举例而言，“拿起”并不会真的拿起任何东西；它只是在适当的时候开启了“寻找”和“抓住”而已。当然，“搜寻”会需要一些关于要找什么的信息，也就是关于苹果外表的信息，而“移动”会需要关于苹果实际位置的信息。然而，我们会看到，这些智能体可以获得想要的信息，但不需要从“拿起”那里获得。想知道智能体们是如何不用外显信息进行操作的，让我们比较一下对如何把苹果放进桶里的两种普通语言描述。第一种脚本中，在每一行都明显地提到了操作的对象，我们对新手说话时可能就是这个样子。

> 搜寻一个**苹果**。把手臂和手移动到**苹果**所处的位置。
> 让手准备好抓住**苹果**形状的对象。抓住**苹果**。
> 现在搜寻**桶**。把手臂和手移动到**桶**所处的位置。
> 松开手里抓着的**苹果**。

现在让我们用更像普通语言的方式重新描述一下这个过程。

> 搜寻一个**苹果**。把手臂和手移动到它所处的位置。
> 让手准备好抓住这种形状的对象。抓住它。
> 现在搜寻**桶**。把手臂和手移动到它所处的位置。
> 松开手里的东西。

第二种脚本中，“苹果”和“桶”只用了一次。这是我们平常说话的方式，一旦某个事物已经提到过了，我们通常不会再次使用它的名称。相反，只要可能，我们会用一个代词来替代它的名字。在接下来的几部分中，我将会提出，我们不仅会在语言中用代词之类的符号替换事物，在许多其他思维形式中也会这样做。很少会出现其他情况，因为为了让我们理解句子，这些句子必须能反映出我们用来管理记忆的结构和方法。

## 21.5 自动性

高水平的智能体怎么告诉低水平的智能体要做什么？我们可能会认为这个问题对于小智能组来说更困难一些，因为它们能理解的东西少得多。然而，小智能组所关注的事物也更少，因此需要的指示也少。实际上，最小的智能组可能几乎不需要什么信息。举例而言，没什么必要告诉“拿起”“置放”和“寻找”要去拿起什么、置放什么或者寻找什么，因为其中每个智能组都可以利用“搜寻”智能组的活动。但“搜寻”怎么知道要搜寻什么呢？有一个诀窍可以让这个问题消失，刚才这个问题的答案就在这个诀窍中。在普通的生活中，这个诀窍会被赋予名字，比如“预期”或“背景”。

每当人们说到一个词，比如“苹果”，你会发现自己特别倾向于“注意”当前场景中的任何苹果。你的眼睛会转向那个苹果的方向，你的手臂会准备好朝那个方向伸出去，你的手会倾向于做出抓东西的动作。这是因为你的许多智能组都沉浸在了一个由一些智能体产生的“背景”之中，这些智能体都直接参与了最近提到的那个主题。因此，“苹果”这个词的多忆体会唤醒特定的智能组状态，这些状态表述的是事物的颜色、形状和大小，所有这些都会自动影响“搜寻”智能组，仅仅就是因为“搜寻”智能组在一开始的时候被迫要依赖描述对象的智能组的状态。与此相应，我们可以假定“搜寻”从属于一个更大的社会，这个社会包含着这样的联结：

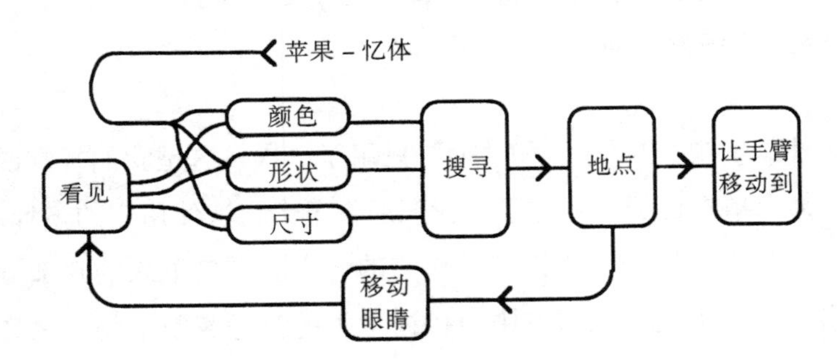


这幅图描绘了一个自动的“寻找机器”。每当真的看见、想象或者有人提到苹果时，负责“颜色”“形状”和“尺寸”的智能体就会被设定进入与“红色、圆形、苹果大小”相一致的状态。与此相应，当“搜寻”被激活，它就不得不搜寻具有这些属性的物体。于是，根据图片，一旦这种东西被找到，它的位置就会自动被“地点”智能组表述出来，同样还因为这是“搜寻”发展的环境。对于“移动手臂到”智能组也是这样，它所成长的背景也一定是像“地点”这种表述位置的智能组。所以当“移动手臂到”智能组被唤醒，不需要告诉它，它就会自动倾向于把手臂移向那个位置。因此，这种智能组的安排可以执行整个苹果移动的脚本，而不需要任何关于“一般目的”的交流。

这也许可以解释“思维注意力的焦点”。因为表述位置的智能组能力有限，每当某个物体被看见或听见，或者仅仅是被想象出来，其他共享同样位置表述的智能组都倾向于被迫参与到同一个目标中来。于是这就变成了此刻某人所关注的“它”。

## 21.6 Trans- 框架代原体

我们的第一个 Trans- 框架方案只与四个代原体相连，分别是起点、终点、差异和轨迹。这些刚好够链接起一条简单的推理链条。但可以发挥作用的其他事物呢？比如行动者、接收者、交通工具、目标、障碍和工具。为了记录这些事物，我们当然还需要某种其他代原体。所以现在我们要想象一个更大的 Trans- 框架方案，它可以同时利用更多不同的代原体。

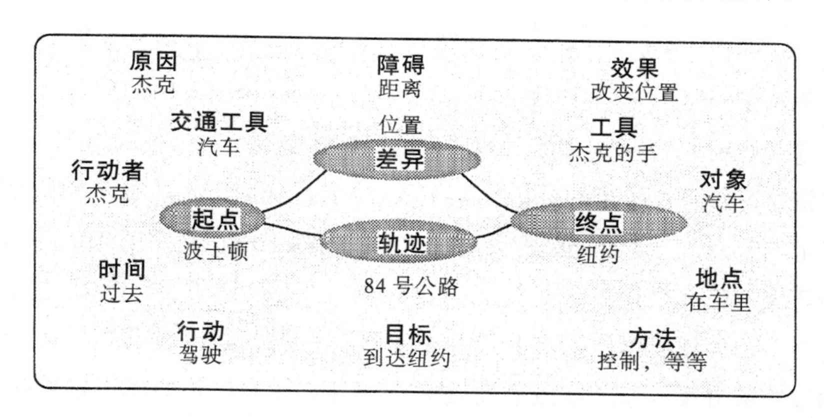


为什么提出这个独特的结构，而不是其他的安排方式呢？因为我怀疑 Trans- 这类结构在我们的思维过程中有着特殊的重要性。原因之一就是在结构与功能之间制造那些非常重要的联结时，有些像桥梁一样的方案似乎必不可少。没有这种桥梁轨迹，可能很难把我们关于事物的知识与关于使用事物的知识联结起来。同样，为了使用链状的思维技能，我们在表述所知的内容时要能够为起点、终点和差异这样的角色提供联结点。所有这些要求都需要使用桥梁状的框架。

人们可能会想知道我们是否需要使用任何“标准的”表述方式。根据投资原则，我们是需要的。无论采用何种表述方式，除非我们能够学会可以和这种表述方式共同工作的有效技能和记忆脚本，否则它对我们没什么用。而且由于需要时间来发展这么复杂的技能，我们永远不会有足够的时间来为每个不同的新理念学习新的表述方式。没有某种用来表述知识的合理统一方案，就不会出现强大的技能。

Trans- 型的表述方案在人工智能的研究项目中非常有用。在其他事项上也很有用，比如创建问题解决理论，制作聪明的计算机程序来模拟各种专业领域中的“专门技术”，以及制作程序，使其可以在一定程度上理解与语言相似的表达方式。在接下来的几部分中，我们将看到如何利用它们来创建不同类型的“推理链条”。

## 21.7 用代原体泛化

从一刻到下一刻，一个人的思维状态与各种各样的客体、话题、目标和脚本联系在一起。“把苹果放到桶里”，当你听到这个句子中的词语时，通过某种方式引起了“苹果”“桶”和“放到”这些主题“占据你的思维”。之后我们将讨论如何为这些主题安排适当的任务。现在我们长话短说，假定在某个特定的时刻，语言智能组把动词“放到”解释为激活特定的 Trans- 框架，并把苹果 - 忆体分配给这个 Trans- 框架的“对象”代原体。然后之前描述过的自动“寻找机器”把苹果的位置分配给了“起点”代原体。与此相似，桶的位置被分配给了“终点”代原体。（至于“工具”代原体，它被默认分配给了听众的手。）现在“在听众思维中”的每个实体都是由某个被分配到的代原体表述的。我们还差一步就完成了，那就是为了真的实施想象中的行动，我们需要某种控制程序来按照适当的顺序激活适当的智能组！

激活苹果 - 忆体，搜寻和移动。

然后激活抓住。

**激活桶-忆体，搜寻和移动。**
然后激活**松开**。

这表明了一种学习技能的方式。起初几次，你会试图做一些没做过的事，你必须通过实验来找到应该激活哪些智能体，什么时间激活，以及激活多久。之后，你可以准备一个脚本，通过积累哪些智能体可以成功激活的记忆，再加上关于哪些多忆体在那段时间被分配给了各种各样代原体的记忆，使工作变得更便捷和轻松。举例而言，如果你打算"重播"上面所展示的"Trans-脚本"，你的手臂会找到第二个苹果并把它放进桶里，根本不需要求助于任何高水平智能组！然而，这个脚本有一个可怕的局限性：它只会对把苹果放进桶里起作用。如果之后你希望把一块积木放进盒子里，或者把一只勺子放进碗里会怎么样呢？我们可以通过把程序分成两个脚本来完成：一个"代原体分配脚本"和一个"行动脚本"。

分配脚本：
把苹果-忆体分配给"**起点**"代原体。
把桶-忆体分配给"**终点**"代原体。
行动脚本：
激活"**起点**"。然后开启"**搜寻**""**移动**"和"**抓住**"。
激活"**终点**"。然后开启"**搜寻**""**移动**"和"**松开**"。

现在请注意，行动脚本根本没有真正提到苹果或桶，只提到了代表它们的代原体。因此同样的行动脚本对于把积木放进盒子里和把苹果放进桶里都一样适用！

## 21.8 注意力

若干个客体同时移动时，我们很难记录它们所有物体的轨迹。在思维的每个其他领域中似乎都有这个问题：我们思考的事物越多，就越难把注意力分配到所有东西上。我们被迫专注于少量的事物，同时失去对剩余事物的记录。是什么引发了这种现象？我认为这隶属于我们用来控制短时记忆的程序。这些技能随着时间的推移而发展，一个成年人可以根据记忆做到婴儿根本无法做到的事，比如记住一个行为的目的和轨迹细节，以及各种障碍是如何克服的。婴儿几乎不能记住他一只手里拿的是什么，而且很有可能忘记另一只手里是什么。

记忆控制是如何开始的呢？也许我们的婴儿首先可以控制一个单一的代原体，让它们有能力把一个"临时多忆体"记录在思维中。这相当于只能维持对一个单一"对象的注意"，我们把它称为 IT。现在，就算记录一个单一的 IT，也需要发展特定的记忆控制技能，因为一个普通婴儿需要花费若干个月的时间才能克服甚至是很小的一点儿干扰，而不会失去对之前焦点的兴趣。

有这样一种干扰，比如看到一个球正好在一个盒子后面滚动。对于非常幼小的婴儿来说，这个 IT 会简单地从思维中消失。大一些的婴儿会记得这个 IT，并期望球很快会再次出现，通过大一些婴儿的眼睛看向盒子较远那一面的方式，我们就能看到这一点。如果球没有很快再次出现，大一些的婴儿就会主动绕到盒子的那一面去找球，这说明这个孩子保留了某种 IT 的表述。另外一种干扰来自孩子自己的思维内部，来自从不同的细节水平重新聚焦同一个客体。举例而言，当年幼的孩子专注于娃娃的一只鞋时，他可能忘记了自己当初关注的是娃娃本身。之后，当孩子的注意力被蕾丝边所占据时，对那只鞋的关注可能又会被替换。

但什么是 IT 呢？集中注意力的能力可以从某种机器开始发展，这种机器可以记录简单的客体事物的多忆体。在之后的阶段中，IT 可以表述更复杂的程序或脚本，利用各种各样的代原体，比如对象、起点、终点、障碍、轨迹和目的来记录整个 Trans- 行动。最终我们的 IT 们会发展成复杂的机器系统，可以表述某一时刻"不在任何人思维中的"事物。在之后的生命中，我们变得可以同时维系若干个 IT。这让我们可以制订对比、预测和想象的计划，并开始根据因果链条和推理链条做出解释。

# 第22章 表 达

The Society of Mind

亨利最后得出结论，那本书没有成功只是因为误解。朗伯相信它的意图是通过集体行动提升个体主义，而另一方面拉绍姆则认为，它把个人主义的牺牲传给了集体主义。每个人都强调这本书的道德特征。但亨利……想到的是一个人，一个情境，这个人过去的生活与他那时所经历的危机之间的关系，还有许多其他评论家们没有提到过的事。这是他的错还是读者的错？亨利被迫得出结论，公众喜欢的书和他为他们提供的书是完全不同的。

——西蒙娜·德·波伏娃

## 22.1 代原体和多忆体

要表述“把苹果放进桶里”这个行动，起点代原体必须分配给苹果－忆体，终点代原体分配给桶的多忆体。然而，在另一段时间里，另一个程序可能需要用起点代原体表述一块积木，用终点代原体表述一座塔的塔顶。每个代原体都必须在不同的时间分配给不同的事物，持续的时间也只够在那个时刻完成任务。换句话说，一个代原体就是一类短时记忆。

这表明了一种体现代原体理念的简单方式：每个代原体都是一个简单的“临时 K 线”。代原体与 K 线之间基本的差异就在于，代原体的联结是临时的，而不是永久的。“分配”代原体其实就是临时把代原体与任何当前它能触及的活动着的智能体相联结。然后，当我们再次“激活”代原体时，同样的智能体也会被唤醒。为了让起点代原体表述苹果，首先要激活苹果－忆体，这就会唤醒特定的智能体。然后很快“分配”起点代原体，于是那些智能体就与代原体联结在了一起，而且很可能会一直保持联结，直到代原体被重新分配为止。

如果我们从这个观点来比较代原体和多忆体，可以看到它们之间存在着紧密的联系。

> 多忆体是永久的 K 线，它们是长时记忆。
> 代原体是临时的 K 线，它们是短时记忆。

至今我们还不知道头脑是如何形成长时记忆的。有一个假说认为我们根本就没有临时的 K 线，但是当一个代原体的 K 线被使用过之后，它就变成了永久的 K 线，那个代原体机器则与之前没有用过的另一个 K 线联结起来。无论这件事的运行原理是什么，我们对它都知之甚少，只知道它需要大量的时间来形成永久记忆，大概是半个小时的时间。如果在这期间出现严重的干扰，就无法形成记忆。另外还有证据表明，我们形成每段长时记忆的时间差不多不会超过几秒钟，但这是非常不精确的，因为我们对于什么是单独的记忆没有准确的定义。无论如何，这似乎表明我们可能会同时运行几百个这种程序。

为什么这种程序需要这么长时间呢？也许因为它就是需要这么长时间来合成化学物质，用来在智能体之间制造永久的联结桥。也许这些时间大部分都是用来搜索没用过的K线智能体的，尤其是那种已经拥有所需的潜在联结的智能体。又或许所需的联结会从“被分配的记忆”中出现，就像我们在20.9中简短提到的那种。

## 22.2 独原体

我们介绍了多忆体的概念来解释一个智能体如何能够与许多其他类型的智能组沟通。为了让多忆体可以工作，它的每个接收者都必须学会其自身的反应方式。现在我们来看看第二种方式，代原体同样是一个可以和其他智能组互动的智能体。不同之处在于，代原体从本质上来说对每个接收者的影响都是一样的，也就是说它会激活或分配某个特定的短时记忆单元。我会介绍一个新词“独原体”（isonome），也就是任何一个会对多个智能组产生统一影响的智能体。

**一个独原体对它的每个接收者都会产生相似的固有影响。**
因此它会把同样的理念同时运用于许多不同的事物上。
**一个多忆体对它的每个接收者都会产生不同的习得性影响。**
因此它会把同样的事物与不同的理念联结起来。

为什么会存在独原体呢？因为我们的智能组拥有共同的基因起源，它们同样也倾向于形成相似的结构。所以它们会倾向于以粗糙的平行形式排列，就像书里的书页一样，而且会以相似的形式运作，还拥有相似的记忆控制程序。如果任何一个智能体的联结倾向于直接从封面到封底穿过这本书，那么就会倾向于对每页都产生相似的影响。

独原体和多忆体都和记忆有关，但多忆体本质上就是记忆，而独原体控制记忆的使用方式。代原体是一种特殊类型的独原体；一定还存在着“干扰独原体”，它的工作方式差不多，但管理的是更大规模的记忆，比如同时存储整个 Trans- 框架中的若干个代原体记忆。（我们将会看到，每当遇到像“谁”或者“哪个”这种语法词汇时，思维一定会做这件事。）但每当一个智能体被用来控制另一个智能组活动的水平带，而不用考虑那个智能组中事件的详细信息时，其他类型的独原体必然会参与其中。所以多忆体的力量来自他们如何学会同时唤醒许多不同的程序，而独原体的力量来自可以利用许多智能组中已经存在的共同之处。

## 22.3 去专门化

在学会把苹果放进桶里后不久，儿童就会发现自己现在可以把苹果放进盒子里或者把洋葱放进桶里。是什么样的魔法让我们可以把学到的任何技能都“去专门化”呢？我们已经看过一种方式，就是把特定的多忆体替换为没那么具体的代原体。举例而言，我们的第一个苹果－放进－桶里程序是一种专门化的程序，它只能用于把苹果放进桶里，因为它的基础是这些对象的具体多忆体。然而，第二个脚本很容易就可以把洋葱放进桶里，或者把伞放进行李箱，因为它不占用任何多忆体，只需要“起点”和“终点”的代原体。这个脚本的功能更多样，因为那些代原体可以被指派给任何事物！学会用独原体思考一定是思维发展的众多步骤中非常关键的一步。

我们的许多链接技巧中，如果每种都与一个像“猫头鹰”或“汽车”或“杯子”或“齿轮”这种具体的多忆体永久连在一起，那它们就都没有太大用处。然而一旦我们学会用独原体建立程序脚本，那么每种技巧都可以应用于许多不同的推理之中，比如逻辑、因果、依存性，还有其他所有的类型。但是把多忆体变成独原体并不总是有效的。有什么因素会阻止儿童将适用于“把苹果放进桶里”的脚本运用于“把海洋放进杯子里”呢？为了防止发生这种荒唐的事，我们的脚本必须对“起点”和“终点”设置适当的限制，比如要确定“终点”一定能够表述一个大到足够容纳“起点”事物的容器，而且这个容器要朝顶端开口。如果这些看起来似乎也太不言而喻了，那么就来看看婴儿第一次尝试把一个物体放进一个桶里或者第一次用勺子或叉子挑起食物吧。那需要几个星期或者几个月的努力才能让这些技能达到可用的程度。如果我们泛化得太草率，把所有的多忆体都换成独原体，那这些泛化很少能真正发挥作用。

我们所说的“泛化”并不是一个单一的程序或概念，而是一个功能性术语，我们用来扩展技能效力的众多方法都具有这个功能。不会有一种单一的方针可以适用于所有的思维领域，每次对技能的精炼都会影响泛化的质量。把多忆体转化成独原体的技能也许具有潜在的效力，但它也必须可以适用于不同领域才行。一旦我们积累了对于一个新的脚本会在哪些情况下失败、哪些情况下成功的足够的例子，就可以试着建立一个统一框架来具体表达良好的约束。但无论我们采用哪种方针，一定总是会有一些预期。你无法把鸟放进桶里，无论它在里面多么合适。未成熟的泛化会导致需要积累大量的限制、审查和预期，这样还不如保留原来的多忆体。

## 22.4 学习与教学

每个老师都遇到过这种挫折，一个孩子学会了一个主题并且可以通过考试，却无法把这种技能应用于“现实生活”中遇到的问题。责骂学生不经常管用，但通过例子解释如何把概念应用于其他背景中是有帮助的。为什么有些儿童似乎自动自发地就可以做到这一点，有些孩子却好像不得不在不同的领域中一遍又一遍地学习那些本质上一样的东西？为什么在从一个领域向另一个领域的“学习迁移”方面，有的孩子比其他孩子做得更好？说那些学生“更聪明”“更有天分”“智力更好”解释不了任何事。这种对能力的模糊定义就算在同一思维的不同组件之间都各不相同。

我们所学到的知识能发挥多大作用，取决于我们如何在思维中表述它们。我们已经看到过，通过把特定的多忆体替换成独原体，同样的经验可以让人学会不同的行动脚本。某些特定的版本只适用于特定的情境，另外一些则可适用于更多情境中，还有一些则太过概化和模糊，只会导致混乱。有些儿童可以学会用多种方式表述知识；而有些只能通过积累刻板、目标单一的程序或者用几乎没什么用的概论来表述。儿童在一开始的时候是如何获得“表述技能”的呢？教育性的环境可以使一个儿童从小程序开始，通过既定的步骤建立庞大、复杂的程序。只要每个步骤足够小，我们就可以防止孩子迷失在充满无意义选项的不熟悉的世界里，之后孩子就可以继续用以前的知识来测试和调整发展中的新结构。但如果一个知识或程序的碎片与过去经验之间的差异太唐突，那么孩子旧有的组织程序和行动脚本就都不可用，此时孩子会被阻滞在这里，不会发生“学习迁移”。为什么有的孩子比另一些孩子更加擅长通过“自学”在思维内部做出改变呢？

每个孩子都会时不时地学会各种比较好的学习方式，但没人知道这是怎么完成的。我们倾向提到“智力”，是因为我们发现仅通过观察儿童所做的事无法理解这个过程。问题在于人们无法观察到儿童“学习如何学习”时所使用的策略，因为那些策略两次都从我们可以看到的过程中被去除了。要猜测直接引发这些行动的 A- 脑系统的特征已经很困难了。还有一些运作于儿童内部、用于训练 A- 脑智能组的多层次教师 - 学生结构，旁观者要想观察到这些结构可是困难得多！而且这些旁观者也无法猜测到底哪些关键的“幸运事件”可能会让那些隐藏的 B- 脑坚持寻找更好的学习方式。也许我们的教育研究应该少关注一些如何教导学生获得特定的技能，而应该多关注我们是如何学会学习的。

## 22.5 推理

把结构链接成链条是我们最有用的推理方式之一。假设你知道“约翰把风筝给了玛丽”，以及“玛丽把风筝给了杰克”，那么就可以得出结论，风筝从约翰那里到了杰克那里。我们是怎么得出这种结论的呢？有些人认为我们用的是“逻辑”。还有一个更简单的理论就是通过把一些 Trans- 框架组装成链条。假设你看到两个这样的框架：

**所有属于 A 的都属于 B，以及，所有属于 B 的都属于 C。**

那么只要把第一个“起点”与第二个“终点”合在一起，就可以得出新

的“推论框架”:

所有属于A的都属于C。

要做这种类型的“推理”，我们还必须使用独原体来重新安排自己的短时记忆。但这需要的就不只是简单的链接了。举例而言，所有年长一些的儿童都可以根据“翠迪是一只鸟”推论出翠迪会飞。但是要做到这一点，人们必须能够应对这种不一致：第一个B是“一只鸟”，而第二个B是“所有鸟”。如果我们只有在两种代原体分配绝对一致时才能够做出这种链条，那这种能力实际上没什么用。儿童会在多年的时间里改善自己的能力，可以在两种不同的结构足够相似的情况下决定可以做出链状推理。这常常需要我们在适当的细节水平带上回忆和应用其他类型的知识。

儿童需要多年的时间来学习通过有效的方式利用他们的代原体和独原体。最小的孩子既不能重新安排他们对物理场景的表述方式，也不能做出我们这里所讨论的那些推理。要想像成年人一样思考，我们必须开发和学习如何利用记忆控制程序，这些程序可以同时操控若干套代原体价值。我们那个简单的“把苹果放进桶里”的脚本中就隐藏着这样一个程序，它开始只表现为把“苹果”分配给“起点”以及把“桶”分配给“终点”的问题。但除非你先“拿起”一个东西，否则你不能“置放”这个东西，因此这一定还包含了两个Trans-框架的操作。第一个是把你的手移向苹果，第二个是把苹果移动到桶那里。在转移的过程中，你的代原体必须改变自己的作用，因为苹果的位置是第一个Trans的“终点”，但之后又变成了第二个Trans的“起点”。尽管这个过程可能看起来不言而喻，但某些思维过程必须转变代原体的作用。

通过学习操控独原体，我们可以把思维表述与那些像桥梁、链条和塔一样的结构合并在一起。我们的语言智能组通过利用语法中的连词，比如“和”“因为”或者“或”，学会了用复合句的形式表达这些内容。但语言不是我们学习“概念化”的唯一领域，所谓概念化就是把我们的思维过程几乎当作客体。在解决了一个困难的问题后，你可能会发现自己把刚才所采用的步骤表述得像一个物理结构的组件一样。这样做可以让你能够用其他方式重新组合这些步骤，以便用更快速、更简洁的方法达成同样的目的。

## 22.6 表达

语言让我们可以把思维像普通的东西一样处理。假设你遇到某个正在试图解决问题的人。你问他发生了什么事。他告诉你："我在思考。"你说："我可以看出来，但是你在思考什么呢？""嗯，我正在找一种解决这个问题的方法，而且我想我已经找到了一种。"我们谈论这件事的方式就好像理念和积木一样，我们可以寻找和抓住！

我们为什么会把思维"物化"呢？原因之一就是这使得我们可以再次应用脑中用来理解世俗事物的精妙机器。这种方式还能帮助我们组织自身思维世界中的远征，就和我们在空间中寻找路径差不多。想一想我们用来"寻找"理念的这些策略和我们用来找实物的策略有多像：到它们去过或者经常去的地方找，但不会在同一个地方一遍又一遍地找。实际上，有好几个世纪，我们的记忆训练术受两种技术支配。一种以声音的相似性为基础，利用我们语言智能组的能力在词语间建立联结。另外一种方法是把我们想记住的东西想象成放在某个熟悉的地方，比如我们特别熟悉的一条路或一个房间。通过这种方式，我们可以运用事物定位技能来记录自己的理念。

我们把理念当成客体来处理的能力，与我们一遍又一遍重新使用脑机器的能力共同发展。每当一个智能组因为一个巨大而复杂的结构而感到负担过重时，我们也许可以通过物化，或者用我们常说的词"概念化"，把这个结构当成一个简单、单一的单元。那么，一旦我们通过用简洁的象征符号来重新表述一个更大的结构，这个负担过重的智能组可能就可以继续工作了。通过这种方式，我们可以建立庞大的理念结构，就像我们用小部件搭建高塔一样。

我怀疑，就像它们在思维中被表述的那样，物理客体和理念几乎没有什么差异。世上的事物对我们来说很有用，是因为它们是“实体的”，也就是说，因为它们拥有相对持久的属性。现在，我们不常把思维当作实体来思考，因为它们不具备世间事物的常见属性，比如颜色、形状和重量。但“好主意”同样具有实体性，尽管类型不同：

> 除非概念或理念可以在足够长的时间里保持不变，并且待在思维中的同一个“地方”，让我们在需要时可以找到它们，否则它们就没什么用处。它们如果持续的时间不够长，我们也永远无法实现目标。简而言之，如果没有一些稳定的状态或记忆，那么没有一个思维可以运转。

这听上去可能像我在打比方一样，因为思维中的“地方”和世俗所说的地方并不完全一样。但是，当你想到一个你认识的地方时，那个思维本身并不是一个世俗的地方，而仅仅是你思维中记忆和程序间的联结而已。正是这种奇妙的能力，也就是像思考物体一样思考思维的能力，让我们还可以思考思维的产品。没有这种反思的能力，无论我们能发展出多少服务于特殊目的的技能，也不会拥有一般的智能。当然，同样的能力也会让我们去思考一些空洞的思想。比如“这个陈述是关于它本身的”，虽然是对的，却没有用；或者“这个陈述不是关于它本身的”，既是错的，也没有用；或者“这个陈述是错的”，非常自相矛盾。尽管有时可能会让我们显得很荒谬，但概念化的能力还是值得冒这个风险的。

## 22.7 原因与从句

实际上我们对于所看到的每个改变，都倾向于寻找某种原因。当我们无法在现场找到原因时，也会假定它一定存在，尽管这可能是错的。我们一直都在这样做，所以有件事并没有让我们感到惊讶，那就是我们发现头脑天生就倾向于用某些特殊的方式来表述所有的情境：

**事物**（thing）。无论可能看到或触摸到什么，我们都会用单独的客体来表述这个场景。在表述程序和思维状态时我们也会这样做。在语言中，这些客体符号倾向于与名词相对应。

**差异**（difference）。每当我们看出了一个变化或者只是在对比不同的事物时，会把这种情况表述为差异。在语言中，这些差异和动词相对应。

**原因**（cause）。每当我们构想一个行动、改变或者差异时，会试图为它安排一个原因，也就是我们认为应对这件事负责的某个其他人、程序或者事物。在语言中，原因通常以事物的形式存在。

**从句**（clause）。我们所构想的任何结构都被当作单一的事物来处理。在语言中，与其相对应的现象就是把一整个短语当作一个单独的词语来处理。

在英语中，几乎每个句子形态都需要某种“行动者”名词，我认为这反映出我们对动机或原因的需求。想一想在“Soon it will begin to rain”这个句子中是如何放置“it”的。我们总是把复杂的情境人为地砍成清爽的若干块，把它们知觉为单独的事物。然后我们会注意到这些组件之间各种各样的差异和关系，并把它们分配给各种言语组件。我们把词语串成从句，把从句连成链条，常常打断一根链条并在其中插入其他链条的碎片，然后好像从来没有打断过一样继续行进。有人认为这种结构的建立过程对语言的语法机器来说是独一无二的，但我怀疑语言之所以发展出这些形态，是源于我们的思维方式中更深层的机制。举例而言，谈到视觉上的意义模糊时，我们看到过视觉系统在表述相互干扰的结构时非常熟练。这表明我们的视觉和语言应对“干扰”的能力可能是以相似的方法为基础的，我们可以利用这些方法“管理”那些在我们的短时记忆中所表述的事物。

无论如何，我们的脑似乎都在让我们力争表述依存关系。无论发生了什么，什么时候或者在哪里发生，我们都倾向于去知道谁或者什么对此事负责。这让我们发现了在其他情况下可能无法发现的解释，这种解释不仅有助于我们预测和控制外部世界会发生什么，同样也能预测和控制我们思维中发生的事。但如果同样的倾向会让我们去想象一些并不存在的事物和原因怎么办？那么我们就会创造出虚假的神灵和迷信的想法，并且在每个机缘巧合中都能看到它们的影响。实际上，也许在“我想到了一个好主意”这句话中，那个奇怪的词语“我”就反映了这种倾向。如果我们不得不找到某个原因，认为它引发了你所做的所有事情，那就需要给这个事物起个名字。你把它叫作“我”。我把它叫作“你”。

## 22.8 干扰

是什么让我们可以忍住干扰，返回到之前的思想中来呢？控制短时记忆的智能体一定参与其中。许多干扰不仅来自外部，也来自思维内部，认识到这一点很重要。举例而言，几乎是最简单的谈话也会对它们开启的思维列车造成干扰。想一想下面这个句子：

The thief who took the moon moved it to Paris.
（偷走了月亮的小偷把它移到了巴黎。）

我们可以把这个句子看作是在表达一个受到其他思维干扰的思维。说话者的主要目的是表达这个 Trans- 框架：

| The thief | moved | the moon | (from?) | to Paris. |
|---|---|---|---|---|
| （小偷） | （移到了） | （月亮） | （从） | （到巴黎） |
| 行动者 | Trans | 对象 | 起点 | 终点 |

说话者意识到听众可能不知道小偷是谁，就用一个“关系从句”打断了主句，“who took the moon”这个关系从句进一步描述了小偷这个“行动者”。碰巧，这个干扰从句也是一个 Trans- 框架的形式，所以现在语言智能组必须同时处理两个这种框架。

| Who | took | the moon | (from?) | (to?) |
| --- | --- | --- | --- | --- |
| (的人) | (拿走) | (月亮) | (从？) | (到？) |
| 行动者 | Trans | 对象 | 起点 | 终点 |

英语倾向于用某些 wh 词语，比如“which”和“who”来打断听众的语言智能组，并让它的短时记忆临时存储一下当前的代原体安排。这让语言智能组更有能力理解产生干扰的短语。在月亮那个句子中，“who”这个词让听众准备好听到关于“行动者”小偷的详细描述。一旦完成，语言智能组又能“重新想起”之前在理解主句过程中的状态。就算没有 wh 开头的词汇，我们也总是能够知道什么时候要使用干扰程序。然而，过程并不总是很顺畅：

The cotton clothing is made of is grown in the south.

(可译作“这些棉布是用生长在南方的做的”或“织布的棉花生长在南方”。)

这句话让人困惑，因为读者倾向于把“cotton clothing”中的“cotton”当作是修饰“clothing”的形容词，而句子的作者其实把它作为名词使用。同一个句子如果设定在一个更大的背景下就更容易理解一些：

——Where do people grown the cotton that is used to make clothing?

(人们在哪里种植用来织布的棉花)

——The cotton clothing is made of is grown in the south.

(织布的棉花生长在南方。)

第一句话激活了“cotton”的名词意义，并且就这个主题提了一个问题。现在这个问题实际上成了一个命令：它让读者把注意力集中于某个特定的主题。在这个例子中，它让读者准备好为名词 cotton 的表述加入更多结构，因此就不太需要明显的打断信号了。不过很奇怪，我们很少费心去用任何信号来终结产生干扰的短语。我们从来不会用某个词语来结束“who”发起的内容。很明显，我们通常都会准备好假定干扰短语已完成。

## 22.9 代词和指代

我们有时认为“谁”或“它”这样的词是“代词”，也就是表述或替代另一个名词或短语的信号。但就像我们看到过的，代词并不经常指代词汇，而常常指代听众思维中活动着的局部状态。为了“指代”这种活动，听众必须把它分配给某个短时记忆单元，也就是某些代原体。然而，除非听众可以正确猜测说话的人想把这个活动分配给哪个代原体，否则沟通就会失败。当存在不止一种选择的时候就会出现问题。举例而言，看看下面这个句子中“它”这个代词：

> 偷了月亮的小偷把它带到了巴黎。

听众是怎么知道“它”一定是指月亮呢？语法限制了选择：它不能分配给小偷，因为“它”根本不能指代人。但仅凭语法并不能决定最后的选择，因为“它”同样可以表示太阳，比如在下面这段对话中：

> 天哪！太阳怎么了？
> 哦！那个呀！偷了月亮的小偷把它带到了巴黎。

“它”的起效方式遵循心理学原理比遵循语法原则要多。“把它带到”的表达方式使听众的语言智能组试图寻找一个代原体来表述某种可以被带走的东西。在这句话里要么是太阳，要么是月亮。但前面那个问题“太阳怎么了”已经让读者产生了预期，接下来听到的活动“对象”代原体会表述太阳，就像我们之前关于棉花的问题让读者预期答案与该主题有关。此外，新的短语“小偷把它带到了”通过激活 Trans- 框架而满足了这一预期，这个 Trans- 框架的“行动者”和“行动”代原体已经得到了分配，现在只需填补“对象”代原体即可。所以在未被分配的“对象”空缺中，“它”这个词完美适配“太阳”的角色。

“预期”是什么意思？在对话的每个阶段中，对话双方都已经卷入了各种关注和欲望。在这些东西构成的背景中，每个新词、新描述或者新表述，无论意义有多模糊，都会融入与它最匹配的短时记忆中。我们为什么能这么快就进行分配，而不会等到所有模糊的意义都厘清呢？这是一个实际操作层面的问题。我们的语言智能组必须尽快处理每个短语，这样才能运用全部能力去应对后面发生的事。如果对话中出现了某种事物无法和之前的任何事匹配，听众就要启动新的记忆单元。这会把程序拖慢，因为它会消耗我们有限的短时记忆资源，让后来的匹配变得更困难。如果听众无法迅速进行适当的分配，那么对话就会变得不连贯，沟通就会被中断。

口才好的说话者为了避免这种情况，会让每个新的表达都和听众思维中已经被激活的结构很容易地联系起来，否则听众必定会抱怨语言不清楚。说话者还可以指明哪个主题还没有提到过，这可以让听众不必为了去做不存在的匹配而纠结。我们用“顺便说一句”这类的表达来告诉听众不要把下面即将听到的话与当前已经激活的任何代原体联系起来。要做到这一点，说话者必须对听众的思维中正在发生什么有所预期。下面这部分就会描述一种做这件事的方式，就是通过把说话者自己的思维作为模板，并假定听众也会产生相似的思维。

## 22.10 语言表达

人们的沟通多么容易啊！我们不需要知道任何内部机制就可以听和说。我们其中一人表达一个理念，另一个人理解它，两个人都没有考虑其中发生了什么复杂的事，谈话就像走路一样自然。但觉得这两件事简单，其实都是错觉。要走路，你必须利用一大堆智能组来让身体移动到街上。要谈话，你必须利用一大堆智能组在另一个人的思维中建立新的结构。但你怎么知道要说什么才能影响另一个人的智能组呢？

我们来假设玛丽想要告诉杰克一些事。这表示在玛丽的智能组中，某个位置上存在着某种特定的结构，而玛丽的语言智能组必须在杰克的思维中也建立一个相似的结构。要做到这一点，玛丽要说的话必须在杰克的智能组中激活一些适当的活动，然后把它们准确地联系在一起。她应该怎么做呢？这里我们把关于如何形成要说的话的理论称为“重新复制”理论：

> 玛丽要一步步在自己的思维中建立一个新版的p，我们把它叫作q。这样做的时候，她会运用各种记忆控制技术来激活特定的独原体和多忆体。
>
> 在玛丽进行每步内部操作的时候，它的言语智能组会选择某种相应的语言表达方式，这些表达方式会在杰克的思维中引发相似的操作。结果就是，杰克建立了一个和q相似的结构。
>
> 为了能够做到这一点，玛丽必须至少学会一种与每个常用思维操作相符的表达技术。而杰克必须学会识别这些表达技术，并利用它们激活某些相应的独原体和多忆体。我们把那些技术称为语法。

要建立新版本的p，玛丽可以利用一个目标达成方案：她持续比较p与最新版的q，每当她感觉到了显著差异，就对q实行一些操作来去除或减小差异。举例而言，如果玛丽注意到p拥有一个q没有的“起点”代原体，她的记忆控制系统就会专注于p的“起点”。在这种情况下，如果p本身是一个动作框架，那么常用的言语策略就是利用“从”这个字。接下来她必须描述一下与p的“起点”代原体相连的次级结构。如果这是一个“波士顿”这种简单的多忆体，那么玛丽的言语智能组就会简单地读出相应的词语。但如果那个代原体被分配给了某个复杂的结构，比如一整个框架，那么玛丽的言语智能体就必须打断它自身，来复制那个框架。就像我们看到过的，这种表达需要通过“ who”或者“ which”这种词来完成。无论如何，玛丽会持续进行这种差异－复制过程，直到她觉得q和p之间没有显著差异为止。当然，对玛丽而言，显著是什么意思取决于她“想说什么”。

这个言语“重新复制”理论只描述了我们如何使用语言的第一个阶段。

在后面的阶段中，我们用来建构 q 的思维操作并不总是会直接运用于读出单词。相反，我们会学习一些技术来临时存储一系列语法策略，这让我们有可能在说出词语和句子前可以调整和重新安排它们。要学会这些艺术需要很长时间，大部分孩子需要十年甚至更久来完善他们的语言系统，许多人在接下去的生活中还会继续学习，感受新的差异类型，并发现表达它们的方式。

## 22.11 创造性表达

和“表达”理念的能力一起出现的还有一种奇妙的能力。无论我们可能想要说什么，我们很可能不会准确地说出来。但作为交换，我们有机会说出一些又好又新的其他内容。毕竟，“我们想说的内容”，也就是我们试着描述的结构 p 并不是一个确切、固定的结构，我们的语言智能体无法轻易读取和复制。如果 p 真的存在，它很有可能是一个迅速变化的网络，包含着若干种智能组。如果是这样，那么语言智能组可能只能对 p 提出猜测和假说，并试图通过实验来证实或驳倒这些猜测和假说。就算 p 在一开始的时候就有清晰的界定，这个过程也一定会发生变化，所以最终版本的 q 不会和开始时的结构 p 完全一样。有时我们把这个过程称为“用语言思考”。

换句话说，无论你“想”说的内容在你说之前是否真的存在，你的语言智能组都有可能重新构想已经存在的内容或者创造一些新的、和你之前想说的内容完全不一样的内容。每当你试图用语言表达任何复杂的思维状态，你都会被迫过度简化，这样做有失也有得。失的方面在于，没有一种对思维状态的语言描述是完善的，总是会失掉一些细微差异。而得的方面在于，当你被迫把本质与偶然分离时，你得到了重新构想的机会。举例而言，当你卡在一个问题上时，可能会“自言自语”说一些如“现在，我们来看看，我其实真的想完成……”这样的话。然后，由于你的语言智能组对于其他智能组的真实状态几乎什么也不知道，它只能靠建构关于它们的理论来回答这些问题，而这可能会让你的思维状态变得更简单、更清晰，并且更适合解决问题。

当试图解释我们认为自己知道的事时，我们最终很有可能产生一些新内容。所有的老师都知道，我们第一次理解某个事物常常是在试图解释其他事情的时候发生。我们用语言进行描述的能力可能会调动其他所有能力来思考和解决问题。如果说话的过程涉及思维，那么人们一定会问："在使用语言的时候会涉及多少普通思维呢？"当然，许多有效思考的方法很少会用到语言智能组，我们可能只有在其他方法都失败的时候才会转向语言。但之后，使用语言可以为思维开启一个全新的世界。这是因为一旦我们可以用成串的词语来表述事物，那么就有可能通过各种各样的方式利用语言来改变和重新安排我们智能组中发生的事。当然，我们永远也不会意识到自己在这么做。相反，我们会把这种活动称为改述或者改变重点，就好像我们并不是在改变自己试图描述的内容。关键之处在于，当那些词语串与它们的"意义"分离时，它们不再受到其他智能组的约束与限制，语言系统可以用它们来做任何想做的事。于是，我们就可以从一个人的头脑向另一个人的头脑传送由语法策略产生的词语串，而每个人都可以理解其他人说出的最成功的陈述。这就是我们所谓的文化，也就是我们的社会通过历史积累的概念宝藏。

# 第23章　对　比

The Society of Mind

要形成形式上的思维，实际上需要哪些条件呢？儿童不能只对客体实施操作，或者说在思维中对客体实施可能的行动，他还必须在客体被纯粹的命题所取代的情况下进行“反思”。因此“反思”就是被提升至第二力量的思维。具体思维的过程是表述一个可能的行动，而形式思维是对表述一个可能的行动这件事的表述……因此，具体操作系统必须在童年时期的最后一年，在它可以被形式操作“反思”之前完成。就它们的功能而言，形式操作和具体操作差不多，只不过形式操作的对象是假说和命题，（假说和命题的逻辑是）对管理具体操作的“干扰”系统的抽象翻译。

——让·皮亚杰

## 23.1 差异的世界

许多普通思维都是以识别差异为基础的。这是因为如果做任何事不能产生可识别的影响，一般是没有什么用的。要问某个事物是否有重要意义，其实是在问："它会产生什么差异？"实际上，每当我们谈论"原因和效果"时，是在说那些把我们感觉到的差异联系在一起的联结。有什么东西本身其实是目标，但又是在表述我们可能想做出的改变类型呢？

有许多相似的思维活动可以用不同情境之间的差异来表述，这很有意思。假设你的思维中有A和Z两种情境，而D是这两种情境之间的差异。还假设你正在考虑对第一种情境A实施程序P。你可能会采取若干种类型的思维方式。

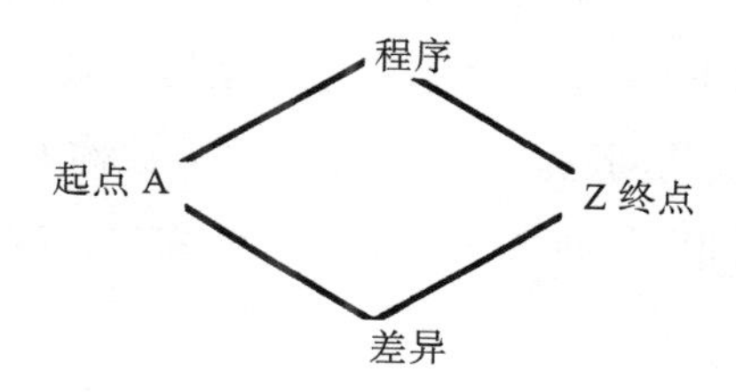


**预测**（predicting）。如果你可以预测各种P会对A产生怎样的影响，那么你就可以在一定程度上避免实际实施这些行动产生的开支和风险。

**预期**（expecting）。如果你预期P会产生Z，实际却产生了Y，那么你就可以根据Y和Z之间的差异试图解释发生了什么错误。

**解释**（explaining）。如果行动P通常会引发D型差异，那么当你看到这种D出现时，就可以怀疑它可能是某种和P很像的事物引发的。

**想要**（wanting）。如果你处于情境A，但是希望处于更像Z的情境，那么记住如何去除或减少像D这样的差异可能会有帮助。

**逃离、攻击和防御**（escaping, attacking, and defending）。

如果 P 引起了一种令人反感的差异 D，那么我们可以试图通过找到一些可以抵消或反对 P 的行动来改善情况。

**抽象**（abstracting）。在许多思维形式中，我们注意到的对象之间各种水平的差异都变成了更高水平思维的“对象”。

不仅差异本身很重要，而且我们自己都常常没有注意到，我们会思考差异之间的差异。举例而言，一个物理客体的“高度”实际上是它的顶部和底部位置之间的差异。这表明我们“更社会”中的高水平智能体一定也在处理差异之间的差异。举例而言，“更高”智能体必须对两种高度的差异做出反应，但就像我们刚才看到的，高度已经是两种位置之间的差异了！

考虑差异之间的差异的能力很重要，因为它位于我们问题解决能力的核心位置。这是因为我们会用这些“第二顺位差异”来提醒自己如何面对那些我们已经知道如何解决的问题。有时，这个过程被称为“类比推理”，是一种奇特或者说不常见的问题解决方式。但是在我看来，这是我们最普通的做事方法。

## 23.2 差异与副本

我们能注意到，差异的能力很重要。但这种看上去单纯的要求造成了一个问题，这个问题的重要性从来没有在心理学界得到认可。要理解难点所在，让我们回到思维重新布置的主题上来。我们首先假设问题是比较两个不同的智能组中表述的两种房间布置：智能组 A 表述的房间里有一个沙发和一把椅子；智能组 Z 表述的是同一个房间，但沙发和椅子交换了位置。

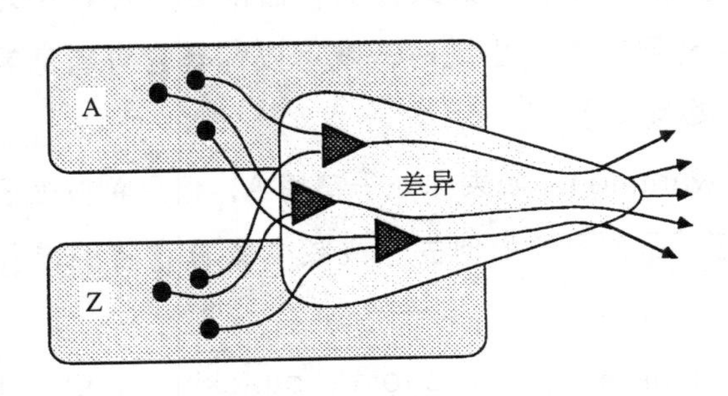

现在，如果两个智能组表述家具布置的方式都要让某个第三方智能组D可以进行比较，那么“差异探测”智能组D就必须接收两套几乎完全匹配的输入。否则，A和Z的输出之间每个其他不相关的差异对D来说都是那两个房间的差异，这样D会察觉到许多伪差异，而那些真正的差异却无法被识别出来！

**副本问题**（the duplication problem）。**除非两个智能组本身实际上是完全相同的，否则它们的状态之间无法进行比较。**

但这只是冰山一角，因为如果要对两种描述进行对比，那么它们就算来自几乎一样的智能组也还是不够。反过来，那些智能组接收的输入信息还必须具有几乎一致的特征。要实现这一点，它们的每个次级智能组都必须满足同样的约束条件。要满足所有这些要求，唯一的方法就是让两个智能组，以及它们所依赖的所有次级智能组完全一致。除非能找到其他的方式，否则我们将会需要无数的头脑副本！

这个副本问题总是会出现。当你听到玛丽买了约翰的房子时会发生什么？一定要有单独的智能组同时把玛丽和约翰记在思维中吗？就算是这样也不够，因为除非两个表述人的智能组与其他智能组都具有相似的联结，否则那两种对“人”的表述就不会具有一样的含义。在你把当前的情境与某种回忆或经验进行比较，也就是比较自己如何对两种不同的思维状态做出反应时，也一定会出现同样的问题。但要比较这两种反应，需要什么样的同步机器来维持两种临时的人格呢？一个单一的思维如何能够保留两个空间，一个给新人，一个给旧人呢？

## 23.3 时间闪烁

幸运的是，有一种方法可以完全避开副本问题。让我们来借鉴一下香水如何在一开始时产生强烈的印象，但是之后渐渐消退，或者当你把手放进很热或很冷的水中时，刚开始感觉很强烈，但很快会完全消失。就像我们所说的，我们“习惯了”这些感觉。为什么？因为我们的感觉主要是对事物随时间产生的变化做出反应。尽管通常我们意识不到这个过程，但我们眼睛中的传感器也是如此，因为我们的眼睛总是会产生无法察觉的细微移动。大部分为头脑提供外界信息的传感器智能体都只对各种时间变化敏感，对于大多数脑内的智能体也是如此。

任何一个对时间变化敏感的智能体同样也可以用于检测差异。每当我们先把这个智能体暴露于情境 A，然后又暴露于情境 B，这个智能体的任何输出都意味着 A 和 B 之间的某种差异。

这提示了一种解决副本问题的方法。由于许多智能体都可以用作差异－智能体，我们可以仅通过在不同时间把两种描述呈现给同一个智能组而对它们进行比较。如果这个智能组配备有一对高速临时 K 线记忆，那就很容易做到。我们只需要把两种描述加载到那些记忆中，然后通过先激活第一个描述，再激活另一个就可以进行比较了。

把第一个描述存储于代原体 p。
把第二个描述存储于代原体 q。
迅速连续激活 p 和 q。
然后这个智能体输出上的任何变化都可以表述 A 和 B 之间的差异！

我们可以用这个窍门来把描述的方案应用于逃离无顶拱门。假设 p 描述的是当前的情境，而 q 描述的是一个无法逃离的盒子。每个“移动”智能体都被设计用来探测是否有墙出现。如果我们只是从当前的情境“闪”到盒子框架，那么这些智能体中会有一个宣布在当前情境中没有明显出现盒子墙。因此，这个方案会自动找到所有没有被封闭起来的方向。如果“移动”智能体的输出会引发你朝相应的方向移动，那么这个智能组就会带领你逃出去！

时间闪烁的方法也可以简化我们用于组合语言表达的差异发动机方案，因为现在讲话者可以在同样的智能组中既保留 p 也保留 q。如果不是因为这一点，每个讲话者都会为了模仿听众的状态而需要等价于思维副本社会的东西。尽管时间闪烁的方法强大而高效，但它也有一些局限性。比如，它不能同时直接识别两种以上事物的关系。我怀疑人也具有这种局限性，这可能就是为什么我们用来表达三方比较和关系的语言形式相对较少，比如“在……之间”和“中间”。

## 23.4 “更”的意义

让我们最后一次回到关于“更”的所有意义。每种用法都有不同的意义，比如更有力量、更有意义，而它的每种意义都必须要去学习。换句话说，“更”的每种用法都涉及与某个形容词的联结。但“更”一定也会利用一些独原体的系统用法，因为所有不同的意义都具有某种特定的共同特征。

**当我们听到“更”这个字的时候，就会变得倾向于作比较。**

这表明“更”既会积累一些不同的意义，也拥有一些系统的类似独原体的效果。实际上，“更”可以利用我们的时间闪烁机制，这个机制已经使用了独原体来作比较。为了做到这一点，“更”必须激活一个记忆控制程序，这个程序会让任何被分配给要比较的事物的代原体“闪烁”。于是它们的差异就会被自动计算出来。

“更”需要两种额外的成分。我们不会只用一个“更”字来提问题，比如“哪一个更，苹果还是梨”。因为我们一般性的比较脚本会在许多智能组中产生差异描述，还必须知道此时此刻关注的是哪种差异。所以我们很少只说“更”，而常常会附带某种修饰语，比如更红，或者更贵。当然，如果我们关注的焦点在背景中已经很清晰了，比如我们想知道苹果和梨哪个更贵，这件事很清楚，那么就不需要明确地表达出来。

最终，要寻找差异是一回事，要知道它是“更多”还是“更少”是另一回事。“更高”智能体与“更多”相对应，而“更细”智能体与“更少”相对应，这似乎是不言而喻的，但这种事我们以前也是需要学习的。这就是“更”的另一个成分：我们还需要另一个多忆体来决定哪种差异应被看作是正向的。在英语中，我们有时会把这种偏好编码成在成对的形容词之间进行选择，比如“大”和“小”。但对于有些概念，我们没有成对的词可以形容，比如“三角形”或“红色”，这大概是因为我们并不认为它们拥有“天然的”对立面。相反，我们可以用词组的形式，比如“更多红色”或者“更少三角”。我们甚至可以调整词语本身：我们常常说“更红”或者“更圆”，但基于某种原因，我们从来不说“更三角”。

“哪个更大，一只大老鼠还是一只小象？”这种问题人们会怎么回答呢？除非我们能利用足够的知识来建构适当的表述，否则无法对两种描述进行比较。要比较老鼠和大象的方法之一就是想象另一个大小介于二者之间的实体。对于这个问题，一个手提箱就比较合适，因为它可以装下最大的老鼠，但装不下最小的大象。如何找到这种对比的标准呢？这可能会花相当长的时间，在这段时间里你必须在记忆中搜索，寻找可以充当对比链条上环节的结构。随着人的成长，每个人对“更”的概念都变得越来越精细。当出现更相似、更有趣或者“更困难”这种概念时，似乎“更”这样的词语可以表述的复杂性是没有限制的。

## 23.5 外国口音

一个成年人学习第二种语言，可以近乎完美地掌握语法和词汇，这种情况并不少见。然而一旦过了青少年时期，大部分人永远也无法完美地模仿新语言的发音，无论他们为此刻苦努力多长时间也不行。换句话说，他们会有“外国口音”。就算有本地口音的人告诉他们“要**这样**说，不要**那样**说”，学习者也无法学会应该怎样改变。许多在 15 岁之后移民的人一直都没有学会本地人的说话方式。

为什么成年人会觉得学习新语言的发音那么困难呢？有的人认为这是

由于随着年龄的增长，学习能力一般会下降，但这似乎是个谬误。相反，我怀疑这种能力的欠缺直接或间接是因为一种遗传设定好的机制，这种机制使我们无法学会在用来表述言语声音的智能体之中或之间建立新的联结。有证据表明，我们的头脑会利用不同的机器来识别语言的声音和其他的声音，尤其是那些语言科学家们称作“音素”的小言语声音单元。许多人类语言使用不超过一百个音素。

为什么我们在青春期之前可以学会许多不同的言语声音，但之后会觉得这种学习困难得多呢？我怀疑这种现象与青春期之间的联系并非巧合。相反，遗传控制的一种或更多机制在带来性成熟的同时，也会降低某些特定智能组的能力，让它们无法学会识别和产生新的声音！但为什么要失去这种能力呢？人们的基因在某个年龄之后降低这种特殊的学习能力，对于进化生存而言有什么优势呢？看一看下面这个假说：

> 生育年龄开始的时间就是一个人的社会角色从学习者向老师转变的生物时刻。抑制言语声音学习的“进化目的”可能仅仅是为了防止家长学习儿童的言语，而要让儿童学习成人的言语！

家长难道不想教给孩子他们的语言吗？未必。短期来看，家长更关注沟通，而不是指导。与此相应，如果我们发现模仿儿童的声音更容易，就会去模仿。但如果家长倾向于而且也有能力学习孩子的说话方式，那么儿童就会失去学习成人说话方式的动力和机会。如果每个孩子都获得了不同的语言声音体系，那么在一开始时就无法进化出通用的公共语言！如果事实正是这样，那么用于抑制言语声音学习的青春期相关基因可能在人类语言进化的早期就已经形成了。没人知道那是什么时候发生的，但如果生物学家可以找到这种基因，并追溯出它产生的时期，那么我们就能获得一条线索，可以了解未知的语言起源时间，也许就是在过去的50万年内。

# 第24章 框　架

The Society of Mind

如果拿破仑做过这种声明，也就是那些对每件事都有所想象的人不适合发布命令，那么对这条声明的辩护就是一个很大的缺陷。一个司令官在上战场之前就对某某战役在某某情况下是如何进行的抱有想象的话，那么他会在两股力量交会后的两分钟内发现，某些地方出现了问题。于是他的想象被摧毁。他没有其他的储备方案，只有另一种想象，然而这种想象也不会让他支撑很长时间。或者也许当第一个想象的预测不适用时，他有太多各种各样的想象涌现，让他不知道该做哪种实际调整。过往的参考太具个体性和不具个体性可能几乎一样让人非常为难。我们要满足不断变化的环境需要，不仅要从一般的环境中挑出项目，还必须知道哪些部分在不干扰它们的一般意义和功能的情况下可以流动和改变。

——F.C. 巴特莱特

## 24.1 思维的速度

一方面，有些人把所有的事物都和一个单一的中央视觉联系起来。这是一个或多或少清晰一致的系统，这些人通过这个系统来理解、思考和感受，这也是一个单一、普遍的组织原则。仅凭这一点，他们所拥有以及所说的一切就都有了意义。而另一方面，有些人追求多目标。这些目标常常毫不相关，甚至互相矛盾，如果有联系，也只是由于心理或生理的原因存在着事实上的联系，与道德和美学原则无关……这两种人之间存在着巨大的分歧。

**——以赛亚·伯林**

当我们进入一个房间时，似乎一眼就会看到整个场景。但实际上，看是需要花时间的，要理解所有的细节，还要确认这些细节是否符合我们的预期和信念。我们的第一印象常常是需要调整的。不过，人们还是想知道这么多类型的视觉线索如何能这么快就产生一致的观点。可以用什么来解释这令人炫目的视觉速度呢？

秘诀就在于视觉是和记忆缠绕在一起的。当我们和刚刚碰见的人面对面时，你似乎会在一瞬间就做出反应，但主要不是对你看见了什么做出反应，而是对这个景象“提醒”了你什么做出反应。当你感觉到一个人出现在你面前的那一刻，大量的假设会被唤醒，这些假设对普通人来说通常是成立的。同时，关于你遇见的这个特定的人，一些特定的表面线索也会提醒你。在无意识的条件下，你会假定这个陌生人也和他们很像，不仅外表像，其他特征也像。对自我的控制无法阻止这些表面的相似性激发那些假设，而那些假设可能又会影响你的判断和决策。如果我们不同意这一点，就会埋怨刻板印象；如果我们对此产生了共鸣，就会说这是敏感和共情。

对语言来说也差不多是一样的。如果有人说，“正在下青蛙雨”，你很快就会满脑子都在想这些青蛙的来源，它们落到地上会怎么样，是什么引发了这种特别的瘟疫，还有宣布这件事的人是不是疯了。但引发所有这些想法的仅仅就是六个字而已。我们的思维是如何根据这么稀疏的线索构想出这么复杂的场景呢？额外的细节一定来自记忆和推理。

大部分心理学的旧理论都无法解释思维如何可以做到这些事，我认为这是因为那些理论都以关于“组块”记忆的理念为基础，这种理念要么太小，要么太大。这些理论中有些试图仅根据低水平的“线索”就解释外表，有些则试图同时处理整个场景，没有一个获得太大成功。接下来的几部分描述的内容也许是比较实用的折中方法，至少在人工智能领域关注的几个项目中取得了更好的效果。我们的理念是，每个知觉经验都会激活某些结构，我们把这些结构称为框架，我们是在以往的经验中获得这些结构的。我们都记得几百万个框架，每个框架表述某种刻板的情境，比如遇见一类特定的人，待在某类特定的房间里，或者参加某类特定的聚会。

## 24.2 思维框架

框架就像是一种骨架，有点儿像申请表，有许多空白或者横线等着填写。我们把这些空白的地方称为终端，它们被当作连接点来使用，我们可以与其他类型的信息进行联结。举例而言，一个表述“椅子”的框架可能会有表述座位、靠背和椅子腿的一些终端，而表述一个“人”的框架拥有表述身体、头、手臂和腿的终端。要表述一把特定的椅子或一个特定的人，我们只需要在相应框架的终端里填入一些结构，这些结构就会更细致地表述这个特定的人或椅子的靠背、座位和椅子腿等特定的特征。就像我们将会看到的，实际上任何类型的智能体都可以和一个框架－终端联结在一起。它可以是一个 K 线、多忆体、代原体或记忆控制脚本，最好的是，还可以联结另一个框架。

从原则上来说，我们可以只使用框架，而不需要把它的终端与任何事物相连。但一般情况下，终端上已经连着其他智能体了，这就是我们在第一次谈到水平带时所说的“默认安排”。如果你激活了一个人－框架，而且你确实看到了一些手臂和腿，它们的描述会被安排给适当的终端。然而，如果无法看到特定的部位，那也许是因为它们处于视线之外，缺失的信息将会被默认值填充。我们一直都在使用默认假设，这就是为什么当你看到某个人穿着鞋的时候，你“知道”鞋里有一双脚。这些假设是从哪里来的呢？我认为：

**默认假设会填充我们的框架来表述典型的事物。**

一旦你听到“人”“青蛙”或“椅子”这样的词，就会想出一些“典型”的人、青蛙或椅子。你不仅会对语言如此，对视觉也是一样。举例而言，当某个人坐在你的桌子对面，你可能完全无法看到那个人坐的那把椅子，但这个情境很可能还是会激活坐 – 框架。而坐 – 框架肯定有一个终端是关于坐在什么上面的，这个终端被分配的默认值就是某种典型的椅子。于是，尽管视线中并没有椅子，但还是会默认提供椅子 – 框架。

默认分配具有重要意义，因为它们会帮助我们表述以往的经验。我们会用它们来推理、识别、概化和预测可能会发生什么，以及知道在期望没有达成时应该做些什么。我们的框架会影响自身所思考和所做的所有事。

框架是从过去的经验中提取的，很少能和新的情境完美适配，因此我们必须学习如何让框架适应每次的独特经验。如果一个给定的情境与若干个不同的框架几乎都很接近怎么办？这类冲突中有些可以通过我们之前描述过的“锁定”谈判来解决，这样的话，只有那些能够压抑其竞争者的框架才能影响其他的智能组。但是其他框架也有可能在幕后潜伏着，等待时机介入。

## 24.3 Trans- 框架的工作原理

为了更具体地说明，我们来建立一个小理论说明框架可能是如何工作的。举个例子，想一想一个填充好的 Trans- 框架要表述下面这句话：

**杰克带着玛丽开车行驶在波士顿去往纽约的高速公路上。**

每当这个特定的框架被激活，如果你想知道关于这趟旅程的“终点”，就会立刻想到纽约。这表明纽约的多忆体一定已经被两个同时发生的事件唤醒了，这两个事件分别是这个特定的旅行 – 框架和“终点”代原体被激活。那么一个脑智能体如何能够知道这两个事件同时发生了呢？很简单，我们只需要假定纽约的多忆体通过两种输入与且 – 智能体相联结，一种输入表述的是唤醒旅行框架本身；另一种输入表述的是唤醒“终点”代原体。与此相应，框架汇中的每个终端只要是一个带有两种输入的且 – 智能体就可以了。

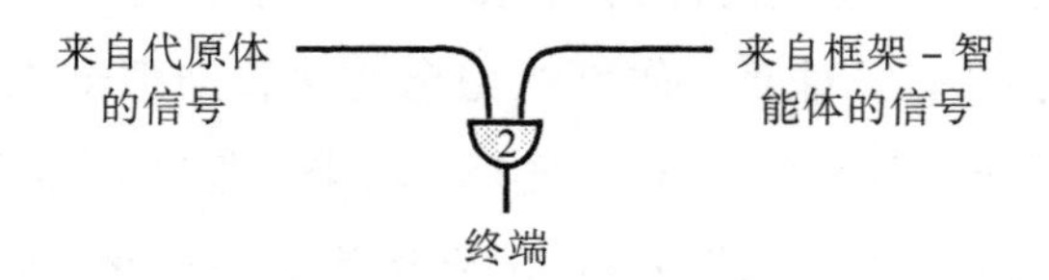


根据这个简单的方案，一个框架只要由一些且 – 智能体组成即可，每个智能体都可以用于框架的一个代原体终端！于是关于纽约旅程的整个框架看起来就会是这样：

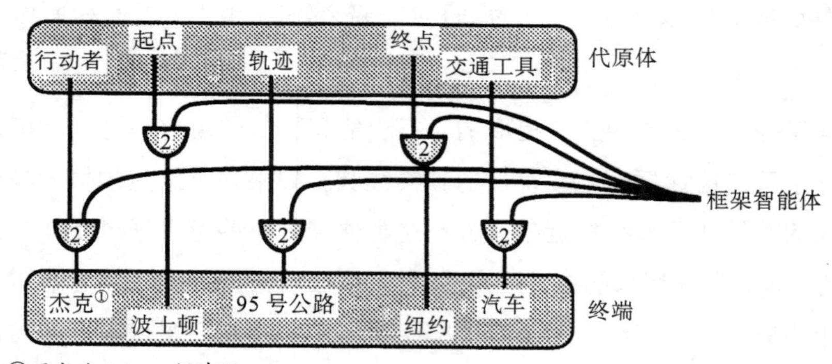


①原书为 John，疑有误。

无论是通过看见、听见还是想象某个东西，一个框架智能体被激活时，会向每个且 – 智能体提供这两种输入中的一种。另一种输入是由某个代原体提供的，于是这个代原体可以激活当前已经分配给这个终端的任何智能体或框架。如果若干个代原体同时被激活，所有相应的智能体也都会被激活。上述框架被激活时，“起点”代原体就会激活波士顿的 K 线，“交通工具”代原体会激活汽车的 K 线。

如何能让这种框架学会哪些多忆体应该填充到终端上呢？我们可以从开始时与从未联结过的K线相连的终端入手；之后每个终端都会表述相应的K线所学到的任何内容。注意，为了用这种方式建立框架，我们只要把且–智能体与K线相连即可，反过来K线也可以由简单的且–型智能体建构而成。当代计算机科学的惊人发现之一就是用这么简单的要素可以做这么多事。

## 24.4 默认假设

幸亏有了艺术，才使我们不只看到一个世界、我们的世界，才使我们看到世界倍增，而且，有多少个敢于标新立异的艺术家，我们就能拥有多少个世界。

——马塞尔·普鲁斯特

当有人说“约翰扔了一个球”时，你很可能会在无意识中为这个球假定一些特定的特征和属性，比如颜色、大小和重量。这些是你的默认假设，也就是我们在第一次介绍水平带理念时谈到的那种理念。你对球的假设可能来自你很久以前拥有过的一个球，或者是你最近拥有的球。我们的理论是，这种可选细节的联结通常很微弱，难以抵挡尖锐的现实，所以其他刺激会发现它们很容易分离或适应。这就是为什么默认假设只会产生不稳定的影像。也是因为这个原因，一旦发现它们不对，我们也并不会太惊讶。各种框架会共享这么多K线属性一点儿也不奇怪，因为框架本身的终端所处的水平带就在K线附近，而这个K线的边缘表述的就是我们的预期和默认假设。

但到底我们为什么不直接去看真实的存在，而要使用默认假设呢？因为如果我们不做假设，世界就不会有任何意义。知觉事物“真实的样子”就像看没有信号的电视机屏幕雪花一样没有任何用处。真正重要的是要能够看到事物看上去像什么。这就是为什么我们的脑需要特殊的机器用独特的“客体”来表述所看到的内容。客体的理念中就包含着许多“不言而喻”的假设，比如，假定它包含物质和边界，假定它在我们看见之前就已经存在了，假定它在之后也会继续存在。简而言之，它的行为会和其他典型的客体一样。因此，尽管从来没有同时看到一个客体的所有面，但我们总是假定那些没有被看到的面是存在的。我怀疑，我们知道或者我们认为自己知道的内容中，大部分都是由默认假设表述的，因为我们完全确定自己已经知道的内容太少了。

我们在人际关系中也会使用默认假设。为什么这么多人都相信星座，用出生月份来对朋友进行分类呢？也许把所有人分为 12 类，比起那些更少的分类似乎还算前进了一步。那么作家的作品是如何激活那些栩栩如生的特征的呢？认为用很少的词语就可以精细地描绘一个人，这种想法是很荒谬的。相反，小说家所使用的语言会激活庞大的假设网络，这些假设已经存在于读者的思维中了。要创造这些幻象，也就是激活未知读者思维中的未知程序，并让这些程序服务于自己的目的，是需要很多技巧的。实际上，作家这样做的过程中，会让事情比现实还清晰。尽管语言仅仅是思维程序启动的催化剂，但其实现实也是：我们无法感受它们真实的样子，只能感受它们提醒我们的内容。就像普鲁斯特后面接着说的：

> 读者在阅读的时候全都只是自我的读者。作品只是作家为读者提供的一种光学仪器，使读者得以识别没有这部作品便可能无法认清的自己身上的那些东西。

## 24.5 非言语推理

就算在你很小的时候，如果有个人告诉你大部分蛇鲨[㊀]都是绿色的，而每个布甲都是蛇鲨，你也可以总结出大部分布甲是绿色的。是什么让你得出这种结论的呢？大概在你回答关于布甲属性的问题时，把自己的蛇鲨多忆体与任何当前表述布甲的记忆单元联系了起来。与此相应，通过你平常

㊀ 蛇鲨（Snark）和后面的布甲（Boojum）都是虚构的怪物。——译者注

所用的回忆已知事物属性的方式，也就是激活它们的多忆体，让各种智能组都处于相应的状态，你可以假定布甲是绿色的。换句话说，我们通过操控记忆，用典型的事物替代特别的事物来进行推理。我说这些事是因为人们常常想当然地认为在所谓的抽象或逻辑推理方面，成年人比儿童的能力要强一些。这种理念对成年人和儿童来说都不公平，因为逻辑思维比常识性思维要简单得多，也低效得多。实际上，看上去似乎是关于“逻辑”的问题其实通常没什么逻辑，而且最后常常发现是错的。在上述例子中你可能已经错了，因为布甲是患有白化病的蛇鲨。

当你刚好对一个特例了解得比较多时，情况就不一样了。比如，假设你先了解到企鹅不会飞，然后了解到企鹅是一种鸟。发现这一点时，你应该用“一般”鸟的属性替换你所知的所有企鹅属性吗？很明显不应该，因为这样你就会失去辛苦得来的关于企鹅的事实。要有效应对这种情况，儿童必须发展出复杂的技能，不是仅仅用一种表述替换另一种表述，而是把两种表述进行比较，然后在里面探索一番，在不同的水平上做出不同的改变。这种错综复杂的技能需要用到控制智能组内部活动水平带的独原体。

无论如何，要想进行适当的推理，我们的记忆控制智能组必须学会“移动”记忆，就好像这些记忆是积木一样。可以想见，那些智能组在我们学会在外部世界中用积木建构物体之前就已经学会了这种技能。不幸的是，我们对于这个过程如何运作知之甚少。实际上，我们都意识不到它们的存在，因为这些“常识”推理和假设不需要一点儿有意识的努力或活动，就会进入我们的思维。也许我们之所以意识不到，是因为它们的加工速度太快，那些技能会用非常快的速度利用同样的短时记忆单元，否则这些短时记忆单元就会被用作记录那些智能体自身最近的活动。

## 24.6 方向忆体

当你思考一个特定地点的客体时，你的思维中有许多不同的程序在运行。有些智能组知道这个物体所处位置的视觉方向，有些可以引导你的手去够这个物体，还有一些会预期如果它碰到你的皮肤是什么感觉。知道一块积木有平面和直角是一回事，可以通过视觉识别一块积木是另一回事，能够控制你的手去抓起积木，或者通过它在你手里的感觉来识别它又是一回事。对于位置和形状，这么多不同的智能组是如何沟通的呢？

还没有人知道形状和位置在脑中是如何表述的。做这些事的智能组从动物第一次移动时就已经开始发展了。有些智能组在手臂和手的姿势中一定会用到，有些会表述我们从眼中的影像里发现的内容，还有一些会表述我们的身体与周围客体之间的关系。

我们为什么可以同时利用这么多不同类型的信息呢？在接下来的几部分中，我们会提出一个新的假说来解决这个问题：我们脑内的许多智能组都会使用框架，这些框架的终端受相互作用 - 正方形编队的控制。只不过我们不是用那些正方编队来表述不同原因的相互作用，而是用它们来描述相近位置之间的关系。举例而言，思考一个特定地点或客体的外观需要唤醒一个类似正方形的框架家族，其中每个框架会为相应的场景部分表述比较细致的景象。如果我们所使用的真的是这种程序，那就可以解释某些心理现象了。

> 如果步行穿过一个圆形的管子，你很难不去想上下左右的问题，但这些方向的定义很模糊。如果不用你熟悉的组件来表述这个场景，那你就没有已经建立好的思维技能可用。

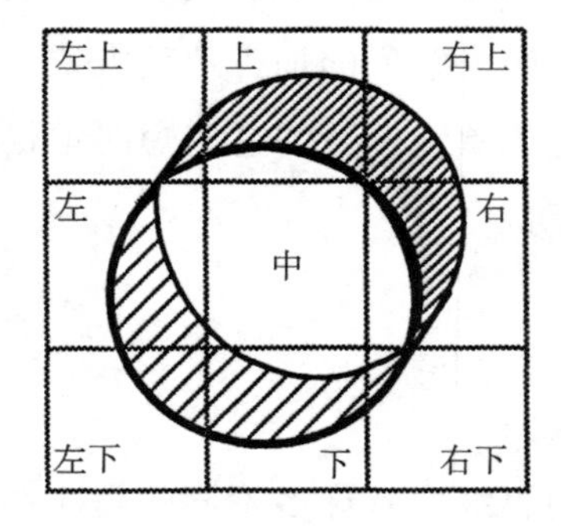


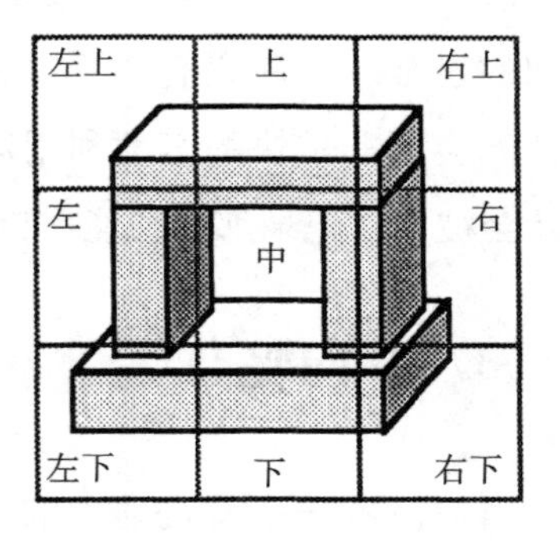


这幅图展示出我们表述方向和位置的方法是把它们与一组特殊的代原

体式智能体相联结，这些智能体被称为“方向忆体”（direction-neme）。稍后我们会看到它们所参与的思维领域多得惊人。

## 24.7 图片 - 框架

如果我们看见一个东西和以前所见过的任何东西都不像，这说明我们以前学会的框架中没有一个适合这个东西。但这对成年人来说很少见。举例而言，我们已经积累了足够的房间 - 框架来表述可能会看到的大部分房间，比如厨房、卧室、办公室、工厂和音乐会大厅；这些当中的某一个通常会和我们正好所处的房间相匹配。此外，我们也可以使用没那么具体的框架，框架上只有天花板、地板和墙的终端，这种框架几乎可以适用于任何房间。这种框架的六个面中，每一面都可以用一个次级框架来表述，这种次级框架的终端联结的是一些定义模糊的区域。具体而言，让我们利用方向忆体的理念把每个表面，也就是天花板、地板和每一面墙，都划分为不同的地带，这些地带与一个相互作用 - 正方形的九个区域相对应。一面典型的墙可以用这种形式表述：

| 西北 | 北 | 东北 |
|---|---|---|
| 西 | + | 东 |
| 西南 | 南 | 东南 |

看起来虽然它简单，但是我们可以用这个方案表述非常多的信息。它提供了足够的结构让我们之后可以回想起“有一扇朝左的窗户，右边的墙上方有一些架子，右边还有一张桌子”。这看起来可能不够精确，但其实我们通常不会那么精确地记住事物，除非它们特别吸引我们的注意。一般来说，只要大概知道电视在哪里就足够了，我们会默认假定它放在一个桌面上。之后，我们只需要非常少量的观察就可以知道是否发生了大范围的改变。

如果有更多时间，人们就可以继续关注更多细节，并把这些细节加入到额外的次级框架中。这会克服由于开始时终端太少而产生的局限。举例而言，人们可能会注意到窗户与架子的距离比电视近，与天花板的距离比架子和电视都近。如果桌子和电视的轮廓让你想起了一种像山羊的动物，那么你的表述中也会加入这个事实。

假设你开始时认为这是一个起居室，但之后认出那张桌子是厨房的餐桌会怎么样呢？你需要取消前面所做的所有事，然后激活一个不同的厨房框架，从头再来吗？不需要，因为之后我们会看到有一种便利的方式可以用来转变成另一个框架，并且保留目前已经了解到的内容。诀窍就是让我们所有不同的房间框架都共享同样的终端，这样，当我们交换这些框架时，储存于它们之中的信息还可以保留。

## 24.8 图片－框架的工作原理

我们已经看到了“图片－框架”是如何表述空间排列记忆的，再来看一下这种框架是如何建立的。我们所使用的技术和建立 Trans－框架的技术差不多，只有一处小改变。要建立图片－框架，我们只要把 Trans－框架方案中的代原体换成九个一套的方向忆体就可以了！下图还包含了用于开启框架自身的智能体。

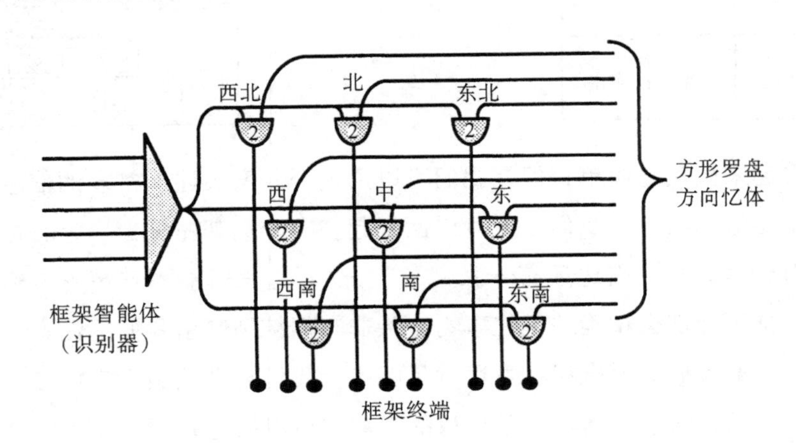


为了把图片－框架的理念应用到我们视觉系统的工作中，想象一下你

正在看着某个真实世界的场景。你的眼睛朝各个方向移动，通过某种方式受到方向忆体的控制。现在假设每次你移动眼睛的时候，同样的方向忆体会激活某些 K 线，这些 K 线与特定视觉 – 框架中相应的终端相连。再假设那些 K 线已经准备好形成新的记忆。于是每次你朝一个不同的方向看的时候，你的视觉系统就会描述你所看见的内容，而相应的 K 线会在你朝那个方向看的时候记录你所看到的内容！

现在假设同样的框架在之后的某一天被激活，但这次是通过记忆激活，而不是因为看到某个场景。那么，在你的智能组设想朝一个特定方向看的时候，思维本身就包含了激活相应的方向忆体。然后，在你有机会去想其他事情之前，相应的 K 线就会被唤醒。这会产生非常引人注目的效果：

> **无论你的“思维之眼”用哪种方式来观看，你似乎都会看到相应的场景方向。你会感觉到一个近乎完美的“束激”就在那里！**

这种回忆能有多“真实”呢？从原则上来说，它可以和视觉本身一样真实，因为它似乎不仅能让你感受到一个客体看起来是什么样子，还能让你感受到它的味道和触觉。简而言之，我们将会看到，这不仅会产生看见一个场景的感觉，还会让我们感觉到能在其中四处游走。

## 24.9 识别与记忆

框架如何被激活？这等于是在问我们如何识别熟悉的情境或事物。这个问题可以变得无限复杂，因为在识别、记忆以及其他关于思维的方面之间没有天然的界限。对于这样让人无从着手的问题，我们只能从自己的想象中建立一些界限了。

我们会简单地假设每个框架都是由某一套识别器激活的。我们可以把识别器看作一种智能体，这种智能体在某种意义上与 K 线相反，因为它不会唤醒特定的思维状态，只能在特定思维状态发生时把它认出来。与此相应，框架的识别器和框架的终端非常相似，只不过框架与终端之间的联结是相反的。

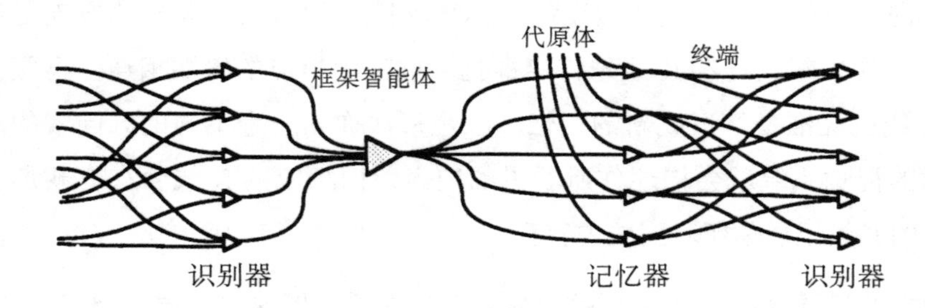


这表明不仅仅是框架，一般的智能组可能也是通过识别器和记忆器中间夹着智能体这种三明治的形式组织的。

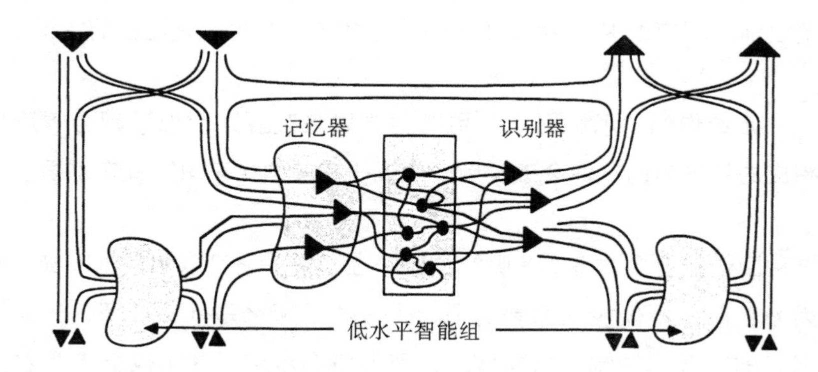


这幅智能组组织方式的草图是过度简化了的。每个智能体，无论是一个框架、一条 K 线还是其他什么的，当它需要活动的时候，一定拥有某种机器用于学习，这可能比简单地识别某些特征是否出现要求更高。举例而言，要认出一个客体是一辆汽车，仅仅知道它包含某些类型的组件，比如车体、车轮和牌照是不够的，框架还必须能识别出这些组件是以适当的关系组合在一起的，比如轮胎恰当地与车体连接。人工智能领域的工作者已经实验过许多制作框架识别器的方式，但这个领域仍然处于起步阶段。高水平智能组的识别器所包含的机制可能和差异发动机的机制一样复杂，这样才能与真实场景中的关系描述相匹配。

# 第25章 框架编队

The Society of Mind

影像技术有一些缺陷，这是它具有特殊优越性的代价。其中有两个缺陷可能是最重要的：影像，特别是视觉影像，倾向于在情境的个体化方向上走得太远，超过了生物学上有用的范围；而影像组合的原则在建构时有其自身的独特性，会产生特有的结果，与习惯的直截了当，或者某种有秩序的思维列队相比，相对比较杂乱、不连贯、不规律。

——F.C. 巴特莱特

## 25.1 一次一个框架？

下面的每幅画都可以用至少两种方式来看。

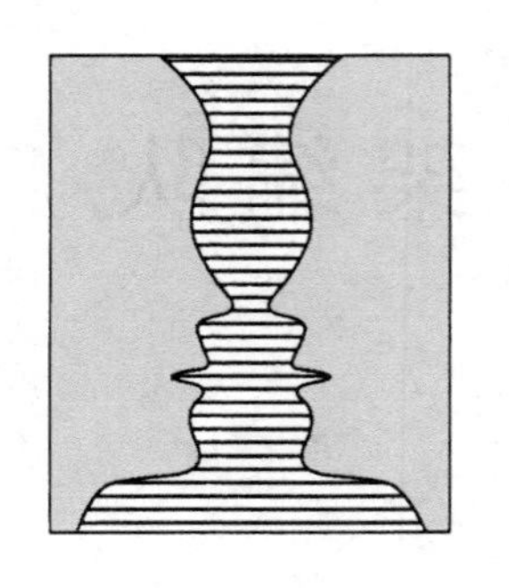

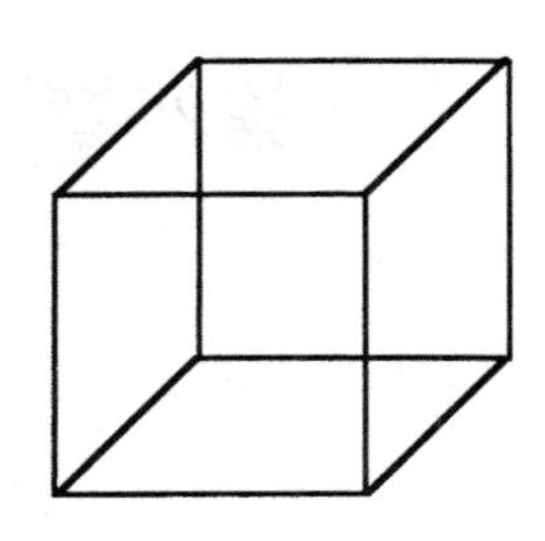

左边的图表述的可能是一个烛台或者两个面对面的人。右边的图看起来像一个正方体，但开始时它像一个从上往下看的正方体，而突然，看起来又像是从下往上看的。为什么每张图的特征似乎在每个时刻都在不断变化？我们为什么不会同时看到两种形式？因为我们的智能组似乎一次只能容纳一种解释。

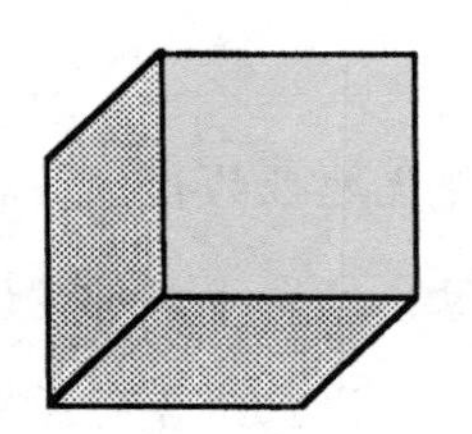

或

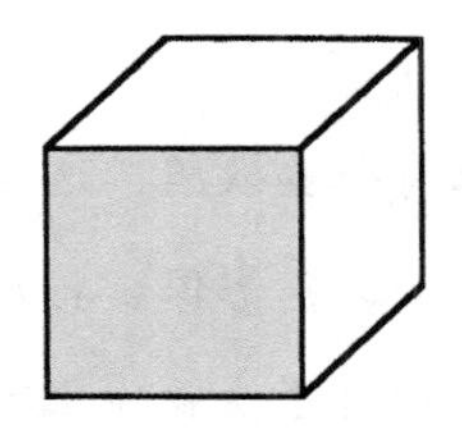

这里我们必须提一些特定的问题。第一个问题，是什么让我们把这些图片看作是由边缘、线条、角和面的一些特征组成？我们的视觉系统似乎不得不把传感器输出的信息组合成这样的实体。第二个问题，是什么让我们把这些特征看作组合在一起而形成的更大的客体？很明显，我们的视觉系统又一次被迫把这些特征，无论是角、边缘还是面，同时看作唯一一个更大客体的组成部分。我不会在本书中讨论这些问题，只会提出一个一般性的假说：

**我们的视觉系统在每个不同的水平带上天生就配备有某种“锁**

> 定”机器，每时每刻，在每个水平上，允许把每个“组件”分配给下一个水平上的一个“整体”，且只分配给一个“整体”。

我们还应该问一问，我们如何把这些客体认成我们熟悉事物的范例，比如**脸**、**正方体**或**烛台**？于是我们又会提出一个相似的假说，我们的记忆－框架同样也会使用“锁定”机器，这使得每个“对象”一次仅与一个框架相联结。最终的结果就是，在图片的每个区域，框架之间都必须互相竞争，以便占领每个特征。

## 25.2 框架编队

我们第一次讨论“建设者”的工作方式时，会假定它利用视觉智能体“看见”来定位它所需的各种积木。然而，我们从来没有讨论过“看见”本身可能是如何运作的。一个人只是去“看和看见”，但这可比看上去要复杂得多。举例而言，就算是一个简单的正方体，在移动后从不同的角度来看，它在你眼中产生的影像也是在不断变化的。

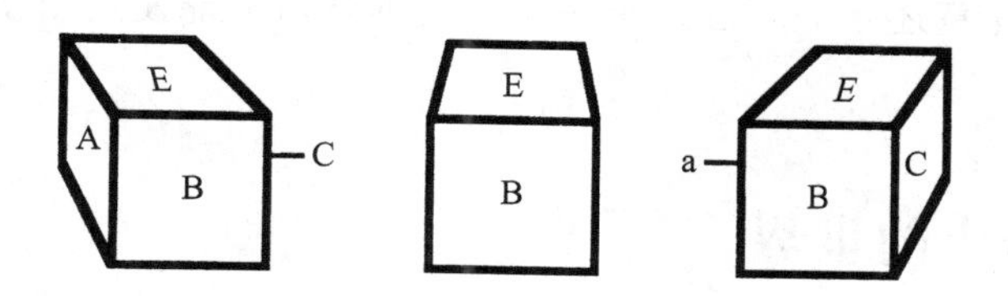


如果每移动一步，所有的事看起来就完全是新的，那有多奇怪、多危险啊！但我们看到的不是这样。当我们向右移动时，A 就看不见了，我们还记得看到它时我们了解到的内容，而且它似乎还是我们现在所见的事物的一部分。怎么会这样呢？有这样一个理论解释了为什么在我们移动的过程中，就算所看到的内容不断变化，那些事物似乎还是维持原样。

> **框架编队**（frame-arrays）。当我们移动的时候，我们的视觉系统在一族（a family of）不同的框架之间转换，这些框架所用的都是同样的终端。

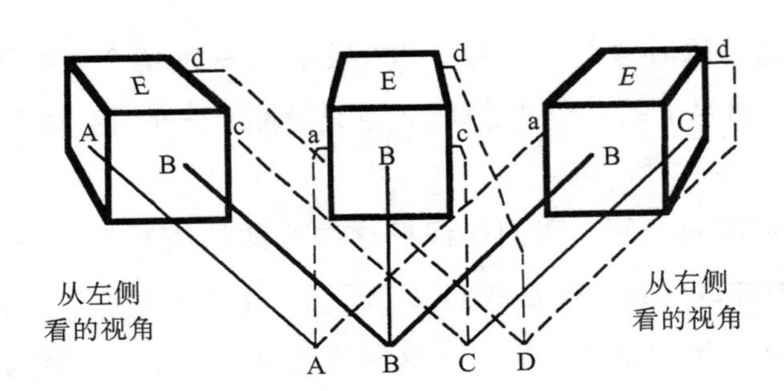


我会用“框架编队”的术语来指代那些共用同样终端的框架小组。用框架编队来表述一个事物的细节时，你可以继续移动，尽管你不能同时看到所有不同视角可以观察到的全部内容，但它们都会“保留在思维中”。这就赋予了我们一种奇妙的能力，我们可以把一个物体的所有视角设想成一个单一事物的各个方面。

我并不认为每次你看到一个新物体时都会为它建立一个全新的框架编队。首先，你会试着把看到的内容与记忆中多年积累和精炼的框架编队进行匹配。框架编队是如何产生的呢？我会假定这种潜在的模式，也就是共享终端的框架族群，已经嵌入了主要脑区的结构之中。尽管这种模式已经嵌入，每个儿童还是需要经过十多年注定的学习才能发展出使用这些模式的技能。

## 25.3 静止的世界

是什么让物体在无论观看者如何移动的情况下，看起来都是停留在原地的呢？对于常识来说，这没什么神秘的：只是因为我们一直都能看见而且一直都保持着和外界的接触。然而，我怀疑如果我们从一刻到下一刻都必须重新看见，那我们几乎就什么也看不见。这是因为我们高水平的智能体根本不会“看见”我们眼中传感器输出的信息。相反，它们“看”的是中间水平智能组的状态，这些智能组的变化不会那么频繁。是什么在防止世界的这些“内在模式”不断变化呢？这就是我们那些框架编队的功能：在我们移动头和身体的时候，把我们从外界了解到的内容存储在稳定不变的终端里。这可以解释一个绝妙的假悖论：世界上的物体似乎只有在它们投射在我们眼中的画面不改变时，也就是不随我们的预期变化时，才会改变。举例而言，当你经过一个圆形的盘子时，你的框架编队预期这个圆形会变成椭圆形。当事情确实是这样时，这个形状“看上去”还是圆形。然而，如果这种预期的改变没有发生，那看起来就是形状自身发生了变化。

那么，我们如何自动抵消视角的变化呢？系统可以像我们在24.8中描述的那样运作：通过利用同样的方向忆体，既可以控制我们自身的动作，也可以从我们的框架编队中选择框架。举例而言，你可能使用若干种框架来表述一个正方体的图形，安排在这样一种网络中：

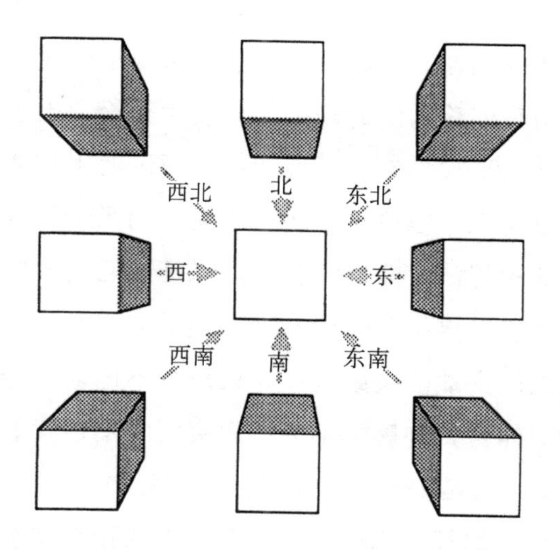


当你激活“向东移动”的方向忆体时，为了让你的身体朝那个方向移动，同样的信号也会让这个框架编队用左侧的框架替代中间的框架。这会抵消你的视角变化，并且决定你“预期”会看到什么，而这个场景看上去就是静止没变的！迈克尔·克莱顿提出，在这种空间中移动时，你一定会在无意识中记录扭曲的形状、移动的墙和角落。只是你并没有把这些解释为房间内部本身的改变，而是用它们作为更精确的线索来定位你在空间中的位置。

你只要用手指轻推眼睛的侧面就可以绕过整个系统，然后世界看上去就真的在移动，因为你的框架编队无法接收到相应的方向信号！

## 25.4 连续感

尽管每个事物都会给我们留下印象，但还是会从我们的眼中消失，取而代之的是其他呈现感更强的事物。我们对过去事物的“想象”会变得模糊，越来越弱，一个人的说话声会淹没于一天之中的各种噪声内。当后续看到或感觉到某个事物的时间越长，之前事物留下的想象就越弱。因为人的身体在不断变化，在感觉中移动了的部分就失去了作用，所以时间和空间的距离对我们都只有一个同样的效果。

——霍布斯

想象一下这些框架编队可以做些什么！它们可以让我们把想象的场景“视觉化”，比如当我们移动的时候可能会发生什么，因为关于我们预期能看到什么的框架会自动被填充。不仅如此，通过使用其他程序来填充所有这些终端，我们还可以“想象”以前从未见过的场景和视角。但是，许多人发现很难考虑这种想法，即思维影像可以基于任何像框架编队一样粗糙的事物。我们的经验世界似乎呈现一种完美的连续状态，这种平滑的思维有可能来自框架之间突然的跳跃吗？如果思维不停地从一个框架跳跃到另一个框架，那我们体验到的感觉不会很唐突吗？不过我们很少感觉到思维在转换框架，最多也就是把一个视觉场景知觉为由一些不连贯的光点组成。我们为什么会感觉事物都是以平滑、连续的方式推进的呢？是和某些神秘主义的想法一样，因为我们的思维是某种流体的一部分吗？我认为正好相反：我们感觉到持续、稳定的改变，是因为我们的思维中有一部分可以把自身与连续流动的时间隔离开！

换句话说，从一种思维状态向另一种思维状态平滑行进的感觉并非源于这种行进本身的性质，而是来源于我们表述它的那些描述。事物只有在被表述为跳跃状态时看上去才会是跳跃的。自相矛盾的是，我们的连续感是因为我们对大多数改变都不敏感，而不是因为某种真实的感知力。存在的事物在我们看来是连续的，并不是因为我们持续感受到了当下正在发生的事，而是因为我们记住了事物在最近刚过去的时间里是什么样子的。没有这些短时记忆，所有的事物在每个时刻看起来都会是全新的，我们则不会有任何连续感，也不会因此产生存在感。

人们可能会认为如果拥有“持续的意识”，会是一件很棒的事，但它所造成的祸害比无用还要糟糕。因为我们的高水平智能组对现实的表述变化越频繁，它们就越难在所感受到的事物中找到意义。意识的力量并非来自不间断的状态改变，而是来自足够的稳定性，可以识别出环境中重要的变化。为了“注意到”变化，人们需要有能力忍耐变化。为了感受到什么事物不随时间改变，人们必须能够检查和比较当前状态与最近刚过去的描述有何不同。我们不理会改变才会注意到改变，而不是因为改变本身而注意到它。

我们感觉到与世界的持续接触不是一种真实的体验，相反，它是一种**内在错觉**（immanence illusion）。当我们的视觉系统提出的每个问题都得到了迅速的回答，就好像那些答案早已在那里时，我们会拥有一种真实感。这就是框架编队提供给我们的：一旦一个框架填充了它的终端，在这个编队中其他框架的终端也就被填充了。当视觉的每个改变都利用了终端已被填充的框架，虽然是默认的，但景象似乎也会瞬间改变。

## 25.5 预期

但是以一种普通的方式来看待任何一个不透明的物体，它的表面面对眼睛的那部分倾向于独自占领思维，而相反的那一面，或者任何其他部分在那一刻都不在思考范围内。而我们想要查看其他部分时做出的最小动作都会使我们之前的那个理念变得混乱，因为我们想把这两个理念联系起来。

**——威廉·霍加斯**

想象一下你转过身来，忽然面对着一个你绝对没有想到的场景。你会感到特别震惊，好像世界在你眼前改变了一样，因为有太多事情都不符合你的预期。查看一个熟悉的地方时，我们大概知道可以预期什么。但预期是什么意思？

每当我们开始对一个特别的环境感到熟悉，比如办公室、家或者户外的某个地方，我们就会用一个终端已经被填充的框架编队来表述它。然后，在这个环境中朝每个方向移动，我们的视觉系统都会激活这个编队中相应的框架。就算我们只是考虑或想象一个特定的身体动作，也会激活相应的框架，这就是“知道可以预期什么”。一般而言，一个空间框架编队中的每个框架都由一些方向忆体控制。然而，在不是特别熟悉的环境中，或者不理解环境中的关系时，我们可能会学习利用更具体的刺激，而不是用方向忆体来转换框架。举例而言，当你靠近一扇熟悉的门时，你所期待的门后的房间框架可能会被激活，但不是被你的动作方向激活，而是因为你认出了那扇特别的门而被激活。这可以解释为什么一个人可以在同一所房子里生活几十年却不知道哪些房间共用一堵墙。

不管怎样，所有这些都过度简化了。我们的许多框架编队肯定需要九个以上的视觉方向；它们需要机器来调节客体的大小和形状，它们必须适应三个维度，还必须能表述从一个视点到另一个视点的动作过程中发生了什么。此外，对框架选择的控制不能取决于一套单一、简单的方向忆体，因为我们还必须抵消眼睛、脖子、身体和腿的动作。实际上，我们的脑机器中有很大一部分都会参与这种计算和纠错，而且我们需要很长时间才能完全学会使用这个机器。心理学家皮亚杰发现，儿童需要十年或者更长的时间来精炼自己的能力，才能想象出从不同的角度看同样的场景会是什么样子。

这就是霍加斯所抱怨的内容。这位艺术家觉得许多画家和雕塑家从来没有完全学会空间转换。他觉得思维影像是后天习得的技能，并且批评有些艺术家用来“练习在思维中以理念的形式呈现客体自然状态”的时间太少了。与此相应，霍加斯想出了办法来训练人们更好地预测视点会如何改变事物外表。

（一个人如果获得了）关于一些质点和线条的距离、方向还有对立面的完美理念（即使是在最不规则的图形中），他就可以逐渐熟练掌握这样一种技巧：即使事物不在眼前，他也可以在思维中回想起它们。这对那些靠想象来创作或绘画的人来说有无限的帮助，对那些画真实生活的人来说，也可以帮助他们画得更加准确。

## 25.6 框架理念

问题由观点引起，观点有助于建构带有疑问的事物、值得询问的事物以及可以构成答案（或进展）的事物。并不是观点决定现实，那只是我们从现实中所接受的内容以及我们如何建构现实。我是一个现实主义者，相信现实终究有机会接受或拒绝各种各样的观点。

——艾伦·纽厄尔

我第一次构想框架理念是在20世纪70年代早期，那时我正致力于制作一个可以看见的机器人。1974年，我在一篇名为“表述知识的框架”（A Framework for Representing Knowledge）的文章中描述了这个理论。这篇文章影响了之后十年的人工智能研究工作，但很多读者抱怨文章中的解释太过模糊。回顾这篇文章时，我认为它的细节水平带刚好符合当时的时代需求，这也就是为什么它会产生这样的影响力。如果那个理论被描述得更模糊一些，就会被人们忽略；但如果被描述得更详细，那么其他科学家就只会去“检验”它，而不会贡献他们自己的理念。于是，他们可能会发现我的提案是不充分的。事情并没有这样发展，其他人提出了许多版本的理论，而“以框架为基础”的计算机编程变得很流行。

尤其要指出的是有两名学生，斯科特·法尔曼和艾拉·戈德斯坦，他们声称理解了我想说的内容，然后解释了很多细节，可这些细节我那时还完全没有想象到。另一名学生特里·威诺格拉德，他致力于制作这样一个机器人，它可以理解一堂特别的英语句法课。这引发了一些重要的理论，是关于语法与其对听众的影响之间的关系。之后，由于这个机器人的任务是用儿童积木建塔，威诺格拉德还解决了很多关于如何制作“建设者”的细节。你可以看出他的理论对本书的影响有多大。不过还有一名学生尤金·查尼艾克，他研究的是年幼的儿童如何理解他们所阅读的故事。他花了至少一整年的时间去构想这样一个故事，关于把一个风筝带到一个生日聚会中去。很快，你将会看到查尼艾克对本书的影响。

自始至终，我都觉得框架理念本身非常显而易见，而且可能在巴特莱特这类心理学家的早期著作中就曾经暗示过。我认为在 1974 年的论文中，更重要的一个概念是框架系统的理念，在本书中又被称为“框架编队”（frame-array）。我很惊讶，框架理念变得非常流行，而框架编队理念却没有。忆体的概念出现在 1977 年［当时的术语叫“C 线”（C-line）]，K 线理念在 1979 年变得很明确。代原体的概念在我的无意识思维里存在了若干年，但那时还没有很明确，直到写这本书的时候，我意识到如何把一些罗杰·尚克的早期理念重新构想成 Trans- 框架。在本书提出的理论中，框架终端是由忆体束或独原体束控制的，而这个理论在框架编队概念产生十年后才出现。

还有许多关于框架如何运作的问题仍待解决。举例而言，利用不同的平行框架，应该有可能同时识别若干不同的事物。但我们怎么能在人群中同时看见许多面孔，或者在墙上看到许多砖，或者在房间里看到许多椅子呢？我们会把同样的框架复制很多次吗？我怀疑这种想法是不切实际的。相反，我们可能一次只会给一个框架匹配一个范例，然后简单地假设同样的框架可以应用于其他与当前所注意的事物具有同样特征的可见事物。

# 第26章 语言框架

The Society of Mind

只有当人们发现一种方式可以打破过去的刺激和情境所产生的“集体”影响，只有当人们发现一种设备可以控制过去的反应所导致的暴行，思考才能成为可能。不过尽管这是一种比较后期的高级发展，它也无法取代影像方法。它有其自身的缺点。与影像相反，它丧失了一些活力、生动和多样性。它的主要工具是语言，这不仅仅是因为它具有社会性，而且因为它们在使用过程中必然被按顺序排列，不知不觉进入了习惯反应，甚至比影像还乐在其中。（通过思考）我们冒着越来越大的风险卷入普遍性之中，这与实际的具体经验可能没什么关系。

——F.C. 巴特莱特

## 26.1 理解语言

当儿童读到一段以下面的话开头的故事时会发生什么？

有一次玛丽受邀参加杰克的聚会。
她想知道他会不会想要一只风筝。

如果你问这个风筝是干什么用的，许多人会回答那一定是给杰克的一件生日礼物。礼物的理念根本没有被提到，但每个正常人都可以很快做出这种推理，这多么令人惊奇啊！机器也能做这么厉害的事吗？我们来想想其他一些几乎所有人都会做的假设和结论：

那个“聚会”是一个生日聚会。
杰克和玛丽是小孩子。
“她”是玛丽。
“他”是杰克。
她在考虑给杰克一只风筝。
她想知道他是否喜欢风筝。

我们把这些理解称为“常识”。这些理解很快就会形成，常常在一句话说完之前就已经在思维中准备好了！但这是怎么做到的呢？为了认识到那只风筝是一件礼物，人们必须利用这样的知识，比如聚会和礼物相关，礼物对孩子来说通常是指玩具，以及作为礼物，风筝是一种合适的玩具。在故事本身当中，这些事情都没有被提到。但通过某种方式，“玛丽受邀参加杰克的聚会”唤醒了读者思维中的一个“聚会邀请”框架，这个框架的终端所联结的一定是各方面的记忆。谁是主人？谁会参加？我应该带什么礼物？应该穿什么衣服？所有这些方面都是由一个框架依次表述的，这个框架的终端已经联结了针对这类特别问题最常见的解决方案，这是一种默认安排。

这种知识来自以往的经验。我所成长的文化环境中，受邀参加聚会就有义务着装得体，并且要带礼物。与此相应，当我读到或听到玛丽受邀参加聚会时，会认为玛丽和我在同样情境下的主观反应和所关注的事是一样的。因此，尽管故事根本没有提到衣服或礼物，但这些相关的事物似乎只是常识而已。然而尽管它很平常，却并不简单。接下来的几部分我们将推测一下理解故事是一个怎样的过程。

## 26.2 理解故事

现在我们将看到一些框架，它们有助于解释我们如何理解那则儿童故事。在句子根本没提到过的情况下，我们怎么知道风筝是给杰克的礼物呢？

有一次玛丽受邀参加杰克的聚会。
她想知道他会不会想要一只风筝。

在第一个句子激活了聚会邀请的框架后，读者的思维一直忙于这个框架所关注的事，包括要带什么类型的生日礼物这种问题。如果这种关注由某种次级框架表述，那么这种次级框架关注的又是什么呢？那个礼物一定要是一种能够取悦聚会主人的东西。“玩具”是一个很好的默认选择，因为它是最常见的一种儿童礼物。

终端：**主人　　礼物**
限制：主人喜欢礼物

第一个句子表示用杰克来填充“主人”的终端。

**主人　　礼物**
杰克喜欢玩具

玛丽受邀参加杰克的聚会。

第二个句子表示用风筝填充玩具，用他填充“主人”。

**主人　礼物**
他想要风筝

她想知道他会不会想要一只风筝。

既然“杰克”是“他”，而“风筝”是一个“玩具”，如果读者关于男孩的框架假定杰克很有可能喜欢风筝，那么这两个框架就会完美融合。于是我们那两句话就完美地组合在一起，填充了当前的框架终端，我们的问题就解决了！

| 终端：主人 礼物 |
| --- |
| 限制：杰克想要风筝 |

故事为什么可以被人理解呢？它的连贯性源自哪里？秘密就在于每个段落和句子如何激活框架或者有助于已经激活的框架填充它们的终端。当我们故事中的第一句话提到了聚会，各种框架就会被激活；当读者读第二句话的时候，他们思维中的这些框架仍然保持活跃状态。这样，理解第二句话的背景已经准备好，因为已经有很多智能体准备好识别可能被提及的礼物、衣服和其他与生日聚会相关的事物了。

## 26.3 句子－框架

人们通常不会说出所有他们试图传达的思想，因为说话的人力求简洁，所以省去了既定的假设和不重要的信息。概念处理器会在一个句子或更长的论述中搜寻填充空位所需的特定信息。

——罗杰·尚克

我们几乎还没有开始研究思维如何理解最简单的儿童故事。让我们再看一次那个聚会故事的开头。

Mary was invited to Jack's party.
（有一次玛丽受邀参加了杰克的聚会。）

这句话多么不可思议！仅仅六个单词却表达了多少内容啊！介绍了两个人物，而且很快都被安排了明确的角色。我们了解到很快会有一次聚会，杰克是主人，玛丽是客人，因为玛丽接受了邀请。我们还知道这个故事发生在过去。

这六个单词还透露了更多的内容。我们可以预期故事的焦点是玛丽的活动而不是杰克，因为“玛丽”是第一个吸引我们注意力的词。但要实现这一点，叙述者必须使用一种娴熟的语法策略。正常情况下，英语句子开头的短语描述的都是负责某一行为的“行动者”，而我们通常会用一个简单的 Trans- 框架来表述这一点。

| JACK | INVIT-ed | MARY |
|---|---|---|
| 杰克 | 邀请 - 了 | 玛丽 |
| 供给者 | 主动动词 | 接收者 |

在这个“主动动词”的句子 - 框架中，动词被夹在两个名词之间，第一个名词描述的是“供给者”，第二个描述的是“接收者”。然而，如果讲故事的人真的用了这种主动形式的句子 - 框架，就很有可能误导听众，让人以为杰克将会是故事的中心人物，因为他是第一个被提到的人。幸运的是，英语语法还提供了备选的句子 - 框架，在这种框架中，“接收者”第一个被提到，而且根本不会提到“供给者”！

| MARY | was | INVIT-ed |
|---|---|---|
| 玛丽 | 被 | 邀请 - 了 |
| 接收者 | 被 | 动词 - 被动式 |

听懂了的听众是如何探测这种“被动动词”式句子 - 框架的呢？有些语言智能体必须注意动词是如何被夹在“ was ”和“ -ed ”之间的。一旦这种次级框架被识别出来，语言智能组就会重新把第一名词玛丽分配给“接收者”终端，而不是“供给者”终端，于是玛丽就被表述为收到邀请的人。为什么我们不需要说供给者是谁呢？因为在这个例子中，听众可以默认假定。具体而言，“杰克的聚会”这一表达激活了“聚会邀请”框架，在这种情形下，一般是主人或者主人的家长来邀请聚会宾客。通过这种唤起熟悉框架的方式，我们可以用很少的词就说出大量内容。

## 26.4 聚会 – 框架

**聚会**（party）：名词，一种社交娱乐性集会，或者本身就是一种娱乐，通常具有特殊性质……

——《**韦氏词典**》

词典中的定义永远无法充分表达。每个孩子都知道聚会不仅仅是为了庆祝某人生日的集会，但没有一个简洁的定义可以描述复杂的传统、规则和约束，而这些内容正是典型的社会描述这种庆典的方式。当我还是孩子的时候，生日聚会至少会有以下脚本中所涉及的元素：

**到达。**
寒暄。着装得体。
**礼物。**
送主人或重要嘉宾礼物。
**游戏。**
像贴鼻子比赛这样的活动。
**装饰。**
气球。鲜花。皱纹纸装饰。
**聚会食物。**
热狗、糖果、冰激凌，等等。
**蛋糕。**
上面有蜡烛表示主人的年龄。
**仪式。**
主人尽力一口气吹灭所有蜡烛（来许一个愿望）。
**唱歌。**
所有的客人唱生日歌，吃蛋糕。

这仅仅是一个概要，因为每项还关系到许多其他条件和要求。生日礼物当然要能取悦主人，但还有一些其他强力的约束条件。它必须是全新的，质量好，而且不能奢侈夸张。它应该有适当的“聚会包装”，也就是用一种特定类型的彩色印刷包装纸包好，并且系上彩色丝带。脚本中的其他项目也有约束条件。生日蛋糕要有糖霜覆盖。在我小的时候，冰激凌通常是由三种彩条构成，分别代表着不同的口味：香草、草莓和巧克力。因为我不喜欢草莓味，我自己的聚会脚本就会包含额外的步骤，那就是找一个愿意和我交换的小孩。

对于所有的小客人来说，这种聚会就是聚会应该有的样子，包含所有这些奇奇怪怪的复杂程序。我们认为这种社交传统理所当然，就像一种自然现象一样。很少有宾客或主人会去想，为什么聚会要有这么多外在的形式，也不会去问它们的起源。每个孩子都会说，聚会就应该是这个样子。他们过去一直这么办聚会，以后也会这样办，所以它包含了几乎所有我们所知道的内容。

## 26.5 故事 - 框架

从荷马和索福克勒斯到吉卜林、海明威、布拉德伯里、斯特金、麦卡芙瑞、泽拉兹尼，等等，所有的故事都是这样讲的。你会说，很久很久以前，在某某地方住着什么什么人，当他专注于自己的事时，发生了一件特别让人吃惊的事。当你以这种方式开头，人们就会向你聚拢，因为他们除了听你讲下去别无选择。

——罗伯特·西尔弗伯格

每个人都能理解故事，我们觉得这是理所当然的，但每种叙述类型都需要有一些“倾听技能”。就算是最会讲故事的人也会觉得取悦儿童很困难，他们倾向于打断你的故事，提出各种问题，好让自己能完全明白，却早已远离了故事的主题。“玛丽住在哪里？”“她养狗吗？”要想好好听，孩子必须学会有效的自我控制方式。

讲故事的人也必须努力让焦点固定在听众的思维中。如果你突然说起一件别的事，完全没有背景就来了一句“有一次玛丽受邀参加杰克的聚会”，没有准备好的听众可能就会想：“玛丽是谁？”然后会去看你是不是在和别人说话。但为了让听众准备好，你可以这样说："你想听个故事吗？"或者就简单地说："在很久很久以前……"这种语句的功能是什么？它有非常具体的效用：让听众进入一种将要听到某种叙事，也就是将要听到故事时的正常熟悉状态。在英语传统中，故事通常是以具体的时间开头的，除非时间比较模糊，就会说"很久很久以前"。我听人说日本的故事大部分都是从地点开始，要不然就用某种空洞的短语，比如"在某个特定的时间和地点"。《圣经·约伯记》是这样开头的："乌斯地有一个人……"

许多故事的开头都会设定一个场景。然后它们会介绍一些人物，并且会暗示一下这些人物主要关注的事。接下来，讲故事的人会提供一些关于"主要事件"或待解决的问题的线索。从这时起，听众就会对接下来将发生什么有了一般的理念：问题会有进一步的发展，然后会通过某种方式得以解决，然后故事结束，可能还会给出一些实用建议或道德建议。无论如何，这些故事开头的词语了解听众的思维，可以唤醒大量的预期－框架，帮助听众提前知道要填充哪些终端。

| 终端或关注的事 | 分配给 | 由何显示 |
| --- | --- | --- |
| 时间设定? | 过去 | 动词过去式 |
| 地点设定? | 杰克家 | 目的地 |
| 主角? | 玛丽是女主角 | 句法重点 |
| 最关注的事? | 玛丽的主观反应 | 默认假设 |
| 反面人物? | | 还没提到 |

除了唤醒所有这些预期之外，"很久很久以前"还有一个很关键的作用：它表示接下来的事是虚构的，或者太久远，无法激活很多个人关注的事。它只会让听众在听到儿童故事里那些常常发生的骇人听闻的命运时，比如变成青蛙，被关在石头里，或者被可怕的怪龙吃掉，不会产生真的有人遇到这种事时所产生的正常同情感。

## 26.6 真正的句子与胡话

一句话的意思有一部分取决于这个句子中单独的每个词，还有一部分取决于这些词的排列方式。

圆形的方块诚实地偷窃。

诚实地偷窃方块圆形的。

我们用的是完全一样的词语，是什么让它们之间的差异这么大呢？我认为这是因为你的语言智能组在听到第一个词语串后立即就知道接下来要用它做什么，因为它符合已经建立好的句子 – 框架。第二个词语串却无法匹配任何熟悉的形式。然而人们是如何匹配这些句子 – 框架的呢？我们马上就来解释这一点，不过在此之前，假定我们年幼的听众可以在一定程度上把各种词进行分类，比如名词、形容词、动词和副词。（我们会略过儿童在学会以成人的方法使用词语前的其他阶段。）于是我们的第一词语串呈现出这种形式：

形容词 名词 动词 副词

现在我们假定听众已经学会了一个具体的识别 – 框架，它在听到这一串特定类型的词语时被激活。然后这个框架开始执行一个特殊的程序脚本，对 Trans- 框架的终端做了如下安排。“偷窃”的忆体被分配给了 Trans- 框架的“行动”终端，“方块”的忆体与“行动者”终端相连。接下来这个框架所激活的脚本会用“诚实地”这个词的忆体调节“偷窃”这个行动，用“圆形的”忆体调节“方块”这个对象。此时，每件事都运行顺畅，语言智能组已经找到了每个词的用途。我们给可以这样流畅加工的词语串起了一些特殊的名字，我们称之为“短语”或“语句”。

如果一个词语串中的所有词都可以很快、很容易填充到彼此合适的框架中，那么它似乎“符合语法”。

然而到了此时，由于一些特定的不兼容性，其他智能组中有一些严重的冲突开始显现。“偷窃”的框架要求“行动者”是活物。方块不能偷窃，因为它不是活的！此外，“偷窃”的框架还会预期发生一件应受谴责的事件，这也与调节器“诚实地”相冲突。如果这还不够，那还有我们描述形状的智能组，它们无法容忍“圆形”和“方块”的多忆体同时被激活。就算我们的句子符合语法也没用：产生了这么多混乱，大部分意思之间都相互抵触，我们把这种话叫作“胡话”。但我们必须承认这一点：什么是有意义的话，什么是胡话，这二者之间的区别只有一部分取决于语法。想一想当你听到下面这三个词会怎么样：

小偷 -- -- 不小心 -- -- 监狱 --

尽管这些词并没有建立起一个成型的语法框架，但它们激活了某些词义忆体，跳过了语法形式，与熟悉的故事 – 框架相匹配，也就是关于一个小偷被抓，受到应有惩罚的道德故事。不符合语法的表达也常常是有意义的，只要它们能引发清晰稳定的思维状态即可。语法是语言的仆人，不是主人。

## 26.7 名词的框架

在发展的不同时间点，大部分儿童似乎都会突然理解新的句子类型。因此，一旦学会处理单一的形容词，某些儿童很快就能学会处理更长的句子，比如这种：

狗叫。大狗叫。大长毛狗叫。黑色大长毛狗叫。

如果理解这个句子是通过词语串式的句子框架完成，那它就需要给每个形容词数量不同的句子都准备一个单独的框架。另一种方案不需要任何框架，只需要语言智能组在每个形容词出现时把它们转化成某种相应的忆体即可。不过还有一种方案可以处理这类句子（至今仍受某些语法理论家的欢迎），它让每个连续的形容词在每个框架中唤醒一个新的次级框架。然而，如果我们仔细观察人们如何使用形容词，会发现这些词语串一点儿都不简单。对比一下这两个短语：

木三个很沉的棕色大第一批盒子……

第一批三个很沉的棕色大木盒子……

我们的语言智能体很少知道怎么处理第一个词语串，因为它不符合我们通常用来描述事物的模式。这表明，我们会用框架式的结构来描述名词和动词，也就是描述事物和行动。要填充这些框架中的终端，我们就要预期它们的组件会或多或少按照确定的顺序出现。我们发现在英语中，一组形容词除非大概是按照下面的方式排列，否则我们很难理解。

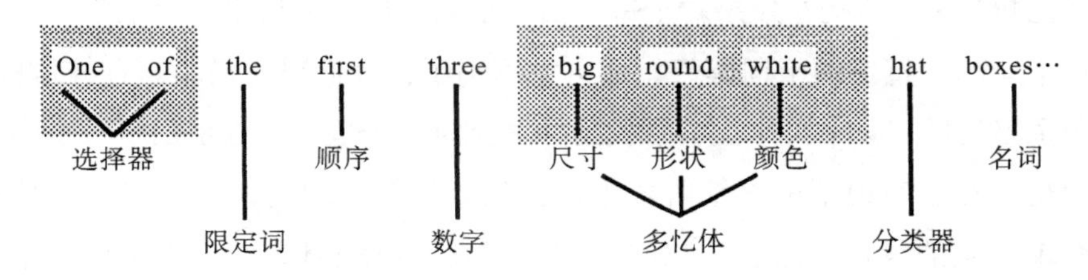


（译文：第一批三个大圆白帽盒之一……）

只要说一种语言的一群人能够对这类形式达成一致，那么表达就会容易一些。于是每个人都能一劳永逸地学会把最常被问及的问题答案放在哪里，以及到哪里去找。在英语中，人们会说“green box”（绿色的盒子），而在法语中人们说“box green”。用哪种顺序并不重要，只要所有人都同意按一样的方式说就可以。但“最常被问及的问题”，也就是我们建立到语言形式中的那些问题是什么呢？对这个问题的答案在某种程度上有点兜圈子，因为我们觉得哪些问题很自然会被问到，很有可能受我们成长于其中的语言文化影响。不过，许多不同的语言有一些共同特征，这些特征中仍然有一些有用的线索。

实际上，许多科学家都问过为什么这么多人类语言使用的都是相似的结构，比如名词、形容词、动词、从句和句子。这种现象所反映出的内容很有可能已经通过遗传建立到了我们的语言智能组中。但在我看来更有可能的情况是，这些几乎通用的语言形式很少依赖语言，它们反映的是在其他智能组中描述是如何形成的。最常见的短语形式可能并不是来自语言智能组的结构，而是来自表述客体、行动、差异和目的的其他智能组所使用的机器，这一点我们已经在22.7看到过，还有一些短语形式来自其他智能组对记忆的操控方式。简而言之，我们思考的方式一定会对我们如何说话产生深远而普遍的影响，只不过这种影响是通过影响我们想说的事产生的。

## 26.8 动词的框架

我们已经看到过一个由四个词语组成的句子，比如“Round squares steal honestly”（圆形的方块诚实地偷窃），可以匹配一个四终端框架。但“The thief who took the moon moved it to Paris”（偷走了月亮的小偷把它移到了巴黎）这句话呢？如果对于每个由十个词组成的词语串，我们都必须要学一个新的、特定的十词框架，那也太可怕了！我们很明显不是这样做的。我们是用代词“who”来让听众找到并填充第二个框架。这引出了一个多阶段理论。在学习说话的早期阶段中，我们就是简单地用词语的忆体来填充词语串框架的终端。之后，我们学会了用其他已经填充好的语言框架来填充这些终端。举例而言，我们可以这样描述月亮那个句子，它以“move”的顶端水平 Trans- 框架为基础，这个框架的“行动者”终端包含着一个次级的“took”Trans- 框架。

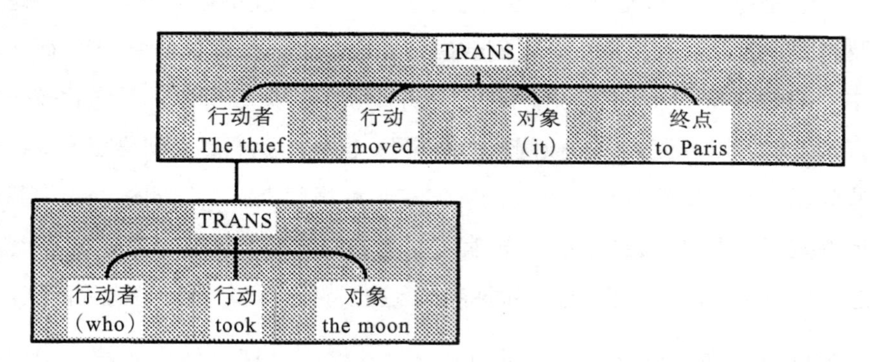


通过这种方式利用框架，可以简化学习说话的任务，因为它可以减少我们必须学会的不同类型框架的数量。但它也会让语言学习变得更困难，因为我们必须学会同时处理若干个框架。

我们怎么知道哪些终端应该填充哪些词呢？要处理“红色、圆形、薄皮水果”并不困难，因为每种属性所涉及的智能组不一样。但对于“玛丽爱杰克”就不行了，因为“杰克爱玛丽”中的词和前面那句一模一样，只有它们的顺序显示出它们的不同角色。每个儿童都要了解词语的顺序是如何影响哪个终端填充哪个短语的。碰巧，英语中对“玛丽爱杰克”所使用的方针和月亮那个句子是一样的：

> 把“行动者”代原体分配给动词之前的那个短语。
> 把“对象”代原体分配给动词之后的那个短语。

各个语言中把短语分配给代原体的方针都不一样。“行动者”和“对象”的词语顺序在拉丁语中就没有英语那么严格，因为在拉丁语中，名词的角色可以通过改变名词本身来确定。在这两种语言中，我们常常用一样的具体介词，比如“ for”“ by”和“ with”来指示哪些词语应该分配给其他代原体。在许多情况下，不同的动词类型会用同样的介词来指示如何使用不同的代原体。开始时这种用法可能看上去有些武断，但它们常常可以把重要的系统比喻进行编码，比如在21.2中我们看到过“ from”和“ to”被用来类比时间和空间。我们的语言智能组又是怎么发展的呢？对于它们最早的形式，我们没有什么记录，但可以肯定的是，在每个阶段它们都会受到那些需要解答或解决的问题影响，这些问题在它们所处的时期似乎具有重要意义。当代语言的特征可能仍然包含着一些线索，提示着我们的祖先关注的是什么问题。

## 26.9 语言与视觉

有些语言学者似乎认为我们处理语言的方式是独一无二的，也就是用一些框架填充另一些框架来展示一些复杂的结构形式。但是想一想我们在理解视觉场景时是不是也常常会做同样复杂的事。语言智能组在处理一个短语时必须能够打断自己，去攻克另一个短语的组件，这个过程涉及一些复杂的短时记忆技能。而在视觉中，一定也有一些相似的程序会把景象分裂开来，然后把它们表述成组合在一起的客体和关系。下页的图显示了这类程序可以多么相似。在语言中，主要问题是认出“带着”和“出去”两个词都属于同一个动词短语，尽管它们在时间上是分开的。在视觉中，主要的问题是要识别出桌子的两个区域是同一客体的组成部分，尽管它们在空间上是分开的。

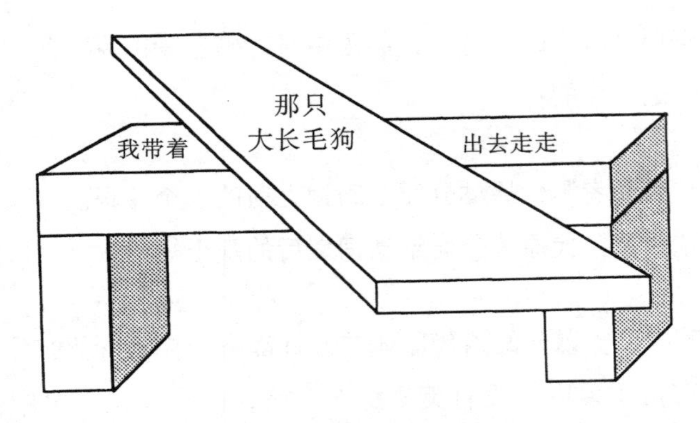


还要注意，我们看不到充当桌腿的那些积木的顶端，但我们一点儿也不怀疑它们会在哪里结束。与此相似，语言中短语的终点也常常没有标记，但我们也能够知道它会在哪里结束。在“The thief who took the moon moved it to Paris”（偷走了月亮的小偷把它移到了巴黎）这句话中，“who”这个词是新框架开始的标志，但是没有一个特别的词会提示短语结束了。为什么我们不会把“the moon”错误地安排给那个假短语“The moon moved it to Paris”中的“行动者”呢？这是因为我们先听到的是“……who took the moon”，它把“the moon”与“took”的 Trans- 框架中的“对象”代原体连在了一起，所以它就不能再充当“moved”框架中的“行动者”了。“The thief”仍然可以充当这一角色。我并不是想说我们永远不能把同样的短语安排给两个不同的角色，只是说一个好的讲话者会谨慎选择语言形式，不会不小心发生这种事。

我们处理短语式结构的能力是先在语言中还是先在视觉中发展的呢？在我们的祖先中，视觉比语言发展要早得多，所以如果这些能力是相关的，那么很有可能发展出语言智能组的那些基因变体开始时先影响了我们视觉系统的结构。今天我们无法确认这种推测，但未来的遗传学也许能够通过检查产生相应脑结构的基因来追溯许多此类关系的起源。

## 26.10 学习语言

语言本身是一种关于表达的集体艺术，是对成千上万个体直觉的总结。个体迷失在了集体的创造中，但他的个人表达在一定的弹性伸展范围内还是留下了一些痕迹，这种弹性伸展范围是人类精神集体成果中所固有的。

——爱德华·萨丕尔

语言中的词语本身是贯穿文化史的一个项目结晶，这个项目包含了几百万人多年的努力。每个词的每个意思都记录了某个智能方面的发现，它们留存了下来，而其他不那么特别的海量思想却连名称都没有得到过。

每个人都会产生一些新理念，但这些理念大部分都随着它们所有者的逝世而陨落了，除非这些理念可以通过自己的方式进入文化的词汇中。从日益增长的词库中，我们每个人仍然继承了几千种前人发现的强大理念。不过就算我们从文化中继承了这些理念，每个人还是一定会重新发明一些自己的理念，这也并不矛盾。我们不能只靠背定义来学习意义，我们还必须“理解”它们。使用一个词语的每个情境一定都会给出若干材料用于提示，这些材料已经存在于听众的思维中，之后听众自己也一定会尽力把这些成分组合起来，与其他已经学到的内容共同发挥作用。定义有时是有帮助的，但人们还是必须把本质从偶然的背景中分离出来，把结构和功能联系起来，并且与其他已知事物建立联结。

**一个词语的作用只是表明其他某个人可能有一种有价值的理念，也就是建立在思维内部的某种有用的结构。每个新词只能播下一粒种子，要想让它成长，听众的思维中必须也能找到一种方式建立某种结构，而这种结构的运作方式和人们向其学习这种结构的那个思维应该很像。**

在学习词汇的同时，我们必须学会使用这些词汇的语法策略。大部分孩子开始的时候都只会一次使用一到两个词语。然后，在接下来的两三年中，他们将学会用句子说话。儿童通常需要十年的时间才能学会成年人之间的大部分对话，但我们常常看到他们在某些集中的时间段内会出现突然的进步。儿童是如何这么快就学会这些复杂技能的？有些语言理论学家提出，儿童似乎已经准备好使用语法，因此我们的脑一定是天生就嵌入了语法机器。然而我们已经看到过，我们的视觉系统在年龄更小的时候就已经能解决许多相似的问题。而且我们也看到过，在学习玩勺子和桶的时候，儿童还必须学会其他像语言一样的技能，用来管理他们行动的“起点”“终点”“接收者”和“交通工具”。因此，我们的脑中有很多区域甚至在我们学会说话之前就表现出重新安排代原体角色的能力。如果是这样，也许我们不应该太关注儿童怎么能这么轻易地学会说话，而是应该关注为什么当他们已经在头脑中做了这么多相似的事后，还需要这么长时间来学习说话。

## 26.11 语法

我们如何选择自己要说的词语，又是如何理解他人说的话呢？前面我提出过，我们会在学习语言的过程中积累各种各样的程序和策略，使我们在一定程度上可以在其他讲话者的思维中重新产生自己的思维操作。这些程序影响着我们对词语的选择，影响着我们如何为短语和句子选择形式，还影响着我们的叙述框架风格。很多人试图研究儿童如何学习语言，但对于背后的机制，心理学家们还没有统一的理论。举例而言，我们还不知道对于每项语法我们是只学习一次，还是会学习两次——分别用来说和理解他人所说。

我们对于这样的事知道得太少，所以几乎不会去推测这些早期语言学习的步骤本质是什么。也许这个程序开始的时候是一些智能体，可以让儿童对具体的内部状态做出各种各样的语音反应。这些智能体之后又与“注定的”学习程序联系在一起，形成了有限的能力，可以通过使用耳朵传来的反馈模仿儿童听来的声音。之后的阶段中，可能会有一些新的智能体层次参与进来，它们把词语声音智能体与语言智能组中特定代原体最常联系的多忆体联结起来。一旦建立了适量的这种程序，更多层次的框架和记忆控制智能体就能学会支持更复杂的语言技能。

让我们试着想象一下什么样的程序可以产生一种“表达”客体描述的语言短语。假设，你想让人注意一个特别大的盒子。起初要想象这样一件事，你可能需要先激活“盒子”的多忆体，然后唤醒其他一些多忆体和代原体，它们可以调节“尺寸”智能组的状态。要表达“非常大的盒子”可能会需要一些语法策略来表达三个思维操作：

--- “**盒子**”表达的是唤醒盒子多忆体；

--- “**大**”表达的是选择“尺寸”智能组的程序；

--- “**非常**”表达的是一个代原体，它可以调节被选中的智能组中智能体的敏感性。

我并不是想说儿童最早期使用的三名词短语一定也是基于这种复杂的程序，他们开始时很有可能使用的是简单一些的顺序脚本。不过最终，更复杂的系统介入，用复杂的框架编队代替了简单的脚本，使得儿童可以对表达 – 框架上联结什么内容做出更复杂的安排。之后，由于语言智能组需要更多控制代原体的技能，儿童会学会使用“它”或“她”这种代词来表达其他已经联结在适当代原体上的结构。同时，在我们发展技能，从其他框架建立链条和关系树的时候，语言智能组将学会使用相应的语法策略来表达这些链条，也就是用“和”和“但是”这种连词串联起短语和句子。与此相似，在改进方法控制记忆和管理干扰的时候，我们还学会了把这些技能应用于“ who ”和“ which ”这样的从句式干扰中。我们用来表达思维程序的社会发明，其复杂性似乎是无法限量的，而大部分儿童都需要许多年的时间才能掌握祖先们发展出来的语言艺术。

## 26.12 出言有序

词语……可以在一般方面表明一个情境的定性特征和关系特征，其直接程度与描述此情境的个性特点一样，甚至更加让人满意。实际上，正是这个原因使得语言与思维程序之间具有紧密关系。因为从适当的心理学意义上而言，思维从来不只是恢复过去某个由兴趣的交会而产生的情境，而是利用过去来解决当前的难题。

——F. C. 巴特莱特

每次讲话都会在若干种水平上产生效果。你听到的每个词都会改变你的状态，这种改变取决于你在听前面的词语时所建立起来的结构。这些结构中的大部分是转瞬即逝的，只会在你重新安排某些组件并可能丢弃剩余的其他部分之前持续一小会儿。因此，一辆汽车可能开始时还是一个句子的主题，之后在下一个句子中就仅仅成了交通工具或者只是工具，最后，整个场景可能就变成了在更大的场景中对个人特征的修饰。在说一段话的过程中，每个水平上的细节都会被更高水平的表述网络所吸收，这些网络的轮廓会与组成它们的单个词语相距越来越远。

如果有一个简洁、完备的理论可以解释我们所有的语言形式就好了。可是这种理想无法实现，因为词语仅仅是每个复杂程序的外部信号，而语言和其他所有我们称为思维的内容之间并没有明显的界线。诚然，词语本身之间的界线相对清晰，当它们有多重意思的时候，语法策略常常能够帮助我们把适当的意义分配给各种终端和其他结构。这些策略包括所有的语型变化、介词、词序和那些指示如何把一个短语融入另一个短语的信号。我们还会把词语融入更宽泛的表达中，它们的界限模糊性范围很广，从“热狗”这类简洁的陈词滥调到很少与具体词语相连的弥散信号，这包括我们在措辞、韵律、语调，以及体裁和流畅性方面的转变之中很难描述的细微差异。

正常情况下，我们无法意识到语法策略如何限制我们对词语的选择，不过对于用来引导听众思维的语法策略，我们倒是更有意识一些。所谓引导听众思维，也就是把焦点从一个主题转向另一个主题，调节细节水平，以及前景和背景的转换。我们学会了用“顺便说一句”来改变关注的话题，用“举个例子”来转变为更精细的细节水平，用“但是”来调节预期或者打断通常的意识流，或者用“不管怎样”或“尽管”来表示打断的过程或详细解释的过程已结束。

但就算所有这些加在一起，也只是语言的一小部分而已。要理解人们说的是什么，我们还会利用大量的常识储备，不仅仅是关于具体的词语和当前关注的主题有何相关之处，还有如何表达和讨论这些主题。每个人类社会都发展出了大量的说话方式来建构其中的故事、解释、对话、讨论以及各种论证方式。就像我们会学习语法形式来把词语填入句子框架，我们也会储存“情节”来组织故事，储存人格特征来填充人物角色，而所有的儿童都要学会这些形式。

# 第27章 审查员和玩笑

The Society of Mind

餐桌旁有个男子把两只手都蘸满了蛋黄酱，然后又用手抓了抓他的头发。坐在他旁边的人非常诧异地看着他，而他解释道："对不起，我还以为这是菠菜。"

——西格蒙德·弗洛伊德

## 27.1 恶魔

我们的读者一定很想知道玛丽和那个风筝最后怎么样了。接下来的故事是这样的：

> 有一次玛丽受邀参加杰克的聚会。她想知道他会不会想要一只风筝。但是简告诉她："杰克已经有一只风筝了，他会让你把它拿回去的。"

这里的"它"指的是什么呢？很明显简说的不是杰克已经有的那只风筝，而是玛丽打算送给杰克的那只新风筝。是什么引导了听众的判断，使其认为这就是讲述者所要表达的意思呢？其实除了"它"指的是哪个风筝之外，我们还有很多别的问题需要解决。比如，我们怎么知道"它"指的就是一只风筝呢？而"把它拿回去"是说从杰克那里拿回去，还是把风筝退回商店呢？为了简单起见，我们先不考虑其他可能性，假定"它"指的就是一只风筝，但如果要判断究竟指的是哪只风筝，我们还必须理解"把它拿回去"这个更大的短语是什么意思。这个短语一定要能与听众脑海中已经存在的某种思维结构相匹配。讲述者希望能够唤起听众自己赠送和接收生日礼物的一些记忆片段，从而使他们能够借助这种相似的生活常识，找到最适合理解这个短语的思维结构。但是因为每个听众的头脑中都有着巨大的信息量，有什么程序可以快速地唤起那些有用的知识呢？在1947年，麻省理工学院的研究生尤金·查尼艾克做了一个研究，以探索这个故事中每个短语如何帮助阅读者理解后文的短语。他认为每当我们听到一个事件的时候，某个特定的识别智能体就会被启动。这些智能体接下来会活跃地运行，观察并等待着其他相关事件的发生。（因为这些识别智能体平时都在静静地潜伏着，只会在特定的情形下才介入，所以它们也被称为"恶魔"。）比如说，一旦有个故事中出现了某人买了份礼物的细微暗示，特定的"恶魔"就会被激活并等待着下面这种事件的出现：

> 如果有迹象表明被送礼物的人拒绝了这个礼物，它就会在下文中搜寻礼物被退回的信号。如果你看到了礼物被退回的征兆，它又会搜寻被送礼物的人拒绝礼物的信号。

查尼艾克的理论引发了很多新的思考。比如，激活一个“恶魔”的难度有多大？它们的活跃状态能维持多久？如果被激活的“恶魔”太少，我们对事情的理解就会很迟钝。但如果被激活的“恶魔”太多，我们又会被错误的讯息搞得晕头转向。这些问题没有什么简单的答案，而且我们所说的“理解力”本来就要靠大量的技能不断累积才能获得。你可能只需要一些孤立的“恶魔”就可以理解某一小段的故事，但要理解其他内容，可能就需要动用一些更大的程序，从你的海量回忆中搜寻能与接下来的故事情节相匹配的记忆片段，还有一些内容的理解可能取决于哪些智能体被各种微忆体激活了。你以为你在专注地讲述或聆听一个故事，实际上你的痴迷程度有多少是在被这些“恶魔”的预期操控着呢？

## 27.2 抑制器

如果可以永远不犯错误就太好了。要做到这一点，一种方法是让大脑中永远都是绝对完美的正确思想，但这是不可能做到的。不过我们可以尽力去尝试在那些坏主意造成很大危害之前及早地识别出它们。因此，我们可以设想有两种恰好相反的自我完善方式。一种是扩展我们的思路范围，这样我们就会有更多的主意，但也意味着有更多的错误。另一种是我们试着去避免重复那些曾经犯下的错误。每个族群或团体都会逐渐形成一些限制和禁忌，以此告诫成员们哪些事情是不应该做的。我们的思维也是如此，我们从记忆的累积中获取经验，以此来告诫自己哪些是不应该想的。

然而，怎样才能让一个智能体阻止我们重复做一些过去做过的错误或徒劳无功的事情呢？再理想化一些，这个智能体甚至可以让我们根本不会再想到那些不好的思路。但这看上去似乎是自相矛盾的，就像你去对一个人说："不要想猴子！"他仍然会用某种方式去做这件事。要想知道它是如何发挥作用的，可以想象一个会导致某种错误的思维状态序列：

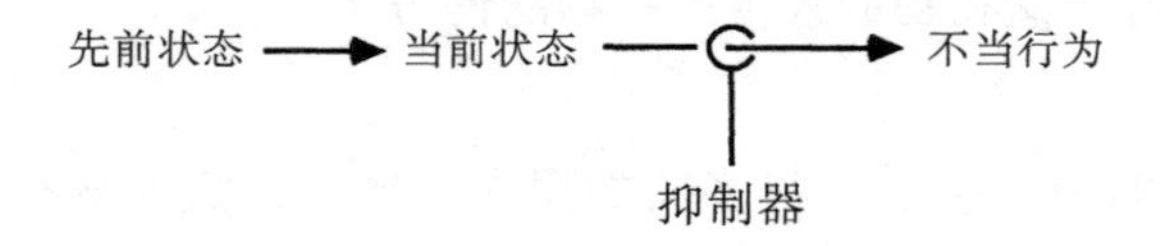


要阻止这个不当行为的发生，我们可以引入一个特殊的智能体，它能够识别出过去不当行为出现之前的思维状态。

> **抑制器**（suppressor-agent）智能体会在你想到某个"坏主意"的时候出现，然后阻止你做出相应的不当行为，使你在想到一些替代措施之前保持冷静。如果一个抑制器可以说话，它一定会大叫："不要再想了！"

抑制器的确可以使我们避免重复过去所犯的错误，但是它只能在我们确切地出现了不良思维状态之后，才把我们"拉回去"，这种方式的效率很低。如果我们能够预测到那些错误的思路并加以阻止，就不用再出现那些不好的思维状态了。在下一节中我们就会讲到如何利用一种叫作审查员的智能体去做到这一点。

> **审查员**（censor-agent）智能体不需要等到一个坏主意形成后才有所行动，它们可以对不良思维形成之前的那个思维状态进行拦截。如果一个审查员可以说话，它可能会说："想都不要想！"

虽然西格蒙德·弗洛伊德很久以前就提出了审查员的构想，但它们在当前的心理学中很少被提及。我认为这是一个严重的疏忽，审查员是我们得以学习事物和进行思考的基本条件。问题可能在于我们的审查员运行得太成功了，以致人们根本没有发现它们。因为对心理学家们来说，研究一个人做了什么，自然要比研究一个人没做什么容易得多。

## 27.3 审查员

要了解抑制器和审查员都要做些什么，我们不仅要考虑实际出现的思维状态，还要考虑其他具有细微差异的相似环境中可能出现的各种思维状态。

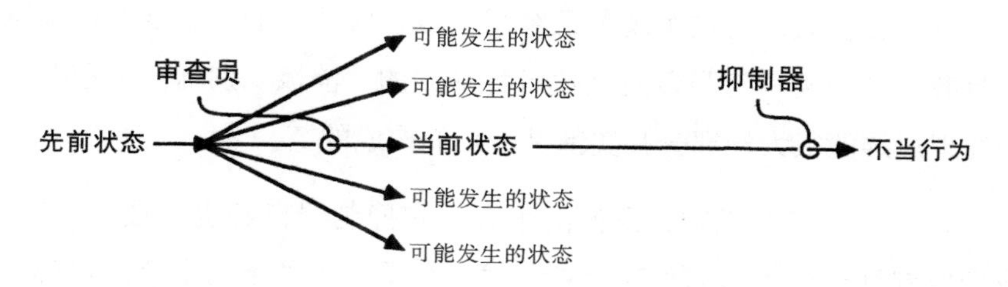


抑制器在一个行为将要形成之前通过调停对其进行阻止，但这很消耗时间，因为在找到可接受的替代措施之前，我们什么都做不了。而审查员则可以通过更早开始调停来避免这种时间浪费。与抑制器等到行为将要发生时才叫停的做法不同，审查员运行得更早，使得我们还有一些时间去选择替代方案。而且审查员仅仅是让我们的思维调转到一个可接受的方向上，而不像抑制器那样直接阻断思维的进程，所以完全不会浪费时间。

如此看来，审查员显然要比抑制器更高效，但我们也要为这种效率付出一些代价。短时间内我们的思维退回去得越远，它们再向前推进的方向就越多，我们到达一个错误思维状态的可能性也就越大。同时，为了避免某个特定思维状态的出现，审查员还要提早学会识别这一状态之前所有可能的思维状态。因此，每个审查员可能都迫切需要一个庞大的记忆库。据我们了解，每个人都积累了数百万个审查记忆，用以避免无效或有害的思维模式出现。

为什么不让我们的思维及时地倒退更远，从而更早地扭转那些不当行为呢？这样的话拦截智能体就可以早早地选好正确的思维方向，事半功倍，我们也可以在处理复杂问题的时候不犯任何错误了。不幸的是，仅仅靠审查员是做不到这些的。因为如果我们的思维倒退而审查员的审查范围相应扩大，那么我们（为了避免思维在每个可能的错误方向上发生偏移）所需的抑制记忆也会呈指数级增长。所以要解决一个复杂的问题，仅仅知道可能会犯哪些错误是不够的，我们还需要一些积极的计划。

我在前面也提到了，我们的思维做了什么要比它没做什么更容易被注意到，这意味着我们无法用内省的方式去感知这些发挥抑制作用的智能组都做了些什么。我认为这个现象已经严重地歪曲了我们心理学的很多概念，而一旦我们认识到审查员以及其他各种形式的“消极识别器”的重要作用，就会发现思维的很大一部分其实都是由它们构成的。

尽管如此，有些时候，我们的审查员和抑制器自身也需要被抑制。比如我们要制订一个粗略的长期计划，就必须采用一种不拘小节的宏观思路，忽略掉一些琐碎的困难。但是如果有太多的审查员挡在眼前，这么做就非常困难了，我们会由于找不到万无一失的策略而变得畏首畏尾，使自己的宏伟蓝图还没画好就被撕碎了。

## 27.4 逻辑中的例外

我努力衔接起前后的思绪，
却不想弄乱了它们的顺序，
像无数的小球滚落一地。

——**艾米莉·迪金森**

我们终生都在学习事物的规律，但总是会遇到一些例外或错误，确定性似乎是遥不可及的东西。这就意味着如果我们不想因为胆小懦弱而变得麻木无知，就得冒一些风险。但是为了避免遇到意外，我们必须积累以下两种互补的知识：

我们要搜寻一些“一致的岛屿”，在这样的区域里，常规的推论似乎都是安全可靠的。

我们还要去发现和标记这些领域中不安全的边界。

在那些文明社群里，指定的监护人员会设立一些急转弯、薄冰和危险动物的标志。当哲学家们告诉了我们一些自相矛盾的发现时，他们其实也在做同样的事情，例如我们都知道的“说谎的人承认自己说了谎”和“理发师为所有不自己理发的人理发”这种故事。这些宝贵的经验教会了我们哪些是不应该去想的，它们是弗洛伊德所说的情感审查员的智能版。一个有意思的现象就是，我们常常会觉得这种自相矛盾的悖论很有趣。我们会在下一部分有关“笑话”的内容中揭晓这是什么原因造成的。如果我们仔细观察就会发现，大多数的笑话都与禁忌、伤害或者其他一些会造成破坏的事情有关，而那些逻辑上的悖论也是会造成破坏的。

我们会告诉孩子，确定没有车要过来才可以穿过马路。但是我们说的“确定”是什么意思呢？从来没有人能够真的“证明”没有车过来，因为你没有办法排除这样一种可能性：某些疯狂的科学家已经发明了一种使车隐形的方法。我们在日常生活中要处理的是“通常情况”，而不是“准确情况”。我们真正能够让一个孩子做的，只是“过马路之前先看看两边的路况”。在现实世界中，要求绝对的确定性是毫无意义的。

很不幸，我们没有简单安全的方法来绕开这种常识的不一致性，因此我们每个人都要练就一些秘技来避免犯很多错误。为什么我们不能从逻辑上做到这一点呢？那是因为完美的逻辑几乎没什么用。想找到一些简单通用的推理规则就已经很困难了，而要为我们的论点找到万无一失的支撑，简直是不可能的。事实上对现实世界中任何情形的表述都不可能是永远正确的，我们可以从下面这些例子中了解到这一点。比如我们说“鸟会飞”，这个表述可以用在典型的鸟身上，但是对于那些被关在小笼子里的、脚被铁链锁住的，或者处于超重力环境中的鸟就不适用了。同样，如果有人告诉你“罗弗是条狗”，你会认为罗弗有一条尾巴，因为在你的关于狗的思维框架中，一条典型的狗屁股上就是有一条尾巴。但是如果知道了罗弗没有尾巴，你的思维框架也不会自行销毁，你只会给头脑中的“罗弗框架”删掉一条尾巴，但仍然会认为其他大部分的狗是有尾巴的。

例外是我们生活中的常态，因为几乎没有什么“事实”是永远正确的。

逻辑之所以行不通，就是因为它总在试图寻找这种规则以外的特例。

## 27.5 笑话

> 两个村民决定去猎鸟。他们带上了枪，与他们的狗一起来到旷野上。快到傍晚了，他们还是一无所获。其中一个村民对另一个说：“我们一定是哪里做得不对。”“是的，”他的同伴附和道，“可能我们还是没把狗抛得足够高”。

为什么笑话可以产生如此独特的心理效应呢？西格蒙德·弗洛伊德在他 1905 年出版的一本书中做出了这样的解释：我们的头脑中之所以会形成审查员，就是为了建立起一道屏障来阻挡那些应当被禁止的思维。在他看来，大多数的笑话都是一些用来愚弄审查员的故事。一个笑话的魅力就在于它的描述可以同时适用于两个不同的思维框架。其中第一层含义一定是浅显易懂又合乎情理的，第二层含义则是伪装起来而且应当被谴责的。因为比较“头脑简单”，审查员往往只能识别出第一层直白的含义，无法洞察那些伪装起来的禁止含义。所以，一旦第一层含义已经牢牢地植入了我们的思维，那些最终的词汇或短语就会立即替换上第二层含义。而此时那些已经被审查过一遍的思维已经悄悄溜掉了，这样一个本该被禁止的愿望便得到了满足。

弗洛伊德认为人们在儿童时期就已经基于父母或同龄人所灌输的禁止意识培养了他们的审查员。这就解释了为什么那么多笑话都会涉及暴力、性等方面的禁忌，以及其他被大众认为是罪恶、恶心或羞耻的各种事情。但令弗洛伊德困扰的是，这套理论并不能对那些人们所热衷的“冷笑话”做出解释，因为这些笑话似乎与社会禁忌并没有什么关系。他也没有办法说明为什么人们会觉得“来盘醋熘土豆丝，不要土豆不要醋”这句话很幽默。

弗洛伊德对这种冷笑话做出了几种解释，但最终证明没有一个理论是足够完善的。其中一种说法认为人们讲冷笑话的乐趣在于它们勾起了听者对一个真正笑话的期待，然后再让他们失望。另一种解释是这种笑话的无意义性反映了“一种对无忧无虑的童年时代的向往，因为儿时的我们可以不顾逻辑地胡思乱想，不求意义地随意组装词句，就只为了节奏和韵律所带来的简单快乐”。弗洛伊德这样说道：

> 孩子们的这种乐趣会渐渐被禁止，最后只剩下一些有意义的词语组合。但是我们仍然会时不时地试图去忽略这种后天习得的限制。

还有第三种理论，弗洛伊德推测幽默可能是一种逃避苦难的方法。当我们处于绝望的困顿局面中时，会开一些玩笑，仿佛这个世界本来就只是一个游戏。他认为这些时候超我会试图通过排斥一切现实来安慰孩子般脆弱的自我。但是他并不喜欢这个解释，因为这种亲切和善的表述与他所描绘的超我一贯坚定严苛的特性有所冲突。

尽管弗洛伊德对这个问题有着复杂的疑惑，但我仍认为他的思想是正确的。当我们能够认识到日常的思考也需要审查员去压抑一些无效的思维程序时，就会觉得各种看上去不同的笑话形式都更加相似了。荒谬的推理结果必须像社会生活中错误、愚蠢的行为一样被彻底地制止，这就是为什么愚蠢的思维看上去和那些反社会的思维一样具有幽默感。

## 27.6 幽默和审查制度

人们常常在想，电脑会不会有一天也能有幽默感呢？对于那些把幽默看成是令人愉悦但并非必要的奢侈品的人们来说，问这个问题似乎是很自然的。但是我要说的却是恰恰相反的观点：幽默感在我们学习事物的过程中具有实际的，甚至是必不可少的作用。

> 当我们在一个严肃的环境中学习时，所产生的结果是改变了

普通智能体之间的联结。但当我们在一个幽默的环境中学习时，主要的结果是改变了与审查员和抑制器有关的联结。

换句话说，我的理论就是，幽默感参与了我们的审查员学习的过程。而且幽默感大多是与“消极”思维有关的，尽管人们很少能认识到这一点。为什么要用幽默感这种特殊又古怪的媒介来达到学习的目的呢？这是因为我们必须对审查员中所包含的两种记忆——行动导向的积极记忆和抑制导向的消极记忆，做出一个明确的划分。

积极记忆智能体必须学习哪些思维状态是我们**当前**需要的。
消极记忆智能体必须学习哪些思维状态是我们**当前**不需要的。

由于这两种类型的学习需要不同的程序，所以我们自然要演化出一些社会信号来建立起与二者的沟通。当有人做了我们认为好的事情时，我们会用鼓励的语气对他说话，这样就开启了他们的积极学习机制。然而，当有人做了我们认为愚蠢或错误的事情时，我们则会用轻蔑的口吻去指责他们，或者发出讥讽的嘲笑，这又会开启他们的消极学习机制。我认为指责和嘲笑会产生一些略微不同的效果：指责倾向于产生抑制器，而嘲笑倾向于产生审查体。因此，嘲笑式幽默所造成的影响更有可能扰乱我们当前的行动。这是因为构建一个审查员的程序不能使用我们的当前记忆，当前记忆必须被冻结，从而使我们可以保持对近期思维状态的记录。

抑制器只需要学习哪些思维状态是我们**当前**不需要的。
审查员必须记住并学习哪些思维状态是我们**过去**不需要的。

要了解为什么幽默会频繁地与禁止联系在一起，我们要知道，最高效的思维形式往往也是最容易犯错的思维形式。那么按照“逻辑”推理下去，要想几乎不犯错误，我们就得一直保守谨慎，但是这样也会失去更多发现新思想的机会。应用比喻和类比也可以让我们学到更多的东西，尽管它们常常有很多不足之处，而且容易造成误导。我想这也正是为什么会有那么多笑话是建立在对不恰当对比的识别上了。另外，为什么我们极少能够认识到幽默自身的消极特性呢？这可能是因为幽默有一个有趣的副作用：当审查员关闭了那些受限的思维后，他们把自己的思维也关闭了，这样他们就把自己隐藏了起来。

这个思路解决了弗洛伊德关于冷笑话的疑问。从社会团体中建立起来的禁忌，只能从其他人那里学习到。但是对于智力上的禁忌，例如一座塔倒了、把勺子插进耳朵里或者想到一个会使自己徒劳而困惑的思维怪圈，一个孩子不需要任何朋友的帮助也能够理解它们并做出指责。换句话说，我们仅凭自己就能够察觉到很多自身智力上的失误。弗洛伊德的笑话理论就是基于这样一种思想：审查员会抑制那些我们身边的人认为“不恰当的”思维。他只是忽略了这样一个事实，无效的推理也等同于“不恰当的”思维，所以也就等同于“好笑”，从这个意义上讲，同样也是应该被抑制的。我们的审查员并不需要去纠结社交上的无能和智力上的愚蠢有什么区别。

## 27.7 笑

如果一个火星人看到一个地球人在大笑，他会怎么想？这在他看起来一定是非常恐怖的场景：激烈的手势，手舞足蹈，胸腔疯狂地大幅度起伏；周围的空气好像被这可怕的声音撕裂开了；突然间这个人开始喘息、尖叫，呛得快要窒息；整张脸混合了嬉笑和哈欠，伴随着咆哮和皱眉，扭曲得狰狞不堪。是什么造成了这种可怕的发作？我们的理论提供了一个简单的答案：

**笑的作用就是去扰乱另一人的推理！**

看到或听到一个人笑会使你的头脑出现混乱，让你没有办法沿着当前的思路进行思考。嘲笑会令你觉得滑稽，使你无法“保持严肃”。那么接下来会发生什么呢？这就是我们理论的第二个部分：

**笑声会使人把注意力集中在当前的思维状态中！**

笑声似乎可以冻结一个人当前的思维状态，并对其进行嘲笑。所有更进一步的推理都被打断了，只有笑话思维持续保持高度聚焦。这种“石化”效果有什么作用呢？

**笑声可以阻止你“认真对待”当前的思维并进一步发展它，从而给你提供了一些时间，让你能够赶紧构建起一个可以对抗这种思维的审查员。**

如果你要构建或者完善一个审查员，对于近期是哪些思维状态引发你产生了那些受审查的想法，必须要保持好记录。这需要花费一些时间，在这期间，你的短时记忆会全部被占用，同时任何其他试图改变这些记忆的思维程序都会被打乱。

是什么引发了这一切呢？与微笑类似，大笑也存在着一种奇妙的模糊性，它把有关情感和安抚的元素与有关拒绝和暴力的元素结合在了一起。或许正是通过把所有这些原始的社交手段都杂糅到一起，才创造出了这种简单而完全无法抵挡的方法，使得他人可以停止那些令人觉得讨厌或滑稽的行为。如果真是这样，我们就可以理解为什么有那么多笑话都包含娱乐、残酷、性、暴力和荒诞的元素了，这绝非偶然。幽默是伴随着我们自我批评的能力共同成长起来的，它们从简单的内部抑制器逐渐成长为更为复杂的审查员。接下来它们可能会分裂并进入 B- 脑的各个分层中，从而能够越来越多地预测并操控较早期的 A- 脑打算做的事情。这就是我们的祖先开始体验到人类学家们所说的“良知”的时候，也是动物有史以来第一次可以开始反思自己的思维活动，并对自己的目的、计划和成果做出评估。这赋予了我们全新的思维力量，但同时也使我们面临了更多陌生而迥异的错误概念和无效概念。

幽默智能组在我们到了成年阶段后会逐渐地内化，从而使我们完全在自己的头脑中就可以创造出幽默的效果。我们不再需要嘲笑其他人，可以通过默默地嘲笑自己的错误来让自己感到羞愧。

## 27.8 好心情

一些读者可能会对笑话的审查员学习理论表示质疑，认为把它作为对幽默的解释总归有点儿太狭隘了。幽默在娱乐和交友的场合中又会发挥哪些其他的作用呢？我们的答案还是一如既往地简单：我们不能指望可以用任何一种单一的简单理论去解释成年人的心理状态。要了解幽默是怎样作用于一个成年人的，就如同要了解每件事物怎样作用于他，同样都不可能做到，因为成年人的幽默涉及了太多其他的东西。我并不是说幽默的每个方面都参与了促使审查员学习。幽默的产生，就像其他任何在生物学中发展起来的机制一样，必须建立在另一个已经存在的机制之上，同时又会呈现出其他很多的功能。正如嗓音可以用于很多社交目的，参与组建幽默的机制也可以发挥其他一些较少涉及记忆的功能。在以后的生活中，这种“功能性自治”会让我们很难再去识别那些机制的原始功能。不仅是幽默，成年人心理活动的其他很多方面都是如此。要了解我们的感觉是如何发挥作用的，我们就要对它们的进化历程和个性发展历程有所掌握。

我们已经知道了从错误中学习经验的重要性，我们也可以通过听从家人和朋友的劝告来避免自己犯一些别人犯过的错误。但是，如果我们要告诉别人某件事是错误的，就会遇到一个特殊的问题，那就是如果我们的话被解读成一种反对和拒绝，就会引起别人痛苦和失败的感受，从而导致对方做出撤退和逃避的反应。因此，如果想要指出某人的错误，同时又不破坏他对我们的忠诚和喜爱，我们就要采用一些讨喜的、缓和的表达方式。这个时候，幽默就可以发挥自己独有的魅力，优雅地消除对方的戒心，完成这个原本会令人不快的工作！你肯定不希望接收消息的人“杀掉传达坏消息的报信者”，尤其当你就是那个报信者的时候。

幽默与令人不快、痛苦和讨厌的事物密切相关，很多人似乎都会对这一事实表现出由衷的惊讶。从某种意义上说，大部分笑话实际上都没什么好笑的（可能除了那些把可怕的内容包装起来的微妙技巧还有些趣味）。那些感受到幽默的思维常常只不过是在想："看看别人身上发生了什么，现在你是不是很高兴自己不是那个倒霉鬼？"这么看来，大部分的笑话非但并不琐碎无聊，反而反映了人们最严重的担忧。另外，为什么笑话在听第二遍的时候就没有那么有趣了呢？这是因为审查员每次都会多学一些东西，并且会不断地提高自己行动的速度和效率。

为什么有些特定类型的笑话，尤其是那些牵涉到性禁忌话题的笑话，能够经久不衰地让很多人觉得好笑呢？为什么那些相应的审查员能够长时间地保持不变呢？我们可以再次运用对那些持续存在的依恋、痴迷、性和悲痛哀伤的解释来回答这个问题：因为这些思维领域都与人们的自我理想有关，这些记忆一旦形成，就很难再去改变。所以，那些异常强健的性幽默可能只是意味着人类性方面的审查员是思维中的"学习迟缓者"，就像智障儿童一样。事实上，我们可以毫不夸张地说，他们就是智障儿童，是被冻结的早期自我的残留物。

# 第28章 思维和世界

**弗勒克斯**

每件事都是唯一的。
没有什么会两次发生。
已经出现的不会重现。
第二次从无人得见。

齿轮的齿也会改变。
当它们相互咬合时，
虽然看上去一切依旧，
坚硬的它们慢慢消磨残缺。

柔软的事物总会移动，
形状和位置变化万千，
记忆和希望也会流逝，
熬不过两万七千个日夜。

我却保留了同一个名字，
标注在波光粼粼的海面，
尽管无数的波浪翻滚，
它们都是为我闪现。

——西奥多·梅尔尼恰克

# 28.1 心理能量的谬误

为什么愤怒的人会做出一副马上要发起进攻的样子，而如果这个时候身边没什么合适的东西，他们就会打击破坏那些无害的物体呢？似乎我们的情绪就像是深埋在心里的某种液体，可以不断累积。以前有一些科学家认为这是一种类似于胆汁或血液的物质，现在已经没有人再相信这套理论了，但我们仍然常常说起心理能量和心理冲量的概念，仿佛它们也是会被消耗或者有惯性的。我们的头脑中真的存在这种“心理量”吗？如果真的有，它们是怎样形成和储存，又是怎样发挥作用然后被消耗掉的呢？而我们又该如何用技术性书籍中常用的量与量级的概念去衡量它们呢？这个问题的答案是，“能量”“力量”之类的词汇并不能用来精确地描述日常心理。我们的心理其实一直保留着几百年前就有的一些内涵，那就是人们通常理解的“生命力”。而“能量”指的是行动和表达的活力，“力量”指的是对某个契约的约束力，或对某个武装的打击力。

现代科学家提出了能量这一概念，虽然仍有些局限性，但已经能够更精确地描述我们的世界了。能量很好地解释了为什么发动机在燃料耗尽时会停止运行，而我们的身体也是如此：组成我们身体的每个细胞，包括我们的脑细胞，都需要某种来自食物和氧气的化学能量。因此，每次进食只能维持我们的整个身体进行有限的体力劳动，然后我们就要再吃一顿饭。现在有很多人天真地认为我们高水平的思维程序也具有类似的需求，而它们所需要的是某种其他形式的燃料，一种神话般的心理能量，以此来避免我们变得无聊烦闷或精神疲惫。但这种说法根本是错的！如果每个“建设者”的智能体都有足够的物理能量来支撑它完成自己的工作，那么“建设者”作为一个智能组，就不再需要什么能量来进行工作了。“建设者”毕竟只是对一种特定智能体集合的称呼，它不可能具有任何组成它的单独智能体所不需要的需求。

**人脑同机器一样都需要、也只需要普通的能量以维持它们的**

工作，并不需要什么精神形式的能量。因果关系已经足够使它们朝着自己的目标去运行了。

但是如果我们高水平的思维程序并不需要多余的类似燃料或能量的物质，那又是什么让我们觉得它们好像有这种需求呢？为什么那么多人都会说起他们的“心理能量或情感能量的水平”？又为什么沉闷乏味的工作会让我们觉得自己快要“枯竭”了呢？我们都有很多类似这种现象的生活体验，所以会自然而然地认为我们的思维是依赖于各种“心理量”而存在的，但是科学家们显然已经证明了根本没有这样的东西。那我们又如何解释这种现象呢？仅仅说这些现象都只是幻觉是不够的，我们还要了解为什么会出现这种幻觉，以及，如果有可能的话，确定这些幻觉具有什么样的功能。我们会在下面几部分中向大家展示精神力量和心理能量所产生的纷繁多样的幻觉，这些幻觉是调节心理智能组之间相互交易的简便方式，这与人类社会发明的货币在商品交易中的用途是非常类似的。

## 28.2 量与市场

为什么一个亲吻可以化解痛苦？为什么侮辱会“加重”伤害？为什么我们经常谈及的愿望和需求就好像是某种力量，它们在方向相同时会彼此增强，而在对立时又会相互抵消呢？在我看来，这是因为在生活中的每个瞬间，我们都必须在一些无法进行比较的选项中做出抉择。举例而言，假设你必须在两套房子之间选择其一：一套房子有非常好的观山视野，另一套离你上班的地方更近。如果把接近上班地点和美丽的景色这两件毫无关联的事情拿来做比较，可能是个非常奇怪的想法。但是你可以认为美丽怡人的景色等价于一段固定的旅途时间。这样，你就不必直接比较这两个事件了，可以仅仅比较它们分别值得花费多少时间。

当我们无法比较不同事物的质量时，就会转而从数量上进行比较。

通过这种方式，无论结果是好是坏，我们都可以经常为每个选项分配一定的数量级或价值了。这个策略极大地简化了我们的生活。事实上，每个社会共同体都会形成自己的公共估值体制，也就是我们所说的货币，这使得其中的人们可以和谐地工作和交易。尽管如此，每个个体仍有着不尽相同的个人价值目标。一种货币制度的建立给我们提供了很多和平划分和分配利益的方式，这可能会造成竞争，也可以形成合作。

但是谁能给时间这类东西定价，或者去评估舒适感和爱的价值呢？又是什么使我们面对如此难以比较的情绪状态时，还能把心理市场运行得那么成功呢？其中一个原因是，无论那些心理条件看上去有多么不同，它们都要为了获得某种有限的资源而相互竞争，例如空间、时间和能量，而这些东西在很大程度上又几乎都是可以相互交换的。这就好比你用食物或时间来衡量物品的价值，得到的结果本质上是一样的，因为我们需要花费时间来寻找食物，而一定量的食物又可以帮助你多存活一定量的时间。因此，我们对一件物品的价值定位，在一定程度上会制约我们能给其他许多物品赋予多少价值。正是因为存在太多这种制约关系，所以一旦一个社会确立了一种货币，这种货币就拥有了自己的“生命”，很快我们便会把自己的“财富”当成是真实的商品，好像它们是一种真实存在并且可以被利用、储存、出借或者浪费的物质一样。

与这种方式类似，我们脑中的一些智能组也可以开发出某种“数量”来记录它们之间相互交易的“账目”。确切地说，智能组比人类更需要这种技术，因为它们更不懂得欣赏彼此所关注的内容。但是如果智能体需要“支付通行费”，它们能拿什么充当货币呢？一些智能体家族可能会找到一些方法来开辟出一条仅供少量的某种化学物质通过的公共通道，并以这种化学物质作为“货币”；另一些智能体家族则可能设计出一种实际上根本不存在，仅通过“计算”得出的量来进行“交易”。我猜想我们所说的成功的喜悦，实际上可能就是某些这种交易体制的货币。在一定程度上，成功是可以与时间、食物或能量进行相互交换的，因此把愉悦感和财富看作等价物是非常有用的。

## 28.3 数量和属性

我们在本书中几乎没有提到过那些可以被“测量”的数量，虽然我们的脑细胞的确随时随地会用到它们。例如，我们的许多智能体很可能采用了一些定量体制，以此来总结某种迹象，或者构建某种联结强度。但是我很少谈及定量的事情，因为我认为随着我们越来越接近高水平的思维程序，这种定量所能发挥的作用会不断减弱。这是由于一旦我们不得不进行数量级上的比较，就要付出一个沉重的代价：这很有可能会终结我们所谓的“思考”。

> 每当进行测量时，我们就会损失一些对智力的利用。如果想利用货币和数量级帮助我们做比较，就要把它们所代表的事物之间的区别隐藏起来。

定量的描述往往是肤浅又毫无特色的，这是它们的天性使然，因此如果想要它们发挥作用，就必须先把造就了它们的结构隐藏起来。这是无法避免的，因为任何能够使两件不同的事物形成比较的行为，都必须先把我们的关注点从二者的区别上转移开。数字本身就是最好的伪装大师，因为它们完美地隐藏了有关自己起源的所有踪迹。例如我们进行了一个 5+8=13 的运算，然后把这个结果告诉一位朋友，那么你的朋友所能知道的只有 13 这个数字，因为即使有再多的巧妙思维，也不能得出“13 是由 5 和 8 相加而来”这样的结论。这与我们头脑中的状况非常相似：定量的判断只能通过阻止我们对事物实际情形进行大量思考来帮助我们做出决策。

尽管这种定量的判断会出现错误，你也常常必须选择使用它们。比如当你不能继续待在某个位置时，就必须选择向左转或者向右转。在一些智能组的某些区域里，选项之间的比较是必需的，就像有些时候一个人别无选择，只能使用货币一样。这个时候，你脑中的各种智能体会求助于任何一种形式的数量，比如化学物质、电子或者其他任何刚好可以被利用的物质。任何一种具有有限可利用性的物质或数量都可以被当作货币使用。但是如果想要就这种体系的运作方式梳理出一套理论，我们还要牢记一个必须避免的简单错误，那就是不能把这些物质的数量和它们正在被采用的功能混为一谈。比如，我们不能想当然地认为“促进性”或“抑制性”是某种药物的固有属性，或者某种食品本质上就是更“自然”或者更“健康”的。一种货币的绝大部分属性都不是其自身所固有的，而仅仅是基于惯例习俗形成的。

我们在任何情形下都不应该认为一个思维程序的性质或特征是直接由引发它的环境属性决定的。这就如同“甜美”并非糖果的固有属性，它只是一种化学物质。糖果的甜美，实际上是与某些特定的智能组有关的“货币”，这些智能组与相应的审查员相连，由其探查到糖果的出现。这些智能组之所以如此，是因为每当我们有了渴望的目标，就需要识别这种糖果的味道，把它作为一种“成功的标识”。因为糖果本身可以提供能量，容易被察觉，而且常常预示着有其他一些可以吃的营养物质会出现。同样，在我们的头脑中，很多智能组也是通过控制一定量的各种化学物质来实现彼此间相互影响，这与人类利用糖果、钱币、袋装的盐或者钞票来进行的很多交易方式如出一辙。

## 28.4 精神高于物质

我们受了伤就会感到疼痛，失去了食物就会觉得饿，这些似乎都是理所应当的事情，仿佛这些感觉是我们面对不利环境就会出现的自然反应。那么为什么汽车不会在轮子被扎破时感觉到疼，或者在燃料不足时感觉到饿呢？这是因为疼痛和饥饿并不是受伤或缺少食物的必然结果：这种感觉肯定是被“制造”出来的。这些物理环境并不能直接制造出被其引发的那些思维状态，相反，这些思维状态产生于由智能组和神经束共同构成的错综复杂的网络结构中，这是我们经过百万年的进化得来的成果。然而我们无法有意识地察觉到这种构造的存在。当你的皮肤被触碰时，看起来有感觉的好像是你的皮肤，而不是你的头脑，因为你对发生在自己的皮肤和大脑之间的事情一无所知。

为了使我们饿的时候能够有东西吃，我们必须用到一些以获取食物为优先目标的智能组。但是这种信号必须在我们的能量储备完全耗尽之前出现，如果它们出现得太晚，就发挥不了任何作用了。这就是为什么感觉到饿或者累并不等同于我们真正饿坏了或者疲惫不堪。疼痛或饥饿的感觉是一种有效的“警示标志”，它们的产生不仅是要指出危险环境的存在，而且要对危险做出预测，从而在更多的伤害到来之前对我们发出警告。

当被困在无聊的工作或者无法解决的难题中时，我们感受到的沮丧和挫败又是怎么一回事呢？这些情绪与伴随身体疲劳所产生的感觉很类似，但它们并不意味着真的有什么东西在被消耗，因为这些情绪往往只是我们对环境、兴趣、计划的改变所做出的反应。然而，这两种感受的相似性并非偶然，原因可能是：这些情绪的产生，是由于我们高水平的脑中心进化出了某种联结，而这种联结触发了我们基因中古老的能源消耗警示系统。毕竟在远古时代，对时间的无效利用，几乎等同于浪费那些来之不易的生命能源。

再来看看，为什么我们有时会听到一些超越人类极限的故事？似乎就是有那么一群人，他们具有超乎寻常的忍耐力和力量，或者可以承受一些常人所不能忍受的疼痛折磨。我们常常愿意相信这种故事证明了我们强大的意志力可以推翻支配世界的物理规则。但事实上，人类对于这些极限环境的承受能力，并不是要证明什么超自然的事情。因为我们对于疼痛、沮丧、疲惫和挫败的感受实际上仅仅是我们思维活动的产物，它们的出现是为了在我们达到极限状态之前对我们发出警告。我们并不需要什么高于物质的非凡精神力量来克服这些感觉，我们要做的只是重新安排一下当前首先应该做的事情。

不管怎么说，什么能让我们感到疼痛，甚至什么能让我们有“感觉”，最终都更多地取决于文化，而不是生物规律。你可以问问那些跑马拉松的人，或者问问你最喜爱的亚马逊来获取答案吧。

## 28.5 思维和世界

我们的生活被可以划分成几个不同的领域。首先是普通的物质世界，其中的“物体”都依托着空间和时间而存在。这些物体遵循着简单的物理规则。当一个物体发生了移动或改变，我们通常会认为这是由于有其他的物体在推它，或者是受到了重力、风等因素的影响。我们也生活在一个由许多个人、家庭和企业团体所构成的社会领域中，这个领域中的事物则是被很多千差万别的原因和规律支配着的。每当有人发生了移动或改变，我们就会试图从他的动机、志向、癖好、承诺、威胁等方面寻求一些迹象，而没有任何一种迹象可以对一块砖头产生丝毫的影响。我们还生活在一个心理领域中，这里面存在的是被我们称为“意义”“想法”“记忆”之类的东西，它们也都遵循着各不相同的运行规则。

作用于物质领域的很多因素与作用于社会领域和心理领域的因素截然不同，这种巨大的差异使它们看上去仿佛是属于两个不同的世界。

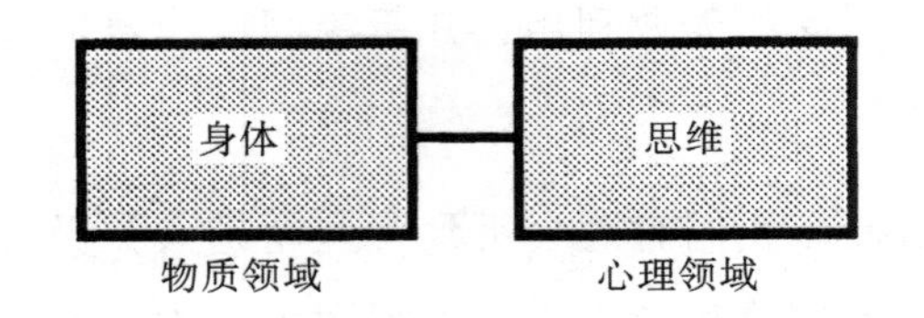


我们的身体在某些方面的表现和普通的物体没什么区别：身体也有看得见摸得着的形状，身体所处的位置也会因为跌倒或被推动而发生变化。但在另外一些方面，我们的身体又表现得与其他事物完全不同，这可能就是因为我们还有思维。可思维究竟是什么呢？人们长期以来都在摸索思维和身体的关系，甚至有些哲学家极度疯狂地认为只有精神世界才是真实的，而我们眼中真实的物质世界仅仅是幻觉。（这种想法只会让事情变得更糟，因为它连“为什么会有一个看上去真实的物质世界”这么基本的问题都解释不了。）思考这一问题的大部分人，最后都得出了这样的结论：就是存在这样两种不同的世界，一种是物质的，另一种是精神的，二者在某种神秘的精神因果关系的作用下，以一种我们尚未得知的方式交织在了一起。这与我们扯开一个有黏性的物体时所形成的薄膜和卷须有些相似。某些现代物理学家甚至认为这种联系与物理上的“测不准原理”有关，这可能是因为思维的难题与我们常规认识中的因果概念也存在一些冲突。但我并不认同这些想法，在我看来，那些所谓的关于身体和思维的问题都没什么神秘可言：

思维只是脑的活动而已。

当我们说起思维，实际上说的是使我们的头脑从一个状态进入另一个状态的某种程序。这便是我们的思维看上去脱离了物理外观的原因：研究思维实际上就是在研究各个状态之间的联系，而这与各个状态的自身属性实际上并不相干。这就解释了为什么一个智能体的集合，例如“建设者”，即使不知道组成它的智能体的物理结构，这个集合仍然可以进行工作：“建设者”的工作结果只取决于每个智能体如何改变自己的状态，从而对自己和其他相关智能体先前的状态做出回应。除此之外，这与每个智能体的颜色、尺寸、形状或者其他我们能感知到的属性没有一丝一毫的关系。所以思维本质上是一种脱离了物质的存在。智能体是什么并不重要，重要的是它们做了什么，以及它们与什么东西相联结。

## 28.6 思维和机器

为什么思维看上去与其他任何事物相比都如此不同呢？就像我们刚刚说的，思维不是物体，至少它们不具有任何普通物体的属性，例如颜色、尺寸、形状或重量等。思维也不可能被我们察觉到，它的存在超出了听觉、触觉、视觉、嗅觉和味觉的范围。然而，尽管思维本不是物体，但它们与我们所说的头脑有着至关重要的联系。这种联系的本质是什么？思维是不是人类头脑中独有的某种特殊存在呢？又或者有没有可能这些思维的属性在不同程度上，是存在于所有事物中的呢？前面我们已经说过，“思维只是脑的活动而已”，但是我们仍然要问，“是不是其他的所有程序也分别拥有某种相应的思维呢？”这就需要好好讨论一下了。其中一种观点可能会坚持认为这仅仅是个程度问题，因为人类有着发达的思维，砖块石头却什么思维也没有。另一种观点则会试图划分一个更清晰的界限，认为只有人类和其他少数特定的动物才具有思维。那么到底哪种说法才是正确的呢？这其实并不是对或错的问题，因为我们不是要得到一个事实，而是要知道究竟什么情形下使用“思维”这个词才是合适的。如果你只想给一些特定的程序贴上“思维”的标签，就必须说明哪些程序才配得上这个称呼。如果你认为每种程序都有相应形式的思维，就必须对所有的思维和程序进行一个分类，而困难就在于我们目前还没有充足的方法能够对这些程序进行区分。

为什么对程序进行分类如此困难呢？以前，我们常常会通过审视机器或程序把原材料转化为产品的过程来对它们做出评判。但是如果认为我们的头脑也是用这种工厂生产汽车的方式制造了我们的思维，就没什么意义了。二者的区别在于我们的头脑所使用的程序也会改变它们自己，这就意味着我们没有办法把这些程序与它们的产物完全区分开来。更特殊的是，我们的头脑还会产生记忆，而记忆又会改变我们之后的思维方式。头脑的主要活动其实就是在进行自身的改变。由于这套自我调整型程序的思路在我们的生活阅历中是前所未有的，所以我们还不能相信自己对于这件事情的常识性判断。

再来说说我们的脑科学，想来以前应该也从没有人会把机器作为数十亿个工作部件来进行研究。即使我们明确知道了每个部件的工作原理，这么做也是非常困难的，更何况目前的技术水平还不允许我们在高级动物处于真实的工作或学习状态时对它们的脑细胞进行研究。其中一方面原因是这些脑细胞都极其微小，并且对伤害非常敏感；另一方面则是因为这些细胞全都紧密地聚集在一起，而我们现在还不能完全勾画出它们之间的相互联结。

我们相信，一旦有了更好的设备和理论，所有这些问题就都能迎刃而解了。而且我们要面对的最大难题也不是“脑子是不是机器”这个哲学问题。其实我们没有丝毫的理由去怀疑这样一个事实：头脑就是一种由无数个小零件组成的机器，这些零件一直遵循物理法则，进行着完美的协同工作。同时，就像每个人都知道的那样，我们的思维也只不过是这个机器中的一些复杂程序而已。而真正棘手的问题是，我们目前对于如此复杂的机器几乎没有任何经验，所以还无法对它们展开有效的思考。

## 28.7 个体身份

假设我从你那借了一条小船，然后悄悄地把构成小船的每块木板都换成了另一种非常相似的木板。那么当我把船还给你的时候，我给你的还是你原先的那条船吗？这个问题要说明什么呢？其实我们要说的根本不是什么船，而是如何理解人们所说的“相同”的真正含义。因为“相同”从来都不是绝对的，它往往是一个程度上的问题。如果我仅仅换掉了一块木板，我们都会认为这仍然是你的船；但是如果船的所有部分都发生了变化，我们就不太确定该如何定义它了。不管是上述哪种情况，我们都很确信第二条船的性能一定会与第一条船相差无几，甚至可以认为每块用来替换的木板都与先前的木板几乎完全一致。

这些事情与我们的脑子有什么关系呢？现在我们来想象一下，如果我们可以把你的每个脑细胞都替换成一种精心设计的、具有相同功能的计算机芯片，然后完全按照你的脑细胞的连接方式把这些设备相互衔接起来。再假设当这个新机器被放置在与你相同的环境中时，它可以复制出与你脑中一模一样的思维程序。那么我们可以说这个新机器和你完全相同吗？这里要再强调一下，真正的问题不是“你”，而是对于“相同”的定义。我们没有理由怀疑这个作为替代品的机器能够与你用同样的方式进行思考和感受，因为它有着与你完全一致的思维程序和记忆。可以想象，这个机器一定会用属于你的强烈意愿坚决表示，这就是你。那么它说的是对还是错呢？在我看来，这不过又是一个用词的问题。一种思维就是由一个状态引发下一个状态的方式。如果这个新机器有一个合适的身体，并被放置在一个与你相同的环境中，那么它之后的思维本质上就与你的思维完全一样了，因为它的每个思维状态都与你相同。

**对脑中物质部分的修改或替换不会影响到它要表达的思维，除非这也同时改变了脑中一连串的思维状态。**

你可能要反对这个复制思维的观点，因为想要复制出足够多的细节从来都是不现实的。你也可能会基于同样的原因去质疑那条被借走的小船，因为无论这个木匠在复制每条船的时候是多么小心翼翼，仍然避免不了一些差别的存在。这块木板可能硬了点儿，那块木板又软了点儿，而且没有哪两块木板的弯曲程度会绝对相同。那条复制的船永远不会和原来的船不差分毫，尽管你可能需要一个显微镜才能看出它们的差别。同样的道理，想要绝对精确地复制一个脑中所有的相互作用，也是不可能做到的。例如，我们的脑细胞都浸泡在一种能够导电的液体之中，这意味着每个脑细胞都能对其他所有的脑细胞产生至少一点点的微弱影响。如果我们想要用一个计算机芯片网络去模拟你的大脑，那么很多这种极小的相互作用就必然会被省略掉。

既然如此，你是不是就可以声称，由于那些计算机芯片无法完全精确地还原它们想要替换的脑细胞的工作方式，所以那个复制出来的头脑机器就没有与你相同的思维呢？答案是否定的。如果你非要说这个新机器和你不一样的原因仅仅是一些微观层面的细小区别，那么你将得到多得出乎意料的反驳。这就好比你在不断成长，所以现在的你永远不会与上一瞬间的你完全相同。如果这么微小的差别都如此重要，那只能证明你也从来不是同一个自己。

## 28.8 重叠的思维

我们都知道一个非常流行的观点：一个人可以同时用两种方式进行思考——一个“右脑”方式和一个“左脑”方式，就好像每个人的脑中都存在两个不同的小人一样。这种想法引发了很多古怪的疑问，因为我们还有很多其他的方式来为自己的头脑划分出一些假想的边界。

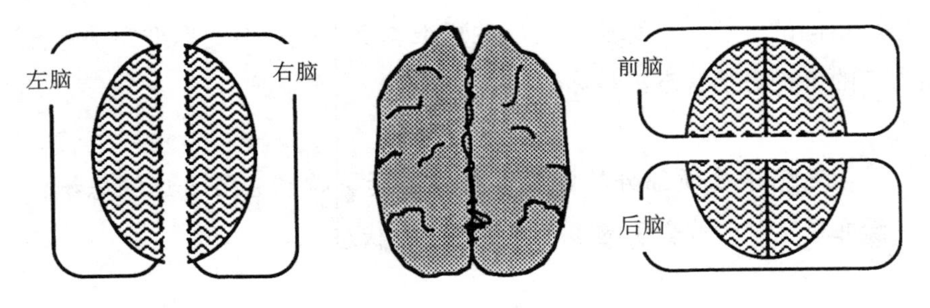


如果你认同了每个人都有一个左脑思维和一个右脑思维，那么你也必须认同每个人还有一个前脑思维和一个后脑思维！一个大思维里真的可以包含那么多小思维吗？更何况它们还有着重叠交叉的分界线呢！假设有一个结构，那么只有当这一结构中各个部分之间的关系具有某些重要的一致性时，把其中的某一部分看作是一个独立的“东西”才是有意义的。同样的道理，如果你要说某一任意区域的脑中含有一个思维，就先得找到一些证据来证明这个脑区域内发生的事情就是你所认为的思维。

对你来说，一个事物与你的相似度越低，认为它必须像你一样具有思维的意义就越小。那么我们那些非常微小的智能组是有思维的吗？答案是没有，因为如果说它们有思维，就如同说两棵树组成了一片森林或者两块砖垒成了一堵墙一样，是没什么意义的。但是我们的脑中的确存在着一些特殊的智能组，它们具有类似人类的独立解决问题的能力，有时候甚至可以解决一些在我们看来比较困难的问题。例如，在负责运动、视觉和语言的智能组中，可能含有某些特殊的程序，这些程序与“你”用于自己有意识的思维的程序一样复杂。而其中的有些程序实际上有可能比你自己更加“清醒”，这么说是因为它们维持并使用了更多自己内部活动的完整记录。然而，这些智能组中发生的事情都被完好地封锁起来了，以至于你无法直接体验到“你”如何分辨一只猫和一条狗，无法记起“你”最后的几步路是怎么走的，也无法知道“你”如何说话和听到声音。

这些事情表明，我们可以认为我们的脑中存在着一个由不同思维组成的小社会。就像一个家庭中的各个成员一样，不同的思维可以一起合作、相互帮助，但每个思维仍然保留着自己独有的、其他思维永远无从得知的心理体验。几个这样的智能组可能会具有很多共同的智能体，但这并不会让它们对彼此的内部活动有更多的了解。这就好比一栋公寓里的两个邻居，他们的房间共用了同一面墙，但仍然可能对彼此一无所知。我们脑中的程序就像公寓的租客一样，它们共用脑资源，但是并不需要分享彼此的精神生活。

如果我们每个人都具有一些这样的“迷你思维”，可不可以通过一些特殊的训练，使这些思维具有更加紧密的联系呢？当然有一些方法可以使我们有选择地感受到一些平时根本无法察觉的思维程序。但是如果要我们能够感知到自己脑中发生的每件事情，我们的脑子就没有更多的空间用来思考了。那些关于某人声称自己开发了类似技能的报道看上去都异常粗浅无知。如果真的有这种事情存在，它们也只不过是证明了要渗透那些不会抵抗的思维堡垒，要比我们想象中更加艰难。

# 第29章 思维的领域

The Society of Mind

“别处”是另一种视角，可能是哲学或别的一些思维方式，人类就是这样会从多个角度看待事物。每种观点都会产生各自的疑问，各个观点大部分时候是相互独立没有交集的，它们偶尔也会作用于同一件事，这就有可能产生对比。但这并不经常发生，也不被人的意愿所左右。

——艾伦·纽厄尔

## 29.1 思维的领域

我们认知世界时会把它拆解为很多个不同的领域，比如身体和思维就被看作是单独的实体。想象一下，这就像是有一个委员会被要求编制一本组织完善的书，在其中记录下关于宇宙的一切。

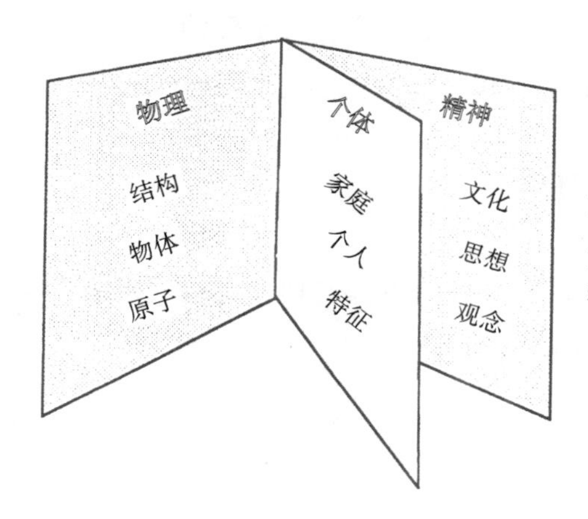


左边的书册演示了人们是如何认知世界的。“书页”分别代表了我们对物理层面、个体层面和精神层面的理解，每一页上一行行的文字代表着各个领域中千差万别、层层深入的细节。

为什么书本中行与行之间的差异看上去要比页与页之间的差异小呢？这是因为我们更容易理解发生在临近事物之间的事情。我们理解墙与砖之间的关联，因为它们非常容易使人联想到“一层层的结构”。同样的道理，我们很容易理解房子和墙的关系。但是，如果没有足够的“墙”这种中间概念的话，要直接联系起房子和砖就没那么容易了。你不太可能把人们的居所想象成一个由数百万木板和砖块构成的复杂交错的网状系统，这太不现实了。

其他领域也是如此，我们往往需要从很多不同的层面去描述事物的细节。我们都来自某一个家庭或企业，经常把每个这种社会小单元理解为一个单纯由协议或血缘关系组成的关系网络。但是当我们需要去了解整个国家的政治这种综合性问题时，往往需要一个更宏观的视野，我们必须统筹地考虑所有的家庭和企业，尽管它们是各种不同领域中独立存在的个体。我们可以用同样的思路去理解自己的思维。尽管你知道了脑中每个单独智能体的所有细节，但仍然需要有高水平的思维程序去对这些信息进行概括总结。

为什么我们很容易理解墙与砖、家庭与个人的关系，但无法理解思维与事物之间的关系呢？这里面并没有什么神秘可言，而是因为墙与砖之间的层级差距，与思维和脑细胞的差距比起来要小得多。想象一下，假如我们真的有一本奇妙的百科全书，里面详尽地记载了每个主题所能包含的“所有可能的知识”。我们可能会发现书中关于墙的文章和关于砖的文章非常相似，但是有关思维本质的内容会和有关事物本质的内容有着巨大的差异。

## 29.2 同时运行的多重思维

要了解我们在多个思维领域中同时运行的思维过程，可以看看下面这个简单的句子中“给”这个字所代表的不同含义。

玛丽把风筝给了杰克。

我们至少可以看出“给”在这里有三种不同的含义。首先是风筝在物理空间上的转移，我们可以用一个 Trans- 框架来演示这个过程，这个框架的轨迹由初始状态的玛丽手中最终转移到了杰克的手中。

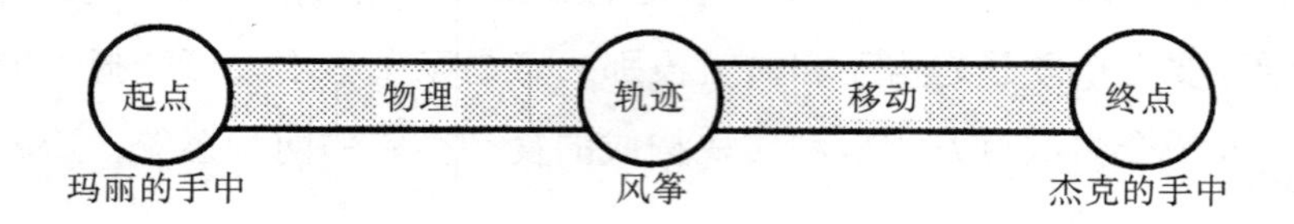


其次，我们还可以从玛丽的行为中解读出另一种与空间转换截然不同的含义，我们称之为“财产”的变化。这涉及另一种“给”的概念，物体在这种情况下根本不需要移动，取而代之的是物体的所有权发生了转换。

我们每个人都有一份“财产”，即我们所拥有的可控物资的总和。这个

“财产”的概念要比它看上去重要得多，因为它联系起了事物和思想两个领域。当我们要执行一个计划时，不仅要知道需要哪些物品或理念，以及如何利用它们达到自身的目的，还必须能够占有这些物品和理念，不管这是我们的合理权利还是通过强权获取。

> 所有权在我们的一切行动计划中都有着举足轻重的作用，因为我们只有控制了材料、工具和理念，才能对它们加以利用。

最后，我们还可以从社会范畴解释玛丽的行为，在这里通常认为赠送礼物意味着一些特殊的关系。所以一听到玛丽赠送礼物，你的大脑就会自然而然地联想到她为什么要这么大方，以及这件事情是不是和她的恋情有关，或是要还什么人情。

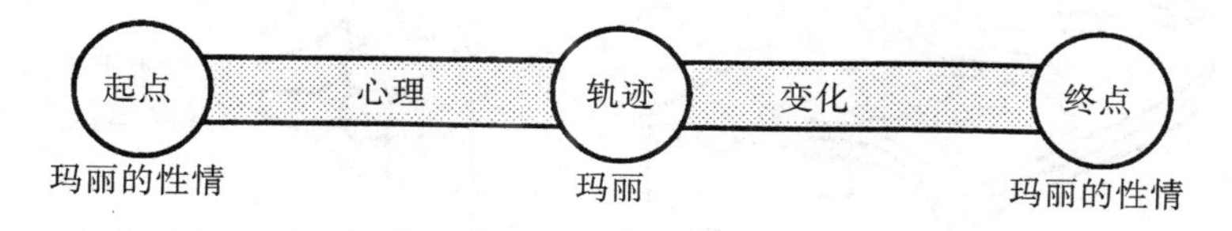


为什么会有这么多不同的思维程序同时运行，而不会相互干扰呢？我认为这和我们能够毫无障碍地同时想象一个苹果既是圆的又是红的是一个道理。在这个例子中，处理颜色信息的智能体和处理形状信息的智能体之间不存在竞争。同样地，涉及“给”这一信息的不同思维程序可能是在差异很大的多个智能组中运行的，它们几乎不需要争夺相同的大脑资源。

## 29.3 并行代原体

是什么让我们能够同时从多个角度去理解“玛丽把风筝给了杰克”这句话呢？在上一节提到，因为当不同的含义作用于几个孤立的领域时，它们不会相互冲突。但也不尽然，因为物理、社会、心理三个领域之间也有着千丝万缕的联系。所以现在我要从反面去论述这个问题：即使这些含义很相似，它们也不会相互冲突！是什么整合了我们的各种思维？下面是我提出的假说：

> **实际上我们很多的高级概念 – 框架都是一些平行排列的相似框架，它们分别作用于不同的领域。**

我们可以回想一下上一节的句子中发生动作的代原体扮演了哪些不同的角色。在物理领域，“给”这个动作的起点是玛丽的手，而财产领域中“给予和获取”的起点是玛丽的财产，因为玛丽只能给予杰克她自己拥有的东西。同样，在物理领域，发生移动的是风筝，它从玛丽手中移至杰克手中；而在财产领域，发生转变的是风筝的所有权。

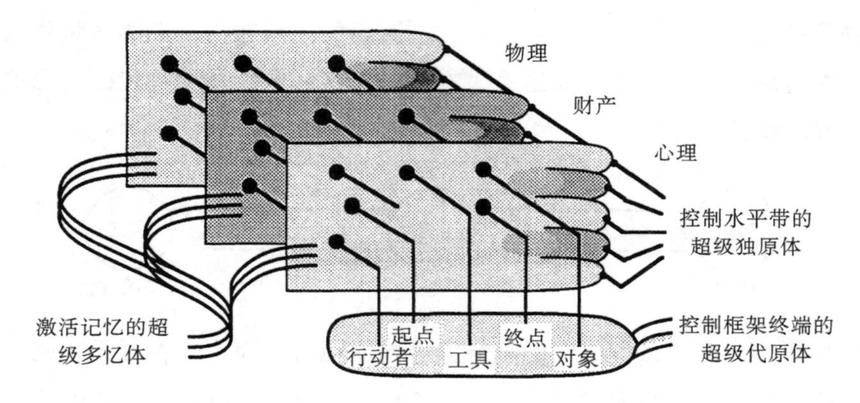


上图说明了一些特定的代原体可以同时作用于几个不同的领域。为了强调它们这种平行运作的属性，我们称其为“并行代原体”。当处理语言的智能组激活了一些多忆体和并行代原体时，这些智能体就会横向贯穿各个领域的智能组，同时激活多个思维程序和框架，从而对同一个短语或句子在不同领域分别做出相应的解释。由于每个主要智能组都有自己的记忆控制系统，所以各个领域的智能组可以就一个共同问题各自对应的不同角度，分别运用自己的方法同时进行处理。通过这种方式，一个简单的文字短语就可以同时引发社会性倾向、空间意象、诗意幻想、音乐主题、数学结构等各种类型的思维程序，只要它们之间不会形成太大的干扰就可以。

这并不意味着所有不同模式的思维都可以各自独立运行。一旦有一个思维程序能够瞬间取代并行代原体占得上风，其他很多思维程序都会受到影响。例如，一个智能组的记忆控制程序可能会引起其他几个领域的智能组同时频繁地开启和关闭它们的“起点”和“终点”并行代原体。这就迫使这些智能组在每个领域都保持活跃，直到它们分辨出一些不同为止。在这个过程中，每个智能组都可以用自己的方式对相应的话题、区别或联结进行思考。通过运用这些交互联结的多忆体和并行代原体，各个思维领域有时候可以相互独立地活动，而其他一些时候又会被别的领域发生的事情所影响和干扰。

## 29.4 跨领域通信

我们常常把自己喜欢的事物描述成“高贵的”“高尚的”“神圣的”。为什么我们会用空间的高度去形容这些事物呢？我们也常常用空间的概念去说时间，就好像未来在我们“前方”，而过去留在了“背后”。我们还把困难看作行走过程中遇到的“障碍物”，用图表表示那些根本没有形状的事物。是什么让我们能够把很多技巧用在各种其他的用途上呢？这得益于一个有条理的“跨领域通信”系统，它也是我们的多忆体和并行代原体家族中的一员。

> **在每个瞬间，都有几个思维领域在活跃地运行。它们有着各自独立的程序，但是又必须相互竞争以控制向上指向语言智能组的忆体。究竟哪个多忆体能够在下一个句子－框架中扮演起点的角色呢？是玛丽的胳膊或手，还是玛丽作为聚会客人的社会角色？有时候语言智能组看起来好像一次只能关注到一个领域。**

这可能从一方面解释了为什么语言学家很难去对句子－框架中词汇的作用进行分类。每当一个语言智能组分配了一些多忆体和独原体去解释一个短语时，就会立刻有不同的思想分支开始转化它们在各个思维领域中的作用。而每次思维领域之间控制权的转换，都会影响到下一个作用于语言智能组的忆体的确定。这就导致一个短语的字面意思有可能随时都在变化。

> 上一秒占据主导权的语言还处于运行最成功的思维领域中，下一秒它就有可能经历最大的困境。每一次关注点的转变都关系着我们对五花八门的措辞会做出怎样的解释，而这又反过来影响了下一个占据主导权的思维领域的确立。

以“玛丽把风筝给了杰克”这个句子为例，一开始听众注意到的可能是玛丽作为一位聚会客人的社会角色，于是社会－框架的并行代原体做出了玛丽理所应当带一件礼物的判断。但是听众的财产领域思维很快又开始关注玛丽对这个礼物的所有权以及她是如何掌控它的。这种关注点由社会领域到财产领域的转换，就会对接下来的语句处理产生影响。比如它决定了后文中“杰克的风筝”这种短语指的是杰克刚好拿着的风筝，还是杰克自己拥有的另一个风筝。

各个思维领域在不断积累自我能力的同时，也会时常试图去挖掘其他思维领域的技能，因而我们的大脑可以利用从空间领域学来的框架去表述时间和思考社会关系。我们的链状思维技能或许最能说明这一点：无论它们最初发生在哪一个或几个领域中，我们最终都能把它们运用到可以组成序列的（任何领域的）任何物体、时间或思想中，从而使这些思维链条呈现出各种各样的形式，包括空间顺序、心理逻辑或是社会等级等。

## 29.5 统一的弊端

为什么我们的大脑要构建起那么多独立的思维领域，而不是像科学家那样尝试用一种统一的方法去看待世界上的所有事物呢？这是因为后者的思维方式即便是在我们最普通的日常生活中也是很不实用的。我们可以想象一下物理领域和社会领域的运行规则有多大的差异。如果你想把家具挪到另一个房间，你通常会把它推过去。但是如果你想让客人挪动，直接推他们过去就太粗鲁了。下面我们就来对比一下物理几何世界的规则与社会领域的规则有哪些区别。物理法则看上去都非常有秩序：

-- 一个静止的物体，除非有其他物体推动，否则将一直待在原地。

--- 一个运动的物体，除非有外力使其停止，否则它将一直保持运动状态。

---- 一切没有支撑的物体都会向下坠落。

----- 两个物体不可能同时占据同一个位置。

------ ……

这些物理法则对我们来说都简单易懂，婴儿们却无法理解，因为他们现在还不会表述“事物”“位置”“移动”“邻近”这些小组件。事实上，每个孩子都需要很多年才能培养出理解这些物理规则的能力。

与物理法则不同，我们对社会行为的理解往往会基于不同的评判准则。比如我们看到一个移动着的普通物体，最显而易见的解释是，极有可能有另一个物体在推它。但当我们看到了一个移动着的人，根本不会想到这种解释，因为我们的脑自动就把这种想法隔离掉了。我们在预测一个人对某句话或某个手势会做出什么反应时，极少用到颜色、形状、位置这些物理属性，我们使用的是完全不同的一些概念。要想预测一次社会行为所产生的结果，我们必须能够充分了解每个参与者的精神状态，而要做到这一点，我们还必须建立起人物的特征、性格、动机和计划的概念。所以说，物理世界普遍适用的法则对社会领域毫无帮助，反之亦然。

平常的孩子刚开始说话时，早期只能说一些单词来区分出有生命的物体，他们常常会用一个简单的词语去描述所有的动物以及任何可以自行移动的物体，例如汽车。根据我们的判断，这种现象肯定不是偶然的。

对成年人来说，支配着物理世界的法则看上去要比人类社会的规则简单和有序得多。那么是不是对婴儿来说，也是更容易先掌握物理法则再慢慢了解社会和心理活动的规则呢？事实并非如此，正相反，社会领域的规则起初才是更简单的！想象一下，如果一个婴儿想要一个玩具，旁边刚好有一个富有爱心的成年人。那么，婴儿最简单的做法就是发出一个请求信号——一个手势、笑容或者大哭，就可以达到目的。而如果要让这个婴儿计划好把玩具从初始的位置推到自己面前的轨迹并进行操作，就比登天还难了，他不可能协调好整个复杂的流程。所以从一个弱小婴儿的角度来看，社会法则才是最简单的。

## 29.6 孤独症儿童

婴儿认为社会目标要比物理目标更容易完成，成人却认为社会目标更困难，这是不是很奇怪？对此的一种解释是乐于施助的成年人大大简化了婴儿的社会世界，因为他们的存在，使得婴儿可以通过简单的行为解决各种复杂的问题。另一种观点则认为，婴儿的社会世界可能和成人世界一样复杂，不同的是乐于施助的成年人使婴儿的思想变得更有影响力了，因为他们大脑中的智能组容易被婴儿大脑中的智能组所利用。这两种解释都差不多，只不过是从不同的角度去看问题罢了。

婴儿是如何开始察觉到心理世界和物理世界有所不同的呢？我在附录中指出，婴儿的大脑天生就具备了快速学习社会信号的基因构造。但是如果这种构造由于某种原因（可能是巧合、疏忽或意外）出了问题呢，会不会思维领域的分区就无法形成了？对这种孩子来说，所有各种不同的思维全都会搅和到一起，他们根本不可能制定出一套在所有领域都适用的准则。这些孩子没有办法把世界划分成不同的领域去理解，也没有任何一个能让他们在这么大范围内都运用自如的行为规则。

这就是为什么每个孩子都需要为物理领域和心理领域学习不同的规则。而这意味着孩子必须面对的不是两个艰巨的问题，而是三个。除了需要发展两类不同的观念，儿童还必须发展一些智能组来管理这些观念，以保证这些观念分属于不同的智能组。这在我们讨论派珀特原则时已经提到过。

这可以从一些方面解释那些心理医生所说的“孤独症”儿童的行为失调现象。这些不幸的孩子无法和别人建立起有效的沟通，但他们有可能获得一些处理事物的能力。没有人知道出现这种紊乱的原因。有些问题可能出现在特定的思维领域没有正常形成的时候，而另一些问题可能出现在这些领域分区形成之后，有某种非常强烈的意图迫使这些独立的领域又合在了一起。要获得确切的答案是科学家要做的事情，但是与那些被我们视为精神病患者的人不同，科学家们也在试图保护这些孤独症儿童的思维方式。不幸的是，不管这是由什么原因引起的，一旦一个孩子无法用正常的方式去区分不同的思维领域，他的思维就注定会有缺陷。

## 29.7 相似和类比

你是葡萄树茂盛满园，
藤蔓卷须交缠爱意正欢，
可怜酒酿飘香前枝叶枯干。

——**罗伯特 · 赫里克**

我们总是试图在过去的记忆中回想以前解决问题的方法。但是同样的事情不会发生两次，所以我们的回忆常常无法与当下的问题相匹配。因此我们必须强迫自己的记忆去适应当前的状况，这样不同的记忆和现实看上去就比较相似了。要做到这一点，我们要么修改自己的回忆，要么改变自身对当前情景的表述方式。举个例子，假设你需要一把锤子，但你只找到了一块石头。要让这块石头为你所用的一种方法就是使它能够与你记忆中锤子的形象相匹配，你可以把这块石头描述成被一个假想边界划分开的两个部分，它们分别作为把手和锤头。另外一种方法是使你大脑中的“锤子框架”能够把整块石头看作一把没有把手的锤子。这两种方法都可以让你的记忆与当前的情形相匹配，但是又都会与其他智能组产生一定的冲突。

要完成一次这种匹配的难度，是由思维中处于活跃状态的智能体和它们的优先级共同决定的；也可以简单地理解为，是由已经建立起的事件背景所决定的。对于熟悉的两个东西，你只需稍稍改变一下它们概念边缘的一些微弱联系，就可以轻易地把它们看成相似的事物。但很多时候理解这种情形的难易程度也取决于你能否轻易地从一个思维领域转换到另一个思维领域中。

听到诗人用浪漫的花语去讲述他们的爱情时，我们的大脑会有怎样的反应呢？我们都懂得用花朵的枯萎凋零来形容女人终将逝去的美丽容颜。几百年来，这就像一个公式一样，已经固化在我们的语言和文学之中，但这种比喻最初看起来一定非常怪异。如果我们坚持按“字面”的意思去解释这些短语和诗词，像个“文盲”一样完全用物理范畴的思维去想象一朵花的外形、结构和姿态，我们根本不可能把对女人的描述与花朵联系到一起。

的确，花朵的颜色、对称形态和香味很容易使我们联想到心目中美好事物才具有的种种特征。但更重要的“技法”是懂得如何完全避开物理范畴的思维，转而深思由花朵引发的其他领域的意象和幻想。例如我们由花朵联想到了一种让人感到甜美、纯真、脆弱、精美的事物，而这种事物也像花朵一样惹人怜爱，让人想去照料和保护。此外，这些特征还必须能够契合听众自己的爱情理想，比喻才能够成立。

赫里克的苦涩诗文成功地做到了这一点。通过与我们常规思维框架中的人体形态紧密联系，他引领我们进入了一个植物都有手有脚的幻想世界。

## 29.8 比喻

无论你去听任何一个人说任何事情，不一会儿你就会听到类比的说法。

我们用空间的概念来说时间，认为时间就像一种在不断流逝的液体；我们用物理的概念去讨论朋友间的关系，例如“玛丽和约翰走得很近”。这种用其他领域的视角描述事物的现象太常见了，人类所有的语言都被这些奇妙的修辞手法极大地丰富和装点了起来。

我们有时候称这种现象为“比喻”，这是我们在各种思维领域之间传递思想的方式。有一些比喻看上去非常乏味，比如我们要发动或组织一件事时，会说要“采取一些步骤”。另一些比喻就神奇多了，它们会用惊人的洞察力创造出一些意想不到的意象，例如一个科学家设想一种液体是由一堆管状物组成的，或者把一种波看成是一个不断延展的叠加阵列。当这种设想在我们最高效的思维方式中发挥重要作用时，我们不禁要问：“什么是比喻？”我们却没有察觉这种技术已经被多么频繁地应用在了日常思维中。

那么到底什么才是比喻呢？功能性的定义可能是最容易被认同的，例如“比喻就是能让我们用一种思维代替另一种思维的方法”。但是当我们想要获得一个结构上的定义时，我们发现没有统一的答案，有的只是无止境的各种程序和策略。有些比喻很简单，我们做一个类比时可以把很多有差异的细节剥离掉，从而使两个不同的事物看上去很相像。但也有一些形式的比喻复杂得不能再复杂，以致最后根本没有必要让它们都隐匿在“比喻”的名义之下，因为实际上比喻性的思维和正常思维之间并没有什么界限。没有两个事物或两种精神状态是完全一致的，所以每个心理程序都必须采用这样或那样的方法，才能制造出二者相同的假象。因此，从某种程度上看，每个思维都是比喻。

当科学家伏特和安培发现了如何用液体的压力和流量去表述电之后，他们就能把很多自己掌握的液体方面的知识搬到电的领域去用。好的比喻之所以非常有用，就是因为它们可以在不同的领域之间完好无损地传递一些通用的思维框架。这种跨领域通讯使我们能够把所有问题“打包”输送到另一个领域，再运用这个领域中一些已经非常完善的技能去寻求解答。但是这种“通讯”并不常见，因为绝大部分比喻所传递的通用思维框架，在到达另一个领域时都只能剩下一堆混乱的“碎片”。

我们怎样才能获得最高效、最系统、最广泛的跨领域通讯呢？有些其实就产生在我们大脑中并行代原体相互衔接的过程中，还有一些比喻是我们自己发现的，但是绝大部分是从我们文化社会中的其他成员身上学来的。总会有人时不时地发现一些好用有效又通俗易懂的新比喻，它们最终会融入大众文化并流传开来。出于某种天性，我们都希望了解那些最精彩的比喻是如何被发现的，但这都是深埋在历史中的陈年旧事了。那些精彩珍贵的故事可能永远都是个谜，但我们最卓越的思想，会像我们不断进化的基因一样，只需要凑巧形成一次，就会在一个个头脑中迅速传播开来。

# 第30章 思维模式

The Society of Mind

我们生活在感情用事的世界，因为多愁善感才是世界上最真实的特性。情感本身就可以让人们产生行动。这世界并不存在完全理智的爱，因为爱人太过理性便永远不会走入婚姻。这世界也不存在完全理智的军队，因为军人太过理性会掉头逃跑。

——吉尔伯特·K.切斯特顿

## 30.1 知道

“知道”究竟是什么意思？假如玛丽（或者其他的生物或机器）不需要实际做实验就能回答关于世界的某些问题，那我们就会认定玛丽知道这方面的事。但如果是你或我从杰克口中听到“玛丽懂几何学”这句话，根据我们所掌握的信息，也许玛丽认为圆形是方的，而杰克正巧同意玛丽的想法！杰克说的这句话让我们对杰克的理解比对玛丽要多。

**当杰克说“玛丽懂几何学”的时候，这可能表明对杰克倾向于提出的几何学相关问题，玛丽的回答能让他感到满意。**

“玛丽懂几何学”这句话的意义取决于它的说明者。毕竟没有人完全懂得几何学，因为掌握概念的程度不一致，这个陈述在我们这些普通人和在数学家的眼里意义绝不相同。同样，很多定义的含义都取决于讲话者的角色。“这幅画画的是一匹马”，就算是这样一句意义模糊的陈述也具有这一特征：你能确定的仅仅是对说话者而言，这幅画的某些特征像一匹马。

那么当我们谈论知识时，为什么不事先说明谁是讲话者，谁是判断者？因为我们会做默认假设。当一个陌生人说“玛丽懂几何学”时，我们会简单地假设，说话人认为认识玛丽的任何一个普通人都认为她懂几何学。这样的假设能帮助我们顺利沟通；如没有特别说明，我们会自然而然地将问题的背景设定为“典型情境”。我们不会在意专业数学家是否认同玛丽对几何学的了解，因为数学家不符合我们“典型情境”的设定。

你也许会因为自己对几何学的了解而坚持认为以上的说明并不适用于你。但是你的思维中隐藏着一个旁观者，也就是说有一部分“你”声称你懂得几何学。不过这个声称你懂得几何学的部分与替你进行几何学运算的那个部分并无共同之处，运算的实际执行者也许并不会发表声明，也完全不了解你关于知识和信仰的概念。

尽管我们自然而然都更倾向于认为知识是主动的而非暂时或相对的，

但是尝试将我们所相信的事和绝对事实的理想联系起来并不能带来太多好处。我们总是渴望确定，但是不确定意味着永远有怀疑的空间。而怀疑并不是局限我们思维的敌人，真正阻碍思维发展的是执念，而怀疑是解药。

## 30.2 知道和相信

我们好像常常把想法归类为事实、看法和信念三个范畴。

"那个红色的东西在桌子上。"
"我认为那个红色的东西在桌子上。"
"我相信那个红色的东西在桌子上"。

这些表达方式之间有什么不同？一些哲学家主张"知道"意味着"真实且有理有据的信念"。然而，并没有人发明过一种测验来判断一件事是否"真实且有理有据"。举例而言，我们都知道太阳早上升起。很久以前有些人认为这是神的旨意，太阳的轨迹是阿波罗驾驶马车的行迹。现在科学家告诉我们，太阳并不会真的"升起"，因为"日出"描述的只是这样一种现象：我们所居住的地球有规律地围绕不停发光的太阳旋转。这表明我们都"知道"一些并不真实的事。

为了更好地理解知道的含义，我们需要保护自己免于陷入单一智能体的谬误，即"我相信"中的"我"是单一、稳定的。事实上，人们对同一件事在不同的领域可以持有不同的看法。因此，对于宇航员来说，他既能接受作为一种普适常识存在的"日出"，并把太阳视作唤醒大家起床和具有灯具照耀功能的工具，同时也能用现代物理学观点来看待天文学中的技术问题。我们每个人对同一件事都持有许多不同的理解，何时应用哪一种理解取决于智能组之间的平衡变化。

如果我们"相信"什么需要这么多条件，那我们又为什么会感觉信念是很确定的呢？这是由于每当我们去说或做某件事时，我们会相应地强迫自己进入清晰利索、以行动为导向的思维状态，在这样的状态下，我们的疑问会受到压制。对日常生活来说，果断是必不可少的，不然的话我们就需要小心翼翼地行动，最终会一事无成。而生活中又存在着许多我们形容为“猜测”“相信”和“知道”的事情。在做出可行的决定（同时关闭大多数其他智能组）时，我们会用上述词语来总结各种不同的确定性。

一个人只有某些特定的信念是“发自内心的”，这一概念在我们的道德和法律体系中发挥关键作用。每当我们谴责或赞扬其他人的行为时，我们得到的教导是，要更重视那些人“真正”的期望或意图，而不是实际发生了什么。这一教条暗中教会我们如何分辨欠考虑、健忘与谎言、诡计和背叛。我的意思并不是这些区别不重要，只是说它们并不能证明“在思维的所有活动中，有一些特殊的活动比其他活动更为‘发自内心’”，这种假设太过简化了。每次更深入地刺探信念都会发现更多的模糊性，此时这种区分似乎就更加不那么绝对了。

## 30.3 心理模型

一本书知道自己写的是什么吗？当然不知道。一本书包含知识吗？当时包含。但是一种东西怎么能包含知识却不知道包含知识这件事？我们见过或听过这样的现象，一个人或一台机器拥有知识，足够让某些观测者可以利用这个人或这台机器来回答特定种类的问题。以下是另一种有关“知道”含义的看法。

> **“杰克知道 A 的事情”意味着在杰克的头脑中有一个关于 A 的“模型”M。**

但是说“某件事是另一件事的模型”意味着什么，一个人的头脑中又怎么会存在着“模型”？我们需要再一次把一些标准或权威具体化。我们让杰克来对此做出判断：

杰克认为对于A来说M是一个不错的模型，在回答有关A的问题时，他觉得M是很有用的。

举例而言，假设A是一台真的汽车，M则是我们称作“玩具”或者“模型”的一类物品。接下来杰克可以用M来回答有关A的某些问题。然而我们会觉得“M是杰克有关A的‘知识’”这种说法很奇怪，因为“知识”这个词在我们看来是人头脑中某些事情的储备，而杰克不可能把一个玩具放在头脑里。但是我们从没说过模型必须是一个普通的有形实体。我们的定义允许这个模型可以是任何能帮助人们回答问题的东西。因此，一个人也可以拥有一个“心理模型”，它能以脑中的机器装置或智能体的次级社会的形式存在。这给我们提供了一个简单的说明，让我们可以理解“知识”这一词汇的意义：杰克对于A的知识可以被简单地描述为心理模型、程序或智能组，杰克的其他智能组能回答有关A的问题。因此，一个人关于一辆车的心理模型不需要与一辆真实的车明显相似。关于这辆车的心理模型不需要沉重、快速或消耗汽油来使自己能回答诸如“它多重”“它能开多快”这一类有关车的问题。

我们的心理模型在回答诸如“那辆车是谁的”或“谁允许你在这儿停车的”这类社会领域的问题也同样适用。然而，为了搞清楚这类问题，我们需要先问明白人们所说的“谁”是什么意思，而答案就是我们也会建立有关人的心理模型。为了“知道”杰克的性情、动机和所有物，玛丽会在她头脑中建立一些能帮助她回答此类问题的结构模型，这个模型能构造出她对于杰克的心理模型。现在想想我们的人类模型会为我们带来怎样的不同！如果玛丽足够了解杰克，她就能回答关于杰克的许多问题。不仅仅是体型问题，比如“杰克有多高”；还包括社会方面的疑问，如“他喜欢我吗”；甚至是心理学方面的问题，“杰克的理想是什么”。对于这些问题，玛丽脑中的杰克模型很可能比杰克自己的回答更为详细。关于朋友的心理模型在某些方面常常比关于自己的心理模型更完善。

我们都会为自我建立模型，并用这些模型来预测此后自己将会做出什么样的事情。因为我们有关自己的模型并不是看待自己的完美方法，而仅仅是一种自我解答的机器，因此很自然，它可能经常为我们带来错误的答案。

## 30.4 世界模型

现在让我们来看看玛丽的世界模型。（这里的“世界”我是指宇宙，不仅仅是行星地球。）它是指在玛丽的头脑中，她的智能组可以用来回答关于世上事物问题的所有结构。

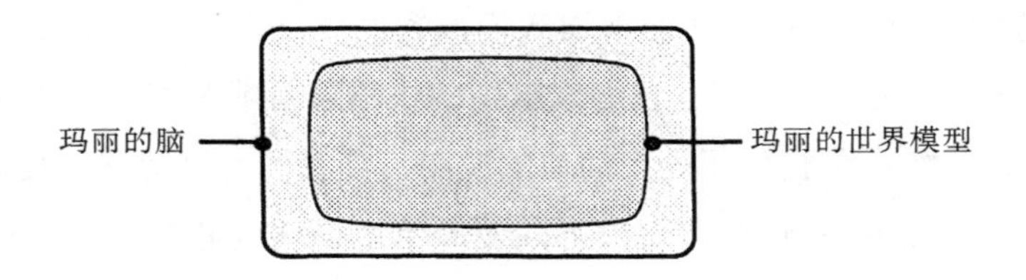


但是如果我们要问玛丽的问题不是关于一个特定物体，而是一个类似“世界本身是个什么样的东西”这种问题呢？那样会把玛丽置于一种奇妙的窘境。因为在她的世界模型中，各个部分都是用来回答特定事物相关问题的，所以她不能用模型来回答这个问题。而麻烦之处在于世界本身并不是世界范围内的特定事物。

对待这个问题的一种方式（同时也是很多孩子常用的一种方法）是给这个模型中加入一个额外的“物体”来代表世界本身。然后，既然每个物体都有属性，那么这个孩子接下来大概需要给这个物体分配一些特征，比如，这是一个很大的球。如果关于这个不一般的事物，孩子坚持去问一些一般的问题，比如“什么使宇宙有序”或“宇宙之外有什么”，就自然会产生麻烦，继而会带来奇怪的、前后不一致的图像。最终我们会学会几种方式来处理这个问题，比如学会哪些问题应该受到抑制。但就像面对几何学中的点一样，在想象一个巨大无比却没有形状的东西时，我们可能会感到不适。

仔细面对这个问题时，你永远也不能从绝对的意义上来真正描述任何一个尘世之物。无论打算怎样说一件事，你都只是在表达自己的信念。不过就算是这种令人沮丧的想法也能表明一些洞见。即使我们的世界模型不能很好地回答世界作为整体的相关问题，它们也能告诉我们一些有关自我的事。我们可以这样认为，我们对世界模型的了解组成了我们关于世界模型的模型。

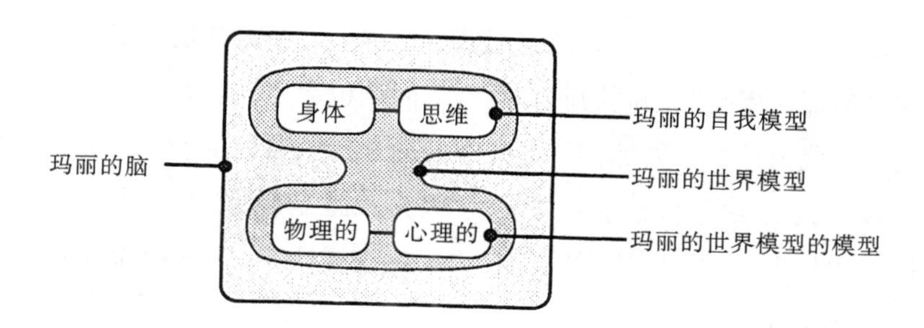


## 30.5 认识自我

现在让我们邀请玛丽来描述一下自己：有关她的身材、体重、块头和力量，她的气质和特征，她的成就和雄心，以及愿望、恐惧、财产等。我们听到的这些内容有什么共同点呢？一开始，将这些细节总结成连贯的概念显得很困难。但是渐渐地我们就会注意到，尽管概念自身乍看之下相距甚远，但这些概念所属的不同群组其实是紧密连接的。一点一点地，我们可以勾勒出玛丽所描述的这些特点之间的组织结构特征，并最终开始认清它们所属的至少两大范畴。

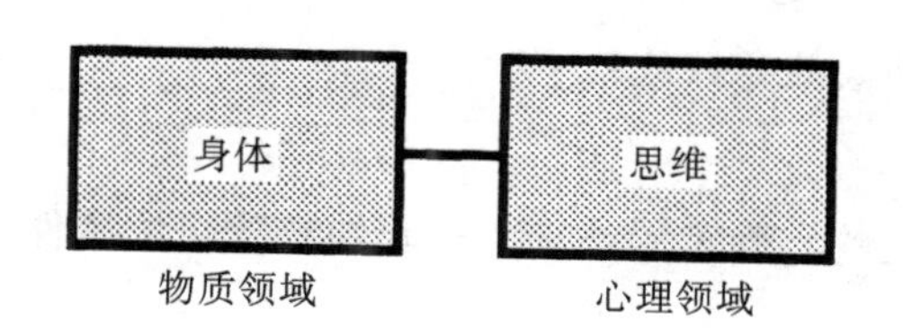


现在，如果我们不让玛丽谈具体事物，而是谈谈诸如“我是一种什么样的实体”之类的一般性问题会怎么样呢？因为她没有直接检验整个自我的方式，所以只能通过自己的心理模型来总结发现。在这样做的时候，她可能会发现自己所知的一切几乎都可以被放在两个区域里，而这两个区域之间几乎没什么内容。这表示玛丽有关她自己模型的模型大体上是一个哑铃形状，一边代表她物质的自我，另一边代表她心理的自我。

人们会一直从自己模型的模型中建立模型吗？如果我们持续做这样的事情，就陷入无限的倒退之中。拯救我们的是困惑感以及对模型和下一个模型区分能力的丧失，就如我们的语言智能组听到“那只狗咬过的那只猫杀掉的老鼠”时的感觉一样。每当我们问自己诸如“约翰知道我知道他知道我知道他知道那件事吗”的问题时，同样的问题也会出现。并且每每我们试图不断通过“我为什么想要那样”这样的问题来探测自己的动机时，也会出现问题。最终我们会简单地停下并说：“因为我就是想那样。”当我们遇到难以抉择的事情时也会同样简单地说：“我就这样决定。”这样做能帮我们中断无限的推理链条。

## 30.6 意志的自由

我们相信每个人都拥有一个自我、自体，或者终极控制中心，通过它我们每次都能在时间之路的岔路口中选择该怎么做。诚然，虽然有自我，但我们有时还会感觉被某些程序拖着走，这些程序虽然来自我们的思维，却与自己的愿望背道而驰。但是整体而言，我们仍然觉得自己能选择应该做什么。这种被控制感来自何处？从现代科学的观点来看，“人类意志的自由”是不存在的。我们宇宙中发生的每件事，要么就是完全被过去已发生的事情决定好，要么就是某种程度上随机形成。所有的事，包括我们头脑中所发生的一切，都依赖并只依赖下列条件：

**一套固定的、确定的法则。一套纯粹随机的事件。**

没有第三个可选条件存在的空间。无论我们“选择”什么样的行动，对于不采取这项行动会产生的状况，都不可能造成哪怕一丁点儿改变，因为那些刻板的自然法则已经构筑了特定的思维状态，这些状态决定了我们会如何去做。而如果这个选择某种程度上是偶然形成的，也始终不会留给我们决定的空间。

我们做出的每个行为都源于我们思维中的一组程序。有时我们理解其中的一些，不过它们大多数时候都远远超出了我们的理解能力。但是我们都不喜欢自己的行为要建立在一些我们不知道的程序上，我们更喜欢将自己的选择归因为决断、意志或自控。我们喜欢给我们不知道的事情起名字，我们用谈论“自由”来代替想象我们是如何运作的。也许“我的决定源于我内心不知名的力量”听起来更加坦诚，但是没有人喜欢被其他事物控制的感觉。

为什么我们不喜欢被强迫？因为在很大程度上，构成我们的系统天生就需要学习和完成某些目标。但是为了达成长期目标，有效的差异发动机必须学会抵抗那些试图改变目标的其他程序。每个人童年时都学着去识别、厌恶和抵抗各种形式的攻击性和压迫感。当听到我们的思维中隐藏着影响自身决定的智能体时，我们自然会感到恐惧。

无论何时，上述两个条件对于有自尊心的思维来说都是无法接受的。没有人想屈服于如暴君之鞭一样的法则，而且这暴君还不接受上诉。我们不过是被无思维的随机、反复无常或可能性玩弄于股掌，这种感觉同样也很折磨人。因为尽管上述事件还能给我们的宿命留有更改余地，但我们仍然不能对将要发生的事做出丝毫选择。所以尽管抵抗是徒劳的，我们仍会继续把“因果”和“偶然”视作对自由地选择的干扰。只有一件事可做：在我们的思维模型中加入一块新的区域。我们来想象一个更容易接受的第三选项，想象一种超越了两种局限、叫作“自由意志”的东西。

## 30.7 第三选项的谬误

为了从“因果”和“偶然”这两种宿命般的掌控中拯救我们对自由意志的信仰，人们简单地假定出一个空白的第三选项。我们想象在人的思维中存在着某处“精神”“意志”或“灵魂”，它隐藏在幕后，可以逃脱任何有规律或无规律事件的掌控。

我把“意志”的方框画得很小，原因是我们总是从方框里往外拿东西，却几乎从不放东西进去！这是因为每当我们发现了遵从世界规律的某些碎片时，都会把它归因为“因果”，而每当事物看起来不遵守任何法则时，我们就把它归因为“偶然”。这意味着我们现在还不知道“意志”所控制的版图到底有多大。在远古时代，意志的领土很宏大，每个行星都有其主宰神，每次风暴或每个动物都意味着某些精神愿望的存在。但是很多个世纪之后的现在，我们不得不眼看着这帝国缩水。

这是否意味着我们必须拥抱现代科学观点，把古代自主选择这一谜团放置一边？不，我们不能那样做。我们的所做所想中有太多内容都是围绕这些信念展开的。想想我们的社会生活有多大程度上取决于责任感这一概念，而如果“个人行动是自愿的”这一信条不存在的话，那种想法又能有多大意义。如果信条不存在，从“因果”而生的赞美或羞耻不会转化为行动，而我们也不能将荣誉和责备与伴随偶然而来的事物挂钩。如果我们的孩子和我们自己都不能从任何地方理解过错和美德的话，我们又能让孩子学到什么呢？我们也用自由意志这个想法证明善与恶。人会取悦自私的冲动，然后因为它看起来不对而摒弃它，当一些自我理想干预或支配了另一个目标时，一定会发生上述情况。当想到自己选择了抵抗邪恶的诱惑时，我们会有一种道德感。但如果我们怀疑这些选择并不是由自己自由做出的，而是受到了隐藏的智能组干扰的话，我们可能会非常厌恶这种干扰。然后我们可能有冲动地想要毁灭存在于自我人格背后珍贵的价值体系，或者因为只受不确定性调节的命运毫无用处而感到沮丧。诸如此类的想法必须被压制。

无论物质世界是否给它存在空间，自由意志这一观念对于我们心理领域的模型来说是至关重要的。我们有太多的心理学是以它为基础建立的，因此我们不能放弃它。即使明知这种信条是错的，无形中我们仍然被迫去维护它。当然除非当我们得到灵感找出了所有信条的缺陷，那么无论如何都会带来欢欣雀跃和心灵的平和。

## 30.8 智能与智谋

像人类思维这样复杂的事物是如何长年保持绝佳工作状态的？我们都欣赏写剧本或交响乐这样的绝妙本领，却很少认识到一个人终其一生都不犯哪怕一个严重错误，比如把叉子插进别人眼里，该用门的时候用了窗，那会是多么美好的一件事。我们怎么完成诸如想象从未见过的食物，克服困难，修补坏掉的东西，与另一个人说话，或想到新主意这样的伟业呢？是什么样的魔法让我们拥有智力？答案就是没有这样的魔法。智能的力量源于我们庞大的多样性，而不是一个单一而完美的原则。我们的物种进化出了许多虽并不完美却行之有效的方法，我们自身作为个体则发展出了更多我们自己的方法。最终，我们几乎没有什么行为和决策需要依赖于任何单一的机制。相反，它们来自不断互相挑战的程序社会之间的冲突和谈判。本书中我们看到过许多此类多样性的维度。

**无数次级智能体的累积。**

我们学到了达成各个目标的不同方法。

**常规思维的多个领域。**

当一个观点不能解决问题时，我们可以采取多角度视点。

**几个“直觉性”原型思维的馈赠。**

我们把用于达成多种目标的不同组织赋予实体。

**阶层的发展与派珀特原则保持一致。**

当简单的原则失效时，我们可以构建新水平的组织。

**我们脑中仍存在的动物的进化残余。**

我们使用的机器是由鱼类、两栖类、爬行类和早期哺乳类动物进化而来的。

**儿童人格成长的阶段顺序。**

我们逐渐积累能应用于不同场景的不同人格。

**复杂并且不断发展的语言文化遗产。**

我们可以应用祖先发明的数以百万的方法和理念。

**审查员和抑制器的思维程序主从关系。**

我们不需要完美的方法，因为我们能记得不完美的方法是如何失败的。

这些维度中的每一个都给予你韧性和多用途性。当系统崩溃时，它们提供着替代的前进方向。如果在你的心智社会中，有一部分提议去做其他部分觉得不可接受的事，你的智能组总会找到另一条出路。有时你仅仅需要转向相同积累的另一条支流。当那样做也失败时，你可以登上更高水平，对策略进行更大的改变。那样的话，即使整个智能组都失败，你的头脑也保留着早期的版本。这意味着你人格的每个方面都可能有“逆行”到早期阶段的选项，事实已经证明，这样做可以处理生活中的常规问题。最后，即使这种方式不好用，你通常也能切换到另一族迥异的智能组中。当事情出错时，总存在着另一种思考方式。

# 附　　录

## A. 遗传与环境

有时我们会问，人们为什么会这么相似？还有一些时候，我们想知道为什么人与人之间差异会这么大。我们常常试图把自己的差异分为两类，一类是天生的，一类是后天习得的。然后我们会发现自己又在争论，哪些优点是继承来的，哪些是从经验中获得的。许多关于“天性与教养”的争论都是以两个错误为基础的。一个错误是人们用谈论量的方式来谈论思维的质，就好像思维可以倒进量杯里来测量一样。另一个错误是假定在我们学到了什么和如何学习之间存在着清晰的界限，就好像经验对于我们如何学习没有任何影响一样。

人类之间的差异主要源于偶然，因为我们每个人在开始时都会从父母的基因那里获得许多。基因是遗传的单位，它是一种特殊的化学物质，基因的结构影响着身体和脑在某些方面的建构。我们的每个基因都是从父亲或母亲那里得来，或多或少是出于偶然，我们会获得父母每个人一半的基因。在整体的人群中，每个特定类型的基因都会在某种程度上以不同的方式发挥作用，这些备选的基因有非常多可能的组合方式，使得每个孩子生来就很特别——同卵双胞胎除外。有一件事让人与人之间既有那么多不同之处，又有很多相似之处：我们相似是因为那些备选基因通常很相似，而我们不同是因为这些基因并不完全一致。

身体的每个细胞都包含着这个人的所有基因副本，这些副本完全一样。

但并不是所有基因都同时处于活跃状态，所以不同器官中的细胞会做不同的事。当一个细胞内某个特定的基因被“开启”，这个细胞就会生产同样的特定化学物质（被称为蛋白质），这些物质的结构是由那个基因的结构决定的。蛋白质具有多种用途：有些用于建构永久性结构，有些用于产生其他化学物质，还有特定的蛋白质会在细胞中游走，传递信息来改变其他程序。由于这些特定的信息组合可以开启或关闭其他基因，在细胞中基因所建构的化学物质可以被看作是小的智能组社会。

每个细胞壁上都有窗口，特殊的基因会控制哪些化学物质可以通过这些窗口进入或离开。于是，那些特定的化学物质就可以作为信息改变其他细胞中特定基因的状态。因此成组的细胞也可以构成社会。细胞间的那些信息中大部分所产生的影响都是临时可逆的，但有些细胞会通过改变它们可以传送和接收的信息类别，来永久改变其他细胞的特征。实际上，这使得它们变成了其他“类型”的细胞。当新的细胞类型通过这种方式产生，有些会保持在适当的位置上，有些则会试图移动和繁殖，形成新的层、串或团块。在大脑中，特定类型的细胞释放出特殊的化学物质，这些物质像气味一样飘散开来。这使得其他对这些特殊化学物质敏感的特定类型的可移动细胞可以闻到这些气味，追踪它们的来源，并在身后留下管状的痕迹。这些游走细胞的旅行痕迹又会形成神经束，把各种相距甚远的成对脑智能组相互联结起来。所有这些活动让胚胎脑看起来就像一个复杂的动物生态体系。它甚至包含着一些捕猎者，它们的程序设定就是发现并杀死许多碰巧到达“错误”目的地的细胞。

所有人类的大脑在大小和形状方面都很相似，在较小的方面却因为备选基因的不同而存在差异。为什么人类群体可以维持这么多不同的基因呢？原因之一就是基因有时会偶然发生变化。如果是生殖细胞，也就是卵子或精子中的基因发生变化，那这种变化就会被遗传下去。我们把这个过程叫作“突变”。通常，突变的基因无法产生某种重要的化学物质，这会在很大程度上对它们的后代造成损害，自然选择过程会很快从群体中去除突变的基因。但有时突变的基因会赋予后代某种强大的优势。于是自然选择就会在群体中广泛传播这些基因的副本，于是此前没有变异的基因就逐渐灭绝了。最终，一个变异的基因可能只会在某种特定的环境中提供优势，这种类型的突变也可能只会在特定范围的群体中传播，而新旧两种变体会继续无限期地共同存活下去。备选基因的丰富性可以决定一个群体能以多快的速度适应生态条件的变化，从而可以决定整个物种是否能在很长时间后逃离灭绝的命运。

现在让我们回到基因所做的事上来。不是所有的基因都会同时开启，有些启动得早，有些启动得晚。一般而言，一个基因开始工作的时间越早，它对后来所发生的事影响就越大。与此相应，早启动的基因通常会影响我们身体和脑的基本和大体结构。这类基因如果发生突变，会引起动物基本结构的巨大变化，导致胚胎无法存活到出生、成年以及成功繁殖。与此相应，大部分早期启动的基因如果发生突变，会很快被自然选择从群体中驱逐出去。后启动的基因如果发生突变，引起的差异没那么大，就不会被很快清除，而且可以在群体中积累，比如影响各种脑智能组之间联结规模的基因变异。这种变异基因的不同组合所产生的人的大脑在某种程度上也会不同。

因此，早期启动的基因会勾画出脑的大规模轮廓，而它们的统一性则解释了为什么人们之间在大范围上是相似的。这类基因应该就是负责我们所谓的“人性”的那些基因，也就是每个正常人都拥有的那些天性。一般而言，早期启动基因的统一性使得每个动物物种的所有成员看上去都很相似。实际上，这也是地球上居住着独特、可识别物种的一部分原因，比如狮子、乌龟和人，而不是由所有可想到的动物组成的一个界限不明的连续体。人类的母亲不会孕育一只猫，因为那需要太多不同的早期启动基因了。

## B. 思维领域的起源

所有的正常儿童最终都会识别同样类型的物理客体。这是因为客体的概念是人类思维所固有的吗？我们每个人都会与特定的其他个体产生依恋关系。这可以说明人的概念、爱的概念是我们遗传的一部分吗？每个人类儿童都会形成表述物理、财产和心理的“思维领域”。如果基因本身只是联结在一起的化学物质，它们如何能在思维中建立概念呢?

问题在于思维加工所处的水平与这些化学物质所处的水平相差太远。而基因也仅仅是化学物质，这使得基因很难表述客体、人或理念这样的事物，至少无法用词语串表达思维的方式来表述。那么基因是如何对理念进行编码的呢？答案就在“注定的学习”这一概念中，我们在11.7的部分讨论过这个概念。尽管基因组无法直接编码具体的理念，但它们可以决定某些智能组的结构，这些智能组注定要学习特定类型的程序。为了说明这一原则，我们要勾勒出一个智能组的结构轮廓，这个智能组注定要学会识别人类个体。

当我们第一次介绍识别器的概念时，提出了一种简单的方式，通过组合来自若干个智能组的证据，用颜色、质地、尺寸和形状等属性来表述物理客体。那些智能组每个都包含一些传感器，它们天生就会对特定的属性做出反应。现在我们来讨论另一步，把这些智能组分为两个部分，每个部分的结构都很相似，它们都会从眼睛、耳朵、皮肤和鼻子接收输入的感觉信息。第一个系统和以前一样，注定要学会用简单的属性来表述物理客体。然而，因为第二个系统的输入信息来自不同类型的智能体，因此它注定要学会表述“社会客体”，也就是人。

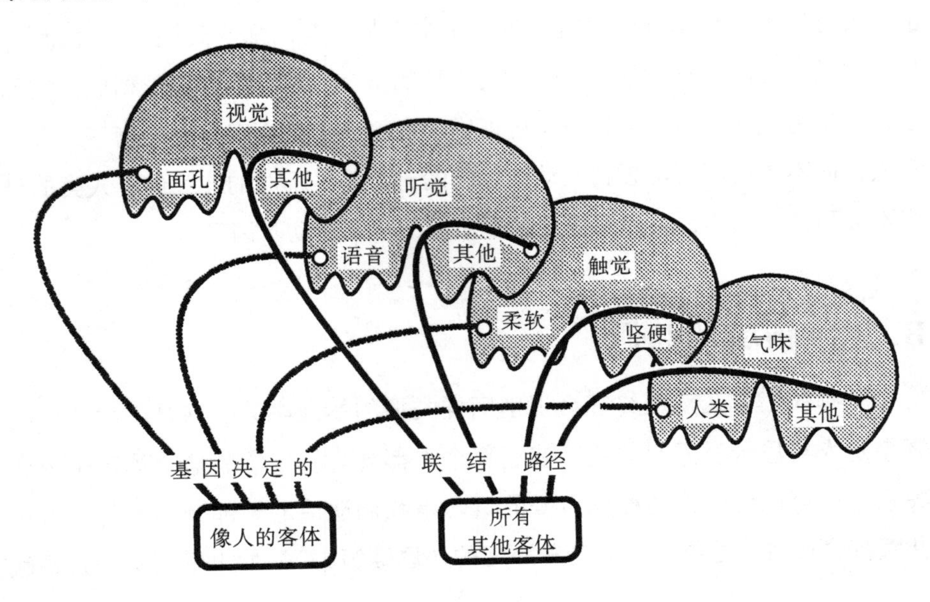

我们的第二类“社会客体”智能组所接收的输入信息都来自一些特定的传感器，这些传感器所探测的刺激通常都表示人的出现，也就是人的气味、语音和面孔。因此，尽管组装这一系统的基因对人一无所知，这个系统也没有其他选项，只能学会表述人类个体特征之间的关系，但这个智能组天生注定要学会如何识别人！

这种智能组的大框架在设计上没有什么神秘之处，但我们必须问一问，基因如何能产生这些系统要完成工作所需的感觉探测器。有大量的证据表明，识别语音和面孔确实是在特定的脑区发生的。因为脑部的某些特定损伤会使受伤的人无法区分语音，但可以识别许多其他类型的声音，而其他一些脑损伤则会破坏识别面孔的能力，但视觉功能完好无损。还没有人知道这些识别系统的工作原理，不过我们还是依次考虑一下。

**气味识别：**要为特定的气味建立识别器很容易，因为气味仅仅是空气中出现了特定的化学物质组合，而一个特定的基因可以让一个细胞对特定的化学物质敏感。因此，要建立智能体来识别特定的客体或人，需要的只是把各种证据加权智能体与特定的化学物质探测器联结起来而已。

**语音识别：**要辨别人类的语音需要更多的机器，因为语言表达是一系列复杂的事件。设计精良的机器可以做出这种区分。

**面孔识别：**还没有人能够建立一种视觉机器，其区分面孔和其他事物的能力能够与人类比肩，它们甚至不能区分猫和狗。这仍然是一项研究难题。

在刚出生的几天中，人类婴儿学会了通过气味区分人类；然后，在接下来的几周里，他们学会通过语音识别个体；只有在几个月后，他们才开始真正能认出面孔。我们很有可能是通过若干种不同的方法来做出这些区分的，而且很可能并非出于偶然，这些能力是按照它们的复杂性递增而按顺序发展的。

## C. 姿势与轨迹

要识别语音和面孔似乎已经很难了，一个儿童如何能够学会识别其他人的思维状态呢，比如愤怒或喜爱。有一种方式就是区分轨迹。就像我们学会把特定的变化解释为在物理领域里表述客体的情感，我们也学会把其他类型的变化归类为指代思维事件，这些就是我们所说的“姿势”或“表情”。举例而言，要把一个声音识别为特定的语言词汇，脑内的某些智能组必须识别一系列特定的语音特征。同时，其他智能组要把一系列的语言声音解释为在其他领域具有重要意义。尤其是某些特定类型的语言声音，它们会被识别为指代特定的情感品质。举例而言，几乎所有人都同意哪种表情看起来最愤怒或专横。一般而言，唐突的声音变化会引发警报，可能是因为引发了某种关注点变窄的反应，而这种反应通常是伴随疼痛而来的。不管怎样，音量和音高的突然变化会要求我们去关注它们。与此相反，对于“温和”的声音，人们常常把它们归为“积极的”一类，带有喜欢、爱慕或尊敬的感觉。更加平滑的时间轨迹可以通过某种方式让我们“平静下来”，于是也常常让我们把其他关注点放置一边。对于视觉和触觉也差不多。有敌意的人倾向于出手攻击或大喊大叫，而友好的人说出的话、挥手的姿势和轨迹都会让我们觉得是在表现温和和亲切。实际上，就像 Manfred Clynes 的著作 *Sentics*（Doubleday，New York，1978）中所写，无论在哪种感觉领域，人们会对特定类型的时间轨迹表现出相似的情感反应。Clynes 总结道，至少有六种不同类型的轨迹与特定的情感状态相关，这是全世界普遍存在的。什么样的脑机器可以让我们用这种相似的方式对那些不同类型的刺激进行反应呢？我提出了一种由三个部分构成的假说。首先，我们的感觉智能组配备有特殊的智能体，可以探测特定类型的时间轨迹。其次，所有在不同的智能组中探测到相似类型时间轨迹的智能体都通过特殊的联结束连在一起，汇聚到某个中央“姿势识别”智能组中的智能体上。最后，在遗传上建立好的神经束会从每个姿势识别智能体贯穿到特定的“原型专家”雏形，我们在 16.3 中已经描述过了。

根据这一假说，每个感觉智能组都包含某种智能体，它们专门对各种类型的时间轨迹进行反应。举例而言，一种类型的智能体可能只会对缓慢增加后迅速减少的刺激做出反应，另一种智能体可能只对迅速增加而缓慢降低的信号做出反应。在头脑内部，尽管负责听觉、视觉和触觉的智能组位置很远，但探测到相似轨迹的智能体所发出的信号会汇聚到一个共同的智能组中，这个智能组是由证据加权智能体构成。注意这个系统的结构和“识别人”的智能组结构很相似，两个系统可以形成平行的层次；然而，每个中央“轨迹类型”智能体的最终目的是学会识别某种特定类型的姿势或表情，而不是某个特别的人。举例而言，某个这一类型的智能体可能会学着以相似的方式对咆哮、怒容或挥舞的拳头做出反应，于是变成了一种“愤怒识别”智能体，它的功能很“抽象”，因为它与任何特定类型的感觉都分离开来。

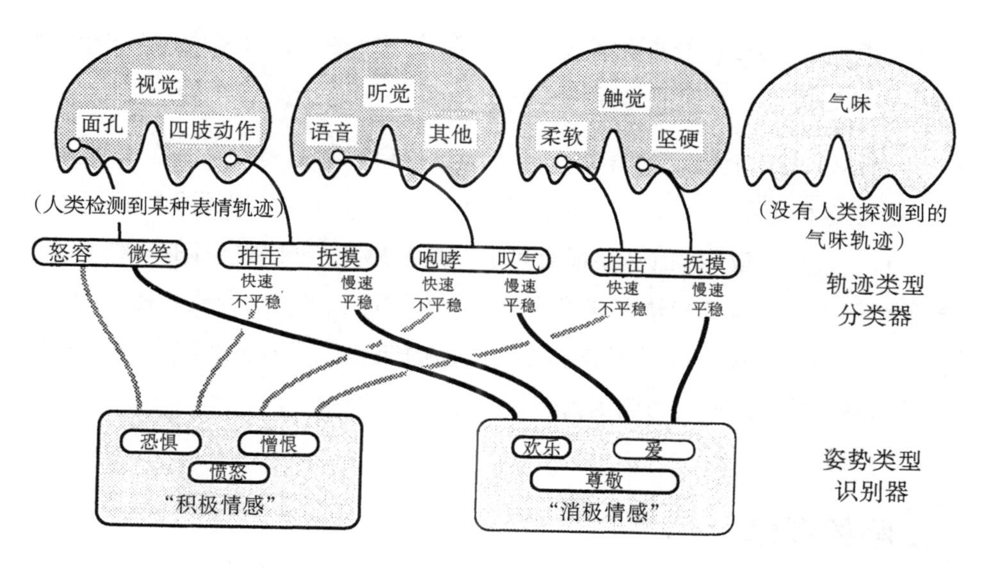


诚然，识别愤怒与理解愤怒或者对愤怒产生同情是不一样的，仅仅学会识别愤怒也无法告诉我们如何根据自己个人的愤怒经验识别他人的“愤怒类型”轨迹。但如果我们的基因已经为我们配备了从特定重要轨迹类型智能体到特定“原型专家”智能组的联结，那么识别每种特定的轨迹类型都会激活一种特定类型的情感反应。

这些联结中有一些可以给予我们特殊的“共情”，比如认识到另一人表现出高兴的姿势时就会感觉高兴。还有一些联结对攻击性的信号表现出防御反应，甚至在遇到软弱和退缩的信号时表现出攻击性。在动物行为中有无数的范例显示，特定类型的姿势会激起“本能”的反应，比如突然朝小鸟移动会让它产生恐惧反应。诚然，我们的人类基因为我们提供了大量的本能设定。但是，比其他动物先进得多的是，我们还有可以桥接新旧智能组的机器，所以我们可以学会把远古的本能反应埋没在当代的社交规范里。

我们已经看见过，一个由基因建立的智能组可以让我们利用轨迹类型来表述情感和其他类型的思维状态。一旦我们这样做，高水平的智能组就可以利用轨迹类型智能体发出的信号来学习识别和表述更复杂的后续思维状态。假以时日，那些表述会嵌入模型之中，我们可以利用这些模型来预测和控制自己的思维程序。这就是基因建立的结构如何能够作为思维的垫脚石，让它可以学习如何思考我们自己。

当你进入一个特定的房间，可能会觉得自己能直接感受到它的历史。许多人把这种感觉归因为一些想象中的力量，把它们称为“直觉”“圣灵”“氛围”和“心灵感应”。但其实很有可能，这些感觉来自观察者的思维内部，各种智能组把从特征和轨迹那里获得的线索进行了聪明的合成。在我看来，相信心灵感应和幽灵降低了我们思维发展的能力，因为它把注意力从思维上转移开，并把这些能力归因为想象的外部自我实体。

## D. 脑的联结

什么类型的脑机器可以支持一个由十几亿智能体组成的心智社会？人类的脑包含了那么多的智能组和联结，它就像一个庞大的国家，其中的乡镇和城市通过大量的公路网络联结起来。我们生来就有脑中枢，它们控制着各种感觉和肌肉群：移动眼睛和四肢；区分声音和语言，区分面孔的特征，区分各种触感、味道和气味。我们天生就带着原型专家，它们参与到我们的饥饿、欢笑、恐惧、愤怒、睡眠和性活动中。当然还有其他许多尚未被发现的功能，每个功能都依托于某种不同的结构和操作模式。一定有成千上万的基因参与安排了这些智能组以及它们之间的神经束，而那些脑部发展基因一定生成了至少三种程序。那些遗传系统首先一定会形成脑细胞的团块和层，最终变成由智能体组成的小组；这些小组一定控制着那些智能组的内部工作；最后，它们一定也决定了联结那些智能组的神经束的尺寸和终点，这样才能限制在每个心智社会中“谁向谁说话”。

现在每个群体都包含一些基因中的变体，它们可以影响脑内那些公路的形态，而这必定会影响其载体的潜在思维风格。一个人在出生时，通常只有视觉智能组之间有零星的联结，而言语可能会在两个领域中都发展出强大的机器，但会发现很难在二者之间建立直接的联结。表面上来看，这可能会产生阻碍。然而，它也可能产生优点，只要它能迫使高水平智能组去挖掘间接的联结，从而产生更明确有力的方式来表述现实就可以。与此相似，人们可能会认为如果拥有超常强大的短时记忆能力，会产生很多优势。然而据我们所知，进化过程对这一点并没有什么优待，因为这倾向于导致人们低效利用辛苦学来的长时记忆。对于我们如何思考，其他差异可能来自联结路径的变异。一个个体的 K 线如果有多于常态的分支，他可能倾向于形成比常人更多的积累，而如果某个个体的记忆智能体分支较少，他可能更倾向于建立统一框架。但同样的遗传倾向可能形成不同的思维风格：一个在遗传上倾向于制作统一框架的人可能屈服于长期使用肤浅的刻板印象，而另一个天赋相似的人可能通过建立更深层次的智能组来进行补偿，这些智能组会产生更深刻的理念。尽管每个特别的变异都会使每个个体具有特定的人格特征，但每个基因最终的效应都取决于它与其他基因建立的结构在无数情况下如何进行相互作用。正因如此，“哪些特定的基因会产生‘好’的思维”几乎成了一个无意义的问题。还不如这样想，发展中的脑就像一片森林，其中有许多不同的物种在生长，这些物种之间既有和谐关系，也有相互冲突。

让我们回到可以支持心智社会的机器结构上来。这种结构需要多复杂，在部分程度上取决于每个时刻需要多少智能体处于活动状态。我们可以通过考虑两种极端情况来澄清这个问题。如果每次只需要很少的智能体工作，那么一个普通的、串行的、一次只做一件事的计算机就可以支持数十亿这种智能体，因为每个智能体都可以由一个单独的计算机程序表述。那么这种计算机本身就可以非常简单，因为它可以获得足够的内存来支持所有那些小程序。然而另一方面，在心智社会中，数十亿智能体中的每个都会同时与其他所有智能体相互作用，上述安排无法对其进行模拟，因为没有一种动物的头脑中可以承载这么多线路。我怀疑人类的大脑是以一种介于二者之间的方式运作的。我们确实有数十亿神经细胞同时工作，但其中绝大部分只需要与其他很少一部分智能体沟通即可，这仅仅是因为大部分智能体的工作都非常专门化，无法处理多种类型的信息。与此相应，我们会提出一种结构，它介于串行和并行两种极端之间，也就是一种妥协的方案，其中典型的智能体与其他智能体之间拥有相对较少的直接联结，但仍然可以通过一些间接的步骤影响其他很多智能体。举例而言，我们可以想象这样一种社会，其中的数十亿智能体中每个都和其他随机选出的 30 个智能体相连。那么大部分成对的智能体应该都可以通过不到 6 个媒介进行沟通！这是因为一个典型的智能体只需一步就可以触及 30 个其他智能体，只需两步就可以触及上千个其他智能体，只需四步就可以触及上百万。这种典型的智能体只需要六七步就可以触及其他 10 亿个智能体！

然而随机选择的联结不太会有什么用处，因为随机选择的成对智能体很少能包含对彼此有用的信息。如果我们真的去检查人类的大脑，会发现细胞之间的联结要么就是统一的，要么就是随机的。然而在任意一个典型的较小区域内，我们会看见相近的细胞之间存在大量的直接联结，但与相距较远的其他区域内的细胞之间的联结束数量就相对较少。以下是对这种安排的一个理想化表述：

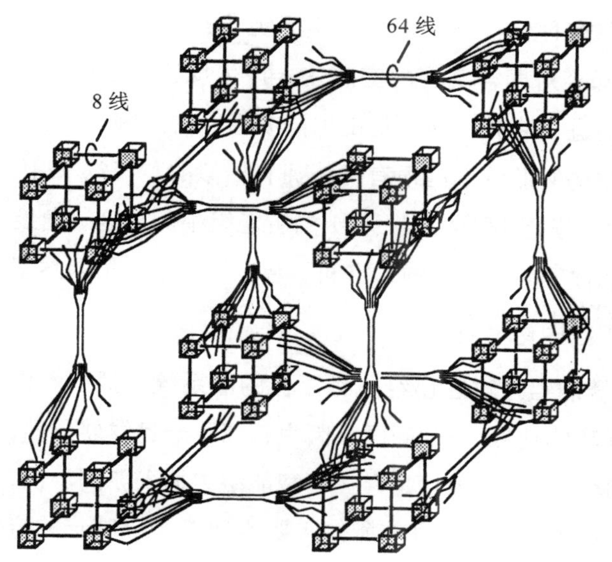


这里，8 个智能体组成了一个立方体，8 个这种立方体组成了一个 64– 智能体的超级立方体。

如果我们把 8 个这种超级立方体连在一起，就有 512 个智能体。如果把这种立方体构建立方体的模式重复 10 次，最后所得出的超级立方体就会包含 10 亿个智能体！

但如果我们把每个智能体都与其他 30 个智能体相连，而不是只联结 6 个，那么每个智能体只要 6 步就可以与其他 10 亿个智能体沟通了。

胚胎脑可能通过大约 6 次细胞分裂和迁移就能形成类似的结构。一旦完成这个过程，最后所产生的结构再继续重复这一过程就没什么用了。然而，在真正的脑部发展过程中，这个潜在的建构计划在每步都受到其他许多程序的调节，而这会产生许多智能组，它们在一般形态上很相似，但在具体细节方面存在差异。这类基因控制的干预程序中，有一些会调节具体的细胞层和团块的属性，而这就决定了特定智能组的内部工作原理。还有一些干预程序会影响某些神经束的尺寸和目的地，这些神经束负责把特定的成对智能组相互联结在一起。这种像建设公路一样的程序可以用来把那些从不同智能组的轨迹类型传感器中发出的神经束引领到同一个中央目的地。这很容安排，因为相似类型的轨迹智能体很可能拥有相似的遗传起源，这让它们倾向于“嗅到”同样种类的胚胎信息化学物质，因此会朝同样的目的地发展。

同样的遗传论据还可以应用于儿童发展的其他方面，比如，为什么儿童似乎都会发展出相似的“更社会”。我们讨论让 · 皮亚杰的实验时留下了一个谜团，也就是儿童如何形成“历史”和“外表”这种智能组。是什么让所有这些不同的思维拥有相似的对比概念？在 10.7 中我们提示道，这可能是因为像“高”和“细”这种相似的智能体产生于相关的脑区。想一想，尽管不了解像“高”和“细”这种脑机器，但我们实际上非常确定它们具有内在的相似性，因为它们都会对同样类型的空间差异产生反应。因此，几乎可以确定它们拥有共同的进化起源，而且是由相同或相似的基因建构的。结果就是，形成这些智能组的胚胎脑细胞很有可能拥有相似的“嗅觉”，因此它们发出的神经很有可能汇聚到同样（或相似）的智能组中。从这一角度来看，要形成一个将各种属性汇聚到一起的“空间”智能组不是一个偶然事件，实际上这是一个遗传下来的注定事件。

派珀特原则要求许多智能组通过在已经正常工作的旧系统中插入新的智能体层次来进行发展。但这会引发一个问题，因为脑细胞一旦发展成熟，它们就不再具有太多的可移动性。结果就是，在旧智能组中插入新的层次，必须牵扯到其他位置的脑细胞。就我们目前所知，要实现这一点唯一的方法就是使用初始智能组周边已有的可用联结。胚胎细胞可以通过以下这种方式为未来的多层次心智社会提供框架：

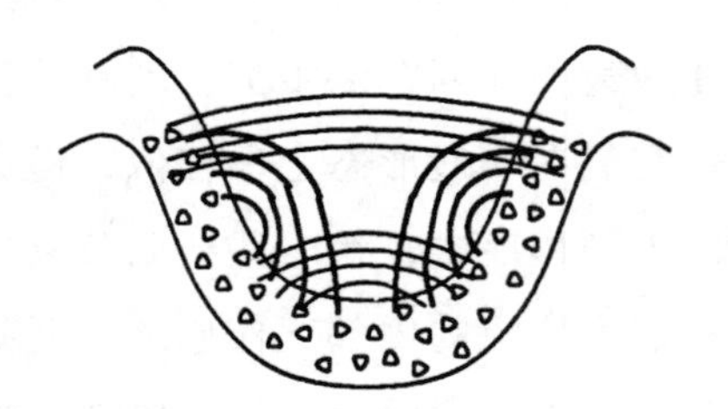

彼此邻近的智能体会通过许多直接的联结形成团块。相近团块之间较长的联结形成高水平智能组的基础。这个过程会在不断扩大的规模上重复进行。

任何智能组如果具有潜在的能力可以不断扩展，同化一生的经验，那么它就会需要更多的空间，这些空间不是细胞团块或细胞层在任意一个紧缩的周边区域内就可以提供的。一定也是因为这个原因，大脑皮层（也就是脑中最新、最大的那部分）发展成了现在这种沟回的形态。

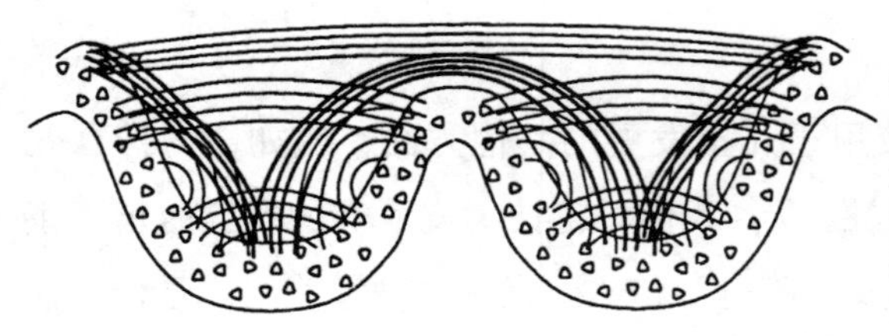

在我们祖先的进化过程中，出现了特定的基因，产生了特定的智能组，它们可以凸起和折叠，然后再一次凸起和折叠。由于它们的出现，形成了我们所说的“脑回”。它们在生命早期就会形成，并且可能会限制思维的每个部分可能会发展到多大。

如果脑皮层的联结是通过系列的细胞迁移而发展出来的，那么它可能会通过扇形的神经束和神经列队让每个局部邻近区域都可以和若干个其他区域联系起来。我认为人类皮层这种自身的折叠过程可能经历过五六次，才能让每个临近区域的智能体有机会达到其他水平的脑回处。这使得一个典型的智能体有可能仅通过一些间接的联结就能与其他数百万智能体相连。实际上，大概只有很少一部分细胞获得这么多联结是为了自己专门的用途。然而，这种安排使得任意一组特定的细胞都有可能具有更重要的意义，比如它们可以控制大量的联结束，这些联结束又可以表述一些有用的微忆体。人脑在进化过程中要获得这么多潜在的联结，它的主要物质成分已经不是智能组，而是联结这些智能组的大量神经纤维束。智人的脑主要由线路构成。

## E. 生存本能

许多人似乎都认为活物天生就有生存本能。当然，所有的动物都会做很多事来让自己活下去。它们会想办法抵御威胁，不惜任何代价地繁衍后代，避开极端的颜色或热源，避开不熟悉的事物。现在如果人们看到了相似性，就会去寻找是什么共同的原因造成的，这通常很合理。但我认为，寻找共同的驱力通常是不对的。动物们为了生存做许多事有许多不同的原因，而如果把这些事归因于一个单一的中央驱力或某种基本、潜在的生存本能是一种愚蠢的做法，就好像相信有某种力量把尸体吸引进坟墓或者把废旧的汽车吸引到废品站一样。

没有一种动物需要一种核心原因来生存下去，进化过程本身也不需要任何原因来产生所有那些生存援助。与此相反，进化的多功能性源自它非常缺乏固定的方向和约束，它所产生的各种可能性不太会受到限制。

**要理解动物为什么会生存，人们必须把进化过程看作一个滤网，能通过网眼的只有那些留下后代比其他物种多的动物。**

许多人还认为进化是偏袒生命体的，但其实有一个让人感到痛苦的事实，那就是大部分突变的动物在能够繁殖之前就已经死了。但事后诸葛亮让我们倾向于只考虑那些能看到的幸存者，而忽略掉那些已经消失的不适应者。这种错误就好像我们只看天空，然后得出结论说所有的动物都是鸟一样。我们今天所见的动物就是那些祖先积累了大量生存技能的物种，而这就是为什么它们的行为似乎都是为了促进自身的福祉，而且也只是在它们祖先进化的环境中看起来才是这样。所有这些累积下来的机制都有共同之处，这只是一种错觉。实际上，外表的统一性之下并没有任何本质上的一致：这只是进化的滤网产生的阴影而已。潜在的生存本能这一谬误其实并不能更好地解释任何事，反而让我们看不到这个事实：所有这些生存技能利用的都是不同的机制。

我当然不是想否认人可以学会热爱生活和恐惧死亡，但这可不是简简单单地遵循某种基本本能的问题，它涉及精细的概念社会多年的发展。我也不是想说人生来没有任何本能，必须从经验中学习所有事。相反，我们一出生就已经拥有许多内嵌的机器碎片，这让我们注定学会躲避各种各样的疼痛、不舒服、不安全以及其他形式的身体和心理伤害。但与这些本能的恐惧相比，我们称为死亡的这种非存在状态是一种奇怪得多也困难得多的理念，没有一个婴儿能够构想出这种理念。

## F. 进化与目的

如果“自然”没有目标，动物们也会这样进化吗？一个世纪以前，一大批生物学家分成了两派：一派是“进化论者”，他们认为动物的进化不过是偶然发生的；他们的对立派被称为“目的论者”，他们不相信这么优秀的动物是在没有任何有目的的引导下进化出来的。后来人们发现进化论者是对的，因为现在我们可以仔细观察较小的动物和植物的进化，而且以相应较慢的速度看见生命较长的动物发展过程也比较相似。实际上，我们真的可以观察到基因中发生的随机事件如何导致各种环境中特定个体的选择性生存，而这个过程中一丁点儿与目的有关的迹象都没有。所以为什么这么多人都觉得进化一定是有目的的呢？我怀疑这种信念是由于把一种关于问题解决的合理洞见与关于进化机制的不合理想象结合在了一起。举例而言，常识告诉我们，如果没有目标或意图，一个人可能永远不会通过试错来设计一架飞行机器。这使得人们假定自然一定也屈从于同样的限制。这当中的错误源于人们认为“自然”会关心如何能让动物飞起来这种问题。

麻烦之处在于这种观点把用途和意图搞混了。举例而言，假设一个人草率地认为进化出羽毛和翅膀就是为了飞行，然后他问鸟是怎么进化的。那么他就会遭遇一个难以克服的问题，因为任何像翅膀这么复杂的器官都需要很多不同的基因，它们是无法随机出现的。

一个人的思维只要固定在飞行这件事上，那么他就会觉得唯一的解决方案就是在每个早期阶段找到某种飞行方面的优势，比如仅仅产生一种羽毛原型或翅膀原型，它们都太小太弱，根本无法飞行。这就是为什么这么多反对进化论的人要求支持进化论的人必须在直接通往某个特定目标的路径上填补每个想象中的“缺口”。然而，一旦我们放弃这种固定的理念，就比较容易看见各种中间发展过程如何能够为那些动物提供各种与飞行不相关的优势。举例而言，鸟类的早期祖先可能积累了一些基因，这些基因生产出各种各样带有羽毛的附属器官，这些器官可以把这些鸟类原型的身体包裹起来，起到保暖的作用。这种与任何飞行目标都无关的偶然“准备”使得某些其他事件更有可能发生，也许在几百万年后，就会把几个这类元素结合起来，为那些已经有跃进倾向的动物提供某种真正的空中优势。

顺便说一下，我并不是想说进化过程从本质上来说就完全没有目的性。我们可以实际构想一下，动物的脑中可以存在某种机器，它会有目的地引导这个动物在某些方面的进化，就好像一个农民可以促进肉比较多的鸡或者毛比较多的羊完成进化。实际上，我们细胞中的繁殖机器已经像这样进化了，它们更有可能产生有用的变异，而不仅仅是随机变异。道格拉斯·莱纳特写过一篇非常精彩的文章“启发式在发现学习中的作用”［此文发表于由 R.Z. 米卡斯基、J.J. 卡博奈尔、T.M. 米切尔编辑的著作《机器学习：一种人工智能的方法》（*Machine Learning: An Artificial Intelligence Approach*）；Tioga Publishing C.，Palo Alto，Calif.，1983］，他在这篇文章中解释了这一理念。我们的遗传系统可能甚至包含某些差异发动机式的机器，在很长的时间段里，它以某种有目的的方式产生了一些变异，这都是可以想见的。当然，这仅仅是推测，因为我们还没有发现这种系统。

不管怎样，与目的论者的论战所产生的余波是：其他领域中的许多科学家也害怕犯类似的错误，于是目的的概念变成了整个科学界的禁忌。就算是今天，在非人的其他事物或高等动物身上使用“赋予人性”或者“意图性”的语言都让许多科学家感到厌恶。这就为心理科学制造了双重障碍。一方面，它让心理学家们觉得心理学中的许多重要的问题都处于科学解释的范畴之外。另一方面，它让心理学家们无法使用许多有用的技术性理念，因为“想要”“预期”和“识别”这样的概念词语是用来描述人类思维活动的最有效的词语。直到 20 世纪 40 年代发生电子科技革命时，科学家们才意识到目标这个概念本身并不是不科学，把目标与进化归为一体之所以不对，并不是因为这不可能，仅仅因为它是错的。人类思维确实会使用目标机器，承认这一点没什么不对，把关于意图和目标的技术理论引入心理学也没什么不对。

## G. 隔离与相互作用

*最难理解的事情就是为什么我们可以理解事情。*

**——阿尔伯特·爱因斯坦**

人类的思维可以理解人类的脑，这种希望有多大呢？没有人能够记得它的所有小细节，我们只能寄希望于构想出它的主要原理。不管怎样，知道脑的每个单独区域如何运作以及每个区域如何与其他区域相互作用不会有太大用处，因为这基本就不切实际。就算知道所有这些细节，如果有人让你从一般角度来描述脑如何运作以及如何变化，你还是回答不出来。

我们通常喜欢以积极的方式考虑系统的各个部分如何相互作用。但要做到这一点，我们必须先有一些关于系统的哪些方面不会互动的理念，否则的话，需要考虑的可能性就太多了。换句话说，在理解相互作用之前，我们必须能理解隔离。用更强有力的方式来叙述就是：如果一个复杂的社会真的需要其中的大部分组件都相互作用，那么这种社会是无法实际运行的。这是因为这种系统中的任何一点扭曲、损伤或者环境波动都会导致整个系统的瘫痪。这样的社会在一开始的时候也不会进化出来。

发现隔离这件事对生物科学本身就产生了影响。在人们发现植物和动物是由独立的细胞构成之前几乎无法理解它们。然后科学家们发现细胞就是一包液体，其中无数的化学物质可以自由相互作用。直到此时，人们才对动物和植物又多理解了一些。今天我们知道细胞更像是工厂，包含着各种系统，这些系统被坚固的墙壁分隔开来，墙上有门，但只会向那些带着正确钥匙的物质开放。此外，就算在这些隔间内部，大部分化学物质两两之间也无法相互作用，除非得到特定基因的允许。没有这些隔离，那么多化学物质相互作用，我们的细胞全都会死掉。

从本书的意图出发，我特别强调了一些高度隔离的系统，也就是不同的功能体现在不同的智能体中的机制。然而，这件事必须以正确的方式表述，这一点很重要。举例而言，在第 19 章中，我们在记忆器和识别器之间画了一条鲜明的分界线，让我们更容易解释这些理念。然而，在 20.9 中，我们很简短地提到了“分布式记忆”，在这部分中，两种功能被混合到了同一个智能体网络中。现在我不想让读者因为那一部分讨论得很简短就觉得这个主题不重要。相反，我怀疑大部分人类的脑都是由分布式学习系统构成的，而且这对我们理解脑如何运作有着极为重要的作用。它甚至有可能结合更多的功能。举例而言，约翰·霍普菲尔德曾证明一个单一的分布式网络不仅会把记忆和识别混合在一起，还可以“从任何足够大的次级部分中正确地产生整个记忆”。换句话说，这样能产生一个像 19.10 中描述的那种可以“闭环”的智能组。见霍普菲尔德在《美国国家科学院院刊》（79，p.2554，1982）上发表的文章，或者见 D. E. 鲁梅尔哈特和 J. L. 麦克利兰的著作《并行分布式加工》（*Parallel Distributed Processing*）（M.I.T Press，1986）。

分布式系统的优势不能替代隔离系统的优势，这两种系统是互补的。脑可能是由分布式系统组成的，这句话与“脑是一个分布式系统”意思并不一样，后者指的是一个单一的网络，其中所有的功能都是统一分配的。我不相信这种形式的脑可以运行，因为其中的相互作用是不可控的。诚然，我们必须解释不同的理念是怎么相互联结到一起的，但也必须解释各种单独的记忆是如何保持分离的。举例而言，我们曾经褒奖过比喻的力量，它能让我们把不同领域的理念混合到一起，但如果我们把各种比喻混合在一起，那么就会丧失这种力量！与此相似，心智社会的结构必须能够有助于形成和维持不同的管理水平，如果各智能组的信息对彼此没有重要意义，就要防止它们之间形成联结。有些理论学家认为分布式系统具有天然的强韧性和多功能性，但实际上，这些属性之间很有可能产生冲突。系统之中如果有太多不同类型的相互作用，就很有可能变得很脆弱；而系统之中如果有太多相似类型的相互作用，就会太笨重，难以适应新的情境和要求。最后，分布式系统还缺乏明确、清晰的表述方式，这使得任何此类智能组都很难发现其他这类智能组如何工作。那么，如果和我怀疑的一样，分布式记忆系统在脑中被广泛使用的话，这可能就是人类意识比较浅显的另一个原因了。

## H. 人类思维的发展

人类思维的起源是什么？今天我们几乎可以确定，现存动物中和我们具有最近亲缘关系的是按照下图分布的几种动物。图中展示出现存的这些物种之间没有直接的继承关系，但它们有共同的祖先，不过早已灭绝。

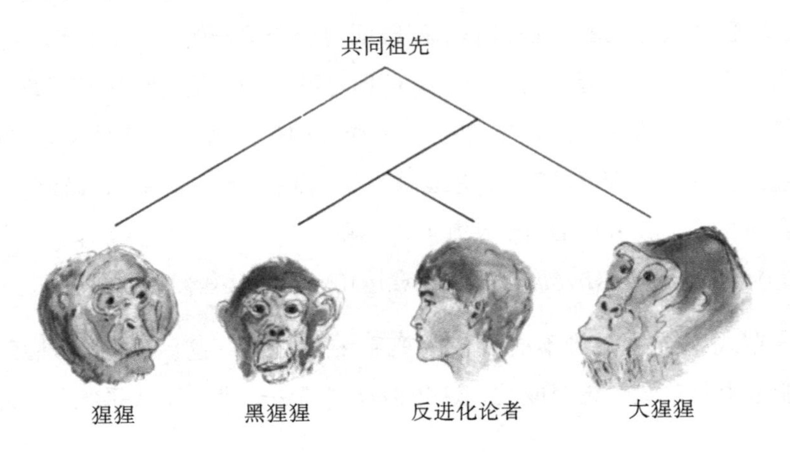

我们人类的起源和其他动物的起源有什么不一样呢？我们承认以上各类动物的脑和身体都很相似，但在说话和思考这些异常的能力方面，我们看上去当然是独一无二的。黑猩猩或大猩猩能够学会用我们的方式说话吗？经验显示，这些奇妙的动物确实可以在几百种不同的词语和理念之间建立联系，让它们产生像语言一样的符号串，用以表达像"把糖果放到盒子里"这种 Trans- 框架。然而同样的实验也显示出这些动物很难建立这样一种语言串，也就是特定框架的终端是用其他已经填充好的框架来填充的。换句话说，还没有人成功教会这些动物使用包含干扰从句的表达方式，比如"把糖果放进盒子里的那个桶中"。诚然，我们不能教会动物这件事并不代表它们本身没有能力做到，不过也没有人可以怀疑我们拥有祖先们所没有的能力。大脑经历了什么样的发展，使得我们拥有这种强有力的新思维形式呢？这里有几种可能的情况：

在旧 K 线上联结新的 K 线，让我们可以建构等级式记忆树。

拥有更多功能的临时记忆，使我们能够追求次级目标，并且能够容忍更复杂的干扰类型。

并行代原体，也就是桥接多个领域的代原体的发展，使得我们可以从若干个角度查看同一个问题。

额外的智能体层次出现使每个儿童都可以通过更多的阶段进行发展。

所有这些进展本身似乎都不会为进化过程制造什么特殊的困难，但这么多改变是出于什么原因这么快就出现了呢？我们的祖先与他们的亲戚大猩猩和黑猩猩分离开的时间只是在几百万年前，而我们人类的脑产生实质性发展也只是在几十万年前。关于这期间发生了什么，我们知道的内容很少，因为我们只找到过很少的祖先化石。（有一部分原因可能是我们的祖先群体数量一直都很少，但也有可能是因为他们已经变得很聪明，没有让自己变成化石。）这段进化间隔非常短，我们的许多基因和脑结构都保持着和黑猩猩差不多的样子。仅仅是因为脑的尺寸增加而使我们产生了这些新能力吗？脑尺寸增加这件事本身有可能造成思维混乱的缺陷，而且也会使头变重而觉得不方便。然而，如果我们在管理记忆方面先有重大进步，那么就能够利用更多记忆容量所产生的优势。与此相似，在旧的智能组中插入新的智能体层次只会产生坏的结果，除非旧的智能组在此之前已经形成了可以利用这种层次的机制，它们作为“中层管理者”不会干扰旧的功能。换句话说，我们的进化是以另一种方式进行的：首先是能力得到了加强，这使得我们可以管理更大的智能组；然后，一旦我们有能力使用更多的机器，自然选择就会青睐那些大脑长得更大的人。

# 后记与致谢

*永远不要说得比你想得更清楚。*

**——杰里米·伯恩斯坦**

本书假定任何大脑、机器或其他具有思维的事物一定都是由更小的、不能思考的事物构成的。本书的结构本身就反映了这种观点：每一节都探索了一个理论或理念，而它们又都利用了其他节中的内容。有些读者可能更喜欢常见的故事情节模式。我试了几次，但似乎都不成功。我试过许多方法来把事物排列起来，但每种方法都会留下许多不适用的内容。思维太复杂，不适合那种由这里开始，到那里结束的叙事模式。人类的智能依赖于一个复杂网络中的各种联结，想把它们捋顺根本就行不通。

许多心理学家都梦想着能用一种简洁的方式描述思维，那么心理学就会变成一种简单而精确的学科，就像物理学一样。但人们不能把现实和梦想混为一谈。可以用很少、很简单的原理来描述世界上的大部分事物并不是物理学家们的远大理想，而是宇宙的本质。而我们的思维操作并不能也依赖于相似的几个简单原理，因为我们的大脑在经历过万古的进化后已经积累了许多不同的机制。这表示心理学永远不会像物理学一样简单，任何一个关于思维的简单理论都会损失"广阔图景"中的大部分内容。如果我们发展出的心理学概述无法给许多更小的理论提供空间，那么对心理科学是很不利的。

要组建本书中提出的概述，我不得不做出几百种假设。有些科学家可能反对这样做，因为像物理学和化学这种成功的科学已经发现，如果发展出的理论需要的假设最少，并且可以排除所有看上去并非本质的内容，那么这种理论所产生的成果更丰富。但是对于心理学而言，除非我们能有一个更为一致的框架，否则要剔除那些为了展示一种理论比另一种理论更好却未经证实的假设还为时尚早。因为不管怎样，当前的理论似乎都不太可能存活很长时间。在我们对心理学的森林有成形的概念之前，只能想象更多的书目，并且限制自己不要把它们过度简化至死。我们要做好足够复杂的准备来应对那些真实的存在。

人们开始有效地思考产生思想的脑机器的性质，距今还不到 100 年[㊀]。在此之前，研究这件事的人都受到了阻碍。一方面是因为他们无法做实验，尤其是关于年幼儿童的实验；另一方面，他们缺乏描述复杂机器的概念。现在，人类第一次积累了足够的概念工具来开始理解由几千个组件构成的机器。然而，我们才刚开始应对由几百万组件组成的机器，而对于由数十亿机器构成的大脑，我们几乎还没有开始形成概念。在人们遇到更大、更不熟悉的系统时，新的问题总是会出现。

由于本书中的大部分陈述都只是推测，那么在每一页都重申这一点就太啰唆了。相反，我用了像"有可能"这样的字眼，并且删除了所有的科学证据文献。与此相应，本书不应该被当作科学学术文本来阅读，而应该当作一次可以展开想象的冒险故事。每个理念都不应被看作是关于思维的确切假说，而只是人们构建思维理论的工具箱中另一件工具而已。实际上，就某种意义而言，这是关于心理学唯一一种现实的思考方式，因为每个人的思维作为一个巨大的机器都是以某种不同的方式发展的。思维是机器吗？对此我毫不怀疑，但我还是会问，是什么类型的机器？尽管大部分人觉得如果被当成机器好像被贬低了，但我希望本书能让他们感到高兴，因为能做一台有如此神奇力量的机器是多棒的一件事啊。

科学家们喜欢褒奖那些第一个发现各种理念的人。但本书的中心概念，也就是思维是由许多小机器装置构成的社会，包含了多年的努力才有了今天的样子。我只能提到很少一部分人，他们对这一理念有着最重要

㊀ 本书初版是 1985 年。——译者注

的影响。在本研究中，我分享了人类思维所能享受的最大特权：与同时代最重要的知识分子一起构建新的理念。作为哈佛大学的一名学生，我沉浸在数学和心理学的海洋里，并且和两位伟大的年轻科学家建立了联系，一位是数学家 Andrew Gleason，还有一位是心理学家 George A.Miller。那是科学化运动（后来被称为控制论）的时代，而我特别着迷于 Nicholas Rashevsky 和 Warren McCulloch 的研究，他们构建了第一批理论来说明简单的细胞机器组合在一起可以做到识别物体和记住它们所看到的内容。1950 年，我刚开始在普林斯顿大学读研究生的时候，已经对如何制作多重智能体学习机器有了一个足够清晰的理念。George Miller 筹集了制作这台机器的资金，于是就做出了第 7 章所说的 Snarc。这是和我的同学 Dean Edmonds 一起建构的，它能够以特定的方式学习，但它的局限性让我确信，要想制作具有更多功能的“思维机器”，一定还需要利用许多其他原理。

我在普林斯顿的老师正处于数学的黄金年龄，他对心理学不是特别有兴趣，但思维方式比学科本身更重要，我从 Albert Tucker、Ralph Fox、Solomon Lefshetz、John Tukey、Salomon Bochner 和 John von Neumann 那里学到了新的思维策略。我从和我同时代的普林斯顿的学生那里学到了更多，尤其是 John Nash、Lloyd Shapley、Martin Shubik 和 John McCarthy。1954 年，我作为哈佛大学研究员协会的初级研究员回到了哈佛，没有其他负担，只需要追求看上去最重要的目标即可。似乎没有办法可以避开低水平、分布式联结的学习机器所具有的明显局限性，所以我转向了一个关于经验泛化的新理论，这个理论是由 Ray Solomonoff 开创的。我还与 Warren McCulloch 和 Oliver Selfridge 建立了联系，直到我成为麻省理工学院的数学教授之前，一直在与他们紧密合作。正是他们让我获得了如何建立实验室工作的概念。

1959 年，John McCarthy 从达特茅斯学院来到麻省理工学院，之后我们开始了麻省理工学院人工智能项目。我们一致认为最关键的问题是思维如何进行常识性推理。McCarthy 更关注为推理建立逻辑和数学基础，而我更关注我们如何利用识别和类比模式进行推理的理论。这种理论与实践相结合的研究吸引了许多能力很强的学生，而我们的实验室氛围结合了数学的力量和工程学的冒险精神，这不仅产生了关于计算机的新理论，而且开发出了第一批自动化机器人。1963 年，McCarthy 离开并在斯坦福大学建立了一个新的人工智能实验室，而现在人工智能领域已经有了三个主要的研究中心，还包括 Allen Newell 和 Herbert Simon 较早前在卡内基 – 梅隆大学建立的研究中心。第四个中心将很快出现在斯坦福研究实验室，我们所有人都会紧密合作。

为我们的工作提供人力和设备支持的资金主要来自一个高级研究项目机构的办公室，这个机构主要关注的是信息加工技术。这个办公室实际上是由科学家本身监管的，最初的总监是 J.C.R.Licklider 博士，我在哈佛上学时，他就是我的老师和朋友。Licklider 已经在马萨诸塞州剑桥市的“Bolt，Beranek and Newman”公司组织过一个研究中心，McCarthy 和我，还有我们的几名学生曾经和这个组织紧密合作过几年。后来，Licklider 回到麻省理工学院成了一名教授，信息加工技术办公室就由 Lawrence G.Roberts 和 Ivan Sutherland（曾是我们在麻省理工学院的学生）接管，之后又由 Robert Taylor 和 Robert Kahn 接管，他们所有人都做出了重要的智力贡献。所有这些研究合同的实际细节都由海军研究办公室（ONR）的 Marvin Denicoff 管理，他关于未来的愿景对整个领域产生过实质性影响。我自己的研究在很长一段时间里都是由 ONR 支持的，它从我在普林斯顿读拓扑学研究生的时候就开始为我提供支持，后来 Denicoff 的接任者 Alan Meyrowitz 在我完成本书期间也为我提供了支持。

麻省理工学院的 Jerome Wiesner 和 Philip Morse 为我们的第一个实验室筹集了资源。我们在麻省理工学院的发展受到了 William Ted Martin、Norman Levinson、Witold Hurewicz、Norbert Weiner、Claude Shannon、Peter Elias 和 Robert Fano 的鼓励。我有幸与 Shannon 共同被授予麻省理工学院的科学贡献教授，并且在多年中都得到了许多个人和组织的支持：John Williams、Paul Armer 和 Merril Flood 让我可以与“Newll，Shaw and Simon at the Rand”公司合作，Oliver Selfridge 和 Gerald Dinneen 支持了在麻省理工学院林肯实验室的研究，Michel Gouilloud 从斯伦贝谢公司支持了我的工作，Edward David 从埃森克石油公司提供支持，还有 Alan Kay（相继）从施乐、雅达利和苹果公司为我的许多学生都提供了支持。有好几年的时间，思维机器公司既支持了研究，也支持了一种名为联结机器的新型计算机开发，这是由我的学生 Danny Hillis 为体现心智社会而设计的。

最重要的是，我想感谢西蒙·派珀特对本书的贡献，他于 1963 年来到麻省理工学院，此前他和让·皮亚杰在日内瓦研究了五年儿童发展。派珀特和我合作得非常好，我们一起管理了十年实验室，互相同意对方对应该做什么所做出的决策。我们一起开发了新的数学技术，设计了实验室做试验，建立了计算机硬件和软件，并且指导了同样的学生。如果不是因为我们在相遇之前发展出相似的智能研究方向，是不会有这么好的合作关系的。我们关注的都是相同的数学领域，对机器的关注以及对心理学的态度也很相似。我们有一个项目是要建立一种机器，它有很好的视觉，可以用机械手来解决真实世界的问题，这就是“建设者”以及它所引发的洞见的起源。在试图让这个机器人可以看见的过程中，我们发现没有一种单一的方法本身可以很好地发挥作用。举例而言，机器人只凭视觉几乎无法辨认一个客体的形状，它还需要利用其他类型的知识，比如哪种类型的客体很有可能被看见。这个经验让我们产生了这样一种印象，只有把不同类型的程序组合才有可能足以完成任务。除了机器人，派珀特和我在其他许多领域都有合作。举例而言，我们花了几年的时间为后来被认为是神秘的感知器类型的学习机器开发了一个新的数学理论。在 20 世纪 70 年代中期，派珀特和我试图共同写一本关于心智社会的书，后来由于理念尚未成熟而放弃了这一尝试，但我们的合作结果影响了本书的早期章节。

派珀特和我最终都从大规模的科学事业离开，转向了一些不同的个人目标，我们把监管实验室的责任交给了我们最有创造性也最具生产力的学生之一 Patrick Winston，是他第一个想出了制作统一框架的理念。派珀特继续发展了一批关于思维发展与教育的新理论，这使得后来出现了一种叫作 LOGO 的计算机语言，还产生了许多其他概念，这些概念在接下来的十年中开始进入主流教育思想。我主要关注的是寻找更好的理论来解释关于一个儿童如何有可能学会搭建积木这个小世界。构成这本书整体画面的各个小拼图在 20 世纪 70 年代中期开始在我脑中匹配起来，围绕着框架编队的概念，最终形成了关于沟通线、K 线和水平带的理论，后来在本书成形的最后阶段，形成了代原体、多忆体和跨领域通信的理念。

就手稿本身来说，Bradley Marx 阅读了每一版草稿，把各个新版本与早期版本对照，帮助我保持清晰性和风格一致性，尤其是还防止好的理念由于冲动的修改而被破坏。这是一项艰巨的工作，因为早期的手稿长度是现在版本的两倍。Robin Lakoff 建议缩减英文，这开始看上去好像不可能，但后来变得非常自然。Theodore Sturgeon 审阅了早期的草稿，我真希望他能活到现在看到本书出版。Kenneth Haase、Betty Dexter 和 Tom Beckman 提出了无数的建议和修正。后续的草稿由 Danny Hillis、Steve Bagley、Marvin Denicoff、Charlotte Minsky、Michel Gouilloud、Justin Lieber、Philip Agre、David Wallace、Ben Kuipers、Peter de Jong 和 Sona Vogel 审阅。Richard Feynman 对关于记忆和并行加工的内容提出了许多真知灼见。David Yarmush 帮助把本书组织成章节，并帮助形成了从常识性语言到技术性语言的坡度。Bob Whittinghill 提出了许多关于语言和心理学的建议。Douglas Hofstadter 评估了整个理论，迫使我做出了一些实质性的改变。Michael Crichton 提出了许多技术性建议，并帮助我精炼了许多早期的章节。

Russell Noftsker 和 Tom Callahan 在工程学方面为我们的工作做出了重要贡献。有许多理念都来自麻省理工学院的学生，尤其是 Howard Austin、Manuel Blum、Danny Bobrow、Eugene Charniak、Henry Ernst、Tom Evans、Scott Fahlman、Ira Goldstein、William Gosper、Richard Greenblatt、Adolfo Guzman、Kenneth Haase、William Henneman、Carl Hewitt、Danny Hillis、Jack Holloway、Tom Knight、William Martin、Joel

Moses、Bertram Raphael、Larry Roberts、James Slagle、Jerry Sussman、Ivan Sutherland、David Waltz、Terry Winograd、Patrick Winston 和其他许多人。与 Maryann Amacher、Gregory Benford、Terry Beyer、Woodrow Bledsoe、Mortimer Casson、Edward Feigenbaum、Edward Fredkin、Arnold Griffith、Louis Hodes、Berthold Horn、Joel Isaacson、Russell Kirsch、David Kirsh、Robert Lawlor、Justin Leiber、Douglas Lenat、Jerome Lettvin、David MacDonald、Curtis Marx、Hans Moravec、Stewart Nelson、Nils Nillsson、Donald Norman、Walter Pitts、Jerry Pournelle、Charles Rosen、Carl Sagan、Roger Schank、Robert Sheckley、Stephen Smoliar、Cynthia Solomon、Ray Solomonoff、Luc Steels、Warren Teitelman 和 Graziella Tonfoni 在各种时间的合作也产生了不计其数的其他思想。我希望能感谢早年所有的朋友对我的启发，尤其是 W. Ross Ashby、Thomas Etter、Ned Feder、Heinz von Foerster、Donald Hebb、John Hollander、Arnold Honig、Gordon Pask、Roland Silver、Jan Syrjala、Carroll Williams、Bertram Wolfe、David Yarmush，还有我年轻时所有指导过我的老师，尤其是 Dudley Fitts、Ruth Gordon、Alexander Joseph、Edward Lepowsky 和 Herbert Zim。还有一些人也对我的发展产生过强烈的影响，开始是他们的著作，后来是与他们的友谊，包括 Arthur C. Clarke、Robert Heinlein、Frederick Pohl 和最重要的 Isaac Asimov。

当然，对我的思维风格影响最深的是我的父母 Henry Minsky 和 Fannie Reiser。我的妻子 Gloria Rudisch，我的孩子 Margaret、Henry 和 Juliana（她画了插图，有时还调整文本格式以便它们能对齐），我的姐姐 Ruth 也帮助过我修改此书。我的姐姐 Charlotte 也在此列，因为甚至在我还是孩子的时候，她就是一名强大的艺术家和评论家，她的梦想变成了我这些普通文字的意义。

# 词汇与参考书目

因为我觉得对这种思维理论感兴趣的人可能不只是这方面的专家，任何会思考的人可能都会感兴趣，所以我喜欢用一些普通的词汇，而不是心理学方面的技术性语言。这几乎不会造成任何损失，因为许多心理学的术语代表的已经是过时的理念了。但因为我同样希望本书可以面向专家，所以尽量在字里行间隐藏更多的技术理念；我希望这种层面的行为没有表现得太明显。然而还是有一些特定的要点无法用普通的语言来表达，我不得不发明一些新的术语或者为旧术语安排一些新的意思。

**积累**（accumulation，12.6）一种学习类型，以收集理念的范例为基础，而不会试图描述范例之间的共性。与统一框架（uniframe）相反。

**智能组**（agency，1.6）由部件组合在一起构成，人们只会考虑它作为一个单元可以完成什么任务，而不会去考虑它的每个组件本身会做什么。

**智能体**（agent，1.4）思维中的任一组件或程序，它自身非常简单，容易理解，但多个智能体组合在一起可能会产生的现象让人难以理解得多。

**人工智能**（Artificial Intelligence，7.4）这个研究领域关注的是制作机器，让它们去做那些人们认为需要智能的事。在心理学和人工智能之间没有清晰的界线，因为脑本身就是一种机器。要初步了解这一领域，我推荐阅读 Patrick Winston 的教材 *Artificial Intelligence*（Addison-Wesley，1984）。要了解更多它与心理学的关系，请阅读 Roger Schank 和 Kenneth Colby（教育学专家）所著的 *Computer Models of Thought and Language*，Freeman，1973。想了解关于脑和机器的一些有影响力的早期理念可以阅读 Warren

McCulloch 所著的 *Embodiments of Mind*，MIT Press，Cambridge，Mass.，1966。见智能（intelligence）。

**依恋学习**（attachment learning，17.2）本书中提出的一个具体理论，我们从情感上依恋的人如果出现会对我们如何学习产生特殊的影响，尤其是在婴儿时期。依恋学习倾向于调整我们的目标，而不仅仅是为了达成我们已有的目标而改进学习方法。

**B- 脑**（B-brain，6.4）脑的组成部分，它们不与外部世界产生联系，只与同一个脑中的另一部分产生联系。B- 脑像一个经理，可以监督 A- 脑，但不用理解 A- 脑如何运作或者 A- 脑处理的是什么问题。举例而言，B- 脑可以识别 A- 脑的活动模式，发现它在浪费时间做重复性的活动，或者专注于某种无效水平的细节，就会判断 A- 脑目前感到困惑。

**积木拱门**（block-arch，12.1）改编自帕特里克·温斯顿的博士论文（“Learning Structual Descriptions by Examples”，*Psychology of Computer Vision*，P.H.Winston，McCraw-Hill，1975）的一个场景。这项关于儿童积木世界的研究开始时看起来可能简单幼稚，但它是关于人工智能的研究中最高产的领域之一。

**审查员**（censor，27.2）一个抑制或镇压其他智能体操作的智能体。审查员式的智能体参与的是我们如何从错误中学习。这个理念在弗洛伊德的理论中发挥着突出的作用，但实际上却被当代实验心理学家们忽略了，这大概是因为研究人们不想什么是一件很困难的事。见弗洛伊德 1905 年出版的书 *Jokes and Their Relation to the Unconscious*。我怀疑人类记忆的大部分结构都是由审查员式的智能体构成的。第 27 章讨论的审查员与玩笑是以我的一篇论文为基础的，“Jokes and Their Relation to the Cognitive Unconscious”，*Cognitive Constraints on Communication, Representations and Processes*，L.Vaina and J.K.K.Hintikka (eds.)，Reidel，1981。见抑制器（suppressor）。

**挑战者教授**（challenger，professor，4.4）我的一个对手，伪装得好

像柯南·道尔的小说《失落的世界》里那个奸诈的考古学家一样，他很像夏洛克·福尔摩斯的宿敌，数学家莫里亚蒂，只不过在某种程度上更高尚一些。

**封闭圆环**（closing the ring，19.10）一种技术，一个智能组通过这种技术可以仅从很少的“线索”中想起关于一段记忆的许多细节。

**常识**（common sense，1.5）许多人所共有的思维技能。比起许多引起关注和尊敬的智力成就，常识性思维实际上更为复杂，因为我们称为“专门技术”的思维技能虽然常常会涉及大量的知识，但所利用的表述类型却很少。与此相反，常识包含了许多不同类型的表述方式，因此需要更大范围的不同技能。

**计算机科学**（computer science，6.8）一个还处于发展初期的学科。当其他学科研究特定类型的客体之间如何相互作用时，计算机科学研究相互作用一般是如何运作的，也就是由组件构成的社会如何完成这些组件单独无法完成的事。尽管计算机科学开始时研究的是串行计算机，也就是一次只能做一件事的机器，但现在它已经开始研究在心智社会内部运行的程序所组成的互联网络了。（要了解关于单个进程机器的理论，可以读一读我的这本书，*Computation: Finite and Infinite Machines*, Prentice-Hall，1967。）

**意识**（consciousness，6.1）在本书中，这个词主要用在人类思维具有“自我意识”这个谬误中，也就是人们可以知觉到自我内部正在发生的事。我坚持认为人类的意识永远无法表述此时此刻正在发生的事，只能表述一点儿刚刚过去不久的事，一部分原因是智能组在表述最近发生的事时能力有限，还有一部分原因是智能组需要时间来互相交流。意识特别难以描述，因为每次检查临时记忆的尝试都会歪曲它正试图检测的记录。6.1 中描述的意识改编自我为 Vernor Vinge 的小说 *True Names*（Bluejay Books，New York，1984）所写的后记。

**背景**（context，20.2）在某个时刻所呈现的所有影响因素对一个人的思维状态所产生的效果。在每个时刻，每个智能组所处的背景取决于和这个智能组相连的忆体的活动。见忆体（neme）。

**交互排斥**（cross-exclusion，16.4）一种若干个智能体组合在一起的方式，其中每个智能体都会抑制其他智能体，因此一次只有一个智能体能维持活跃状态。

**跨领域通信**（cross-realm correspondence，29.4）一种在两个或两个以上的不同思维领域中都可以应用的结构。这种通信有时可以让我们把知识和技能从一个领域转移到另一个领域中，而不需要在后一个领域中积累经验。这是一些特定重要类型的类比和比喻的基础。

**创造性**（creativity，7.10）无论是艺术还是其他方面，创新理念的产生来自于某种不同形式的思维，这是一种谬误。我推荐阅读 Douglas Hofstadter 的著作 *Metamagical Themas*（Basic Books，1985）中的一章"Variations on a Theme as the Crux of Creativity"。

**默认假设**（default assumption，8.5，12.12）当我们没有理由考虑其他假设时就会使用这种假设。举例而言，我们"默认"假设如果一个不熟悉的个体属于某个我们熟悉的群体，那么这个个体就会按照这个群体中"典型的"方式行事。默认假设不仅仅是为了方便，它们是我们最常用的泛化方式。尽管这种假设常常是错的，但一般不会有什么害处，因为获得了更具体的信息后，它们自动就会被替换。但如果这种假设太僵化，就会造成难以估量的损失。

**恶魔**（demon，27.1）一个智能体一直在等待特定的条件，这种条件出现时就会介入。我们关于恶魔的讨论有一部分是以 Eugene Charniak 的博士论文为基础的，论文题目是" Toward a Model of Children's Story Comprehension"(MIT，1972)。

**差异发动机**（difference-engine，7.8）这是一个智能组，它的行动倾向于使当前的事务状态更像某种目标或"想要的状态"，对这种目标的描述已经表述在这个智能组中。这个理念被 Allen Newell、C. J. Shaw 和 Herbert A. Simon 发展到了关于人类问题解决的理论之中。见 G. Ernst 和 Allen Newell

的著作 *GPS, A Case Study in Generality and Problem Solving*（Academic Press，1969）。

**方向忆体**（direction-neme，24.6）与一个特定的方向或空间区域相关的智能体。我怀疑我们脑中有成束的方向忆体，不仅会表述空间位置和方向，还会表述一些非空间的概念。方向忆体就像空间领域中的代原体，但更像其他领域中的多忆体。见相互作用 – 正方形（interaction-square）和框架编队（frame-array）。

**分布式记忆**（distributed memory，20.9）这是一种表述方式。在这种方式中，每个信息碎片都不是通过在一个智能体内发生单一的实质性变化进行存储的，而是通过在许多不同的智能体中发生小改变存储的。许多理论学家后来相信，分布式记忆系统的建立必须包含“非数字”设备，比如全息影像技术，而 P. J. Willshaw、O. P. Buneman 和 H. C. Longuet-Higgins 在“Non-Holographic Associative Memory”（Nature，222，1969）中却认为并非如此。

**副本问题**（duplication problem，23.2）思维如何在没有两个一样的智能组同时表述两种相似理念的情况下对这两种理念进行对比。旧有的心理学理论从来没有认识到这个问题，我怀疑这会让大部分关于高水平思维“整体论”的理论都垮台。见时间闪烁（time blinking）。

**情感**（emotion，16.1）这个术语被用于很多不同的目的。有一种流行的观点认为情感比人类思维的其他方面更复杂，也更难理解。我主张婴儿的情感特征相对简单，而成人情感的复杂性源于相互利用的网络积累。在成年时期，这些网络的复杂性最终变得无法言说，但并不比成人的“智力”结构网络更复杂。超过某个阶段后，成人的情感和智力结构不过是从不同的视角描述相同的结构而已。见原型专家（proto-specialist）。

**利用**（exploitation，4.5）一个智能组不需要理解就使用另一个智能组活动的行为。利用是智能组之间最常见的关系，因为它们很难理解彼此。

**例外原则**（exception principle，12.9）为了包容一种例外情况就改变已经建立好的技能可能得不偿失。在一个基础上建立的事物越多，改变这个基础所造成的破坏就越大。系统的发展过程中有一个点，超过这个点后，改变系统所造成的破坏会大于即刻增益，系统就倾向于停止发展了。见投资原则（Investment Principle）。

**框架**（frame，24.2）这是一种以一套终端为基础的表述，其他结构可以与这些终端相联。正常情况下，每个终端都与一个默认假设相联结，这些默认假设很容易被更具体的信息所替代。还有一些关于框架的理论没有在本书中讨论，已发表于 *Psychology of Computer Vision*（P. H. Winston，McGraw-Hill，1975）一书中 " A Framework for Representing Knowledge" 一章。见图片 – 框架（picture-frame）和 Trans- 框架（Trans-frame）。

**框架编队**（frame-array，25.2）共享同样终端的一族框架。与框架编队中任何终端相连的信息，编队中的其他框架都可以自动获得。这使得转换观点很容易，不仅是物理视角，还有思维的其他领域。框架编队通常由成束的方向忆体控制。

**功能性自治**（functional autonomy，17.4）它是这样一种理念：具体的目标所产生的子目标可能具有更宽泛的特征。举例而言，为了取悦另一个个体，一个儿童可能会发展出获得知识、力量或财富的一般性目标，而同样的子目标也一样可以服务于伤害其他个体的愿望。"功能性自治" 的术语引用自我在哈佛大学时的教授 Gordon Allport。

**功能性定义**（functional definition，12.4）根据如何使用某个事物来对其进行描述，而不是根据它的组成部分及各部分之间的关系。见结构性定义（structural definition）。

**生成与测试**（generate and test，7.3）通过试错来解决问题，也就是不加考虑地提出解决方案，然后排除那些不起作用的方案。.

**天才**（genius，7.3）一个具有惊人思维成就的个体。尽管就算最杰出的人类奇才发展速度也很少能达到普通人的两倍，但许多人都觉得他们的存在需要特殊的解释。我怀疑不能从这些人学会的表面技能寻找答案，而要从一些早期事件中去寻找，这些事件引领着他们学会了更好的学习方式。

**完形论**（gestalt，2.3）一个复杂的系统中出现了一种意想不到的现象，而这种现象似乎不是系统的各个组成部分所固有的。这种“意外的”或“聚集而成”的现象表明“整体大于部分之和”。然而，进一步的研究通常显示，只要我们考虑组成部分之间的相互作用，以及旁观者自身知觉和预期的特殊性与缺陷，这种现象完全可以解释。除了我们现在还无法理解它们这一点，这些现象之间似乎没有什么共同的重要原则偶尔可以被当作“意外”。因此，“整体论”的观点越发成为科学的障碍，因为它们渐渐破坏了我们延伸认知界限的决心。见相互作用（interaction）。

**目标**（goal，7.8）在差异发动机（difference-engine）中对想象中的事件最终状态的表述。对目标的这种定义初看之下可能太不近人情，因为它既没有解释人类目标达成时所产生的喜悦，也没有说明失败时所产生的挫折感。然而我们不应该期望可以直接用简单的原则解释成人心理学中这么复杂的现象，因为它们同时还取决于我们思维结构的许多其他方面。在差异发动机的理念基础上建立目标的概念可以帮助我们避免单一智能体谬误（single-agent fallacy），因为这让我们可以不需要提及持有目标的人，就能谈论这个目标。一个人的许多智能组可能有自己不同的目标，而这个人并没有“意识到”这些目标。

**语法策略**（grammar-tactic，22.10）言语中的一项操作，它与建构思维表述程序中的一个步骤相一致。语法策略和“语法规则”不是一回事，尽管它们之间关系紧密。差异在于语法规则肤浅而主观，它们只是要描述一个人被另一个人观察到的行为规律，而语法策略是客观的，因为它们被定义为实际产生言语的根本程序。尽管要发现这些程序是做什么的可能更困难，但与仅仅描述语言被观察到的外部形式相比，它更有利于推测语言如何产生和使用。

**整体论**（holism，2.3）见完形论（gestalt）。

**小矮人**（homunculus，5.3）字面上是指一个小个子的人，在心理学中指的是这样一种徒劳而矛盾的理念：一个人的行为取决于这个人内部深处另一个像人一样的实体。

**相互作用 – 正方形**（interaction-square，14.9）通过把成对的范例与方向忆体相连来表述两个程序间的相互作用。用这一技术我们不仅可以表述空间关系，还可以表述因果、时间和许多其他类型的相互作用。这使得相互作用 – 正方形的理念在表述跨领域通信方面成了一种强有力的方案。

**相互作用**（interaction，2.1）系统中的一个部分对另一个部分产生的效应。在科学的历史中，实际上所有的现象最终都被解释为两个组件之间同时的相互作用。举例而言，牛顿的重力定律描述的是两个质点之间的相互吸引力，它让我们可以预测所有行星、恒星还有星系的运动，无须同时考虑三种或三种以上的客体！人们可以构想这样一种宇宙，每当其中有三个星球形成了等边三角形，其中一个就会立即消失，但实际上在物理世界里并没有观察到三个组件的相互作用。

**干扰**（interruption，15.9）本书中的一个术语，用于指代任意一个在它所包含的智能组去做其他工作时可以暂停的程序，之后还能返回离开的地方。要做到这件事需要某种临时的记忆。见递归原则（Recursion Principle）。

**智能**（intelligence，7.1）这个术语常常用来表达一种谬误，即某个单一的实体或元素决定着一个人的推理能力。我更愿意认为这个词表述的并不是特定的力量或现象，而仅仅是所有的思维技能。我们在任何一个特定的时刻都赞叹这些技能，却不理解它们。

**内省**（introspection，6.5）这是一种谬误，认为我们的思维有能力直接感知或理解它们自身的操作。

**直觉**（intuition，12.10）这是一种谬误，认为思维拥有某种即时（因此无法解释）的能力，可以解决问题或感知真相。这种信念的基础是一种关于我们如何获得理念的幼稚看法。举例而言，我们常常在无意识地完成对一个问题复杂而持久的分析后感到片刻的兴奋或愉悦。关于直觉的谬误错误地把解决这个问题的方法归因于最后这一刻所发生的事。对于直觉可以直接理解真相这件事，其实我们只是忘了“直接”常常都是错的。

**投资原则**（Investment Principle，14.6）任何一种发展良好的技能都倾向于阻碍相似技能的发展，因为后者在其早期运行得不如前者好，因此不被经常使用，从而永远也无法达到纯熟。因为这一点，我们倾向于把大部分时间和精力用来建立相对较少的技术，而不是用来积累许多不同的技术。这会同时导致两种结果，一方面会形成统一、有效的个人风格，另一方面则缺乏灵活性，有可能被错误地归因为老化。见例外原则（Exception Principle）。

**独原体**（isonome，22.1）脑中的一个信号或一条路径，它可以对若干个不同的智能组产生相似的效应。

**K 线**（K-Line，8.1）这一理论认为特定类型记忆的基础是开启某些智能体组合，从而重新激活一个人以前的局部思维状态。这个理念首先出现于我的文章 K-lines：A Theory of Memory［*Cognitive Science*，4（2），April 1980］。

**学习**（learning，7.5）一个混合词，表示所有在思维中引发长时间改变的程序。

**水平带**（level-band，8.5）这一理念认为一个典型的思维程序倾向于在每个时刻都只在每个智能组的特定结构范围或部分之内进行操作。这使得一个程序可以在小细节水平上工作，而不会受到其他关注大规模计划的程序干扰。

**逻辑思维**（logical thinking，18.1）一种很受欢迎却不合理的理论，认为人类的推理是根据清晰的规则得出非常简单的结论。在我看来，我们只会在特殊的成人思维形式中利用逻辑推理，这种情况主要是为了总结已经被发现的内容。我们的大部分日常思维，也就是常识性推理，更多依赖于“通过类比思考”，也就是把对看似相似的以往经验的表述应用于当前的环境中。

**记忆器**（memorizer，19.5）一个智能体，它可以重置一个智能组，让它回到某种以前的有用状态。见识别器（recognizer）和分布式记忆（distributed memory）。

**记忆**（memory，15.3）这是一个混合的术语，它表示了大量的结构和程序，在日常生活和技术性心理学中，它们都没有清晰界定的边界。这个术语表示的内容包括“记住”“回想”“提醒”和“识别”。本书表明这些内容的共同特征就是它们都参与了我们恢复以往局部思维状态的过程。

**思维状态**（mental state，8.4）在一个特定的时刻，一组智能体的活动状况。我们在本书中假定每个智能体在每个时刻要么就处于完全唤醒状态，要么就完全安静；换句话说，我们忽略不同唤醒程度的可能性。这类“两极状态”或“数字化”的假设是计算机科学的特点，初看之下可能觉得太过简化。然而经验显示，人们认为更符合现实的所谓类比理论很快就变得很复杂，最后实际上是更简单的两极状态模式可以引发更深的理解，至少是对基本原则的理解。见局部思维状态（partial mental state）。

**比喻**（metaphor，29.8）这是一种谬误，认为在“现实的”表述和仅仅是提示性的表述之间存在着清晰的分界。在 *Metaphors We Live By*（University of Chicago Press，1980）一书中，Mark Johnson 和 George Lakoff 证明，比喻不过是一种特殊的文学表达工具，但实际上渗透了人类思维的每个方面。

**微型记忆**（micromemory，15.8）我们的短时记忆系统中最小的组成部分。

**微忆体**（microneme，20.5）一种忆体，它所包含的智能体处于相对较低的水平。见忆体（neme）。

**模型**（model，30.3）人们可以用来模拟或预期其他某个事物行为的任意一种结构。

**忆体**（neme，25.6）这是一个智能体，它输出的信息表述的是一个理念或一种思维状态的碎片。一个典型的智能体可以在其中发挥作用的“背景”在很大程度上取决于可以触及它的忆体的活动。我在 *Proceedings of the Fifth International Joint Conference on Artifical Intelligence*（Cambridge，Mass.，1977）的一篇文章“Plain Talk About Neurodevelopmental Epistemology”中把忆体称为“C 线”。在 20.5 中的描述所依托的是由 David L.Waltz 和 Jordan Pollack 在 *Massively Parallel Parsing*［*Cognitive Science*，9（1）］中发展出的“微特征”理念。

**原体**（nome，25.6）这是一个智能体，它输出的信息以某种注定的方式影响着一个智能组，例如代原体、独原体或并行代原体。这种智能体的效果更多取决于遗传结构，而不是从经验中学习。之所以选“原体”(-nome)这个后缀，是表示它具有和原子一样不变的性质。

**无法妥协原则**（Noncompromise Principle，3.2）这一理念表示当两个智能组发生冲突时，可能最好的办法是忽略它们，并且产生对另一个独立智能组的控制。

**派珀特原则**（Papert’s Principle，10.4）这一假说表明，心理发展过程中的许多步骤更多取决于为已经建立好的能力构建新的管理系统，而不是获得新的技能。

**并行代原体**（paranome，29.3）一个智能体在一个智能组的若干个不同的思维领域同时进行操作，对所有领域产生相似的效果。

**局部思维状态**（partial mental state，8.4）对某个特定的思维智能体小组的活动状态描述。这种具有技术性但很简单的理念使人们很容易理解一个人是如何同时容纳若干个理念并把它们混合在一起的。

**感知器**（perceptron，9.7）一种学会权衡证据的识别机器。感知器由 Frank Rosenblatt 在 20 世纪 50 年代末发明，它利用非常简单的程序来学习把哪种权重分配给各种各样的证据碎片。西蒙·派珀特和我在《感知器》（*Perceptrons*，MIT Press，1969）一书中分析了这种类型的机器，并且说明了最简单的感知器本身是无法做很多事的。然而，当它们被安排成社会，其中一些感知器就可以学会识别其他感知器可以识别的图形关系。某些类型的脑细胞似乎很有可能使用的是相似的原则。

**图片－框架**（picture-frame，24.7）一种框架类型，它的终端由方向忆体控制。图片－框架特别适合表述特定类型的空间信息。

**多忆体**（polyneme，19.5）这是一种智能体，它可以同时在不同的智能组中唤醒不同的活动，这是从经验中学习的结果。可与独原体对比。

**代原体**（pronome，21.1）一种与特定“角色”或某方面的表述相关联的智能体类型，与某些行动的“行动者”“轨迹”或“原因”相一致。代原体智能体常常控制框架终端的联结物与其他框架相连，要做到这一点，代原体必须拥有某种临时记忆。

**原型专家**（proto-specialist，16.3）一种遗传上建构好的次级系统，负责一个动物的某种“本能”行为。我们的大部分思维在开始的时候几乎都是一些单独的原型专家，我们把它们的活动解释为展示不同的原始情绪。之后，随着智能组之间的相互联结越来越多，并且学会了相互利用，这些差异就开始变得不那么明显了。这一概念的基础是由 Niko Tinbergen 在 *The Study of Instinct*（Oxford University Press，1975）一书中提出的社会式理论。

**猜谜原则**（Puzzle Principle，7.3）这一理念认为任何一个问题都可以通过试错解决，当找到一种解决方法时，人们就已经有了某种识别这种方法的方式。见生成与测试（generate and test）。

**思维的领域**（realm mental，29.1）一种思维的分区方式，通过利用不同的机制和表述方式来处理某些不同的关注重点。

**识别器**（recognizer，19.6）这是一种智能体，当出现特定模式的输入信号时，它会做出反应，并且变得活跃起来。

**递归原则**（Recursion Principle，15.11）这一理念认为：不管一个社会有多大，都无法克服每种局限，除非它能通过某种方式为了不同的目的一遍又一遍地重新利用同样的智能体。见干扰（interruption）。

**重新构想**（reformulation，13.1）用对某种事物的一种不同的表述替代另一种表述。

**表述**（representation，21.6）一种为了特定目的可以用作某个事物替代物的结构，就像用地图替代真正的城市一样。见功能性定义（functional definition）和模型（model）。

**语言的重新复制理论**（re-duplication theory of speech，22.10）我推测当一个说话者向一个听众解释一个理念时所发生的事。一种差异发动机式的程序试图为说话者思维中的理念表述构建第二个副本。这个复制程序中所使用的每个思维操作都会激活一个语言智能组中相应的语法策略（grammar-tactic），形成语言的细流。这样形成的沟通可以适当地匹配听众思维中"逆转的语法策略"结构，也就是一种等价的表述。

**脚本**（script，13.5）这是自动产生的一系列行动，可以不用干扰许多其他智能组的工作就得以进行。21.7 中的行动脚本是通过消除所有高水平的管理者来完成的，比如"置放"和"拿起"。一种以脚本为基础的技能是比较灵活的，因为它缺少官僚结构，人们通过去除高水平的锚点就可以加速，但如果事情出了差错就没有其他备选项了。以脚本为基础的专家所承担的风险是变得表达不清了。Roger Schank 和 Robert Abelson 的著作 *Scripts*，*Goals*，*Plans and Understanding*（Erlbaum Associates，1977）中论述了有关人类对脚本的使用。

**自我**（self，4.1）在本书中如果写成"自我"（Self），则表示一种谬误，即我们每个人内部都包含一个特殊的部分，它体现了思维的本质。如果写成自我（self），那么就是这个词的普通意思，即一个人的个体性。见单一智能体谬误（single-agent fallacy）。

**传感器**（sensor，11.1）这是一种智能体，它的输入端对来自脑外世界的刺激敏感。

**单一智能体谬误**（single-agent fallacy，4.1）[㊀]这一理念认为一个人的思想、意志、决策和行动起源于某个单一的控制中心，而非来自复杂程序社会的活动。

**模拟**（simulation，2.4）[㊁]一个系统模仿另一个系统的一种情境。原则上来说，一台现代计算机可以用来模拟任何其他机器。这对心理学来说很重要，因为在过去，科学家们通常没有办法确认他们对一个复杂理论或机制的结果预期。本书中的理论还没有被模拟过，一部分原因是对它们的具体说明还不够清晰，还有一部分原因是旧的计算机还没有足够的能力和速度来模拟足够的智能体。这种机器最近才出现，举例而言，见 W. Daniel Hillis 的博士论文“The Connection Machine”（MIT Press，Cambridge，Mass.，1985）。

**束激**（simulus，16.8）一种特定事物出现了的错觉。一个程序在高水平的思维中唤起了一种思维状态，这种状态与真实事物出现时引起的思维状态很相似。（一个新造词。）

**社会**（society，1.1）在本书中指的是一个由思维组件构成的组织。我把“社群”（community）这个词留给了由人构成的组织，因为我不想暗示人类思维在哪方面与人类社群相像。

**更社会**（society of more，10.2）思维会利用这个智能体来做定量比较。

**发展阶段**（stage of development，16.2）思维发展的一个片段。第 17 章列出了一些原因来解释为什么复杂系统倾向于以一些系列片段的形式，而不是通过稳定变化的程序发展。

**思维状态**（state of mind，8.4）同 mental state。

**结构性定义**（structural definition，12.4）用组件之间的关系来描述某种事物。与功能性定义相对。

**抑制器**（suppressor，27.2）一种审查员式的智能体，它通过干扰已经

㊀ 疑似原文有误，4.1 中没有，30.2 中提到过这个概念。——译者注
㊁ 2.4 没找到这个词。——译者注

发生的思维状态来起作用。抑制器比审查员容易构建，它需要的内存较少，但效率比较低。

**时间闪烁**（time blinking，23.3）通过接连不断激活两种思维状态并注意哪些智能体改变了它们的状态来寻找这两种思维状态之间的差异。我怀疑我们的脑正是通过利用这种方法来避免 23.2 中的副本问题。时间闪烁可能是脑细胞的同步活动之一，"脑波"正是由于这种活动而出现的。

**轨迹**（trajectory，21.6）从字面上来说，是指一个行动或一项活动的路径或线路。然而我们不仅把这个词用于空间路径，还会通过类比，把它用于思维的其他领域。见代原体（pronome）。

**Trans- 框架**（Trans-frame，21.3）一种特定类型的框架，它以两种情境之间的轨迹为中心，这两种情境分别是"之前"和"之后"。本书中关于 Trans- 框架的理论在很大程度上归功于 Roger Schank。见他的著作 *Conceptual Information Processing*（North-Holland，1975）。

**无意识的**（unconscious，17.10）一个常用的术语，在平常的心理学中指的是被内省（introspection）主动拦截或审查的思维领域。在本书中我们用"有意识的"（conscious）来表示思维活动的某些方面，这些方面是我们能够意识到的。但因为这种程序非常少，我们实际上必须认为思维所做的所有事都是无意识的。

**统一框架**（uniframe，12.3）一种用于表述一组事物共同方面的描述，可用于把这些事物与其他事物区分开来。

**自由意志**（will, freedom of，30.6）一种谬误，认为人类的意志是以除因果和偶然外的第三种备选项为基础的。

# 其他参考文献

本书中的一些章节是从我早期发表的文章中修改而来的。在 18.8 中对数学的讨论有一部分是以" Form and Content in Computer Science"（J.

Assoc. *Computing Machinery*，January 1972）为基础的，还有一部分是以我为 Cynthia Solomon、Margaret Minsky、Brian Harvey（教育学专家）的著作 *LogoWorks*（McGraw-Hill，1985）所写的简介为基础的。章节 2.6 是以“Why People Think Computers Can't”（*AI Magazine*，Fall 1982）为基础的。第 30 章中的某些内容是从我在 *Semantic Information Processing*（MIT Press，1968）一书中的文章“Matter，Mind and Models”改编而来的。关于定义的一些理念来自 *Computation：Finite and Infinite Machines*（Prentice-Hall，1967）。霍加斯的话引自 *Analysis of Beauty*（1753）。拉瓦锡的话引自 *Elements of Chemistry*（1783）。

# 理性决策

## 《超越智商：为什么聪明人也会做蠢事》

作者：[加] 基思·斯坦诺维奇 译者：张斌

如果说《思考，快与慢》让你发现自己思维的非理性，那么《超越智商》将告诉你提升理性的方法

诺贝尔奖获得者、《思考，快与慢》作者丹尼尔·卡尼曼强烈推荐

## 《理商：如何评估理性思维》

作者：[加] 基思·斯坦诺维奇 等 译者：肖玮 等

《超越智商》作者基思·斯坦诺维奇新作，诺贝尔奖得主丹尼尔·卡尼曼力荐！介绍了一种有开创意义的理性评估工具——理性思维综合评估测验。

颠覆传统智商观念，引领人类迈入理性时代

## 《机器人叛乱：在达尔文时代找到意义》

作者：[加] 基思·斯坦诺维奇 译者：吴宝沛

你是载体，是机器人，是不朽的基因和肮脏的模因复制自身的工具。

如果《自私的基因》击碎了你的心和尊严，《机器人叛乱》将帮你找回自身存在的价值和意义。

美国心理学会终身成就奖获得者基思·斯坦诺维奇经典作品。用认知科学和决策科学铸成一把理性思维之剑，引领全人类，开启一场反抗基因和模因的叛乱

## 《诠释人性：如何用自然科学理解生命、爱与关系》

作者：[英] 卡米拉·庞 译者：姜帆

荣获第33届英国皇家学会科学图书大奖；一本脑洞大开的生活指南；带你用自然科学理解自身的决策和行为、关系和冲突等难题

## 《进击的心智：优化思维和明智行动的心理学新知》

作者：魏知超 王晓微

如何在信息不完备时做出高明的决策？如何用游戏思维激发学习动力？如何通过科学睡眠等手段提升学习能力？升级大脑程序，获得心理学新知，阳志平、陈海贤、陈章鱼、吴宝沛、周欣悦、高地清风诚挚推荐

**更多>>>**

《决策的艺术》 作者：[美] 约翰·S. 哈蒙德 等 译者：王正林